21 世纪高等院校计算机辅助设计规划教材

ANSYS 基础与实例教程

张洪信　王怀敏　孟祥踪　等编著

机 械 工 业 出 版 社

本书以理论与实例分析相结合的形式，系统地介绍了有限元法的基础理论与 ANSYS 的应用，另外，附录中给出了有限元法涉及的弹性力学基本知识。

本书以矩阵分析法阐述有限元法的基本思想和分析步骤，只要接触过材料力学的读者皆可轻松入门。首先对有限元法基础理论进行了提炼总结。然后结合作者的研究经历和实践经验，考虑解决实际问题的需求，举例说明了 ANSYS 在连接板、轴类零件、圆柱齿轮等结构件建模，连杆、孔应力集中的结构线性静力分析，机翼模态、汽车悬架系统谐响应的动力学分析，矿石对车厢的冲击、圆盘塑性变形、销与销孔接触分析等非线性分析，桁架轻量化及拓扑优化等方面的具体应用方法。最后给出用 ANSYS 进行发动机连杆优化设计和曲轴动力分析的操作实例。

本书可作为土木、水利、机械等工科专业本科生及研究生教材，也可以作为工程设计人员的参考用书。

本书通过网盘（获取方式请见封底）提供本书实例操作视频文件。本书配有电子教案，需要的教师可登录 www.cmpedu.com 免费注册、审核通过后下载，或联系编辑索取（QQ：2399929378，电话：010-88379753）。

图书在版编目（CIP）数据

ANSYS 基础与实例教程/张洪信，王怀敏，孟祥踪等编著.—北京：机械工业出版社，2013.6（2018.2 重印）
21 世纪高等院校计算机辅助设计规划教材
ISBN 978-7-111-41818-4

Ⅰ.①A… Ⅱ.①张… ②王… ③孟… Ⅲ.①有限元分析-应用程序-高等学校-教材 Ⅳ.①O241.82

中国版本图书馆 CIP 数据核字（2013）第 049586 号

机械工业出版社（北京市百万庄大街 22 号 邮政编码 100037）
责任编辑：和庆娣 李 宁
责任印制：李 昂
中国农业出版社印刷厂印刷

2018 年 2 月第 1 版·第 2 次印刷
184mm×260mm·20.25 印张·502 千字
3001-4000 册
标准书号：ISBN 978-7-111-41818-4
定价：49.90 元

凡购本书，如有缺页、倒页、脱页，由本社发行部调换

电话服务
服务咨询热线：010-88379833
读者购书热线：010-88379649

网络服务
机 工 官 网：www.cmpbook.com
机 工 官 博：weibo.com/cmp1952
教育服务网：www.cmpedu.com
金 书 网：www.golden-book.com

前　言

本书坚持理论与实践紧密结合的原则，将有限元理论与 ANSYS 操作结合在一起，以期有助于促进有限元理论与 ANSYS 学习、应用与普及推广。

有限元法是当前工程技术领域最常用、最有效的数值方法，已成为现代工程设计技术不可或缺的重要组成部分。ANSYS 软件是融结构、流体、电场、磁场、声场及热传导等领域静力学、动力学及边界耦合问题分析于一体的大型通用有限元分析软件，由世界上最大的有限元分析软件公司之一的美国 ANSYS 公司开发，它能与多数 CAD 软件（如 Pro/Engineer、UG、NASTRAN、I-DEAS、AutoCAD）及机械仿真软件（如 ADAMS）接口，实现数据的共享和交换，是现代产品设计中的高级 CAE 工具之一。

本书集编者多年从事本科生、研究生教学与科研经验，编写时力求深入浅出、概念清晰、思路简明、系统性强。本书以 ANSYS 13.0 软件为主，兼顾其他版本；为了能够和其他参考资料相互印证，便于学习 ANSYS，书中诸多例题以操作过程为主线，有的采用公制单位，有的采用英制单位，尽管 ANSYS 程序中并不特别强调物理量的单位，还是需要特别指出的是一个分析过程中英制和公制单位不可混用！

本书依次介绍了结构静力学问题、结构动力学问题、结构非线性问题分析的有限元法及 ANSYS 操作步骤。第 1 章对有限元法及 ANSYS 分析进行了全面概述，以便总体把握其中要点；第 2 章介绍了有限元法的基础知识及应用，涉及结构静力学、结构动力学、结构非线性等问题的有限元法理论；第 3 ~7 章主要讲述了 ANSYS 操作，第 3 章介绍了 ANSYS 建模，连接板、轴类零件、圆柱齿轮等建模过程实例操作；第 4 章介绍了结构线性静力分析过程，连杆受力分析、板中圆孔应力集中分析等实例操作；第 5 章介绍了动力学分析过程，机翼模态分析、汽车悬架系统的谐响应分析等实例操作；第 6 章介绍了非线性分析过程，装载时矿石对车厢的冲击非线性分析、圆盘塑性变形分析、销与销孔接触分析等实例操作；第 7 章介绍了机械结构的优化设计；第 8 章介绍了用 ANSYS 进行发动机连杆优化设计和曲轴负荷分析的操作实例，具有重要的实际意义。书后附录还提供了弹性力学的常用量和单位。

本书主要由张洪信、王怀敏、孟祥踪编写，参加编写工作的还有管殿柱、李文秋、宋一兵、王献红、谈世哲、杨德平、褚忠、穆秀春。

由于作者水平有限，书中难免存在疏漏和不足，欢迎广大读者批评指正。

编　者

目　录

第1章　有限元法与 ANSYS 入门

计算机辅助工程（Computer Aided Engineering，CAE），指工程设计中的分析计算与仿真。CAE 软件可分为专用和通用两类，专用软件主要是针对特定类型的工程或产品用于产品性能分析、预测和优化的软件。它们以在某个领域中的应用深入而见长，如美国 ETA 公司的汽车专用 CAE 软件 LS－DYNA3D 及 ETA/FEMB 等。通用软件可对多种类型的工程和产品的物理力学性能进行分析、模拟、预测、评价和优化，以实现产品技术创新。它以覆盖的应用范围广而著称，如 ANSYS、PATRAN、NASTRAN 和 MSC. Marc 等。

目前在工程技术领域内常用的数值模拟方法有有限元法（Finite Element Method，FEM）、边界元法（Boundary Element Method，BEM）和有限差分法（Finite Difference Method，FDM）等，但就其实用性和应用的广泛性而言，主要还是有限元法。作为一种离散化的数值解法，有限元法首先在结构分析中，然后又在其他领域中得到广泛应用。

本章重点

- 有限元法与 ANSYS 软件的起源与发展
- 矩阵分析法分析杆件结构的过程与步骤
- ANSYS 软件界面组成及分析问题的步骤

1.1　有限元法与 ANSYS 的发展

离散化的思想可以追溯到 20 世纪 40 年代。1941 年，A. Hrennikoff 首次提出用离散元素法求解弹性力学问题，当时仅限于用杆系结构来构造离散模型，但能很好地说明有限元的思想。如果原结构是杆系，这种方法的解是精确的，发展到现在就是大家熟知的矩阵分析法。究其实质这还不能说就是有限元法的思想，但结合以后的有限元理论，统称为广义有限元法。1943 年，R. Courant 在求解扭转问题时为了表征翘曲函数而将截面分成若干三角形区域，在各三角形区域设定一个线性的翘曲函数，这实质上就是有限元法的基本思想（对里兹法的推广），这一思想真正用于工程中是在电子计算机出现后。

20 世纪 50 年代因航空工业的需要，美国波音公司的专家首次采用三节点三角形单元，将矩阵位移法用到平面问题上。同时，德国斯图加特大学的 J. H. Argyris 教授发表了一组能量原理与矩阵分析的论文，为这一方法的理论基础做出了杰出贡献。1960 年，美国的 R. W. Clough 教授在一篇题为“平面应力分析的有限元法”的论文中首先使用“有限元法（the Finite Element Method）”一词，此后这一名称得到广泛认可。

20 世纪 60 年代，有限元法发展迅速，除力学界外，许多数学家也参与了这一工作，奠定了有限元法的理论基础，搞清了有限元法与变分法之间的关系，发展了各种各样的单元模式，扩大了有限元法的应用范围。

20 世纪 70 年代以来，有限元法进一步得到蓬勃发展，其应用范围扩展到几乎所有工程领域，成为连续介质问题数值解法中最活跃的分支。由变分法有限元扩展到加权残数法与能量平衡法有限元，由弹性力学平面问题扩展到空间问题、板壳问题，由静力平衡问题扩展到稳定性问题、动力问题和波动问题，由线性问题扩展到非线性问题，分析的对象从弹性材料扩展到塑性、粘弹性、粘塑性和复合材料等，由结构分析扩展到结构优化乃至于设计自动化，从固体力学扩展到流体力学、传热学、电磁学等领域。它使许多复杂的工程分析问题迎刃而解。

有限元法的基本思想是将物体（即连续的求解域）离散成有限个且按一定方式相互连接在一起的单元的组合，来模拟或逼近原来的物体，从而将一个连续的无限自由度问题简化为离散的有限自由度问题求解的一种数值分析法。物体被离散后，通过对其中各个单元进行单元分析，最终得到对整个物体的分析。网格划分中每一个小的块体称为单元。确定单元形状、单元之间相互连接的点称为节点。单元上节点处的结构内力为节点力，外力（有集中力、分布力等）为节点荷载。

数值模拟技术通过计算机程序在工程中得到广泛的应用。20 世纪 80 年代初期，国际上较大型的面向工程的有限元通用程序达到几百种，其中著名的有 ANSYS、NASTRAN、ABAQUS、ASKA、ADINA、SAP 与 Cosmos 等，它们的功能越来越完善，不仅包含多种条件下的有限元分析程序，而且带有功能强大的前处理和后处理程序。由于有限元通用程序使用方便、计算精度高，计算结果已成为各类工业产品设计和性能分析的可靠依据。大型通用有限元分析软件不断吸取计算方法和计算机技术的最新进展，将有限元分析、计算机图形学和优化技术相结合，已成为解决现代工程学问题必不可少的有力工具。

ANSYS 软件是融结构、流体、电场、磁场、声场和耦合场分析于一体的大型通用有限元分析软件，由世界上最大的有限元分析软件公司之一的美国 ANSYS 公司开发，它能与多数 CAD 软件接口，实现数据的共享和交换，如 Pro/Engineer、UG、I-DEAS、CADDS 及 AutoCAD 等，是现代产品设计中的高级 CAE 工具之一。

ANSYS 公司成立于 1970 年，总部位于美国宾夕法尼亚州的匹兹堡，致力于 CAE 技术的研究和发展。ANSYS 软件的创始人是美国匹兹堡大学力学系教授、著名有限元权威 John Swanson 博士。如今，ANSYS 软件已经成功地应用于世界工业的各个领域，如航空航天、汽车工业、生物医学、土木工程、电子产品、造船等一般工业及科学研究。ANSYS 软件是一个功能强大、应用灵活的设计分析及优化软件包，可以浮动运行于个人计算机、工作站和巨型计算机及操作系统。

ANSYS 公司发布的 ANSYS 13.0 在 CAE 功能上引领现代产品研发科技，涉及高级分析、网格划分、优化、多物理场和多体动力学。立足于拥有世界上最多的用户，ANSYS 13.0 不仅为当前的商业应用提供了新技术，而且在以下方面取得了显著进步：

- 继续开发和提供世界一流的求解器技术。
- 提供了针对复杂仿真的多物理场耦合解决方法。
- 整合了 ANSYS 的网格技术并产生统一的网格环境。
- 通过对先进的软硬件平台的支持来实现对大规模问题的高效求解。
- 继续改进最好的 CAE 集成环境——ANSYS Workbench。
- 继续融合先进的计算流体动力学技术。

- 功能更为强大的显式动力学分析模块 ANSYS/LS - DYNA。
- 加速多步求解：ANSYS VT 加速器，基于 ANSYS 变分技术，它是通过减少迭代总步数以加速多步分析的数学方法。
- 网格变形和优化：对于很多单位，进行优化分析的最大障碍是 CAD 模型不能重新生成，特征参数不能反映那些修改研究的几何改变。

1.2　矩阵分析法及有限元法分析的一般步骤

矩阵分析法适用于由连杆或梁等单元组成的杆件结构，它是一种具有朴素的有限元思想的非连续介质的力学分析方法。下面以此为例说明有限元分析的一般步骤。

1.2.1　矩阵分析法

杆件结构的矩阵分析法从广义上说，可以包含在有限元法中，并且可以比较形象地说明有限元法的概念，在实际工程中也有很大的应用价值。

1. 水平杆单元刚度矩阵

如图 1-1 所示的桁架，杆的两端都可以产生位移。为了循序渐进，先研究水平杆 ij，如图 1-2 所示。

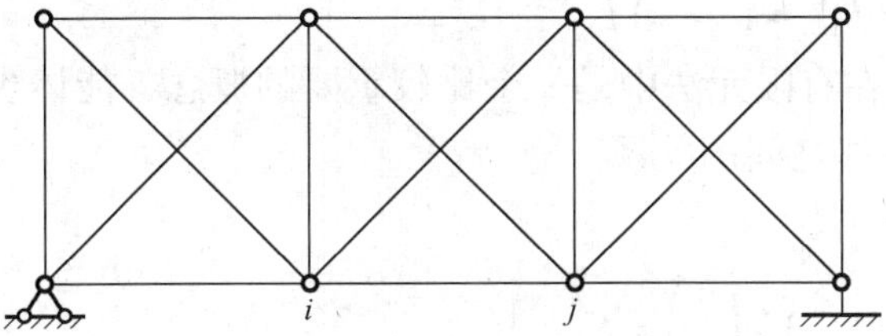

图 1-1　桁架

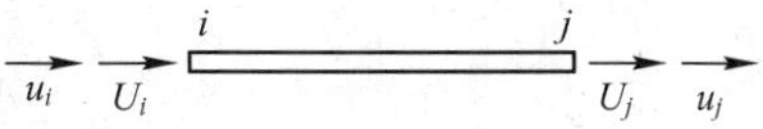

图 1-2　水平杆单元

杆单元两端各有一个水平节点位移 u_i 和 u_j，即具有两个自由度。两端节点力分别为 U_i 和 U_j。

杆的受力情况可分解为两种状态。

1）状态一：$u_i = u_i$，$u_j = 0$。这时，节点 j 被固定。

单元应变：$\varepsilon = -\dfrac{u_i}{l}$。

单元应力：$\sigma = E\varepsilon = -\dfrac{Eu_i}{l}$。

材料力学中以拉应力为正，而有限元法中，以向右的节点力为正，所以下式中加一负号。

单元左端节点力：$U_i = -A\sigma = \dfrac{AE}{l}u_i$。

单元右端节点力：$U_j = A\sigma = -\dfrac{AE}{l}u_i$。

2）状态二：$u_i = 0$，$u_j = u_j$。这种状态与状态一正好相反。

单元应变：$\varepsilon=\dfrac{u_j}{l}$。

单元应力：$\sigma=\dfrac{Eu_j}{l}$。

单元左端节点力：$U_i=-A\sigma=-\dfrac{AE}{l}u_j$。

单元右端节点力：$U_j=A\sigma=\dfrac{AE}{l}u_j$。

把以上两种状态的结果叠加起来，得到左、右两端都可变位情况下单元节点力为

$$U_i=\frac{AE}{l}u_i-\frac{AE}{l}u_j$$

$$U_j=-\frac{AE}{l}u_i+\frac{AE}{l}u_j$$

写成矩阵形式得到

$$\begin{pmatrix}U_i\\U_j\end{pmatrix}=\frac{AE}{l}\begin{pmatrix}1&-1\\-1&1\end{pmatrix}\begin{pmatrix}u_i\\u_j\end{pmatrix}=\boldsymbol{K}^e\begin{pmatrix}u_i\\u_j\end{pmatrix}\tag{1-1}$$

其中，

$$\boldsymbol{K}^e=\frac{AE}{l}\begin{pmatrix}1&-1\\-1&1\end{pmatrix}\tag{1-2}$$

式（1-2）称为单元刚度矩阵。刚度矩阵在有限元法中是一个比较重要的概念，能体现出任何一个自由度方向的节点力与所有节点位移之间的关系。

单元轴力可写为

$$\boldsymbol{N}=\frac{AE}{l}(-1\quad 1)\begin{pmatrix}u_i\\u_j\end{pmatrix}=\boldsymbol{S}\begin{pmatrix}u_i\\u_j\end{pmatrix}\tag{1-3}$$

其中，

$$\boldsymbol{S}=\frac{AE}{l}(-1\quad 1)\tag{1-4}$$

在杆件结构中，通常以轴力作为广义应力，因此矩阵 $\boldsymbol{S}$ 称为单元应力矩阵。

实际，在节点 i 和 j，除了水平位移外，还可产生垂直位移（但在小变形条件下，垂直节点位移对铰接杆的内力无影响）。引入垂直节点位移 v_i、v_j 和垂直节点力 V_i、V_j，把单元刚度矩阵扩展为 4 阶形式，单元节点力为

$$\begin{pmatrix}U_i\\V_i\\U_j\\V_j\end{pmatrix}=\frac{AE}{l}\begin{pmatrix}1&0&-1&0\\0&0&0&0\\-1&0&1&0\\0&0&0&0\end{pmatrix}\begin{pmatrix}u_i\\v_i\\u_j\\v_j\end{pmatrix}\tag{1-5}$$

或

$$\boldsymbol{F}^e=\boldsymbol{K}^e\boldsymbol{\delta}^e\tag{1-6}$$

式中，$\boldsymbol{F}^e=(U_i\ V_i\ U_j\ V_j)^{\mathrm{T}}$ 为节点力；$\boldsymbol{\delta}^e=(u_i\quad v_i\quad u_j\quad v_j)^{\mathrm{T}}$ 为节点位移。

单元刚度矩阵为

$$
\boldsymbol{K}^e=\frac{AE}{l}\begin{pmatrix} 1 & 0 & -1 & 0 \\ 0 & 0 & 0 & 0 \\ -1 & 0 & 1 & 0 \\ 0 & 0 & 0 & 0 \end{pmatrix} \tag{1-7}
$$

单元轴力为

$$
\boldsymbol{N}=\frac{AE}{l}(-1\quad 0\quad 1\quad 0)\begin{pmatrix} u_i \\ v_i \\ u_j \\ v_j \end{pmatrix}=\boldsymbol{S\delta}^e \tag{1-8}
$$

2. 倾斜杆单元刚度矩阵

如图 1-3 所示，局部坐标 $\bar{x}$、$\bar{y}$ 与整体坐标 x、y 之间的位移 $\bar{\boldsymbol{\delta}}$ 与 $\boldsymbol{\delta}$ 之间存在如下变换关系。

$$
\bar{\boldsymbol{\delta}}=\boldsymbol{\lambda\delta} \tag{1-9}
$$

式中，转换矩阵

$$
\boldsymbol{\lambda}=\begin{pmatrix} \alpha & \beta & 0 & 0 \\ -\beta & \alpha & 0 & 0 \\ 0 & 0 & \alpha & \beta \\ 0 & 0 & -\beta & \alpha \end{pmatrix}
$$

为正交矩阵，其中 $\alpha=\cos\theta$，$\beta=\sin\theta$。

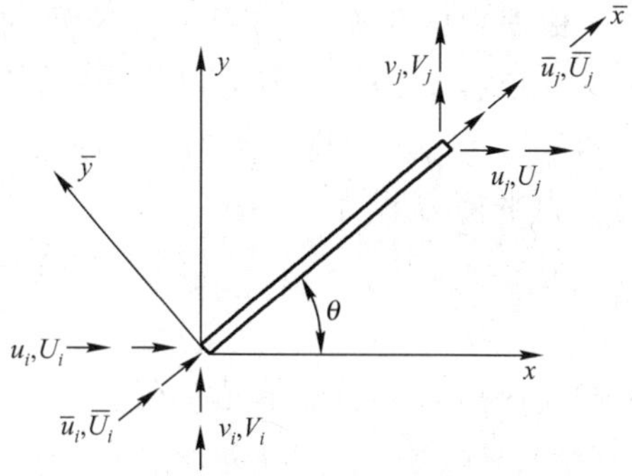

图 1-3　局部坐标与整体坐标

局部坐标系中节点力 $\bar{\boldsymbol{F}}=(\bar{U}_i\ \bar{V}_i\ \bar{U}_j\ \bar{V}_j)^{\mathrm{T}}$ 与整体坐标系中的节点力 $\boldsymbol{F}=(U_i\ V_i\ U_j\ V_j)^{\mathrm{T}}$ 之间的关系为

$$
\bar{\boldsymbol{F}}=\lambda\boldsymbol{F} \tag{1-10}
$$

局部坐标系中的节点力为

$$
\bar{\boldsymbol{F}}=\bar{\boldsymbol{K}}^e\bar{\boldsymbol{\delta}} \tag{1-11}
$$

局部坐标系中的刚度矩阵 $\bar{\boldsymbol{K}}^e$ 见式（1-7）。

将式（1-9）和式（1-10）代入式（1-11），得

$$
\boldsymbol{F}=\boldsymbol{\lambda}^{-1}\bar{\boldsymbol{K}}^e\boldsymbol{\lambda\delta}
$$

或记为

$$
\boldsymbol{F}=\boldsymbol{K}^e\boldsymbol{\delta} \tag{1-12}
$$

式（1-12）反映了单元节点位移与单元节点力的关系，称为单元刚度方程。其中，$\boldsymbol{K}^e=\boldsymbol{\lambda}^{-1}\bar{\boldsymbol{K}}^e\boldsymbol{\lambda}$，为整体坐标系中的单元刚度矩阵，即

$$
\boldsymbol{K}^e=\frac{AE}{l}\begin{pmatrix} \alpha^2 & \alpha\beta & -\alpha^2 & -\alpha\beta \\ \alpha\beta & \beta^2 & -\alpha\beta & -\beta^2 \\ -\alpha^2 & -\alpha\beta & \alpha^2 & \alpha\beta \\ -\alpha\beta & -\beta^2 & \alpha\beta & \beta^2 \end{pmatrix} \tag{1-13}
$$

并将式（1-12）记为

$$\begin{pmatrix} \boldsymbol{F}_i \\ \boldsymbol{F}_j \end{pmatrix} = \begin{pmatrix} \boldsymbol{K}_{ii} & \boldsymbol{K}_{ij} \\ \boldsymbol{K}_{ji} & \boldsymbol{K}_{jj} \end{pmatrix} \begin{pmatrix} \boldsymbol{\delta}_i \\ \boldsymbol{\delta}_j \end{pmatrix} \tag{1-14}$$

式中，i 点节点力 $\boldsymbol{F}_i=(U_i \quad V_i)^{\mathrm{T}}$；$j$ 点节点力 $\boldsymbol{F}_j=(U_j \quad V_j)^{\mathrm{T}}$；$i$ 点节点位移 $\boldsymbol{\delta}_i=(u_i \quad v_i)^{\mathrm{T}}$；$j$ 点节点位移 $\boldsymbol{\delta}_j=(u_j \quad v_j)^{\mathrm{T}}$；$\boldsymbol{K}_{ii}=\boldsymbol{K}_{jj}=\dfrac{AE}{l}\begin{pmatrix} \alpha^2 & \alpha\beta \\ \alpha\beta & \beta^2 \end{pmatrix}$；$\boldsymbol{K}_{ij}=\boldsymbol{K}_{ji}=-\boldsymbol{K}_{ii}$。刚度系数 $\boldsymbol{K}_{ij}$ 的意义是节点 j 的单位节点位移在节点 i 上产生的节点力，其余类推。

3. 节点平衡方程与整体刚度矩阵

从一个桁架中取一节点 i，如图 1-4a 所示。设环绕该点有 3 个单元，即 ij、im、ip。该节点承受的水平荷载和垂直荷载分别为 X_i 和 Y_i，即节点 i 的荷载 $\boldsymbol{P}_i=(X_i \quad Y_i)^{\mathrm{T}}$。

根据力的平衡，作用于杆单元的节点力与作用于节点的节点力，其大小相等，方向相反。以杆 ij 为例，作用于杆单元的节点力是（$U_{ij} \quad V_{ij}$）^{T}，而作用于节点 i 的节点力是（$-U_{ij} \quad -V_{ij}$）^{T}。将节点脱离出来，受力分析如图 1-4b 所示。在水平和垂直方向的节点受力平衡方程为

$$\left.\begin{aligned} X_i-U_{ij}-U_{im}-U_{ip}=0 \\ Y_i-V_{ij}-V_{im}-V_{ip}=0 \end{aligned}\right\} \tag{1-15}$$

由式（1-14）知道杆单元 ij 在节点 i 的节点力为

$$\boldsymbol{F}_{ij}=\begin{Bmatrix} U_{ij} \\ V_{ij} \end{Bmatrix}=\boldsymbol{K}_{ii}\boldsymbol{\delta}_i+\boldsymbol{K}_{ij}\boldsymbol{\delta}_j \tag{1-16}$$

其他单元施于节点 i 的节点力同样可以写出，一起代入式（1-15），得到

$$\left(\sum_e \boldsymbol{K}_{ii}\right)\boldsymbol{\delta}_i+\boldsymbol{K}_{ij}\boldsymbol{\delta}_j+\boldsymbol{K}_{im}\boldsymbol{\delta}_m+\boldsymbol{K}_{ip}\boldsymbol{\delta}_p=\boldsymbol{P}_i \tag{1-17}$$

每个节点都有一对平衡方程如上，对于全部节点 $i=1, 2, \cdots, N$ 的结构，得到 $2N$ 阶线性方程组，即结构的节点平衡方程组

$$\boldsymbol{K\delta}=\boldsymbol{P} \tag{1-18}$$

其中，

$$\boldsymbol{\delta}=(\delta_1,\delta_2,\cdots,\delta_N)^{\mathrm{T}}$$
$$\boldsymbol{P}=(\boldsymbol{P}_1,\boldsymbol{P}_2,\cdots,\boldsymbol{P}_{\mathrm{N}})^T$$

式中，$\boldsymbol{\delta}$ 为全部节点位移组成的列阵；$\boldsymbol{P}$ 为全部节点荷载组成的列阵；$\boldsymbol{K}$ 为结构的整体刚度矩阵。

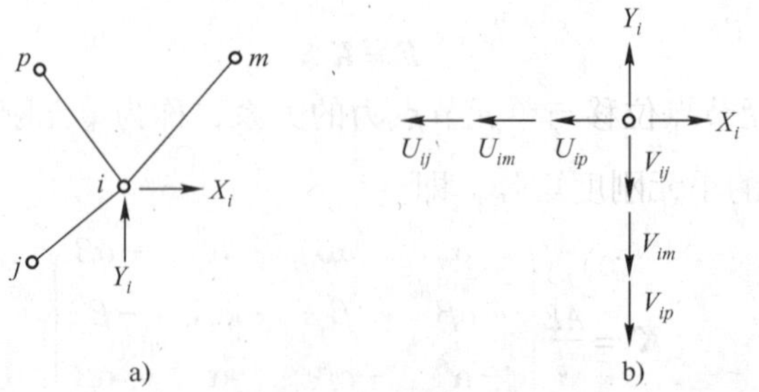

图 1-4　节点 i 的平衡

4. 总体刚度矩阵的合成

由单元刚度矩阵合成结构的整体刚度矩阵通常采用两种方法，一种为编码法，一种为大域变换矩阵法，前者对自由度较少的结构简单明了，后者特别适合计算机编程运算。下面重点介绍后者。

结构总体刚度矩阵 $\boldsymbol{K}$ 与单元刚度矩阵 $\boldsymbol{K}^e$ 之间的关系为

$$\boldsymbol{K} = \sum_e (\boldsymbol{G}^e)^{\mathrm{T}} \boldsymbol{K}^e \boldsymbol{G}^e \tag{1-19}$$

其中，$\boldsymbol{G}^e$ 为单元大域变换矩阵，对平面桁架结构，单元自由度 $m=4$，节点自由度 $h=2$，整个结构有 n 个节点，则该单元大域变换矩阵为 $m\times(hn)$ 维。其中，ij 单元假定为全局单元编号中第 3 个，其大域变换矩阵为

$$\boldsymbol{G}^3 = \begin{array}{c} \begin{matrix} 1 & 2 & \cdots & 2i-1 & 2i & \cdots & 2j-1 & 2j & \cdots & 2n \end{matrix} \\ \begin{pmatrix} 0 & 0 & \cdots & 1 & 0 & \cdots & 0 & 0 & \cdots & 0 \\ 0 & 0 & \cdots & 0 & 1 & \cdots & 0 & 0 & \cdots & 0 \\ 0 & 0 & \cdots & 0 & 0 & \cdots & 1 & 0 & \cdots & 0 \\ 0 & 0 & \cdots & 0 & 0 & \cdots & 0 & 1 & \cdots & 0 \end{pmatrix} \end{array} \tag{1-20}$$

另外，总体结构的荷载向量、位移向量与单元荷载向量、位移向量之间的关系为

$$\boldsymbol{P} = \sum_e (\boldsymbol{G}^e)^{\mathrm{T}} \boldsymbol{P}^e \tag{1-21}$$

$$\boldsymbol{\delta} = \sum_e (\boldsymbol{G}^e)^{\mathrm{T}} \boldsymbol{\delta}^e \tag{1-22}$$

5. 边界条件的处理

边界条件指结构边界上所受到的外加约束。边界上的节点通常有两种情况。一种可以自由变形，如图 1-5 所示的节点 5、6、7、8 等，这时只要让这些节点上的荷载等于零就可以了。如果节点 3 作用着外荷载，则可令该点的荷载等于规定的荷载 Q。另一种是边界上的节点，规定了节点位移的数值，如图 1-5 所示的桁架，有

$$u_1 = v_1 = v_4 = 0,\quad v_2 = b$$

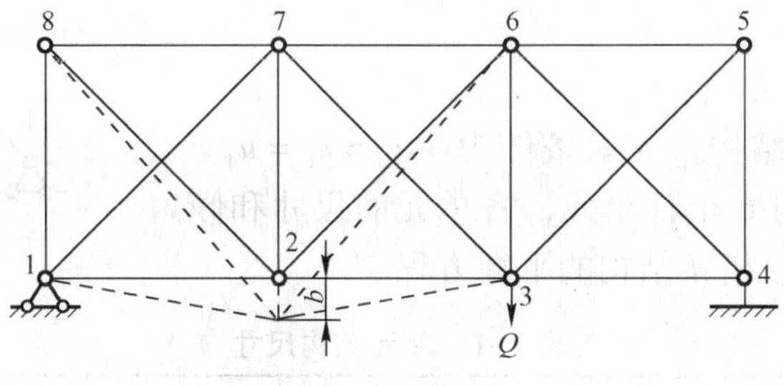

图 1-5　桁架

这时，是否可以把规定的位移数值直接放到平衡方程 $\boldsymbol{K\delta}=\boldsymbol{P}$ 中去呢？当采用迭代法求解时，是可以这样做的。如果采用直接法求解，则不能这样做，因为直接法是以全部节点位移都是未知量为基础的。

现在把结构平衡方程组重新排列如下。

$$\begin{pmatrix} \boldsymbol{K}_{\mathrm{aa}} & \boldsymbol{K}_{\mathrm{ab}} \\ \boldsymbol{K}_{\mathrm{ab}}^{\mathrm{T}} & \boldsymbol{K}_{\mathrm{bb}} \end{pmatrix} \begin{pmatrix} \boldsymbol{\delta}_{\mathrm{a}} \\ \boldsymbol{\delta}_{\mathrm{b}} \end{pmatrix} = \begin{pmatrix} \boldsymbol{P}_{\mathrm{a}} \\ \boldsymbol{P}_{\mathrm{b}} \end{pmatrix}$$

式中，$\boldsymbol{\delta}_{\mathrm{b}}$ 是已知的节点位移，$\boldsymbol{\delta}_{\mathrm{a}}$ 是未知的节点位移。相应地，$\boldsymbol{P}_{\mathrm{a}}$ 是已知的节点荷载，而 $\boldsymbol{P}_{\mathrm{b}}$

是未知的支点反力。只要已给出的位移 $\boldsymbol{\delta}_b$ 足以阻止结构的刚体移动，则子矩阵 $\boldsymbol{K}_{aa}$ 将是非奇异的，可以解出未知的节点位移

$$\boldsymbol{\delta}_a = \boldsymbol{K}_{aa}{}^{-1}(\boldsymbol{P}_a - \boldsymbol{K}_{ab}\boldsymbol{\delta}_b)$$

进而求出未知支点反力

$$\boldsymbol{P}_b = (\boldsymbol{K}_{bb} - \boldsymbol{K}_{ab}^{T}\boldsymbol{K}_{aa}^{-1}\boldsymbol{K}_{ab})\delta_b + \boldsymbol{K}_{ab}^{T}\boldsymbol{K}_{aa}^{-1}\boldsymbol{P}_a$$

上面说明了求解平衡方程组的步骤，但在有限元法中，未知量的个数通常有几百个，甚至几万个，一般都利用电子计算机求解。给定位移的节点和给定荷载的节点实际上是交错出现的。通常为了程序设计的方便，刚度矩阵 $\boldsymbol{K}$ 的行序和列序都不改变，而作下述处理。

设结构的平衡方程为

$$\begin{pmatrix} k_{1,1} & k_{1,2} & k_{1,3} & k_{1,4} & \cdots & k_{1,16} \\ k_{2,1} & k_{2,2} & k_{2,3} & k_{2,4} & \cdots & k_{2,16} \\ k_{3,1} & k_{3,2} & k_{3,3} & k_{3,4} & \cdots & k_{3,16} \\ k_{4,1} & k_{4,2} & k_{4,3} & k_{4,4} & \cdots & k_{4,16} \\ \cdots & \cdots & \cdots & \cdots & \cdots & \cdots \\ k_{16,1} & k_{16,2} & k_{16,3} & k_{16,4} & \cdots & k_{16,16} \end{pmatrix} \begin{pmatrix} u_1 \\ v_1 \\ u_2 \\ v_2 \\ \vdots \\ v_8 \end{pmatrix} = \begin{pmatrix} X_1 \\ Y_1 \\ X_2 \\ Y_2 \\ \vdots \\ Y_8 \end{pmatrix} \tag{1-23}$$

对 $u_1=0$ 上式作如下变化，在刚度矩阵 $\boldsymbol{K}$ 中，把与 u_1 对应的对角线上的刚度系数 $k_{1,1}$ 换为一个极大的数，如可换成 $k_{1,1}\times10^8$；把与 u_1 对应的节点荷载换成 $k_{1,1}\times10^8\times u_1=0$，其余保留不变。对其他边界条件可以类推。

通过上述变化，式（1-23）中节点位移列阵成为未知量，荷载列阵成为已知向量，两端左乘刚度矩阵的逆阵可以求出节点位移，进而得到节点力和单元内力。上述以位移作为未知量求解并表示出节点力和单元内力的方法，称为位移法，相应的有限元法称为位移法有限元。以单元内力为未知量的有限元方法称为力法有限元，工程中采用不多。

例 桁架结构的平衡方程。

图1-6所示为桁架结构，支承条件为：$u_1=v_1=u_4=v_4=0$，$u_3=b$。该桁架共有6个杆单元，各单元的尺寸和倾角如表1-1所示。试列出该桁架结构的平衡方程。

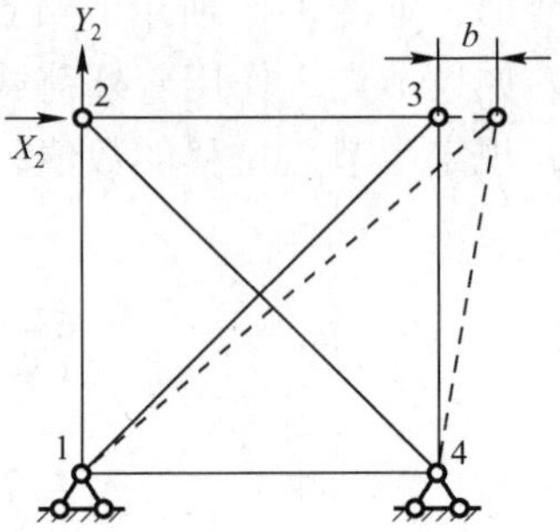

图1-6　桁架

表1-1　单元结构尺寸

杆单元	i 点	j 点	面积	长度	弹性模量	倾角 θ/(°)	$\alpha=\cos\theta$	$\beta=\sin\theta$	α^2	β^2	$\alpha\beta$
12	1	2	A	l	E	90	0	1	0	1	0
13	1	3	A	$\sqrt{2}l$	E	45	$1/\sqrt{2}$	$1/\sqrt{2}$	1/2	1/2	1/2
14	1	4	A	l	E	0	1	0	0	0	0
23	2	3	A	l	E	0	1	0	0	0	0
24	2	4	A	$\sqrt{2}l$	E	315	$1/\sqrt{2}$	$-1/\sqrt{2}$	1/2	1/2	1/2
34	3	4	A	l	E	270	0	-1	0	1	0

求解步骤。

1）根据前述列出各单元的刚度矩阵。

$$\boldsymbol{K}^{12}=\frac{AE}{l}\begin{pmatrix}0&0&0&0\\0&1&0&-1\\0&0&0&0\\0&-1&0&1\end{pmatrix},\ \boldsymbol{K}^{13}=\frac{AE}{\sqrt{2}l}\begin{pmatrix}0.5&0.5&-0.5&-0.5\\0.5&0.5&-0.5&-0.5\\-0.5&-0.5&0.5&0.5\\-0.5&-0.5&0.5&0.5\end{pmatrix},\cdots$$

2）列出各单元的大域变换矩阵。

$$\boldsymbol{G}^{12}=\begin{pmatrix}1&0&0&0&0&0&0&0\\0&1&0&0&0&0&0&0\\0&0&1&0&0&0&0&0\\0&0&0&1&0&0&0&0\end{pmatrix},\ \boldsymbol{G}^{13}=\begin{pmatrix}1&0&0&0&0&0&0&0\\0&1&0&0&0&0&0&0\\0&0&0&0&1&0&0&0\\0&0&0&0&0&1&0&0\end{pmatrix},\cdots$$

3）进而计算整体刚度矩阵 $\boldsymbol{K}$，写出结构总体平衡方程。

$$\frac{AE}{\sqrt{2}l}\begin{pmatrix}1.914&0.5&0&0&-0.5&-0.5&-1.414&0\\0.5&1.914&0&-1.414&-0.5&-0.5&0&0\\0&0&1.914&-0.5&-1.414&0&-0.5&0.5\\0&-1.414&-0.5&1.914&0&0&0.5&-0.5\\-0.5&-0.5&-1.414&0&1.914&0.5&0&0\\-0.5&-0.5&0&0&0.5&1.914&0&-1.414\\-1.414&0&-0.5&0.5&0&0&1.914&-0.5\\0&0&0.5&-0.5&0&-1.414&-0.5&1.914\end{pmatrix}\begin{pmatrix}u_1\\v_1\\u_2\\v_2\\u_3\\v_3\\u_4\\v_4\end{pmatrix}=\begin{pmatrix}X_1\\Y_1\\X_2\\Y_2\\X_3\\Y_3\\X_4\\Y_4\end{pmatrix}$$

4）引入边界条件后得到平衡方程。

$$\frac{AE}{\sqrt{2}l}\begin{pmatrix}1.914\times10^8&0.5&0&0&-0.5&-0.5&-1.414&0\\0.5&1.914\times10^8&0&-1.414&-0.5&-0.5&0&0\\0&0&1.914&-0.5&-1.414&0&-0.5&0.5\\0&-1.414&-0.5&1.914&0&0&0.5&-0.5\\-0.5&-0.5&-1.414&0&1.914\times10^8&0.5&0&0\\-0.5&-0.5&0&0&0.5&1.914&0&-1.414\\-1.414&0&-0.5&0.5&0&0&1.914\times10^8&-0.5\\0&0&0.5&-0.5&0&-1.414&-0.5&1.914\times10^8\end{pmatrix}\begin{pmatrix}u_1\\v_1\\u_2\\v_2\\u_3\\v_3\\u_4\\v_4\end{pmatrix}=\begin{pmatrix}0\\0\\X_2\\Y_2\\1.914\times10^8\times b\\Y_3\\0\\0\end{pmatrix}$$

1.2.2　有限元法分析的一般步骤

1. 有限元法分析的一般步骤

结构离散化就是将结构分成有限个小的单元体，单元与单元、单元与边界之间通过节点连接。结构的离散化是有限元法分析的第一步，关系到计算精度与计算效率，是有限元法的基础步骤，包含以下 3 个方面的内容：

1）单元类型选择。离散化首先要选定单元类型，包括单元形状、单元节点数与节点自由度数 3 个方面的内容。

2）单元划分。划分单元时应注意以下几点：①网格划分越细，节点越多，计算结果越精确。网格加密到一定程度后计算精度的提高就不明显，对应力应变变化平缓的区域不必细分网格。②单元形态应尽可能接近相应的正多边形或正多面体，如三角形单元三边应尽量接近，且不出现钝角；矩阵单元长宽不宜相差过大等。③单元节点应与相邻单元节点相连接，不能置于相邻单元边界上。④同一单元由同一种材料构成。⑤网格划分应尽可能有规律，以利于计算机自动生成网格。

3）节点编码。

2. 单元分析

通过对单元的力学分析建立单元刚度矩阵 $\boldsymbol{K}^e$。

3. 整体分析

整体分析包括以下几方面内容：

1）集成整体节点载荷向量 $\boldsymbol{P}$。结构离散化后，单元之间通过节点传递力，所以有限元法在结构分析中只采用节点载荷，所有作用在单元上的集中力、体积力与表面力都必须静力等效地移置到节点上去，形成等效节点载荷。最后，将所有节点载荷按照整体节点编码顺序组集成整体节点载荷向量。

2）集成整体刚度矩阵 $\boldsymbol{K}$，得到总体平衡方程 $\boldsymbol{K\delta}=\boldsymbol{P}$。

3）引进边界约束条件，解总体平衡方程求出节点位移。

1.3 ANSYS 基本操作

ANSYS 界面与操作无论版本怎样变化，始终以原貌为主，仅作少量的改进，具有较强的继承性，形成了自己固有的风格，具有操作直观易行的特点。本书论述以符号“→”表示进入下一级菜单或选择项，也是 ANSYS 软件默认格式。

1.3.1 ANSYS 安装

下面提供 Windows XP/Windows 7 操作系统下 ANSYS 13.0 安装盘的安装步骤：

1）用虚拟光驱 LevinISO 加载 ANSYS 13.0 镜像文件，将附件中的 MAGNiTUDE 文件夹连同其中文件复制到硬盘上。

2）双击 MAGNiTUDE 文件夹中的 AP13_Calc.exe，当询问时，输入 Y，等生成 license.txt 文件后，按任意键结束。

3）运行安装主程序，双击 setup.exe。

4）弹出初始安装菜单，按照从上至下的顺序，单击 Install ANSYS，Inc. Products，开始 ANSYS 13.0 程序。单击“同意”按钮选择安装目录，单击“下一步”按钮选择 ANSYS 13.0 程序的各个安装组件与模块，以下几步是进行三维 CAD 软件关联配置，可以选择每个三维 CAD 软件的安装目录进行关联配置。如果系统没有安装 CAD 软件，则可以单击“skip”按钮跳过设置，待以后需要时再进行配置。

5）确认安装信息，单击“Next”按钮进行下一步，开始自动安装。

6）按提示单击“Next”按钮后，进入 Specify the License Server Machine 设置界面，在 Hostname 1 文本框中，输入计算机名，计算机名在系统属性里寻找。程序根据提供的计算机名自动配置，完成后单击“Exit”按钮退出，完成主程序安装。

7）回到初始菜单，单击 Install ANSYS，Inc. License Manager，安装许可证服务器，类似主程序安装一样的配置过程。单击“Next”按钮开始安装许可证，安装结束时弹出 ANSYS，Inc. License Wizard 对话框，单击两次“Continue”按钮在弹出的对话框中，选择第 2 步中生成的 license. txt 文件，然后单击两次“Continue”按钮经过程序最后的自动设置之后，就完成安装了。单击“Exit”按钮退出安装程序。

安装成功后，可以从“开始菜单”→“程序”→ANSYS 13. 0 选择启动 ANSYS、ANSYS Product Launcher 及 ANSYS Workbench 平台。

1. 3. 2　ANSYS 启动、用户界面及退出

ANSYS 软件有很多版本，可运行于个人计算机、NT 工作站、UNIX 工作站及巨型机及操作系统中，数据文件在其所有的产品系列和工作平台上均兼容。目前最新版本是 ANSYS 13. 0，也是本书所述默认版本。

第一次启动 ANSYS 软件应进行 ANSYS 产品选择、默认工作路径和文件名设定，路径为：“开始”→“程序”→ANSYS 13. 0→ANSYS Product Launcher，启动后出现如图 1-7 所示的“13. 0：ANSYS Product Launcher”对话框。进行一般结构分析时，在“Simulation Environment：”下拉列表框中选“ANSYS”；“License：”下拉列表框中选“ANSYS Multiphysics”；“Working Directory：”文本框中输入工作文件存取路径；“Jobname：”文本框中输入文件名，如不输入则默认文件名为“file”；单击

按钮运行 ANSYS。以后启动路径为：“开始”→“程序”→ANSYS 13. 0→ANSYS，启动后出现两个窗口，其一为输出窗口，显示软件的文本输出，通常在其他窗口的后面，需要查看时可提到前面。其二如图 1-8 所示为 ANSYS 用户界面（GUI），主要包括以下几部分。

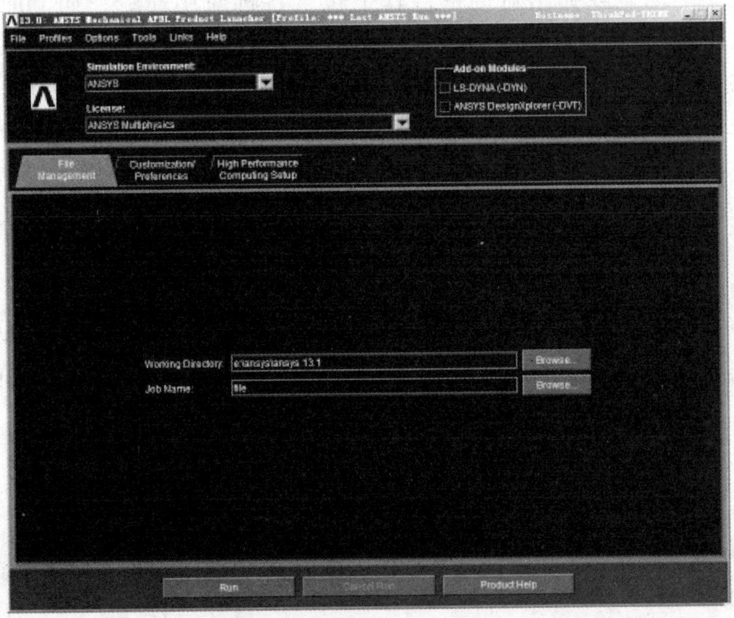

图 1-7　“13. 0：ANSYS Product Launcher”对话框

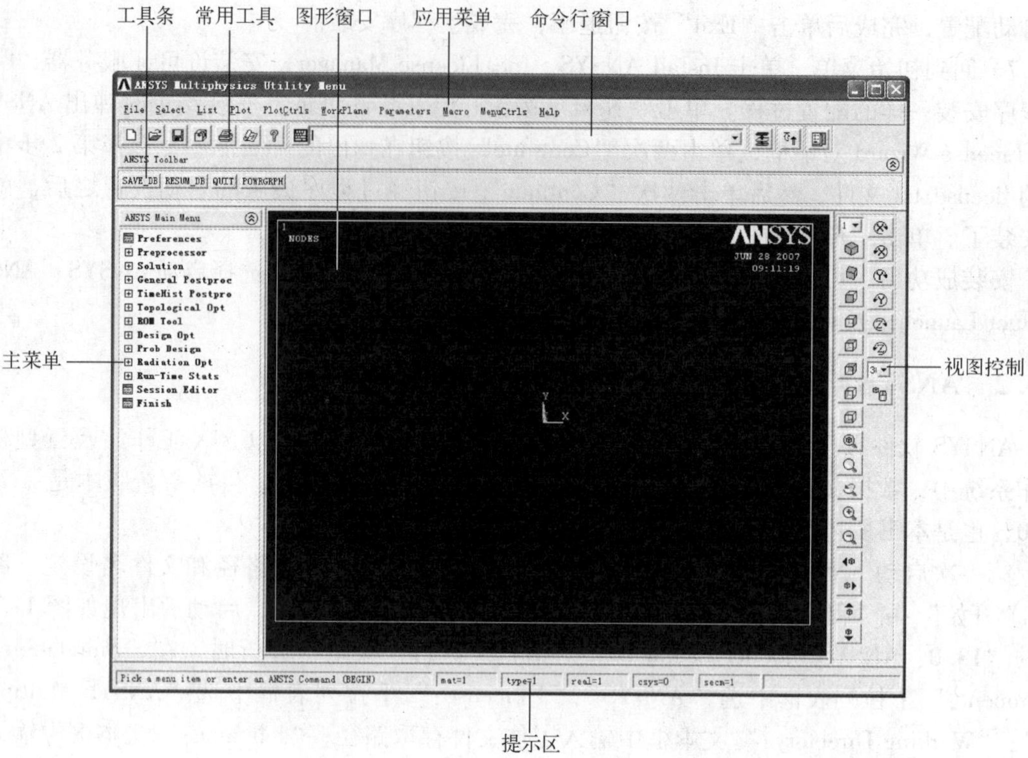

图 1-8　ANSYS 用户界面

1. 应用菜单（Utility Menu）

应用菜单包含文件管理、选择、显示控制、参数设置等应用功能。该菜单为下拉式结构，可直接完成某一功能或弹出对话框，其中包含各种应用命令，如 File（文件）、Select（选择）、List（列表）、Plot（画图）、PlotCtrls（图形控制）、WorkPlane（工作平面）、Parameters（参数控制）、Macro（宏）、Menu Ctrls（菜单控制）和 Help（帮助）。

在此特别说明，ANSYS 提供 3 种方式可以打开帮助：通过 Utility Menu→Help 菜单，查看各命令、单元的使用方法，各种问题的分析步骤和案例；单击各操作对话框中的 Help 按钮，可见该对话框的具体使用方法；在输入窗口输入 HELP 命令对各指令的使用提供帮助。

2. 主菜单

主菜单中包括各种功能命令，如前处理模块中使用的单元、截面、材料、结合造型、网格划分等，求解模块中的载荷、约束、求解参数和求解等，还有后处理模块中的列表显示结果、图形显示结果等。若在菜单前有“▤”符号，则表示该菜单还有子菜单；若在菜单前有“⊞”符号，则表示单击该菜单会弹出对话框。

3. 工具条

工具条中放置最常用的功能，用户单击应用菜单 Menu Ctrls→Edit Toolbar 可以自定义工具条按钮的功能。

4. 命令行窗口

命令行窗口又称为输入窗口。它是输入命令的地方，对于习惯使用命令流的用户，命令行窗口经常被使用到。

5. 图形窗口

图形窗口显示当前处理的数据，包括前处理中的节点、单元等和后处理中的应力、应变分布等，ANSYS 中可以同时打开最多 5 个图形窗口，其序号分别为 1、2、3、4、5。从应用菜单 Plot Ctrls→Window Controls→Window On or Off 可以设置图形窗口个数。

6. 视图控制窗口

视图控制窗口位于图形窗口的右侧，单击此处的按钮可以控制图形窗口的视图角度、比例等。

7. 提示区

提示下一步如何操作及当前材料特性、单元类型、实体常数、坐标系统及图形窗口等信息。

操作结束退出时，在 ANSYS 主窗口中执行 Utility Menu→File→Exit 命令或单击工具栏中的 QUIT 按钮，弹出如图 1-9 所示的“Exit from ANSYS”对话框。其中，4 个单选按钮如下。

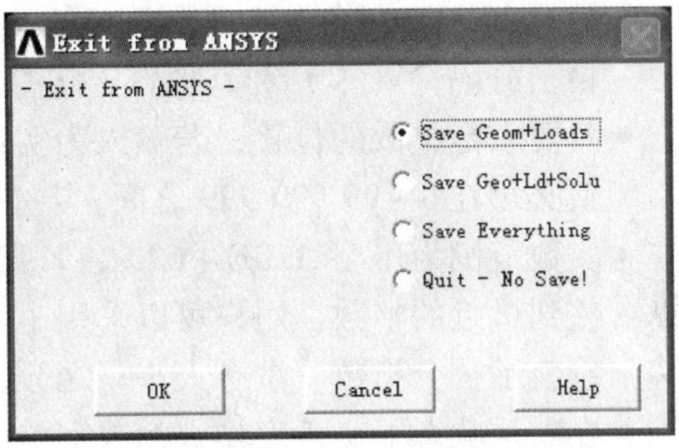

图 1-9 “Exit from ANSYS”对话框

- Save Geom + Loads：选择后退出时保存工作中的几何模型、载荷以及约束。
- Save Geo + Ld + Solu：选择后退出时保存模型、约束和求解的结果。
- Save Everything：选择后保存所做的修改。
- Quit—No Save!：选择后不保存所做的修改。

选择所需的单选按钮，单击 OK 按钮退出。第一次进行 ANSYS 产品选择后退出时，到“13.0：ANSYS Product Launcher”对话框中，由 File→Exit 退出 ANSYS。

1.3.3 ANSYS 操作方式

ANSYS 有如下两种操作方式。

1. GUI 方式

GUI 由窗口、菜单、对话框和其他组件组成，只要单击按钮或在相应位置输入相应值即可完成所需的功能。

2. 命令方式

ANSYS 大约有 1 200 多个命令，每个命令实现一个特定的功能。大多数命令都与特定的处理器（如前处理器、求解器和后处理器等）关联，并且也只能在其中使用，否则出现警告信息。

为了使用某个功能，可使用命令输入或 GUI 方式，在帮助文件的“ANSYS 命令参考手册”中详细描述了所有 ANSYS 命令并列出与其对应的 GUI 方式，但并不是所有 ANSYS 命令都有与之对应的 GUI 方式。本书以 GUI 方式为主，同时附上命令流文件。下面简要说明“命令方式”应注意的事项。

一个典型的命令总是由命令名、逗号和其他值构成的，逗号起分隔符作用。例如，在一个节点上施加一个力荷载的 F 命令格式为“F，NODE，Lab，VALUE”，如果要在编号为 25 的节点上施加一个 X 轴方向的载荷 2 000，则该命令的格式为“F，25，FX，2 000”。

在大多数情况下，用户可简化较长的命令名为其开始的4个字符，如FINISH可简化为FINI。某些命令实际上是一个宏命令名。以“/”开始的命令，如/PREP7通常完成一般性的软件控制任务，如启动软件、管理文件和控制图形等。以“*”开始的命令，如*GET是ANSYS参数化设计语言中的命令。命令中的值可以是数字或字符，这取决于该命令的功能。在帮助文件的“ANSYS命令参考手册”中，数字一般出现在全部为大写斜体字母处，如F命令中的NODE和VALUE；字符一般出现在第一个字母为大写的斜体字母处，如F命令中的Lab。/PREP7和/POST1等命令只有命令名，而没有值。使用命令的规则如下。

- 进入命令后，赋值必须要与特定的位置相对应。
- 连续使用的逗号之间表示有值被省略，ANSYS将使用默认值替代省略的值。
- 在同一行中可以输入使用符号$分隔的多个命令，分隔符的使用限制可参考帮助文件的“ANSYS命令参考手册”。在一行中最多可输入640个字符，其中包括逗号、空格、分隔符（$）和其他特定字符。
- 对要求是整数的位置，若输入为实数，系统自动取整到最近的整数。输入整数的绝对值必须在0~99 999 999之间。
- 实数范围为+/-1.0E+60~+/-1.0E-60，系统将接受整数域中的实数并将其取整到最近的整数，用户可以采用小数或指数形式输入实数。在指数形式中，E或D字符表示一个指数，没有大小写之分，这个限制适用于所有平台的ANSYS命令。
- 在默认状态下，角度输入的数字单位是度。如果执行命令*AFUN，则ANSYS中的函数也可以使用弧度作为角度的单位。
- 不能出现在命令输入的字符值中的特殊字符如下：

! @ # $ % ^ & * ( ) _ - +

= | \ { } [ ] " ' / < > ~

由一个“!”（感叹号）引出的任何字符均将作为一个说明语句处理。

1.3.4 ANSYS典型分析过程

下面以悬臂梁的受力分析为例简要说明ANSYS分析问题的操作步骤。

问题描述

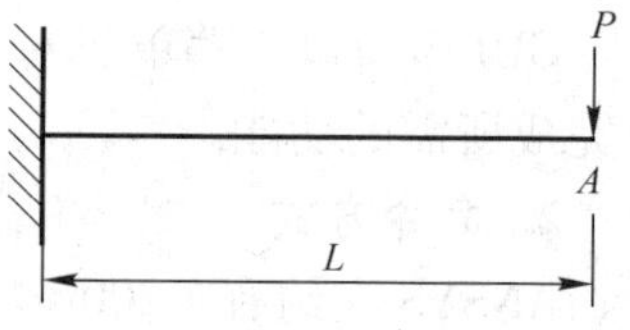

图1-10 悬臂梁受力

图1-10所示为一个工字悬臂梁，在力P作用下求该梁A点的挠度。其中，长度$L=1$m，外表面高度$H=50$mm，内侧面高度$h=43$mm，宽度$B=35$mm，中间支梁宽度$b=32$mm，作用力$P=1000$N，弹性模量$E=2\times10^{11}$Pa（钢材），泊松比为0.3。

通常先执行Utility Menu→Change Directory…来设定工作目录，否则默认工作目录为安装盘的根目录。该操作以后不再说明。

操作步骤

1）定义工作文件名。执行Utility Menu→File→Change Jobname命令，在弹出的“Change Jobname”对话框中输入“beam”，选择“New log and error files”复选框，单击OK按钮。

2）选择单元类型。选择Main Menu→Preprocessor→Element Type→Add/Edit/Delete，弹出如图1-11所示的“Element Types”对话框，单击Add...按钮，弹出如图1-12所示的“Library of Element Types”对话框，在左侧列表中选择 Structural Beam，在右侧列表中选择 2 node 188，单击 OK 按钮，返回如图 1-11 所示的“Element Types”对话框，单击 Close 按钮。

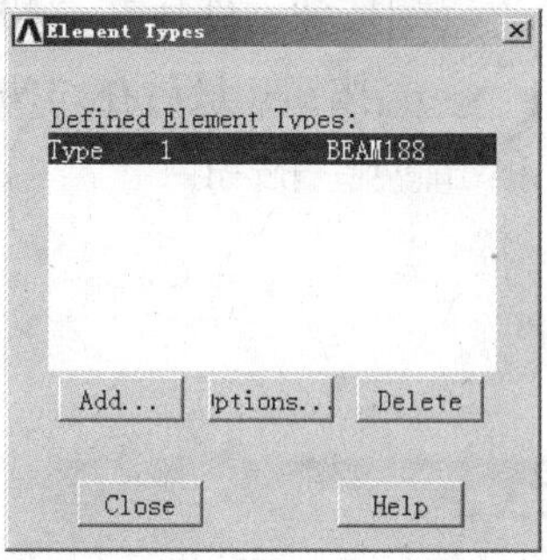

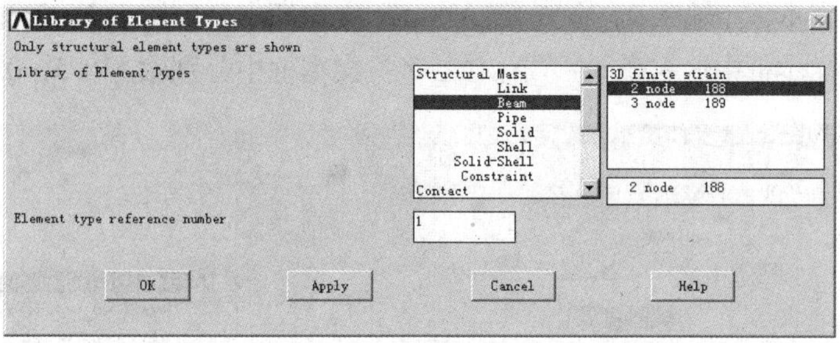

图 1-11 “Element Types”对话框　　　　图 1-12 “Library of Element Types”对话框

3）定义梁的横截面。选择 Main Menu→Preprocessor→Sections→Beam→Common Sections，弹出如图 1-13 所示的“Beam Tool”对话框，选择 Sub-Type 为“I”（横截面形状），在“W1”、“W2”、“W3”、“t1”、“t2”、“t3”文本框中分别输入 0.035、0.035、0.05、0.0035、0.0035、0.003，单击 OK 按钮。

4）定义材料属性。选择 Main Menu→Preprocessor→Material Props→Material Models，弹出如图 1-14 所示的“Define Material Models Behavior”对话框，在右侧列表中依次选择 Structural、Linear、Elastic、Isotropic，弹出如图 1-15 所示的“Linear Isotropic Material Properties for Material Number 1”对话框，在“EX”文本框中输入 2E+011（弹性模量），在“PRXY”文本框中输入 0.3（泊松比），单击 OK 按钮，然后关闭如图 1-14 所示的“Define Material Models Behavior”对话框。

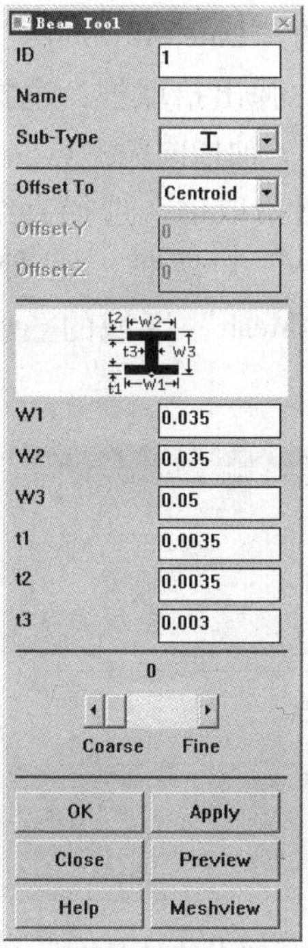

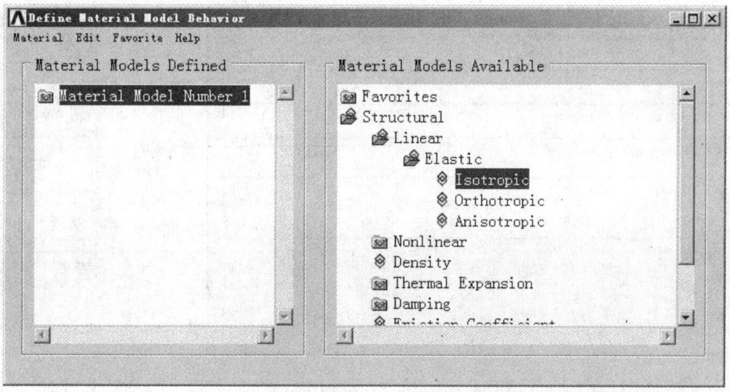

图 1-13 “Beam Tool”对话框　　　　图 1-14 “Define Material Models Behavior”对话框

5）创建关键点。选择 Main Menu→Preprocessor→Modeling→Create→Keypoints→In Active CS，弹出如图 1-16 所示的“Create Keypoints in Active Coordinate System”对话框。首先在“NPT”文本框中输入 1，在“X，Y，Z”文本框中分别输入 0，0，0，单击 Apply 按钮；然后在“NPT”文本框中输入 2，在“X，Y，Z”文本框中分别输入 1，0，0，单击 Apply 按钮；最后在“NPT”文本框中输入 3，在“X，Y，Z”文本框中分别输入 0.5，0.5，0，单击 OK 按钮。

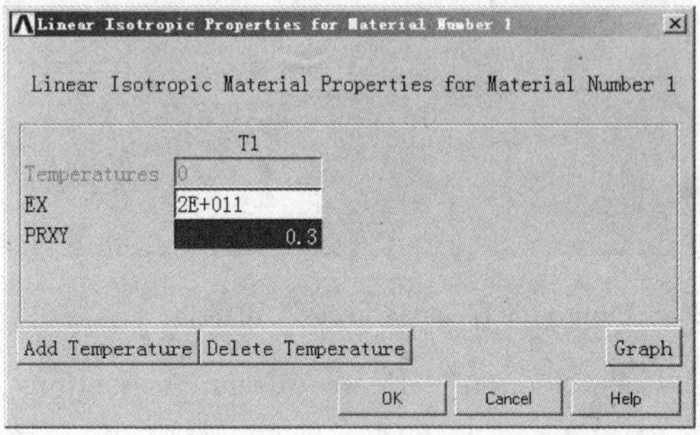

图 1-15 “Linear Isotropic Material Properties for Material Number 1”对话框

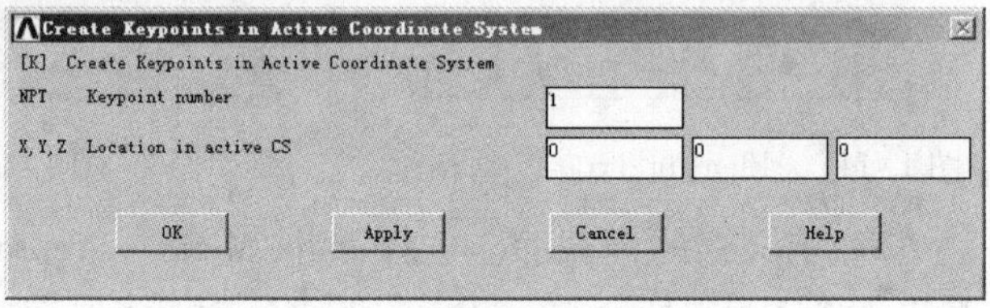

图 1-16 “Create Keypoints in Active Coordinate System”对话框

6）显示关键点号。选择 Utility Menu→PlotCtrls→Numbering，在所弹出的对话框中，将 Keypoint numbers（关键点号）打开，单击 OK 按钮。

7）创建直线。选择 Main Menu→Preprocessor→Modeling→Create→Lines→Lines→Straight Line，弹出拾取框，选择关键点 1 和 2，单击 OK 按钮。

8）划分单元。选择 Main Menu→Preprocessor→Meshing→MeshTool，弹出“MeshTool”对话框，选择“Element Attributes”下拉列表框为“Lines”，单击下拉列表框后面的“Set”按钮，弹出拾取框，选择线，单击 OK 按钮，弹出如图 1-17 所示的“Line Attributes”对话框，选择“Pick Orientation Keypoint（s）”为 Yes，单击 OK 按钮；弹出拾取框，选择关键点 3，单击 OK 按钮，则横截面垂直于关键点 1、2、3 所在的平面，*z* 轴指向关键点 3。

单击“SizeControls”区域中“Lines”后面的“Set”按钮，弹出拾取框，选择直线，单击 OK 按钮，弹出如图 1-18 所示的“Element Sizes on Picked Lines”对话框，在“NDIV”文本框中输入 50，单击 OK 按钮。单击“MeshTool”对话框中“Mesh”区域的 Mesh 按钮，弹出拾取框，选择直线，然后单击 OK 按钮。

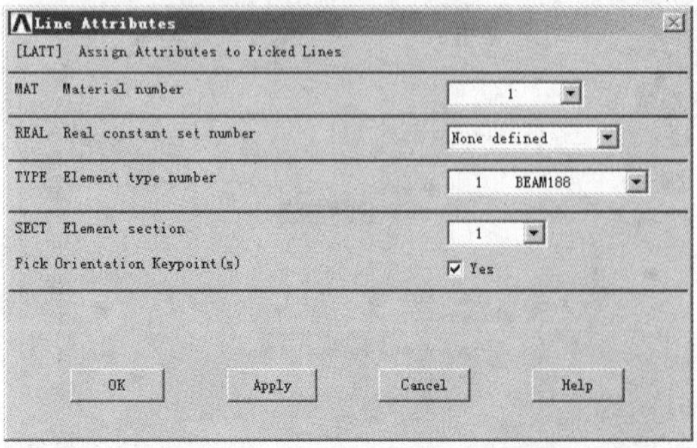

图 1-17 “Line Attributes”对话框

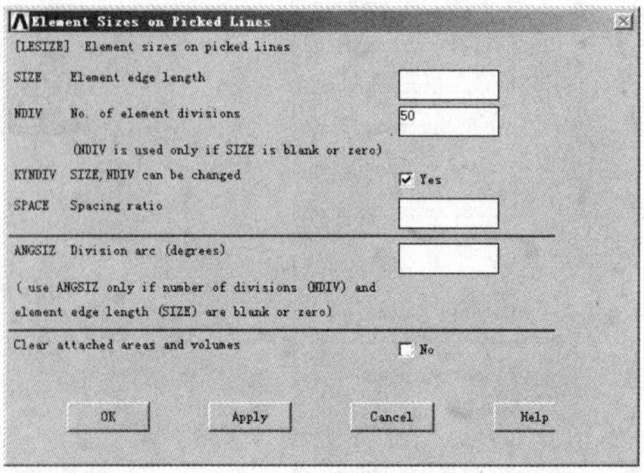

图 1-18 “Element Sizes on Pickcd Lines”对话框

9）施加约束。选择 Main Menu→Solution→Define Loads→Apply→Structual→Displacement→On Keypoints，弹出拾取框，选择关键点 1，单击 OK 按钮，弹出如图 1-19 所示的“Apply U，Rot on KPs”对话框，在列表中选择 All DOF，单击 OK 按钮。

10）施加载荷。选择 Main Menu→Solution→Define Loads→Apply→Structural→Force/Moment→On Keypoints，弹出拾取框，选择关键点 2，单击 OK 按钮，弹出如图 1-20 所示的“Apply F/M on KPs”对话框，选择“Lab”为“FY”，在“VALUE”文本框中输入 -1000，单击 OK 按钮。

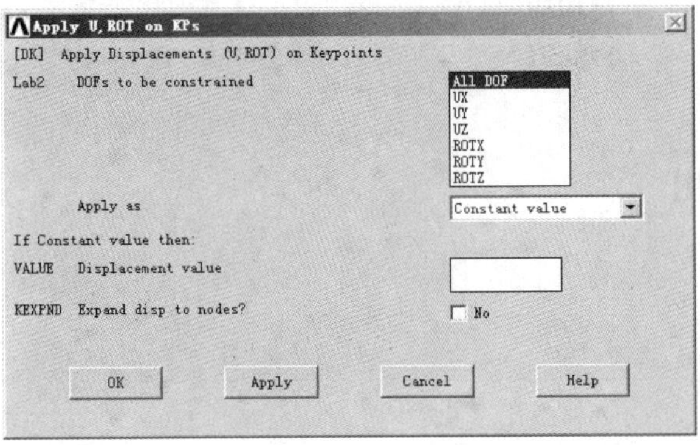

图 1-19 “Apply U，Rot on KPs”对话框

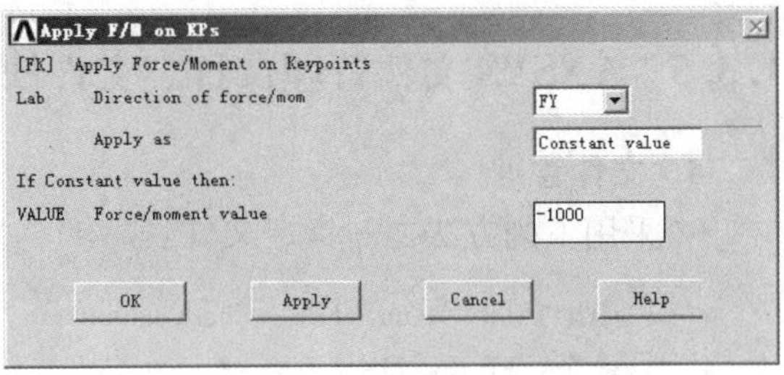

图 1-20 “Apply F/M on KPs”对话框

11）求解。选择 Main Menu→Solution→Solve→Current LS。单击“Solve Current Load Step”对话框中的 OK 按钮。当出现“Solution is done!”提示时，求解结束，即可查看结果。

12）查看结果，显示变形。选择 Main Menu→General Postproc→Plot Results→Deformed Shape，在所弹出的对话框中，选中“Def shape only”，单击 OK 按钮，结果如图 1-21 所示。从图中看出，最大位移为 0.011019m，与理论结果一致。

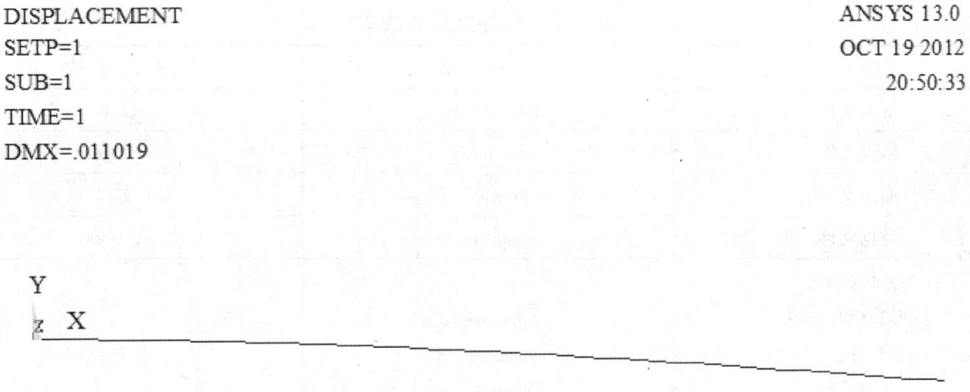

图 1-21 结果显示

命令流

```
/CLEAR
/FILNAME, EXAMPLE7
LESIZE, 1, , ,50
LATT, , , , ,3
```

```
/PREP7
ET, 1, BEAM188
SECTYPE,1, BEAM,I
SECOFFSET,CENT
SECDATA,0.035,0.035,0.05,0.0035,0.0035,0.003
MP, EX, 1, 2E11
MP, NUXY, 1, 0.3
K, 1, 0, 0, 0
K, 2, 1, 0, 0
K, 3, 0.5, 0.5, 0
LSTR, 1, 2
LMESH, 1
FINISH
/SOLU
DK, 1, ALL
FK, 2, FY, -1000
SOLVE
FINISH
/POST1
PLDISP
FINISH
```

1.3.5 ANSYS 文件管理及日志文件使用

1. 文件管理

可采用下列方法之一指定文件名。

GUI：Utility Menu→File→Change Jobname。

命令：/FILENAME。

扩展名通常是一个包含 2～4 个字符的 ANSYS 能够识别的标识符。

（1）文件类型及其格式

文件类型及格式见表 1-2。ANSYS 的命令：

/ASSIGN、/＊ LIST、/COPY、/OUTPUT、/＊ CREATE、/PSEARCH、/DELETE、/RENAME/、/INPUT 要求指定文件名、扩展名和路径，其中文件名最多为 32 个字符，扩展名最多为 8 个字符，路径为 64 个字符且不包含空格。在 Windows 系统中，要使用“\”表示路径中出现的斜线。

表 1-2　文件类型及格式

文件类型	文件名	文件格式
日志文件	Jobname. log	文本
错误文件	Jobname. err	文本
输出文件	Jobname. out	文本
数据文件	Jobname. db	二进制
结果文件： 结构与耦合分析 热分析 磁场分析 流体分析	 Jobname. rst Jobname. rth Jobname. rmg Jobname. rfl	二进制
载荷步文件	Jobname. SN	文本
图形文件	Jobname. grph	文本
单元矩阵文件	Jobname. emat	二进制

(2) 文件长度

最大长度取决于系统的限制和在该系统下处理大容量文件的能力，如果超过，则 ANSYS 将自动分割文件。

(3) 日志文件（Jobname. log）

其中记录用户使用 ANSYS 的全过程。启动 ANSYS 后，该文件处于打开状态，可浏览或编辑。

2. 日志文件使用

无论在输入行输入命令，还是在 GUI 方式下执行操作，系统均将执行情况记录在两个对话日志文件和内部数据命令日志中，前者是一个文本文件，保存在用户的工作目录中；后者保存在 ANSYS 数据库（即内存）中。

(1) 使用对话日志文件

启动 ANSYS，选择打开对话日志文件，每一次新的 ANSYS 对话都将以命令流形式追加到已有的 Jobname. log 文件中。该文件对从系统崩溃和灾难性的用户错误中恢复非常有用。从重新命名的日志文件的备份中，用户能够重新执行其中的每个命令，精确地生成与前面相同的数据。日志文件也可作为一种调试工具，帮助修复任何在执行中产生的错误。使用 /Filename，1 命令可以重新定义一个新的日志文件。在交互运行方式下，执行下列命令列表日志文件：Utility Menu→List→Files→Log File。

(2) 使用数据命令日志

当用户保存数据时，将数据命令日志与其他数据信息保存在数据文件（Jobname. DB）中。使用下列命令之一可以将数据命令日志写入一个 ASCII 文件中。

GUI:Utility Menu→File→Write DB log file。
命令:LGWRITE。

可编辑这个文件，或用其作为命令输入（如优化设计中）。当需要使用交互方式生成命令过程，并且与用户数据对应的对话日志文件已丢失或破坏时，该日志非常有用。

如果通过多次保存与恢复操作生成了数据文件，则系统通过追加每个新的命令保持数据日志文件的连续性。因此，内部数据日志并不分段，而是保持为一个整体。但 RESUME 命令不写入数据日志中。

(3) 输入命令日志文件

在交互模式下读入编辑的日志文件，可采用下列方法之一。

GUI:utility Menu→File→Read Input Form。
命令:/INPUT。

在批处理模式下，也可将编辑的日志文件作为批处理的输入文件使用。

1.4 本章小结

本章简要地介绍了有限元方法与 ANSYS 软件的发展现状，给出有限元方法的基本思想：将物体（即连续的求解域）离散成有限个且按一定方式相互连接在一起的单元的组合，来模拟或逼近原来的物体，从而将一个连续的无限自由度问题简化为离散的有限自由度问题求解的一种数值分析法。其理论基础是加权余量法中的伽辽金法（Galerkin）和变分原理中的里兹（Ritz）。

指出广义有限元法包括杆系结构的矩阵分析法。后面通过矩阵分析法介绍了有限元方法的分析步骤，并引出系列概念，如节点、节点力、刚度矩阵、应力矩阵、平衡方程等。有限元方法分析的步骤分为结构离散化、单元分析、整体分析 3 步。

介绍了 ANSYS 13.0 的安装方法。其界面主要包括应用菜单（Utility Menu）、主菜单、工具条、命令行窗口、图形窗口、视图控制窗口、提示区等窗口。以悬臂梁受力分析为例，说明 ANSYS 操作过程大体分为建立有限元模型（前处理）、施加载荷并求解（求解）、浏览计算结果（后处理）3 步。ANSYS 的操作方式有 GUI 和命令流两种方式。操作过程在日志文件中都有记录。

1.5 思考与练习

1. 概念题

1）CAE 的概念是什么？

2）有限元法的基本思想是什么？

3）单元和节点的定义是什么？

4）节点力与节点荷载的区别是什么？

5）说明 ANSYS 软件日志文件的种类和作用。

2. 计算操作题

1）给图 1-22 各节点编号，写出边界条件及各单元的大域变换矩阵。

2）如图 1-23 所示，上下两段连杆的弹性模量 $E_1 = E_2 = 3.0 \times 10^7$，截面积 $A_1 = 5.25$，$A_2 = 3.75$，长度 $l_1 = l_2 = 12$，向下拉力 $P = 100$。用矩阵分析法求 1、2、3 点的位移。

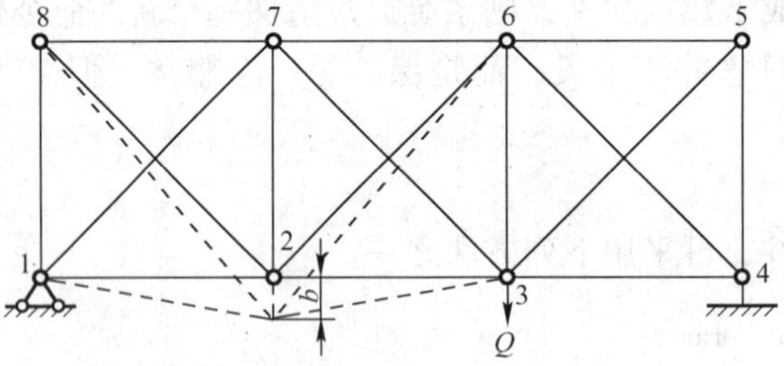

图 1-22　桁架

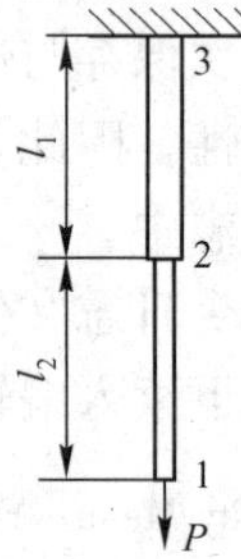

图 1-23　两段连杆

第 2 章　有限元法基础理论

前面介绍了有限元法的基本思想及 ANSYS 分析问题的步骤，本章进一步讲述有限元法的基础理论及其在结构静力学、动力学、结构非线性分析中的应用，这是 ANSYS 软件学习和应用的理论基础，有助于正确快速地理解、把握软件操作步骤，对各种问题进行有效的近似处理、简化求解过程、建立有效模型。

本章重点

- 平面问题的特点及与轴对称问题的区别
- 刚度矩阵的求解与平衡方程的推导
- 等参单元与等数变换
- 结构动力学问题中质量与阻尼的处理
- 大变形问题、塑性问题与线弹性问题有限元法计算过程的根本区别

2.1　结构静力学问题的有限元法

梁结构问题比桁架复杂一些，也可用矩阵分析法（线性代数方程组）得到问题的精确解。在 ANSYS 软件中上述两类问题的建模和求解较为简单。定义单元用 ET 指令，考虑材料各种特性选用不同的 Link、Beam 单元。

有限元法把杆系结构的矩阵分析方法推广应用于连续介质：把连续介质离散化，用有限个单元的组合体代替原来的连续介质，这样一组单元只在有限个节点上相互连接，因而包含有限个自由度，可用矩阵方法进行分析。

2.1.1　平面问题有限元法

对一些特殊情况可把空间问题近似地简化为平面问题，只须考虑平行于某个平面的位移分量、应变分量与应力分量，且这些量只是两个坐标的函数。平面问题分平面应力问题和平面应变问题两类。

设有很薄的均匀薄板，只在板边上受有平行于板面并且不沿厚度变化的面力，同时，体力也平行于板面并且不沿厚度变化。记薄板的厚度为 t，以薄板的中面为 xy 面，以垂直于中面的任意一条直线为 z 轴，由于板面上不受力，且板很薄，外力不沿厚度变化，所以可以认为恒有

$$\sigma_z = 0,\ \tau_{zx} = \tau_{xz} = 0,\ \tau_{zy} = \tau_{yz} = 0$$

不为零的应力分量为 σ_x、σ_y、τ_{xy}，这种问题就称为平面应力问题。

设有无限长的柱形体，在柱面上受有平行于横截面而且不沿长度变化的面力，同时，体

力也平行于横截面且不沿长度变化。以任意一个横截面为 xy 面，任意一条纵线为 z 轴，由于对称性（任意一个横截面都可以看做对称面），此时

$$w=0,\ \varepsilon_z=\gamma_{yz}=\gamma_{zx}=0$$

不为零的应变分量为 ε_x、ε_y、γ_{xy}，这种问题就称为平面应变问题。

二维连续介质，用有限元法分析的步骤如下：

1）用虚拟的直线把原介质分割成有限个平面单元，这些直线是单元的边界，几条直线的交点即为节点。

2）假定各单元在节点上互相铰接，节点位移是基本的未知量。

3）选择一个函数，用单元的 3 个节点的位移唯一地表示单元内部任意一点的位移，此函数称为位移函数（位移模式）。

4）通过位移函数，用节点位移唯一地表示单元内任意一点的应变；再利用广义胡克定律，用节点位移可唯一地表示单元内任意一点的应力。

5）利用能量原理找到与单元内部应力状态等效的节点力；再利用单元应力与节点位移的关系，建立等效节点力与节点位移的关系。这是有限元法求解应力问题的最重要的一步。

6）将每一单元所承受的荷载，按静力等效原则移置到节点上。

7）在每一节点建立用节点位移表示的静力平衡方程，得到一个线性方程组；解出这个方程组，求出节点位移，然后可求得每个单元的应力。

1. 单元的位移模式及插值函数

由于三角形单元对复杂边界有较强的适应能力，所以很容易将一个二维域离散成有限个三角形单元。在边界上以若干段直线近似原来的曲线边界，随着单元增多，这种拟合将越精确。下面以三节点三角形单元为代表讨论平面问题的有限元格式。

设三角形单元节点编码为 i，j，m，以逆时针方向编码为正向，否则后面求出的面积 $\boldsymbol{A}$ 为负值。每个节点有两个位移分量，如图 2–1 所示，节点位移为

$$\boldsymbol{\delta}^e=(u_i,\ v_i,\ u_j,\ v_j,\ u_m,\ v_m)^{\mathrm{T}}$$

节点的坐标分别为（x_i，y_i）、（x_j，y_j）、（x_m，y_m）。

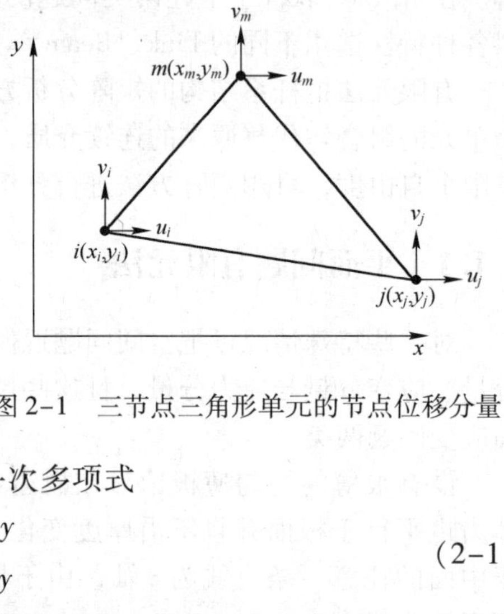

图 2–1　三节点三角形单元的节点位移分量

在有限元法中单元的位移模式（也称位移函数和插值函数）一般采用多项式作为近似函数，因为多项式运算简便，并且随着项数的增多，可以逼近任何一段光滑的函数曲线。多项式的选取应由低次到高次。三节点三角形单元位移模式选取一次多项式

$$\begin{cases}u=\beta_1+\beta_2x+\beta_3y\\ v=\beta_4+\beta_5x+\beta_6y\end{cases}\tag{2–1}$$

单元内的位移是坐标 x，y 的线性函数。$\beta_1\sim\beta_6$ 是待定系数，称为广义坐标。6 个广义坐标可由单元的 6 个节点位移来表示。在式（2–1）中代入三角形单元各节点的坐标，然后解出

$$
\begin{cases}
\beta_1 = \dfrac{1}{2A}(a_i u_i + a_j u_j + a_m u_m) \\
\beta_2 = \dfrac{1}{2A}(b_i u_i + b_j u_j + b_m u_m) \\
\beta_3 = \dfrac{1}{2A}(c_i u_i + c_j u_j + c_m u_m) \\
\beta_4 = \dfrac{1}{2A}(a_i v_i + a_j v_j + a_m v_m) \\
\beta_5 = \dfrac{1}{2A}(b_i v_i + b_j v_j + b_m v_m) \\
\beta_6 = \dfrac{1}{2A}(c_i v_i + c_j v_j + c_m v_m)
\end{cases} \tag{2-2}
$$

式中，A 为三角形的面积

$$
A = \frac{1}{2}\begin{vmatrix} 1 & x_i & y_i \\ 1 & x_j & y_j \\ 1 & x_m & y_m \end{vmatrix}
$$

$$
\begin{cases}
a_i = x_j y_m - x_m y_j \\
b_i = y_j - y_m \qquad (i,j,m) \\
c_i = -x_j + x_m
\end{cases} \tag{2-3}
$$

其中，$(i,\ j,\ m)$ 表示下标轮换，如 $i\to j$，$j\to m$，$m\to i$。

将求得的广义坐标代入式（2-1），可将单元位移函数表示成节点位移的函数

$$
\begin{cases}
u = N_i u_i + N_j u_j + N_m u_m \\
v = N_i v_i + N_j v_j + N_m v_m
\end{cases} \tag{2-4}
$$

其中，

$$
N_i = \frac{1}{2A}(a_i + b_i x + c_i y)\ (i,j,m) \tag{2-5}
$$

N_i，N_j，N_m 称为单元的插值基函数或形函数，它是坐标 x、y 的一次函数。单元上任意一点的形函数之和为 1。

式（2-4）写为矩阵的形式

$$
\boldsymbol{r} = \begin{pmatrix} u \\ v \end{pmatrix} = \boldsymbol{N}\boldsymbol{\delta}^e = (\boldsymbol{I}N_i \quad \boldsymbol{I}N_j \quad \boldsymbol{I}N_m)\boldsymbol{\delta}^e \tag{2-6}
$$

式中，$\boldsymbol{I} = \begin{pmatrix} 1 & 0 \\ 0 & 1 \end{pmatrix}$是二阶单位矩阵。

2. 应变矩阵

确定了单元位移后，可以很方便地利用几何方程和物理方程求得单元的应变和应力。作为平面问题，单元内具有 3 个应变分量 ε_x、ε_y、γ_{xy}，用矩阵表示为

$$
\boldsymbol{\varepsilon} = \begin{pmatrix} \varepsilon_x \\ \varepsilon_y \\ \gamma_{xy} \end{pmatrix} = \begin{pmatrix} \dfrac{\partial u}{\partial x} \\ \dfrac{\partial v}{\partial y} \\ \dfrac{\partial u}{\partial y} + \dfrac{\partial v}{\partial x} \end{pmatrix}
$$

将式（2-4）代入上式中，得到

$$\boldsymbol{\varepsilon}=\frac{1}{2A}\begin{pmatrix} b_i & 0 & b_j & 0 & b_m & 0 \\ 0 & c_i & 0 & c_j & 0 & c_m \\ c_i & b_i & c_j & b_j & c_m & b_m \end{pmatrix}\boldsymbol{\delta}^e$$

或

$$\boldsymbol{\varepsilon}=\boldsymbol{B}\boldsymbol{\delta}^e \tag{2-7}$$

式中，$\boldsymbol{B}$ 称为应变矩阵，写为分块形式，即

$$\boldsymbol{B}=(\boldsymbol{B}_i \quad \boldsymbol{B}_j \quad \boldsymbol{B}_m)$$

而其子矩阵为

$$\boldsymbol{B}_i=\frac{1}{2A}\begin{pmatrix} b_i & 0 \\ 0 & c_i \\ c_i & b_i \end{pmatrix} \quad (i,j,m)$$

三节点三角形单元的 $\boldsymbol{B}$ 是常量矩阵，所以称为常应变单元。在应变梯度较大（即应力梯度较大）的部位，单元划分应适当密集，否则将不能反映应变的真实变化而导致较大的误差。

上述应变中包括与应力有关的应变和与应力无关的应变两部分，无关的应变 $\boldsymbol{\varepsilon}_0$ 又称为初应变。

$$\boldsymbol{\varepsilon}_0=\begin{pmatrix} \varepsilon_{x0} \\ \varepsilon_{y0} \\ \gamma_{xy0} \end{pmatrix}$$

$\boldsymbol{\varepsilon}_0$ 由温度变化、收缩、晶体生长等因素引起，对工程结构一般只考虑温度应变，无论线性和非线性温度，计算时都可近似地采用平均温度

$$\overline{T}=\frac{T_i+T_j+T_m-3T_{\text{ref}}}{3}$$

式中，T_i、T_j、T_m 分别为节点 i、j、m 的温度；T_{ref} 为参考温度。

对于平面应变问题，温度 $\overline{T}$ 引起的初始应变为

$$\boldsymbol{\varepsilon}_0=\begin{pmatrix} \overline{\alpha T} \\ \overline{\alpha T} \\ 0 \end{pmatrix}$$

式中，α 为线膨胀系数。

由于温度变化在各向同性介质中不引起剪切变形，所以 $\gamma_{xy0}=0$。以后所述问题，除非特别说明，都指各向同性介质。

对平面应力问题，温度 $\overline{T}$ 引起的初始应变为

$$\boldsymbol{\varepsilon}_0=(1+\mu)\begin{pmatrix} \overline{\alpha T} \\ \overline{\alpha T} \\ 0 \end{pmatrix}$$

当不考虑温度的影响时，当前温度即为参考温度。以后所述问题，除非特别说明，不考虑温度影响。

3. 单元应力

根据物理方程，对平面应力问题，取应变分量

$$\varepsilon_x = \frac{\sigma_x}{E} - \frac{\mu\sigma_y}{E}$$

$$\varepsilon_y = \frac{\sigma_y}{E} - \frac{\mu\sigma_x}{E}$$

$$\gamma_{xy} = \frac{2(1+\mu)}{E}\tau_{xy}$$

由上式解出

$$\sigma_x = \frac{E}{1-\mu^2}(\varepsilon_x + \mu\varepsilon_y)$$

$$\sigma_y = \frac{E}{1-\mu^2}(\mu\varepsilon_x + \varepsilon_y)$$

$$\tau_{xy} = \frac{E}{2(1+\mu)}\gamma_{xy} = \frac{E}{1-\mu^2}\frac{1-\mu}{2}\gamma_{xy}$$

$$\boldsymbol{\sigma} = \begin{pmatrix} \sigma_x \\ \sigma_y \\ \tau_{xy} \end{pmatrix} = \boldsymbol{D}\boldsymbol{\varepsilon} \tag{2-8}$$

式中，$\boldsymbol{D}$ 为弹性矩阵

$$\boldsymbol{D} = \frac{E}{1-\mu^2}\begin{pmatrix} 1 & \mu & 0 \\ \mu & 1 & 0 \\ 0 & 0 & \dfrac{1-\mu}{2} \end{pmatrix}$$

取决于弹性常数 E 和 μ。

将式（2-7）代入式（2-8），得

$$\boldsymbol{\sigma} = \boldsymbol{S}\boldsymbol{\delta}^e \tag{2-9}$$

$$\boldsymbol{S} = \boldsymbol{D}\,\boldsymbol{B} = (\boldsymbol{S}_i \quad \boldsymbol{S}_j \quad \boldsymbol{S}_m)$$

$$\boldsymbol{S}_i = \frac{E}{2(1-\mu^2)A}\begin{pmatrix} b_i & \mu c_i \\ \mu b_i & c_i \\ \dfrac{1-\mu}{2}c_i & \dfrac{1-\mu}{2}b_i \end{pmatrix} \quad (i,j,m)$$

式中，$\boldsymbol{S}$ 为应力矩阵，反映了单元应力与单元节点位移之间的关系。由于单元应力和应变分量为常量，所以单元边界上有应力阶跃，随单元划分变密，突变将减小。

对平面应变问题，有 4 个应力分量：σ_x、σ_y、τ_{xy} 和 σ_z。取应变分量

$$\varepsilon_x = \frac{1}{E}(\sigma_x - \mu\sigma_y - \mu\sigma_z)$$

$$\varepsilon_y = \frac{1}{E}(\sigma_y - \mu\sigma_x - \mu\sigma_z)$$

$$\gamma_{xy} = \frac{2(1+\mu)}{E}\tau_{xy}$$

$$\varepsilon_z = \frac{1}{E}(\sigma_z - \mu\sigma_x - \mu\sigma_y) = 0$$

由应变分量解出 σ_x、σ_y、τ_{xy}，弹性矩阵为

$$\boldsymbol{D} = \frac{E(1-\mu)}{(1+\mu)(1-2\mu)}\begin{pmatrix} 1 & \dfrac{\mu}{1-\mu} & 0 \\ \dfrac{\mu}{1-\mu} & 1 & 0 \\ 0 & 0 & \dfrac{1-2\mu}{2(1-\mu)} \end{pmatrix}$$

根据物理方程可以求解各应力分量。

4. 单元刚度矩阵

单元节点力为 $\boldsymbol{F}^e$，节点虚位移为（$\boldsymbol{\delta}^*$）^{e}，节点虚应变为（$\boldsymbol{\varepsilon}^*$）^{e}，平面单元的厚度为 t。应用虚位移原理

$$((\boldsymbol{\delta}^*)^e)^{\mathrm{T}}\boldsymbol{F}^e = \iint_A (\boldsymbol{\varepsilon}^*)^{\mathrm{T}}\boldsymbol{\sigma}t\mathrm{d}x\mathrm{d}y = \iint_A (\boldsymbol{\varepsilon}^*)^{\mathrm{T}}\boldsymbol{D\varepsilon}t\mathrm{d}x\mathrm{d}y$$

将 $\boldsymbol{\varepsilon}^* = \boldsymbol{B}(\boldsymbol{\delta}^*)^e$ 及 $\boldsymbol{\varepsilon} = \boldsymbol{B}\boldsymbol{\delta}^e$ 代入上式整理，得到

$$\boldsymbol{F}^e = \left(\iint_A \boldsymbol{B}^{\mathrm{T}}\boldsymbol{DB}t\mathrm{d}x\mathrm{d}y\right)\boldsymbol{\delta}^e$$

可见单元刚度矩阵为

$$\boldsymbol{K}^e = \iint_A \boldsymbol{B}^{\mathrm{T}}\boldsymbol{DB}t\mathrm{d}x\mathrm{d}y \tag{2-10}$$

对于三节点三角形单元，面积为 A，所取为线性位移模式，单元刚度矩阵为

$$\boldsymbol{K}^e = \boldsymbol{B}^{\mathrm{T}}\boldsymbol{S}tA$$

进一步表示为

$$\boldsymbol{K}^e = \begin{pmatrix} \boldsymbol{K}_{ii} & \boldsymbol{K}_{ij} & \boldsymbol{K}_{im} \\ \boldsymbol{K}_{ji} & \boldsymbol{K}_{jj} & \boldsymbol{K}_{jm} \\ \boldsymbol{K}_{mi} & \boldsymbol{K}_{mj} & \boldsymbol{K}_{mm} \end{pmatrix}$$

对平面应力问题有

$$\boldsymbol{K}_{rs} = \frac{Et}{4(1-\mu^2)A}\begin{pmatrix} b_r b_s + \dfrac{1-\mu}{2}c_r c_s & \mu b_r c_s + \dfrac{1-\mu}{2}c_r b_s \\ \mu c_r b_s + \dfrac{1-\mu}{2}b_r c_s & c_r c_s + \dfrac{1-\mu}{2}b_r b_s \end{pmatrix} \quad (r = i,j,m;\ s = i,j,m)$$

单元刚度矩阵表达单元抵抗变形的能力，其元素值为单位位移所引起的节点力，与普通弹簧的刚度系数具有同样的物理本质。例如，子块 $\boldsymbol{K}_{ij}$

$$\boldsymbol{K}_{rs} = \begin{pmatrix} k_{ij}^{11} & k_{ij}^{12} \\ k_{ij}^{21} & k_{ij}^{22} \end{pmatrix}$$

式中，上标 1 表示 x 方向自由度；2 表示 y 方向自由度；后一上标代表单位位移的方向；前一上标代表单位位移引起的节点力方向。例如，k_{ij}^{11} 表示 j 节点产生单位水平位移时在 i 节点

引起的水平节点力分量，k_{ij}^{21} 表示 j 节点产生单位水平位移时在 i 节点引起的竖直节点力分量，其余类推。

单元刚度矩阵为对称矩阵。由于单元可有任意的刚体位移，所以给定的节点力不能唯一地确定节点位移，可知单元刚度矩阵不可求逆，具有奇异性。

5. 等效节点载荷

有限元法分析只采用节点载荷，作用于单元上的非节点载荷都必须移置为等效节点载荷。可依照静力等效原则，即原载荷与等效节点载荷在虚位移上所作的虚功相等，求等效节点载荷。

1）集中力的移置。设单元 ijm 内坐标为（x，y）的任意一点 M 受有集中载荷 $\boldsymbol{f}=(f_x\ \ f_y)^{\mathrm{T}}$，移置为等效节点载荷 $\boldsymbol{P}^e=(X_i\ Y_i\ X_j\ Y_j\ X_m\ Y_m)^{\mathrm{T}}$。假想单元发生了虚位移，$M$ 点虚位移为 $\boldsymbol{u}^*=\boldsymbol{N}(\boldsymbol{\delta}^*)^e$，其中（$\boldsymbol{\delta}^*$）^{e}为单元节点虚位移。按照静力等效原则有

$$((\boldsymbol{\delta}^*)^e)^{\mathrm{T}}\boldsymbol{P}^e=(\boldsymbol{u}^*)^{\mathrm{T}}\boldsymbol{f}=((\boldsymbol{\delta}^*)^e)^{\mathrm{T}}\boldsymbol{N}^{\mathrm{T}}\boldsymbol{f}$$

则

$$\boldsymbol{P}^e=\boldsymbol{N}^{\mathrm{T}}\boldsymbol{f}$$

2）体力的移置。设单元承受有分布体力，单位体积的体力记为 $\boldsymbol{q}=(q_x\ q_y)^{\mathrm{T}}$，其等效节点荷载为

$$\boldsymbol{P}^e=\iint_A \boldsymbol{N}^{\mathrm{T}}\boldsymbol{q}t\mathrm{d}x\mathrm{d}y$$

3）面力的移置。设在单元的某一个边界上作用有分布的面力，单位面积上的面力为 $\boldsymbol{p}=(p_x\ p_y)^{\mathrm{T}}$，在此边界上取微面积 $t\mathrm{d}s$，对整个边界面积积分，得到

$$\boldsymbol{P}^e=\int_l \boldsymbol{N}^{\mathrm{T}}\boldsymbol{p}t\mathrm{d}s$$

【例 2-1】 求单元在以下受力情况下的等效节点荷载：y 方向的重力为 G，图 2-2 所示的 ij 边受 x 方向均布力 p，图 2-3 所示的 jm 边受 x 方向线性分布力。

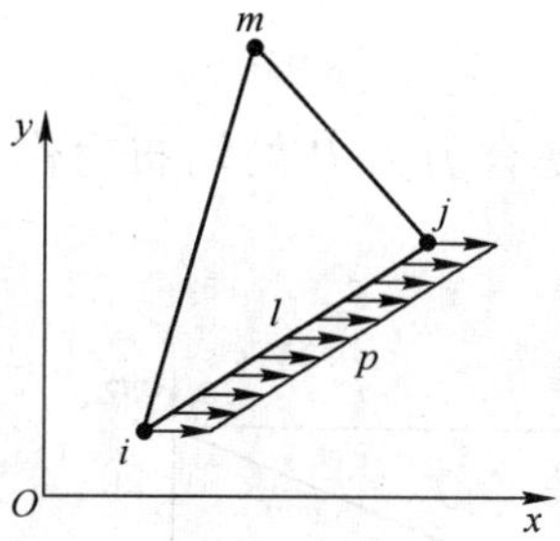

图 2-2　均布力

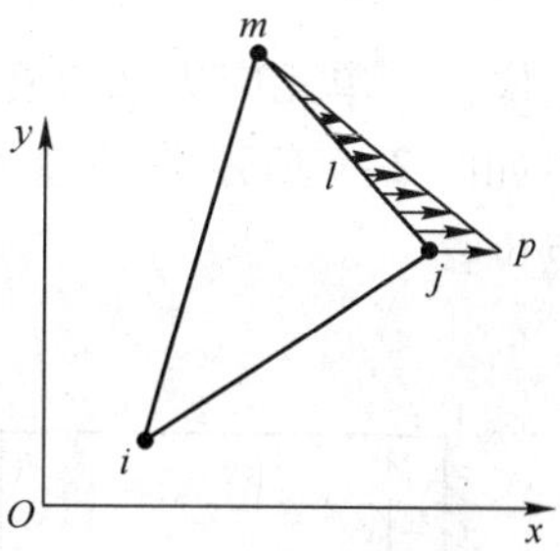

图 2-3　线性分布力

求解说明

利用上述公式求等效节点载荷，当原载荷是分布体力或面力时，进行积分运算是比较烦琐的。但在线性位移模式下，可以按照静力学中力的分解原理直接求出等效节点载荷，上述 3 种情况的等效节点荷载分别为

$$\boldsymbol{P}^e=-\frac{G}{3}(0\quad 1\quad 0\quad 1\quad 0\quad 1)^{\mathrm{T}}$$

$$\boldsymbol{P}^e = ptl\left(\frac{1}{2} \quad 0 \quad \frac{1}{2} \quad 0 \quad 0 \quad 0\right)^{\mathrm{T}}$$

$$\boldsymbol{P}^e = \frac{ptl}{2}\left(0 \quad 0 \quad \frac{2}{3} \quad 0 \quad \frac{1}{3} \quad 0\right)^{\mathrm{T}}$$

6. 整体分析

结构的整体分析就是将离散后的所有单元通过节点连接成原结构物进行分析，分析过程是将所有单元的单元刚度方程组集成总体刚度方程，引进边界条件后求解整体节点位移向量。

总体刚度方程实际上就是所有节点的平衡方程，由单元刚度方程组集成总体刚度方程应满足以下两个原则：

1）各单元在公共节点上协调地彼此连接，即在公共节点处具有相同的位移。由于基本未知量为整体节点位移向量，所以这点已经得到满足。

2）结构的各节点离散出来后应满足平衡条件，也就是说，环绕某一节点的所有单元作用于该节点的节点力之和应与该节点的节点载荷平衡。

如图2-4所示，每一节点统一使用整体节点编号，第4单元节点编号 i、j、m 统一依次改为8、7、5。确定各单元的大域变换矩阵，如第4单元为

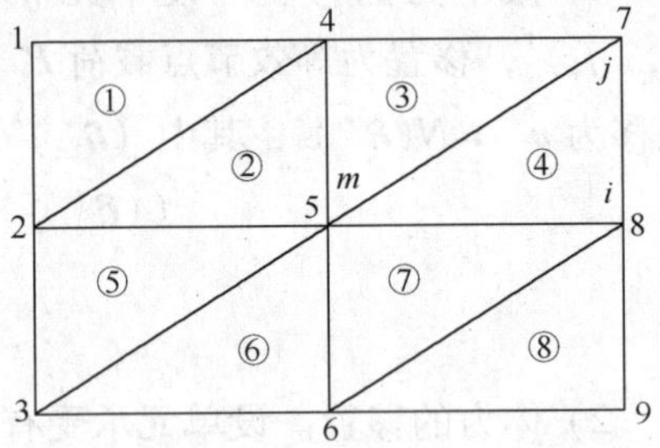

图2-4　节点与单元编号

$$\boldsymbol{G}^4 = \begin{pmatrix} 0 & 0 & 0 & 0 & 0 & 0 & 0 & \boldsymbol{I} & 0 \\ 0 & 0 & 0 & 0 & 0 & 0 & \boldsymbol{I} & 0 & 0 \\ 0 & 0 & 0 & 0 & \boldsymbol{I} & 0 & 0 & 0 & 0 \end{pmatrix}$$

式中，$\boldsymbol{I}$ 为 2×2 阶单位矩阵。

求出各单元刚度矩阵，利用大域变换法求出结构整体刚度矩阵 $\boldsymbol{K}$，引入边界条件，得到结构的节点平衡方程

$$\boldsymbol{K}\boldsymbol{\delta} = \boldsymbol{P} \tag{2-11}$$

进而，求解节点位移、单元应力和应变。

【例2-2】 如图2-5所示为一悬臂梁，自由端受合力为 P 的均布力作用，梁厚 $t=1$，$\mu=1/3$，求节点位移。

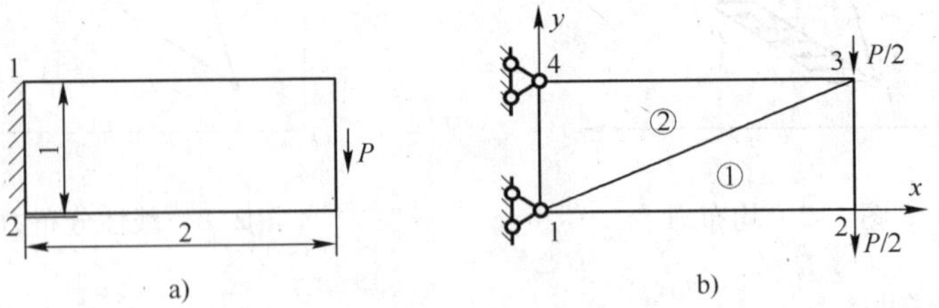

图2-5　结构与离散

a）悬臂梁结构图　b）悬臂梁离散图

求解说明

结构为平面应力问题，划分为两个三角形单元①、②，有4个节点1、2、3、4，坐标

分别为（0，0）、（2，0）、（2，1）、（0，1）。单元①、②节点顺序分别取3、1、2和1、3、4，刚度矩阵完全一样。

对单元①：$b_i=0$，$b_j=-1$，$b_m=1$，$c_i=2$，$c_j=0$，$c_m=-2$。

对单元②：$b_i=0$，$b_j=1$，$b_m=-1$，$c_i=-2$，$c_j=0$，$c_m=2$。

单元的刚度矩阵为

$$\boldsymbol{K}^1=\boldsymbol{K}^2=\frac{3\boldsymbol{E}}{32}\begin{pmatrix} 4 & 0 & 0 & -2 & -4 & 2 \\ 0 & 12 & -2 & 0 & 2 & -12 \\ 0 & -2 & 3 & 0 & -3 & 2 \\ -2 & 0 & 0 & 1 & 2 & -1 \\ -4 & 2 & -3 & 2 & 7 & -4 \\ 2 & -12 & 2 & -1 & -4 & 13 \end{pmatrix}$$

利用大域变换法求出整体刚度矩阵为

$$\boldsymbol{K}=\frac{3\boldsymbol{E}}{32}\begin{pmatrix} 7 & 0 & -3 & 2 & 0 & -4 & -4 & 2 \\ 0 & 13 & 2 & -1 & -4 & 0 & 2 & -12 \\ -3 & 2 & 7 & -4 & -4 & 2 & 0 & 0 \\ 2 & -1 & -4 & 13 & 2 & -12 & 0 & 0 \\ 0 & -4 & -4 & 2 & 7 & 0 & -3 & 2 \\ -4 & 0 & 2 & -12 & 0 & 13 & 2 & -1 \\ -4 & 2 & 0 & 0 & -3 & 2 & 7 & -4 \\ 2 & -12 & 0 & 0 & 2 & -1 & -4 & 13 \end{pmatrix}$$

节点荷载向量为

$$\boldsymbol{P}=(0\quad 0\quad 0\quad -P/2\quad 0\quad -P/2\quad 0\quad 0)^{\mathrm{T}}$$

位移向量为

$$\boldsymbol{\delta}=(u_1\ v_1\ u_2\ v_2\ u_3\ v_3\ u_4\ v_4)^{\mathrm{T}}$$

由结构平衡方程求得节点位移为

$$\boldsymbol{\delta}=\frac{\boldsymbol{P}}{\boldsymbol{E}}(0\quad 0\quad -1.88\quad -8.99\quad 1.50\quad -8.42\quad 0\quad 0)^{T}$$

7. 平面问题高次单元

如前所述，三节点三角形单元因其位移模式是线性函数，应变与应力在单元内都是常量，而弹性体实际的应力场是随坐标而变化的。因此，这种单元在各单元间边界上应力有突变，存在一定误差。为了更好地逼近实际的应变与应力状态，提高单元本身的计算精度，可以增加单元节点而采用更高阶次的位移模式，称为平面问题高次单元，如六节点三角形单元、矩形单元等。这里只介绍六节点三角形单元与矩形单元的位移模式，其他单元的位移模式和具体求解步骤与三节点三角形单元类似，且应用较少，不再赘述。

六节点三角形单元如图2-6所示，在三角形单元各边中点处增加一个节点，则每个单元有6个节点，共有12个自由度。位移模式的项数应与自由度数相当，阶次应选得对称以保证几何各向同性。其位移模式应取完全二次多项式

$$\begin{cases} u=\beta_1+\beta_2x+\beta_3y+\beta_4x^2+\beta_5xy+\beta_6y^2 \\ v=\beta_7+\beta_8x+\beta_9y+\beta_{10}x^2+\beta_{11}xy+\beta_{12}y^2 \end{cases}$$

将节点的坐标和位移代入即可求出广义坐标。

四节点矩形单元如图 2-7 所示，共有 8 个自由度，取位移模式为

$$\begin{cases} u = \beta_1 + \beta_2 x + \beta_3 y + \beta_4 xy \\ v = \beta_5 + \beta_6 x + \beta_7 y + \beta_8 xy \end{cases}$$

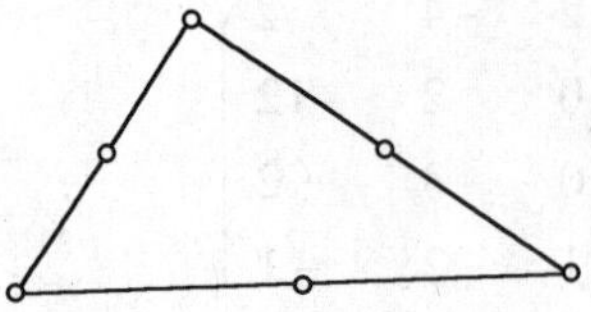

图 2-6　六节点三角形单元

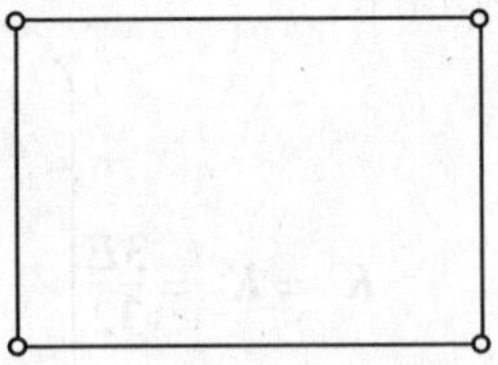

图 2-7　四节点矩形单元

将节点的坐标和位移代入即可求出广义坐标。

2.1.2　轴对称问题有限元法

如果弹性体的几何形状、约束条件及荷载都对称于某一轴，如 z 轴，则所有的位移、应变及应力也对称于此轴。这种问题称为轴对称应力问题。在竖井、压力容器及机械制造中，经常遇到轴对称应力问题。用有限元法分析轴对称问题时，必须将结构离散成有限个圆环单元。圆环单元的截面常用三角形或矩形，也可以是其他形式。这种环形单元之间由圆环形铰相连，称为结圆。轴对称问题的单元虽然是圆环体，与平面问题的平板单元不同，但由于对称性，可以任取一个子午面进行分析。圆环形单元与子午面上相截生成网格，可以采用平面问题有限元分析相似的方法分析。不同之处是：单元为圆环体，单元之间由结圆铰接，节点力为结圆上的均布力，单元边界为回转面。

对于轴对称问题，采用圆柱坐标（r，θ，z）较为方便。如果以弹性体的对称轴作为 z 轴，则所有应力、应变和位移都与 θ 无关，只是 r 和 z 的函数。任意一点只有两个位移分量，即沿 r 方向的径向位移 u 和沿 z 方向的轴向位移 w。由于对称，θ 方向的环向位移等于零。

在轴对称问题中，采用的单元是一些圆环。这些圆环和 rz 平面正交的截面通常取为三角形，如图 2-8 所示的 ijm（也可以取为其他形状）。各单元之间用圆环形的铰链互相连接，每一个铰与 rz 平面的交点称为节点，如 i、j、m 等。各单元在 rz 平面上形成三角形网格，类似于在平面问题中各三角形单元在 xy 平面上所形成的网格。但是在轴对称问题中，每个单元的体积都是一个圆环的体积，这点与平面问题是不同的。

假定物体的形状、约束条件及荷载都是轴对称的，这时只需分析一个截面。

1. 位移函数

取出一个环形单元的截面 ijm 如图 2-9 所示，节点位移为

$$\boldsymbol{\delta}_i = \begin{pmatrix} u_i \\ w_i \end{pmatrix} \quad (i,j,m)$$

仿照平面问题，位移的类似表达式为

$$\begin{cases} u = N_i u_i + N_j u_j + N_m u_m \\ w = N_i w_i + N_j w_j + N_m w_m \end{cases} \tag{2-12}$$

其中

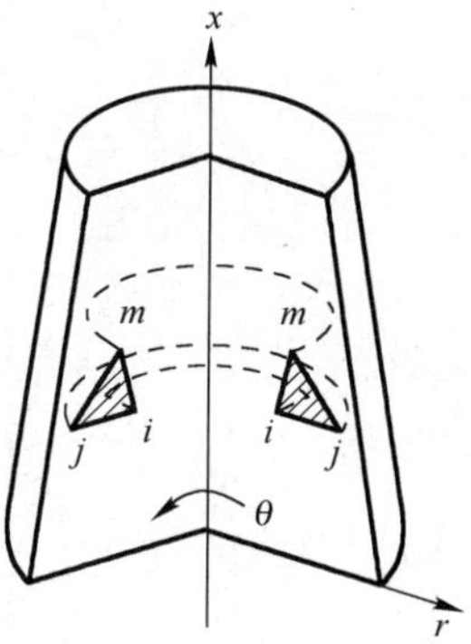

图 2-8　轴对称弹性体三角形单元

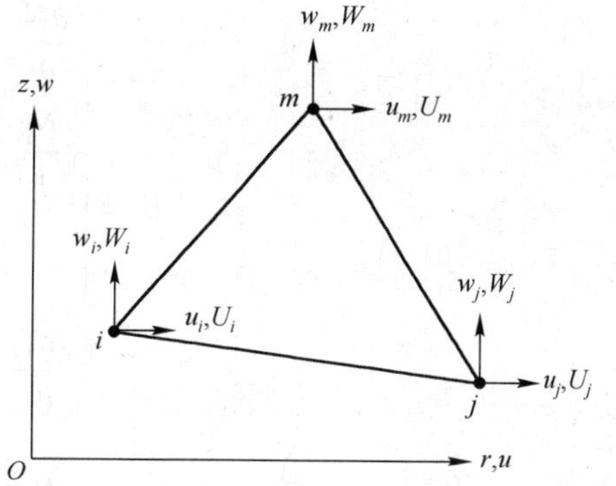

图 2-9　轴对称三角形单元节点力与节点位移

$$N_i = \frac{1}{2A}(a_i + b_i r + c_i z)\ \ (i,j,m)$$

$$A = \frac{1}{2}\begin{vmatrix} 1 & r_i & z_i \\ 1 & r_j & z_j \\ 1 & r_m & z_m \end{vmatrix}$$

$$a_i = r_j z_m - r_m z_j,\ \ b_i = z_j - z_m,\ \ c_i = -r_j + r_m \qquad (i,j,m)$$

式（2-12）写为矩阵的形式

$$\boldsymbol{r} = \begin{pmatrix} u \\ w \end{pmatrix} = \boldsymbol{N\delta}^e = (\boldsymbol{I}N_i \quad \boldsymbol{I}N_j \quad \boldsymbol{I}N_m)\,\boldsymbol{\delta}^e \tag{2-13}$$

式中，$\boldsymbol{I} = \begin{pmatrix} 1 & 0 \\ 0 & 1 \end{pmatrix}$是二阶单位矩阵。

2. 单元应变

如图 2-10 所示，轴对称应变问题中，每点具有 4 个应变分量，沿 r 方向的正应变 ε_r，称为径向正应变；沿 θ 方向的正应变 ε_θ，称为环向正应变；沿 z 方向的正应变 ε_z，称为轴向正应变；在 rz 平面中的剪应变称为 γ_{rz}。由于轴对称，其余两个剪应变分量 $\gamma_{r\theta}$ 及 $\gamma_{\theta z}$ 都等于零。根据几何关系，可推知应变与位移之间符合下列关系。

$$\boldsymbol{\varepsilon} = \begin{pmatrix} \varepsilon_r \\ \varepsilon_\theta \\ \varepsilon_z \\ \gamma_{rz} \end{pmatrix} = \begin{pmatrix} \dfrac{\partial u}{\partial r} \\ \dfrac{u}{r} \\ \dfrac{\partial w}{\partial z} \\ \dfrac{\partial w}{\partial r} + \dfrac{\partial u}{\partial z} \end{pmatrix}$$

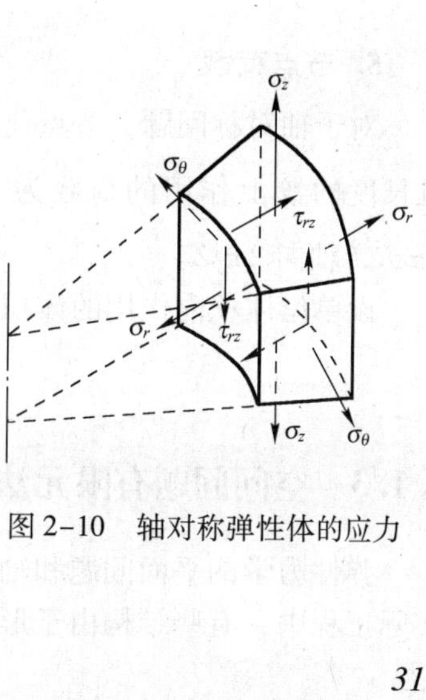

图 2-10　轴对称弹性体的应力

将位移函数式（2-13）代入上式，得

$$\boldsymbol{\varepsilon} = \boldsymbol{B}\,\boldsymbol{\delta}^e = (\boldsymbol{B}_i \quad \boldsymbol{B}_j \quad \boldsymbol{B}_m)\,\boldsymbol{\delta}^e$$

式中，

$$
\boldsymbol{B}_i = \begin{pmatrix} \dfrac{\partial N_i}{\partial r} & 0 \\ \dfrac{N_i}{r} & 0 \\ & \dfrac{\partial N_i}{\partial z} \\ \dfrac{\partial N_i}{\partial z} & \dfrac{\partial N_i}{\partial r} \end{pmatrix} = \frac{1}{2A}\begin{pmatrix} b_i & 0 \\ h_i & 0 \\ 0 & c_i \\ c_i & b_i \end{pmatrix}
$$

$$
h_i = \frac{a_i}{r} + b_i + c_i\frac{z}{r}
$$

环向应变 ε_θ 中包含了坐标 r 和 z，不是常量，但其他应变分量都是常量。

3. 单元应力

在轴对称问题中，任意一点具有 4 个应力分量，即径向正应力 σ_r、环向正应力 σ_θ、轴向正应力 σ_z 及剪应力 τ_{rz}。

应力与应变之间的关系，可用矩阵写成

$$
\boldsymbol{\sigma} = (\sigma_r \quad \sigma_\theta \quad \sigma_z \quad \tau_{rz})^{\mathrm{T}} = \boldsymbol{D}\,\boldsymbol{\varepsilon}
$$

式中，$\boldsymbol{D}$ 为弹性矩阵，对各向同性体

$$
\boldsymbol{D} = \frac{\boldsymbol{E}(1-\mu)}{(1+\mu)(1-2\mu)}\begin{pmatrix} 1 & \dfrac{\mu}{1-\mu} & \dfrac{\mu}{1-\mu} & 0 \\ & 1 & \dfrac{\mu}{1-\mu} & 0 \\ \text{对} & & 1 & 0 \\ & \text{称} & & \dfrac{1-2\mu}{2(1-\mu)} \end{pmatrix}
$$

4. 单元刚度矩阵

由虚位移方程，沿着整个圆环求体积分，可得

$$
\boldsymbol{K}^e = 2\pi\iint_A \boldsymbol{B}^{\mathrm{T}}\boldsymbol{D}\boldsymbol{B}\,r\mathrm{d}r\mathrm{d}z
$$

5. 节点荷载

对于轴对称问题，节点荷载是作用在整圈圆环形铰上的。例如，设节点的半径为 r，单位长度的铰上作用的荷载为 $\overline{R}$（径向）和 $\overline{Z}$（轴向），计算中采用的节点荷载应为径向 $2\pi r\overline{R}$，轴向 $2\pi r\overline{Z}$。

设单位体积内作用的体积力（重力、离心力等）为 $\boldsymbol{q} = (q_r \quad q_z)^{\mathrm{T}}$，节点荷载为

$$
\boldsymbol{P}_q^e = 2\pi\iint_A \boldsymbol{N}^{\mathrm{T}}\boldsymbol{q}\,r\mathrm{d}r\mathrm{d}z
$$

2.1.3 空间问题有限元法

弹性力学的平面问题和轴对称问题是空间问题的特例，是在某种条件下的简易解法。在实际工程中，有些结构由于形体复杂，难以简化为平面问题或轴对称问题，必须按空间问题

求解。在空间问题中，最简单的单元是具有4个角点的四面体，如图2-11所示。下面首先以四面体单元为例介绍空间问题的有限元法求解步骤。

1. 位移模式

如图2-11所示为一个四面体单元，以4个角点 i、j、m、p 为节点，这是最早提出的，也是最简单的空间单元。

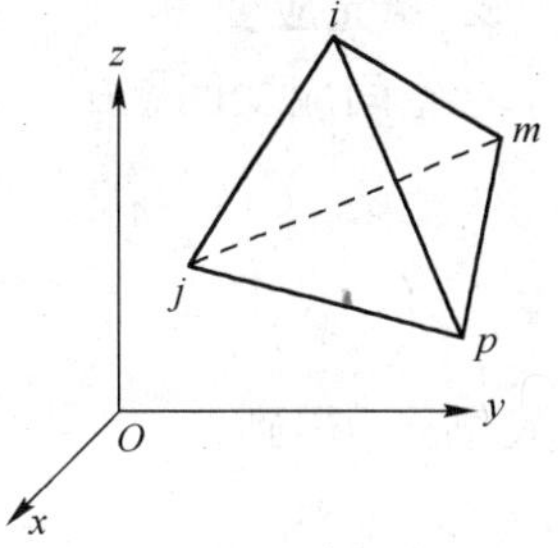

图2-11　四面体单元

每个节点有3个位移分量，即

$$\boldsymbol{\delta}_i = \begin{pmatrix} u_i \\ v_i \\ w_i \end{pmatrix} \ (i,j,m,p)$$

每个单元共有12个节点位移分量，表示为向量

$$\boldsymbol{\delta}^e = (\boldsymbol{\delta}_i \quad \boldsymbol{\delta}_j \quad \boldsymbol{\delta}_m \quad \boldsymbol{\delta}_p)^{\mathrm{T}}$$

假定单元内任意一点的位移分量是坐标的线性函数

$$\begin{cases} u = \beta_1 + \beta_2 x + \beta_3 y + \beta_4 z \\ v = \beta_5 + \beta_6 x + \beta_7 y + \beta_8 z \\ u = \beta_9 + \beta_{10} x + \beta_{11} y + \beta_{12} z \end{cases}$$

式中，广义坐标 β_1、β_5、β_9 代表刚体移动；β_2、β_7、β_{12} 代表常量正应变；其余6个系数反映了常量剪应变和刚体转动。

以各节点的坐标和位移代入上式，求出各广义坐标，进而得到四面体单元上任意一点的位移为

$$\boldsymbol{r} = \begin{pmatrix} u \\ v \\ w \end{pmatrix} = \boldsymbol{N}\boldsymbol{\delta}^e = (\boldsymbol{I}N_i \quad \boldsymbol{I}N_j \quad \boldsymbol{I}N_m \quad \boldsymbol{I}N_p)\,\boldsymbol{\delta}^e$$

式中，$\boldsymbol{I}$ 为三阶单位矩阵。形函数为

$$N_i = \frac{a_i + b_i x + c_i y + d_i z}{6V} \ (i,j,m,p)$$

V 为四面体 $ijmp$ 的体积

$$V = \frac{1}{6}\begin{vmatrix} 1 & x_i & y_i & z_i \\ 1 & x_j & y_j & z_j \\ 1 & x_m & y_m & z_m \\ 1 & x_p & y_p & z_p \end{vmatrix} \ (i,j,m,p)$$

$$a_i = \begin{vmatrix} x_j & y_j & z_j \\ x_m & y_m & z_m \\ x_p & y_p & z_p \end{vmatrix} \ (i,j,m,p),\ b_i = -\begin{vmatrix} 1 & y_j & z_j \\ 1 & y_m & z_m \\ 1 & y_p & z_p \end{vmatrix} \ (i,j,m,p)$$

$$c_i = -\begin{vmatrix} x_j & 1 & z_j \\ x_m & 1 & z_m \\ x_p & 1 & z_p \end{vmatrix} \ (i,j,m,p),\ d_i = -\begin{vmatrix} x_j & y_j & 1 \\ x_m & y_m & 1 \\ x_p & y_p & 1 \end{vmatrix} \ (i,j,m,p)$$

为了使四面体的体积 V 不为负值，单元节点的标号 i、j、m、p 必须依照一定的顺序，

在右手坐标系中，当按照 $i \to j \to m$ 的方向转动时，右手螺旋应向 p 的方向前进。

由于位移函数是线性的，在相邻单元的接触面上，位移显然是连续的（单元协调）。

2. 单元应变

在空间应变问题中，每个点具有 6 个应变分量

$$\boldsymbol{\varepsilon} = (\varepsilon_x \quad \varepsilon_y \quad \varepsilon_z \quad \gamma_{xy} \quad \gamma_{yz} \quad \gamma_{zx})^{\mathrm{T}}$$
$$= \left(\frac{\partial u}{\partial x} \quad \frac{\partial v}{\partial y} \quad \frac{\partial w}{\partial z} \quad \frac{\partial u}{\partial y}+\frac{\partial v}{\partial x} \quad \frac{\partial v}{\partial z}+\frac{\partial w}{\partial y} \quad \frac{\partial w}{\partial x}+\frac{\partial u}{\partial z}\right)^{\mathrm{T}}$$

代入位移 r 得到

$$\boldsymbol{\varepsilon} = \boldsymbol{B}\boldsymbol{\delta}^e = (\boldsymbol{B}_i \quad -\boldsymbol{B}_j \quad \boldsymbol{B}_m \quad -\boldsymbol{B}_p)\boldsymbol{\delta}^e$$

其中，应变矩阵的子阵为

$$\boldsymbol{B}_i = \frac{1}{6V}\begin{pmatrix} b_i & 0 & 0 \\ 0 & c_i & 0 \\ 0 & 0 & d_i \\ c_i & b_i & 0 \\ 0 & d_i & c_i \\ d_i & 0 & b_i \end{pmatrix} \quad (i,j,m,p)$$

由于矩阵 $\boldsymbol{B}$ 中的元素都是常量，所以单元应变分量也都是常量。

3. 单元应力

单元应力可用节点位移表示为

$$\boldsymbol{\sigma} = (\sigma_x \quad \sigma_y \quad \sigma_z \quad \tau_{xy} \quad \tau_{yz} \quad \tau_{zx})\boldsymbol{\delta}^e = \boldsymbol{S}\boldsymbol{\delta}^e$$

式中，应力矩阵 $\boldsymbol{S} = \boldsymbol{D}\boldsymbol{B}$；弹性矩阵 $\boldsymbol{D}$ 为

$$\boldsymbol{D} = \frac{E(1-\mu)}{(1+\mu)(1-2\mu)}\begin{pmatrix} 1 & \frac{\mu}{1-\mu} & \frac{\mu}{1-\mu} & 0 & 0 & 0 \\ & 1 & \frac{\mu}{1-\mu} & 0 & 0 & 0 \\ & & 1 & 0 & 0 & 0 \\ & \text{对} & & \frac{1-2\mu}{2(1-\mu)} & & \\ & & \text{称} & & \frac{1-2\mu}{2(1-\mu)} & \\ & & & & & \frac{1-2\mu}{2(1-\mu)} \end{pmatrix}$$

由于应变是常量，所以应力也是常量。

4. 单元刚度矩阵

由虚位移原理，可以得到单元刚度矩阵

$$\boldsymbol{K}^e = \boldsymbol{B}^{\mathrm{T}}\boldsymbol{D}\boldsymbol{B}\,V$$

5. 节点荷载

通过与平面问题中同样的推导过程，得到类似的节点荷载计算公式如下。

1）集中力 $\boldsymbol{f} = (f_x \quad f_y \quad f_z)^{\mathrm{T}}$ 的移置为

$$P^e = N^T f$$

2）体力 $\boldsymbol{q} = (q_x \quad q_y \quad q_z)^T$ 的移置为

$$P^e = \iiint N^T q \mathrm{d}V$$

3）面力 $\boldsymbol{p} = \{p_x \quad p_y \quad p_z\}^T$ 的移置为

$$P^e = \iint N^T p \mathrm{d}A$$

以上是普遍适用的计算式。

6. 高次四面体单元及六面体单元

实际工程结构中的应力场，往往是随着坐标而急剧变化的，常应变四面体单元中的应力分量都是常量，难以适应急剧变化的应力场，为了保证必要的计算精度，必须采用密集的计算网格，这样一来，节点数量将很多，方程组十分庞大。如果采用高次位移模式，单元中的应力是变化的，就可以用较少的单元、较少的自由度而得到要求的计算精度，从而降低方程组的规模。当然，高次单元的刚度矩阵比较复杂，形成刚度矩阵要花费较多的计算时间。但在保持同样计算精度的条件下，采用高次单元，在总的计算时间上还是节省的。10 节点四面体单元、8 节点六面体单元如图 2-12 与图 2-13 所示，还有 20 节点四面体单元、20 节点六面体单元等。其计算分析步骤同前述类似。

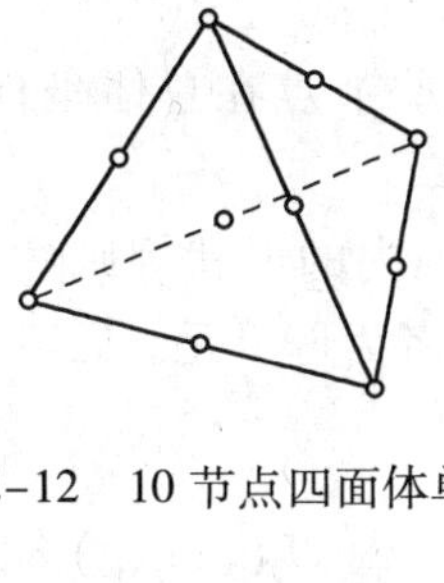

图 2-12　10 节点四面体单元

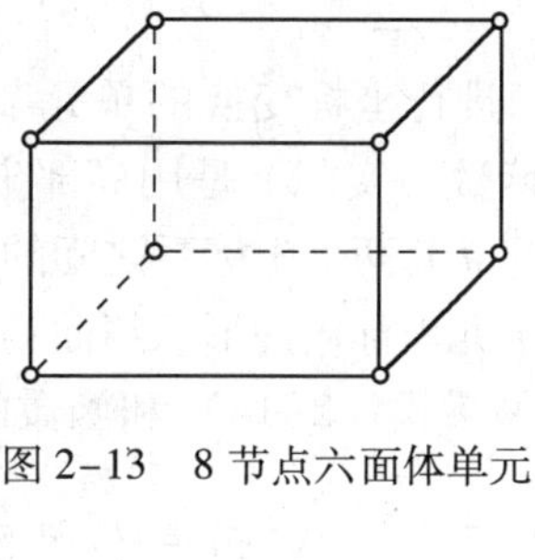

图 2-13　8 节点六面体单元

2.1.4　等参数有限元方法

单元插值函数的次方随单元节点数目增加而增加，其代数精确度也随之提高，用它们构造有限元模型时，用较少的单元就能获得较高精度的解答。但前面给出的高精度单元的几何形状大多很规则，对复杂边界的适应性差，不能期望用较少的形状规则的单元来离散复杂几何形状的结构。那么，能否构造出本身形状任意、边界适应性强的高精度单元呢？构造这样的单元存在两个方面的困难：一是难以构造出满足连续性条件的单元插值函数；二是单元分析中出现的积分难以确定积分限。于是希望另辟蹊径，利用形状规则的高次单元通过某种演化来实现这一目标。

数学上，可以通过解析函数给出的变换关系，将一个坐标系下形状复杂的几何边界映射到另一个坐标系下，生成形状简单的几何边界，反过来也一样。那么，将满足收敛条件的形状规则的高精度单元作为基本单元，定义于局部坐标系（取自然坐标系），通过坐标变换映射到总体坐标系（取笛卡儿坐标系）中生成几何边界任意的单元，作为实际单元，只要变换使实际单元与基本单元之间的点一一对应，即满足坐标变换的相容性，实际单元同样满足收敛条件。这样构造的单元具有双重特性：作为实际单元，其几何特性、受力情况、力学性能都来自真实结构，充分反映了它的属性；作为基本单元，其形状规则，便于计算与分析。

有限元法中最普遍采用的变换方法是等参数变换，即坐标变换和单元内的场函数采用相同数目的节点参数及相同的插值函数，等参数变换的单元称之为等参数单元。借助于等参数单元可以对于一般的任意几何形状的工程问题和物理问题方便地进行有限元离散。因此，等参数单元的提出为有限元法成为现代工程实际领域最有效的数值分析方法迈出了极为重要的一步。

由于等参数变换的采用使等参数单元的各种特性矩阵计算在规则域内进行，所以不管各积分形式的矩阵中的被积函数如何复杂，都可以方便地采用标准化的数值积分方法计算，从而使各类不同工程实际问题的有限元分析纳入了统一的通用化程序的轨道。现在的有限元分析大多采用等参数单元。

1. 等参数变换

为将局部坐标中几何形状规则的单元转换成总体坐标中几何形状复杂的单元，整体坐标（x，y，z）与局部坐标（ξ，η，ζ）之间使用坐标变换。

$$\begin{pmatrix} x \\ y \\ z \end{pmatrix} = f\left(\begin{pmatrix} \xi \\ \eta \\ \zeta \end{pmatrix}\right)$$

为建立前面所述的变换，最方便的方法是将坐标变换式也表示成插值函数的形式。

$$x = \sum_{i=1}^{n} N_i(\xi,\eta,\zeta)x_i, y = \sum_{i=1}^{n} N_i(\xi,\eta,\zeta)y_i, z = \sum_{i=1}^{n} N_i(\xi,\eta,\zeta)z_i \qquad (2\text{-}14)$$

式中，n 是用以进行坐标变换的单元节点数；x_i，y_i，z_i是这些节点在总体坐标内的坐标值；N_i也称为形状函数，实际上是用局部坐标表示的插值基函数。

通过上式建立起两个坐标系之间的变换，从而将局部坐标内的形状规则的单元（基本单元）变换为笛卡儿坐标内的形状扭曲的单元（实际单元），前者为母单元，后者为子单元。

坐标变换关系式（2-14）和函数的插值表示式

$$u = \sum_{i=1}^{n} N_i(\xi,\eta,\zeta)u_i, v = \sum_{i=1}^{n} N_i(\xi,\eta,\zeta)v_i, w = \sum_{i=1}^{n} N_i(\xi,\eta,\zeta)w_i$$

是相同的，由于坐标变换和函数插值采用相同的节点，并且采用相同的插值函数，所以称这种变换为等参数变换。各种单元的插值函数可查阅有关资料。图 2-14 的等参数变换为

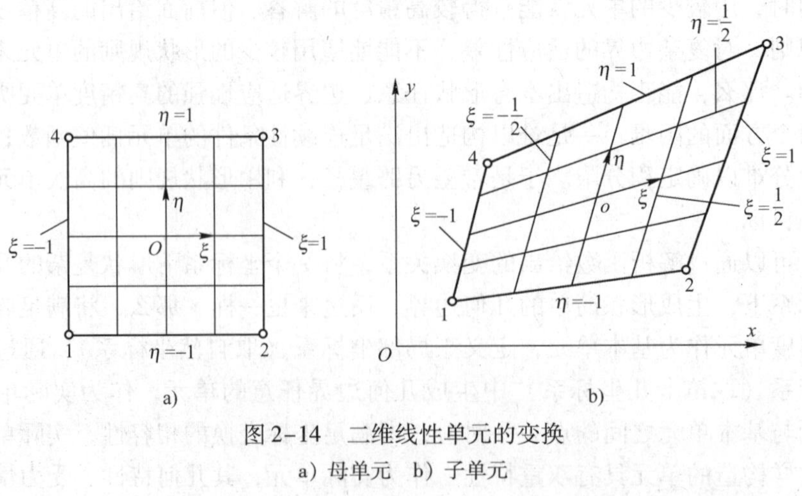

图 2-14　二维线性单元的变换

a）母单元　b）子单元

$$x=\frac{x_1}{4}(1-\xi)(1-\eta)+\frac{x_2}{4}(1+\xi)(1-\eta)+\frac{x_3}{4}(1-\xi)(1+\eta)+\frac{x_4}{4}(1+\xi)(1+\eta)$$

$$y=\frac{y_1}{4}(1-\xi)(1-\eta)+\frac{y_2}{4}(1+\xi)(1-\eta)+\frac{y_3}{4}(1-\xi)(1+\eta)+\frac{y_4}{4}(1+\xi)(1+\eta)$$

2. 单元矩阵的变换

在有限元分析中，为建立求解方程，需要进行各个单元体积内和面积上的积分，来描述在 x、y、z 坐标系下出现的物理量，它们的一般形式可表示为

$$\iiint_{V_e} G(x,y,z)\,\mathrm{d}x\mathrm{d}y\mathrm{d}z$$

$$\iint_{S_e} g(x,y,z)\,\mathrm{d}S$$

但实际单元是由局部坐标下的基本单元映射生成的，位移模式是局部坐标的函数，单元列式的推导是在局部坐标 ξ、η、ζ 下进行的。由于从坐标变换式不能获得 $\xi=\xi(x,y,z)$、$\eta=\eta(x,y,z)$、$\zeta=\zeta(x,y,z)$ 的显式，$G(x,y,z)$ 与 $g(x,y,z)$ 作为 x、y、z 的函数也就只能是某种隐含的关系，不存在显式表达，所以只能在局部坐标 ξ、η、ζ 下完成前面的积分。为此需要建立两个坐标系内体积微元、面积微元之间的变换关系。而被积函数 G 和 g 中还常包含着对于总体坐标 x、y、z 的导数，因此还要建立两个坐标系内导数之间的变换关系。

1）导数之间的变换关系。按照通常的偏微分规则，函数 N_i 对 ξ、η、ζ 的偏导数可表示为

$$\begin{pmatrix}\dfrac{\partial N_i}{\partial \xi}\\ \dfrac{\partial N_i}{\partial \eta}\\ \dfrac{\partial N_i}{\partial \zeta}\end{pmatrix}=\begin{pmatrix}\dfrac{\partial x}{\partial \xi} & \dfrac{\partial y}{\partial \xi} & \dfrac{\partial z}{\partial \xi}\\ \dfrac{\partial x}{\partial \eta} & \dfrac{\partial y}{\partial \eta} & \dfrac{\partial z}{\partial \eta}\\ \dfrac{\partial x}{\partial \zeta} & \dfrac{\partial y}{\partial \zeta} & \dfrac{\partial z}{\partial \zeta}\end{pmatrix}\begin{pmatrix}\dfrac{\partial N_i}{\partial x}\\ \dfrac{\partial N_i}{\partial y}\\ \dfrac{\partial N_i}{\partial z}\end{pmatrix}=\boldsymbol{J}\begin{pmatrix}\dfrac{\partial N_i}{\partial x}\\ \dfrac{\partial N_i}{\partial y}\\ \dfrac{\partial N_i}{\partial z}\end{pmatrix}$$

式中，$\boldsymbol{J}$ 称为 Jacobi 矩阵，可记作 $\partial(x,y,z)/\partial(\xi,\eta,\zeta)$。利用式（2-14），$\boldsymbol{J}$ 可以显式地表示为局部坐标的函数。

$$\boldsymbol{J}\equiv\frac{\partial(x,y,z)}{\partial(\xi,\eta,\zeta)}=\begin{pmatrix}\sum\limits_{i=1}^{n}\dfrac{\partial N_i}{\partial \xi}x_i & \sum\limits_{i=1}^{n}\dfrac{\partial N_i}{\partial \xi}y_i & \sum\limits_{i=1}^{n}\dfrac{\partial N_i}{\partial \xi}z_i\\ \sum\limits_{i=1}^{n}\dfrac{\partial N_i}{\partial \eta}x_i & \sum\limits_{i=1}^{n}\dfrac{\partial N_i}{\partial \eta}y_i & \sum\limits_{i=1}^{n}\dfrac{\partial N_i}{\partial \eta}z_i\\ \sum\limits_{i=1}^{n}\dfrac{\partial N_i}{\partial \zeta}x_i & \sum\limits_{i=1}^{n}\dfrac{\partial N_i}{\partial \zeta}y_i & \sum\limits_{i=1}^{n}\dfrac{\partial N_i}{\partial \zeta}z_i\end{pmatrix}$$

$$=\begin{pmatrix}\dfrac{\partial N_1}{\partial \xi} & \dfrac{\partial N_2}{\partial \xi} & \cdots & \dfrac{\partial N_n}{\partial \xi}\\ \dfrac{\partial N_1}{\partial \eta} & \dfrac{\partial N_2}{\partial \eta} & \cdots & \dfrac{\partial N_n}{\partial \eta}\\ \dfrac{\partial N_1}{\partial \zeta} & \dfrac{\partial N_2}{\partial \zeta} & \cdots & \dfrac{\partial N_n}{\partial \zeta}\end{pmatrix}\begin{pmatrix}x_1 & y_1 & z_1\\ x_2 & y_2 & z_2\\ \vdots & \vdots & \vdots\\ x_m & y_m & z_m\end{pmatrix}$$

这样，N_i对于 x，y，z 的偏导数可用局部坐标显式地表示为

$$\begin{pmatrix} \dfrac{\partial N_i}{\partial x} \\ \dfrac{\partial N_i}{\partial y} \\ \dfrac{\partial N_i}{\partial z} \end{pmatrix} = \boldsymbol{J}^{-1} \begin{pmatrix} \dfrac{\partial N_i}{\partial \xi} \\ \dfrac{\partial N_i}{\partial \eta} \\ \dfrac{\partial N_i}{\partial \zeta} \end{pmatrix}$$

式中，$\boldsymbol{J}^{-1}$是 $\boldsymbol{J}$ 的逆矩阵。

2）体积微元和面积微元的变换。$\mathrm{d}\xi$、$\mathrm{d}\eta$、$\mathrm{d}\zeta$ 在笛卡儿坐标系内所形成的体积微元是

$$\mathrm{d}V = \mathrm{d}\xi \cdot (\mathrm{d}\eta \times \mathrm{d}\zeta) \tag{2-15}$$

而

$$\begin{cases} \mathrm{d}\xi = \dfrac{\partial x}{\partial \xi}\mathrm{d}\xi \boldsymbol{i} + \dfrac{\partial y}{\partial \xi}\mathrm{d}\xi \boldsymbol{j} + \dfrac{\partial z}{\partial \xi}\mathrm{d}\xi \boldsymbol{k} \\ \mathrm{d}\eta = \dfrac{\partial x}{\partial \xi}\mathrm{d}\eta \boldsymbol{i} + \dfrac{\partial y}{\partial \xi}\mathrm{d}\eta \boldsymbol{j} + \dfrac{\partial z}{\partial \xi}\mathrm{d}\eta \boldsymbol{k} \\ \mathrm{d}\zeta = \dfrac{\partial x}{\partial \xi}\mathrm{d}\zeta \boldsymbol{i} + \dfrac{\partial y}{\partial \xi}\mathrm{d}\zeta \boldsymbol{j} + \dfrac{\partial z}{\partial \xi}\mathrm{d}\zeta \boldsymbol{k} \end{cases} \tag{2-16}$$

式中，$\boldsymbol{i}$、$\boldsymbol{j}$ 和 $\boldsymbol{k}$ 是笛卡儿坐标 x、y 和 z 方向的单位向量。将式（2-16）代入式（2-15），得到

$$\mathrm{d}V = \begin{vmatrix} \dfrac{\partial x}{\partial \xi} & \dfrac{\partial y}{\partial \xi} & \dfrac{\partial z}{\partial \xi} \\ \dfrac{\partial x}{\partial \eta} & \dfrac{\partial y}{\partial \eta} & \dfrac{\partial z}{\partial \eta} \\ \dfrac{\partial x}{\partial \zeta} & \dfrac{\partial y}{\partial \zeta} & \dfrac{\partial z}{\partial \zeta} \end{vmatrix} \mathrm{d}\xi \mathrm{d}\eta \mathrm{d}\zeta = |\boldsymbol{J}| \mathrm{d}\xi \mathrm{d}\eta \mathrm{d}\zeta$$

对于二维情况，以上各式将相应蜕化，这时 Jacobi 矩阵是

$$\boldsymbol{J} = \frac{\partial(x,y)}{\partial(\xi,\eta)} = \begin{pmatrix} \sum\limits_{i=1}^{n} \dfrac{\partial N_i}{\partial \xi} x_i & \sum\limits_{i=1}^{n} \dfrac{\partial N_i}{\partial \xi} y_i \\ \sum\limits_{i=1}^{n} \dfrac{\partial N_i}{\partial \eta} x_i & \sum\limits_{i=1}^{n} \dfrac{\partial N_i}{\partial \eta} y_i \end{pmatrix} = \begin{pmatrix} \dfrac{\partial N_1}{\partial \xi} & \dfrac{\partial N_2}{\partial \xi} & \cdots & \dfrac{\partial N_n}{\partial \xi} \\ \dfrac{\partial N_1}{\partial \eta} & \dfrac{\partial N_2}{\partial \eta} & \cdots & \dfrac{\partial N_n}{\partial \eta} \end{pmatrix} \begin{pmatrix} x_1 & y_1 \\ x_2 & y_2 \\ \vdots & \vdots \\ x_n & y_n \end{pmatrix}$$

两个坐标之间的偏导数关系为

$$\begin{pmatrix} \dfrac{\partial N_i}{\partial x} \\ \dfrac{\partial N_i}{\partial y} \end{pmatrix} = \boldsymbol{J}^{-1} \begin{pmatrix} \dfrac{\partial N_i}{\partial \xi} \\ \dfrac{\partial N_i}{\partial \eta} \end{pmatrix}$$

$\mathrm{d}\xi$ 和 $\mathrm{d}\eta$ 在笛卡儿坐标内形成的面积微元是

$$\mathrm{d}A = |\boldsymbol{J}| \mathrm{d}\xi \mathrm{d}\eta$$

在 $\xi = c$ 的曲线上，$\mathrm{d}\eta$ 在笛卡儿坐标内的线段微元的长度是

$$\mathrm{d}s = \sqrt{\left(\left(\frac{\partial x}{\partial \eta}\right)^2 + \left(\frac{\partial y}{\partial \eta}\right)^2\right)} \mathrm{d}\eta$$

2.1.5 单元与整体分析

1. 能量原理

有限元法的核心是建立单元刚度矩阵，有了单元刚度矩阵，加以适当组合，可以得到平衡方程组，剩下的就是一些代数运算了。在弹性力学平面问题计算中，人们是用直观方法建立单元刚度矩阵的，其优点是易于理解，并便于初学者建立清晰的力学概念。但这种直观方法也是有缺点的：一方面，对于比较复杂的单元，依靠它建立单元刚度矩阵是有困难的；另一方面，它也不能给出关于收敛性的证明。把能量原理应用于有限元法，就可以克服这些缺点。能量原理为建立有限元法基本公式提供了强有力的工具。在各种能量原理中，虚位移原理和最小势能原理应用最为方便，因而得到了广泛的采用。

1）虚位移原理。所谓虚位移可以是任何无限小的位移，它在结构内部必须是连续的，在结构的边界上必须满足运动学边界条件，例如对于悬臂梁来说，在固定端处，虚位移及其斜率必须等于零。

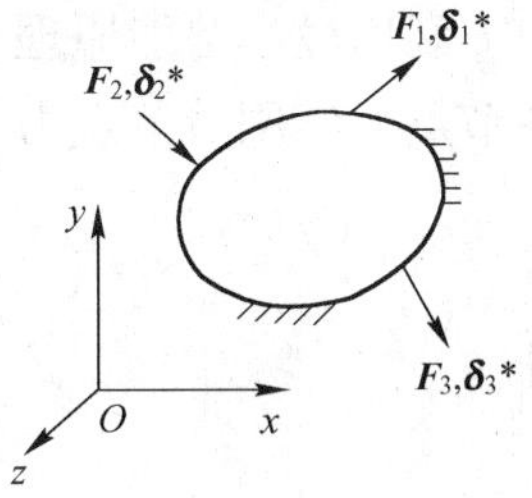

图 2-15 固体的边界条件

考虑图 2-15 所示的物体，它受到外力 $\boldsymbol{F}_1$、$\boldsymbol{F}_2$、…等的作用，记

$$\boldsymbol{F} = (\boldsymbol{F}_1 \quad \boldsymbol{F}_2 \quad \boldsymbol{F}_3 \cdots)^{\mathrm{T}}$$

在这些外力作用下，物体的应力为

$$\boldsymbol{\sigma} = (\sigma_x \quad \sigma_y \quad \sigma_z \quad \tau_{xy} \quad \tau_{yz} \quad \tau_{zx})^{\mathrm{T}}$$

现在假设物体发生了虚位移，在外力作用处与各个外力相应方向的虚位移为

$$\boldsymbol{\delta}^* = (\boldsymbol{\delta}_1^* \quad \boldsymbol{\delta}_2^* \quad \boldsymbol{\delta}_3^* \quad \cdots)^{\mathrm{T}}$$

上述虚位移所产生的虚应变为

$$\boldsymbol{\varepsilon}^* = (\varepsilon_x^* \quad \varepsilon_y^* \quad \varepsilon_z^* \quad \gamma_{xy}^* \quad \gamma_{yz}^* \quad \gamma_{zx}^*)^{\mathrm{T}}$$

在产生虚位移时，外力已作用于物体，而且在虚位移过程中，外力保持不变。因此，外力在虚位移上所做的虚功是

$$\delta V = (\boldsymbol{\delta}^*)^{\mathrm{T}} \boldsymbol{F}$$

整个物体的虚应变能为

$$\delta U = \iiint (\boldsymbol{\varepsilon}^*)^{\mathrm{T}} \boldsymbol{\sigma} \mathrm{d}x\mathrm{d}y\mathrm{d}z$$

虚位移原理表明，如果在虚位移发生之前，物体处于平衡状态，那么在虚位移发生时，外力所做虚功等于物体的虚应变能，即

$$\delta V = \delta U$$

虚位移原理不但适用于线性材料，也适用于非线性材料。

2）最小势能原理。物体的势能 Π_{p} 定义为物体的应变能 U 与外力势 V 之差，即

$$\Pi_{\mathrm{p}} = U - V$$

其中，应变能 U 为

$$U = \iiint \boldsymbol{\sigma}^{\mathrm{T}} \mathrm{d}\boldsymbol{\varepsilon} \mathrm{d}x\mathrm{d}y\mathrm{d}z = \iiint \boldsymbol{\varepsilon}^{\mathrm{T}} \boldsymbol{D} \mathrm{d}\boldsymbol{\varepsilon} \mathrm{d}x\mathrm{d}y\mathrm{d}z = \frac{1}{2} \iiint \boldsymbol{\varepsilon}^{\mathrm{T}} \boldsymbol{D} \boldsymbol{\varepsilon} \mathrm{d}x\mathrm{d}y\mathrm{d}z$$

外力势由下式计算

$$V = \boldsymbol{F}^{\mathrm{T}}\delta + \iiint \boldsymbol{r}^{\mathrm{T}}\boldsymbol{q}\mathrm{d}x\mathrm{d}y\mathrm{d}z + \int_{S_\sigma} \boldsymbol{r}_b^{\mathrm{T}}\bar{\boldsymbol{p}}\mathrm{d}s$$

式中，等号右端第1项为集中力 $\boldsymbol{F}$ 的势；第2项为体积力 $\boldsymbol{q}$ 的势；第3项为面力$\bar{\boldsymbol{p}}$的势；S_σ为面力作用的表面；$\boldsymbol{r}_b$为表面 S_σ上的位移。

最小势能原理可叙述如下：在所有满足边界条件的协调（连续）位移中，那些满足平衡条件的位移使物体势能取驻值，即

$$\delta\Pi_{\mathrm{p}} = \delta U - \delta V = 0$$

对于线性弹性体，势能取最小值。

最小势能原理可以用虚位移原理证明。

2. 用能量原理求单元刚度矩阵和节点荷载

利用最小势能原理，可以求出单元刚度矩阵及节点荷载。对空间问题，设一个单元，在各节点上作用着节点力 $\boldsymbol{F}^e$，单元节点位移为 δ^e、单元应变为 $\boldsymbol{\varepsilon} = \boldsymbol{B}\delta^e$，物体应变能为

$$U = \frac{1}{2}(\delta^e)^{\mathrm{T}}\left(\iiint \boldsymbol{B}^{\mathrm{T}}\boldsymbol{D}\boldsymbol{B}\mathrm{d}x\mathrm{d}y\mathrm{d}z\right)\delta^e$$

即

$$U = \frac{1}{2}(\delta^e)^{\mathrm{T}}\boldsymbol{K}^e\delta^e$$

其中，$\boldsymbol{K}^e$为单元刚度矩阵

$$\boldsymbol{K}^e = \iiint \boldsymbol{B}^{\mathrm{T}}\boldsymbol{D}\boldsymbol{B}\mathrm{d}x\mathrm{d}y\mathrm{d}z$$

单元节点力的外力势为

$$V = (\delta^e)^{\mathrm{T}}\boldsymbol{F}^e$$

则单元的势能为

$$\Pi_{\mathrm{p}} = \frac{1}{2}(\delta^e)^{\mathrm{T}}\boldsymbol{K}^e\delta^e - (\delta^e)^{\mathrm{T}}\boldsymbol{F}^e$$

由最小势能原理有 $\delta\Pi_{\mathrm{p}} = 0$，所以有

$$\frac{\delta\Pi_{\mathrm{p}}}{\partial\delta^e} = 0$$

则节点力为

$$\boldsymbol{F}^e = \boldsymbol{K}^e\delta^e$$

从物理上考虑，应变能必须是正量，而节点位移又是任意的，所以单元刚度矩阵是正定的。由此可以推断势能的二阶变分是非负的。既然势能的一阶变分等于零，二阶变分又非负，从而可以断定势能取最小值。

把 $\boldsymbol{r} = N\delta^e$ 代入外力势的表达式中，得到体力 $\boldsymbol{q}$ 与面力 $\{\bar{\boldsymbol{p}}\}$ 的势为

$$V = (\delta^e)^{\mathrm{T}}\iiint N^{\mathrm{T}}\boldsymbol{q}\mathrm{d}x\mathrm{d}y\mathrm{d}z + (\delta^e)^{\mathrm{T}}\int_S N^{\mathrm{T}}\bar{\boldsymbol{p}}\mathrm{d}s$$

所以单元的势能为

$$\Pi_{\mathrm{p}} = U - V = \frac{1}{2}(\delta^e)^{\mathrm{T}}\boldsymbol{K}\delta^e - (\delta^e)^{\mathrm{T}}\iiint N^{\mathrm{T}}\boldsymbol{q}\mathrm{d}x\mathrm{d}y\mathrm{d}z - (\delta^e)^{\mathrm{T}}\int_S N^{\mathrm{T}}\bar{\boldsymbol{p}}\mathrm{d}s$$

根据最小势能原理得到

$$\boldsymbol{K}\,\delta^e=\boldsymbol{P}_q^e+\boldsymbol{P}_p^e$$

$$\boldsymbol{P}_q^e=\iiint N^{\mathrm{T}}\boldsymbol{q}\,\mathrm{d}x\mathrm{d}y\mathrm{d}z$$

$$\boldsymbol{P}_p^e=\int_S N^{\mathrm{T}}\,\bar{\boldsymbol{p}}\mathrm{d}s$$

以上诸式跟由虚位移原理推得结论一致。

3. 用能量原理求总体平衡方程

结构整体刚度矩阵为 $\boldsymbol{K}$，节点位移为 δ，结构内能为

$$U=\frac{1}{2}\delta^{\mathrm{T}}\boldsymbol{K}\delta$$

$\{P\}$ 为作用在节点上的荷载，荷载的势为

$$V=\delta^{\mathrm{T}}\boldsymbol{P}$$

结构的势能为

$$\Pi_p=U-V=\frac{1}{2}\delta^{\mathrm{T}}\boldsymbol{K}\delta-\delta^{\mathrm{T}}\boldsymbol{P}$$

由最小势能原理，势能取驻值，即

$$\frac{\partial\Pi_p}{\partial\delta}=0$$

则得到

$$\boldsymbol{K}\delta=\boldsymbol{P}$$

该方程与由节点平衡方程得到的方程组一致，但结构复杂时或采用高次单元时，利用最小势能原理建立方程组更为简单。

2.2 结构动力学问题有限元法

动力学问题在国民经济和科学技术的发展中有着广泛的应用领域。经常遇到的是结构动力学问题，它有两类研究对象：一类是在运动状态下工作的机械或结构，如高速旋转的电机、汽轮机、离心压缩机，往复运动的内燃机、冲压机床，以及高速运行的车辆、飞行器等，它们承受着本身惯性及与周围介质或结构相互作用的动力载荷。如何保证它们运行的平稳性及结构的安全性，是极为重要的研究课题。另一类是承受动力载荷作用的工程结构，如建于地面的高层建筑和厂房、石化厂的反应塔和管道、核电站的安全壳和热交换器、近海工程的海洋石油平台等，它们可能承受强风、水流、地震及波浪等各种动力载荷的作用。这些结构的破裂、倾覆和垮塌等破坏事故的发生，将给人民的生命财产造成巨大的损失。正确分析和设计这类结构，在理论和实际上也都是具有意义的课题。

动力学研究的另一重要领域是波在介质中的传播。它是研究短暂作用于介质边界或内部的载荷所引起的位移和速度的变化，在介质中向周围的传播，以及在界面上的反射、折射等规律。它的研究在结构的抗震设计、人工地震勘探、无损探伤等领域都有广泛的应用背景，因此也是近 20 多年一直受到工程和科技界密切关注的课题。

现在应用有限元法和高速电子计算机，已经可以比较正确地进行各种复杂结构的动力计算，本节阐明如何应用有限元法进行动力分析。

2.2.1 运动方程

结构离散化后，在运动状态中各节点的动力平衡方程为

$$\boldsymbol{F}_{\mathrm{i}}+\boldsymbol{F}_{\mathrm{d}}+\boldsymbol{P}(t)=\boldsymbol{F}_{\mathrm{e}} \tag{2-17}$$

式中，$\boldsymbol{F}_{\mathrm{i}}$、$\boldsymbol{F}_{\mathrm{d}}$、$\boldsymbol{P}(t)$分别为惯性力、阻尼力和动力荷载，均为向量；$\boldsymbol{F}_{\mathrm{e}}$为弹性力。

弹性力向量可用节点位移 $\boldsymbol{\delta}$ 和刚度矩阵 $\boldsymbol{K}$ 表示为

$$\boldsymbol{F}_{\mathrm{e}}=\boldsymbol{K}\boldsymbol{\delta}$$

式中，刚度矩阵 $\boldsymbol{K}$ 的元素 $\boldsymbol{K}_{ij}$为节点 j 的单位位移在节点 i 引起的弹性力。

根据达朗贝尔原理，可利用质量矩阵 $\boldsymbol{M}$ 和节点加速度$\dfrac{\partial^2\boldsymbol{\delta}}{\partial t^2}$表示惯性力为

$$\boldsymbol{F}_{\mathrm{i}}=-\boldsymbol{M}\frac{\partial^2\boldsymbol{\delta}}{\partial t^2}$$

式中，质量矩阵的元素 $\boldsymbol{M}_{ij}$为节点 j 的单位加速度在节点 i 引起的惯性力。

设结构具有粘滞阻尼，可用阻尼矩阵 $\boldsymbol{C}$ 和节点速度$\dfrac{\partial\boldsymbol{\delta}}{\partial t}$表示阻尼力为

$$\boldsymbol{F}_{\mathrm{d}}=-\boldsymbol{C}\frac{\partial\boldsymbol{\delta}}{\partial t}$$

式中，阻尼矩阵的元素 $\boldsymbol{C}_{ij}$为节点 j 的单位速度在节点 i 引起的阻尼力。

将各力代入式（2-17），得到运动方程如下。

$$\boldsymbol{M}\frac{\partial^2\boldsymbol{\delta}}{\partial t^2}+\boldsymbol{C}\frac{\partial\boldsymbol{\delta}}{\partial t}+\boldsymbol{K}\boldsymbol{\delta}=\boldsymbol{P}(t)$$

记

$$\dot{\boldsymbol{\delta}}=\frac{\partial\boldsymbol{\delta}}{\partial t},\ \ddot{\delta}=\frac{\partial^2\boldsymbol{\delta}}{\partial t^2}$$

则运动方程可写为

$$\boldsymbol{M}\boldsymbol{\delta}\ddot{\delta}+\boldsymbol{C}\boldsymbol{\delta}+\boldsymbol{K}\boldsymbol{\delta}=\boldsymbol{P}(t) \tag{2-18}$$

在地震时，设地面加速度为 a，结构相对于地面的加速度为 $\ddot{\delta}$，结构各节点的实际加速度为 $a+\ddot{\delta}$，在计算惯性力时须用它代替式（2-18）中的 $\ddot{\delta}$。至于弹性力和阻尼力，则分别取决于结构的应变和应变速率，即取决于位移 $\boldsymbol{\delta}$ 和速度 $\dot{\boldsymbol{\delta}}$，与地面加速度无关。

2.2.2 质量矩阵

下面用 $\boldsymbol{m}$ 表示单元质量矩阵，$\boldsymbol{M}$ 表示整体质量矩阵。求出单元质量矩阵后，进行适当的组合即可得到整体质量矩阵。组合方法与由单元刚度矩阵求整体刚度矩阵时相似。

在动力计算中可采用两种质量矩阵，即协调质量矩阵和集中质量矩阵。

1. 协调质量矩阵

从运动的结构中取出一个微小部分，根据达朗贝尔原理，在它的单位体积上作用的惯性力为

$$\boldsymbol{p}_{\mathrm{i}} = -\rho \frac{\partial^2 \boldsymbol{r}}{\partial t^2}$$

式中，ρ 为材料的密度。

在对结构进行离散化后，取出一个单元，并采用如下形式的位移函数。

$$\boldsymbol{r} = N\delta^e$$

则

$$\boldsymbol{p}_{\mathrm{i}} = -\rho N \frac{\partial^2 \delta^e}{\partial t^2}$$

再利用荷载移置的一般公式求得作用于单元节点上的惯性力为

$$\boldsymbol{F}_{\mathrm{i}}^e = \iiint N^{\mathrm{T}} \boldsymbol{p}_{\mathrm{i}} \mathrm{d}V = -\iiint N^{\mathrm{T}} \rho N \mathrm{d}V \frac{\partial^2 \delta^e}{\partial t^2}$$

即

$$\boldsymbol{F}_{\mathrm{i}}^e = -\boldsymbol{m}\ddot{\delta}^e$$

可见，单元质量矩阵为

$$\boldsymbol{m} = \iiint N^{\mathrm{T}} \rho N \mathrm{d}V$$

如此计算单元质量矩阵，单元的动能和位能是互相协调的，因此叫做协调质量矩阵。

2. 集中质量矩阵

假定单元的质量集中在它的节点上，质量的平移和转动可同样处理。这样得到的质量矩阵是对角线矩阵。

单元集中质量矩阵定义如下：

$$\boldsymbol{m} = \iiint \rho \varphi^{\mathrm{T}} \varphi \mathrm{d}V$$

式中，φ 为函数 φ_i 的矩阵；φ_i 在分配给节点 i 的区域内取 1，在域外取 0。

由于分配给各节点的区域不能交错，所以由上式计算的质量矩阵是对角线的。

3. 平面等应变三角形单元集中质量矩阵与协调质量矩阵

设单元重量为 W，将它三等分，分配给每一节点，得到单元集中质量矩阵如下：

$$\boldsymbol{m} = \frac{\boldsymbol{W}}{3\boldsymbol{g}} \begin{pmatrix} 1 & 0 & 0 & 0 & 0 & 0 \\ 0 & 1 & 0 & 0 & 0 & 0 \\ 0 & 0 & 1 & 0 & 0 & 0 \\ 0 & 0 & 0 & 1 & 0 & 0 \\ 0 & 0 & 0 & 0 & 1 & 0 \\ 0 & 0 & 0 & 0 & 0 & 1 \end{pmatrix}$$

单元协调质量矩阵为

$$\boldsymbol{m} = \frac{\boldsymbol{W}}{3\boldsymbol{g}} \begin{pmatrix} \frac{1}{2} & 0 & \frac{1}{4} & 0 & \frac{1}{4} & 0 \\ 0 & \frac{1}{2} & 0 & \frac{1}{4} & 0 & \frac{1}{4} \\ \frac{1}{4} & 0 & \frac{1}{2} & 0 & \frac{1}{4} & 0 \\ 0 & \frac{1}{4} & 0 & \frac{1}{2} & 0 & \frac{1}{4} \\ \frac{1}{4} & 0 & \frac{1}{4} & 0 & \frac{1}{2} & 0 \\ 0 & \frac{1}{4} & 0 & \frac{1}{4} & 0 & \frac{1}{2} \end{pmatrix}$$

在单元数目相同的条件下，两种质量矩阵给出的计算精度是相差不多的。集中质量矩阵不但本身易于计算，而且由于它是对角线矩阵，可使动力计算简化很多。对于某些问题，如梁、板、壳等。由于可省去转动惯性项，运动方程的自由度数量可显著减少。当采用高次单元时，推导集中质量矩阵是困难的。另外，只要离散化时保持了单元之间的连续性，由协调质量矩阵算得的频率代表结构真实自振频率的上限。

2.2.3 阻尼矩阵

如前所述，结构的质量矩阵 $\boldsymbol{M}$ 和刚度矩阵 $\boldsymbol{K}$ 是由单元质量矩阵 $\boldsymbol{m}$ 和单元刚度矩阵 $\boldsymbol{K}^e$ 经过集合而建立起来的。相对来说，阻尼问题比较复杂，结构的阻尼矩阵 $\boldsymbol{C}$ 不是由单元阻尼矩阵经过集合而得到的，而是根据已有的实测资料，由振动过程中结构整体的能量消耗来决定阻尼矩阵的近似值。

1. 单自由度体系的阻尼

单自由度体系的自由振动方程为

$$m\ddot{\delta}+c\dot{\delta}+k\delta=0$$

式中，m 为质量；c 为阻尼系数；k 为刚度系数；δ 为变位。

上式两边除以 m 后，得到

$$\ddot{\delta}+2\zeta\omega\dot{\delta}+\omega^2\delta=0$$

式中，$\omega=\sqrt{k/m}$；$\zeta=c/(2m\omega)$；ζ 称为阻尼比；ω 为体系的自振频率（角频率）。

设初始条件为：当 $t=0$ 时，$\delta=\delta_0$，$\dot{\delta}=v_0$，符合这些初始条件的解为

$$\delta=\exp(-\zeta\omega t)\left(\delta_0\cos\omega_d t+\frac{v_0+\zeta\omega\delta_0}{\omega_d}\sin\omega_d t\right)$$

$$\omega_d=\omega\sqrt{1-\zeta^2}$$

体系的自振频率为 ω_d，其振幅随着时间而逐渐衰减。

根据实测资料，大多数结构的阻尼比都是很小的数，较多为 $\zeta=0.01\sim0.10$，一般都小于0.20。可见，阻尼对自振频率的影响是很小的，通常可取 $\omega_d=\omega$。

2. 多自由度体系的阻尼

如果假定阻尼力正比于质点运动速度，从运动的结构中取出一微小部分，在它的单位体积上作用的阻尼力为

$$\boldsymbol{p}_d=-\alpha\rho\frac{\partial}{\partial t}\boldsymbol{r}=-\alpha\rho N\dot{\delta}^e$$

式中，α 为比例常数；ρ 为材料密度；N 为形函数。

利用荷载移置的一般公式求得作用于单元 e 的节点上的阻尼力如下。

$$\boldsymbol{F}_d^e=\int N^T\boldsymbol{p}_d\mathrm{d}V=-\alpha\int N^T\rho N\mathrm{d}V\dot{\delta}^e$$

即

$$\boldsymbol{F}_d^e=-\boldsymbol{C}\dot{\delta}^e$$

而

$$\boldsymbol{C}=\boldsymbol{\alpha}\int N^T\rho N\mathrm{d}V=\alpha\boldsymbol{m}$$

可见，此时单元阻尼矩阵正比于单元质量矩阵。如果假定阻尼力正比于应变速度，则阻尼应力可表示为

$$\sigma_d = -\beta \boldsymbol{D} \frac{\partial \varepsilon}{\partial t} = \beta \boldsymbol{D} \boldsymbol{B} \dot{\delta}^e$$

所以作用于单元 e 的节点上的阻尼力为

$$\boldsymbol{F}_d^e = \int \boldsymbol{B}^T \delta_d \mathrm{d}V = -\beta \int \boldsymbol{B}^T \boldsymbol{D} \boldsymbol{B} \mathrm{d}V \dot{\delta}^e = -\boldsymbol{C} \dot{\boldsymbol{\delta}}^e$$

其中，

$$\boldsymbol{C} = \beta \int \boldsymbol{B}^T \boldsymbol{D} \boldsymbol{B} \mathrm{d}V \dot{\delta}^e = \beta \boldsymbol{K}^e$$

可见，此时单元阻尼矩阵正比于单元刚度矩阵 $\boldsymbol{K}^e$。

前面已经说过，通常是根据实测资料，由振动过程中结构整体的能量消耗来决定阻尼的近似值，因此不是计算单元阻尼矩阵，而直接计算结构的整体阻尼矩阵 $\boldsymbol{C}$。一般采用如下的线性关系，并称为瑞利（Rayleigh）阻尼，即

$$\boldsymbol{C} = \alpha \boldsymbol{M} + \beta \boldsymbol{K} \tag{2-19}$$

其中的系数 α 和 β 根据实测资料决定。

现在说明如何计算 α 和 β。设 φ_i 和 φ_j 为两个振型。对式（2-19）的两边先后乘以 φ_i，再前乘以 φ_j^T，得到

$$\varphi_j^T \boldsymbol{C} \varphi_i = \alpha \varphi_j^T \boldsymbol{M} \varphi_i + \beta \varphi_j^T K \varphi_i \tag{2-20}$$

根据振型正交性，由式（2-20），得

$$\varphi_j^T \boldsymbol{C} \varphi_i = 0 \qquad (i \neq j)$$

$$\varphi_j^T \boldsymbol{C} \varphi_i = (\alpha + \beta \omega_j^2) m_{pj} \qquad (i = j)$$

其中，

$$m_{pj} = \varphi_j^T \boldsymbol{M} \varphi_j$$

令

$$\alpha + \beta \omega_j^2 = 2\zeta_j \omega_j \tag{2-21}$$

则

$$\varphi_j^T \boldsymbol{C} \varphi_j = 2\zeta_j \omega_j m_{pj}$$

由式（2-21），得

$$\zeta_j = \frac{\alpha}{2\omega_j} + \frac{\beta \omega_j}{2}$$

实测两个阻尼比即可求解 α 与 β。

结构动力学方程主要采用振型叠加法和直接积分法。前者用到振型正交条件，但不同的振型之间不能解耦时（在结构与地基的相互作用问题中，地基的阻尼往往大于结构本身的阻尼，对于结构和地基应分别给以不同的 α 与 β 值），应采用直接积分法求解。

2.2.4 结构自振频率与振型

在式（2-18）中，令 $\boldsymbol{P}(t) = 0$，得到自由振动方程。在实际工程中，阻尼对结构自振频率和振型的影响不大，因此可进一步忽略阻尼力，得到无阻尼自由振动的运动方程

$$\boldsymbol{K} \delta + \boldsymbol{M} \ddot{\delta} = 0 \tag{2-22}$$

设结构作下述简谐运动，

$$\delta = \varphi\cos\omega t$$

把上式代入式（2-22），可得到齐次方程

$$(\boldsymbol{K} - \omega^2\boldsymbol{M})\varphi = 0 \tag{2-23}$$

在自由振动时，结构中各节点的振幅 $\{\Phi\}$ 不全为零，所以结构自振频率方程为

$$|\boldsymbol{K} - \omega^2\boldsymbol{M}| = 0$$

结构的刚度矩阵 $\boldsymbol{K}$ 和质量矩阵 $\boldsymbol{M}$ 都是 n 阶方阵，其中 n 是节点自由度的数目，所以上式是关于 ω^2 的 n 次代数方程，由此可求出结构的自振频率为

$$\omega_1 \leqslant \omega_2 \leqslant \omega_3 \leqslant \cdots \leqslant \omega_n$$

对于每个自振频率，由式（2-23）可确定一组各节点的振幅值 $\boldsymbol{\varphi}_i = (\phi_{i1}, \phi_{i2}, \cdots, \phi_{in})^{\mathrm{T}}$，它们互相之间应保持固定的比值，但绝对值可任意变化，它们构成一个向量，称为特征向量，在工程上通常称为结构的振型。

因为在每个振型中，各节点的振幅是相对的，其绝对值可取任意数值。在实际工作中，常用以下两种方法之一来决定振型的具体数值。

1）规准化振型：取 $\boldsymbol{\varphi}_i$ 的某一项，例如取第 n 项为 1，即 $\phi_{in}=1$，于是

$$\boldsymbol{\varphi}_i = (\phi_{i1}, \phi_{i2}, \cdots, 1)^{\mathrm{T}}$$

这样的振型称为规准化振型。

2）正则化振型：选取 ϕ_{ij} 的数值，使

$$\boldsymbol{\varphi}_i^{\mathrm{T}}\boldsymbol{M}\,\boldsymbol{\varphi}_i = 1$$

这样的振型称为正则化振型。

设已求得一振型 $\overline{\boldsymbol{\varphi}}_i = (\overline{\varphi}_{i1}, \overline{\varphi}_{i2}, \cdots, \overline{\varphi}_{in})^{\mathrm{T}}$，如果令

$$\varphi_{ji} = \overline{\varphi}_{ij} / \overline{\varphi}_{in}$$

则得到的 $\boldsymbol{\varphi}_i = (\varphi_{i1}, \varphi_{i2}, \cdots, \varphi_{in})^{\mathrm{T}}$ 为规准化振型；如果令

$$\varphi_{ji} = \overline{\varphi}_{ij} / c$$

$$c = [\overline{\boldsymbol{\varphi}}_i^{\mathrm{T}}\boldsymbol{M}\,\boldsymbol{\varphi}_i]^{1/2}$$

则得到的 $\boldsymbol{\varphi}_i = (\varphi_{i1}, \varphi_{i2}, \cdots, \varphi_{in})^{\mathrm{T}}$ 为正则化振型。

令

$$\boldsymbol{m}_{pi} = \boldsymbol{\varphi}_i^{\mathrm{T}}\boldsymbol{M}\,\boldsymbol{\varphi}_i$$

当 $\boldsymbol{M}$ 为集中质量矩阵时，则

$$\boldsymbol{m}_{pi} = (\varphi_{i1} \quad \varphi_{i2} \quad \cdots \quad \varphi_{in}) \begin{pmatrix} m_1 & 0 & \cdots & 0 \\ 0 & m_2 & \cdots & 0 \\ \cdots & \cdots & \cdots & \cdots \\ 0 & 0 & \cdots & m_n \end{pmatrix} \begin{pmatrix} \varphi_{i1} \\ \varphi_{i2} \\ \vdots \\ \varphi_{in} \end{pmatrix} = \sum_{s=1}^{2} m_s \varphi_{is}^2$$

当 $\boldsymbol{\varphi}_i$ 为正则化振型时，有

$$\boldsymbol{m}_{pi} = 1$$

令

$$\boldsymbol{k}_{pi} = \boldsymbol{\varphi}_i^{\mathrm{T}}\boldsymbol{K}\,\boldsymbol{\varphi}_i = \boldsymbol{\varphi}_i^{\mathrm{T}}\omega_i^2\boldsymbol{M}\,\boldsymbol{\varphi}_i = \omega_i^2\boldsymbol{m}_{pi} \tag{2-24}$$

式中，$\boldsymbol{m}_{pi}$ 和 $\boldsymbol{k}_{pi}$ 分别称为第 i 阶振型相应的广义质量和广义刚度。

由式（2-24），得

$$\omega_i = \sqrt{\boldsymbol{k}_{pi}/\boldsymbol{m}_{pi}}$$

【例 2-3】 求解 $\boldsymbol{K}\varphi = \omega^2\boldsymbol{M}\varphi$ 的振型，其中

$$\boldsymbol{K} = \begin{pmatrix} 2 & -1 & 0 \\ -1 & 4 & -1 \\ 0 & -1 & 2 \end{pmatrix}, \boldsymbol{M} = \begin{pmatrix} 2 & -1 & 0 \\ -1 & 4 & -1 \\ 0 & -1 & 2 \end{pmatrix}$$

求解说明

频率方程为

$$|\boldsymbol{K} - \omega^2\boldsymbol{M}| = \begin{vmatrix} 2-0.5\omega^2 & -1 & 0 \\ -1 & 4-\omega^2 & -1 \\ 0 & -1 & 2-0.5\omega^2 \end{vmatrix} = 0$$

求得 3 个自振频率为

$$\omega_1^2 = 2, \quad \omega_2^2 = 4, \quad \omega_3^2 = 6$$

将 $\omega_1^2 = 2$ 代入式（2-23）中，得到第 1 振型必须满足的方程组为

$$\phi_{11} - \phi_{12} + 0 = 0, \ -\phi_{11} + 2\phi_{12} - \phi_{13} = 0, \ \phi_{11} - \phi_{12} + \phi_{13} = 0$$

联立前两个方程解出

$$\phi_{11} = \phi_{13}, \ \phi_{12} = \phi_{13}$$

取 $\phi_{13} = 1$，得到规准化的第一振型为

$$\boldsymbol{\varphi}_1 = (1 \quad 1 \quad 1)^{\mathrm{T}}$$

用同样方法得到第 2、3 振型为

$$\boldsymbol{\varphi}_2 = (-1 \quad 0 \quad 1)^{\mathrm{T}}$$
$$\boldsymbol{\varphi}_3 = (1 \quad -1 \quad 1)^{\mathrm{T}}$$

正则化振型如下

$$\boldsymbol{\varphi}_1 = (1/\sqrt{2} \quad 1/\sqrt{2} \quad 1/\sqrt{2})^{\mathrm{T}}$$
$$\boldsymbol{\varphi}_2 = (-1 \quad 0 \quad 1)^{\mathrm{T}}$$
$$\boldsymbol{\varphi}_3 = (1/\sqrt{2} \quad -1/\sqrt{2} \quad 1/\sqrt{2})^{\mathrm{T}}$$

2.2.5 振型叠加法求解结构的受迫振动

目前，常用的求解结构受迫振动的方法有两种，即振型叠加法和直接积分法。

用振型 φ_i 的线性叠加来表示处于运动状态中的结构位移向量。

$$\delta = \varphi_1\eta_1(t) + \boldsymbol{\varphi}_2\eta_2(t) + \cdots + \varphi_n\eta_n(t) = \sum_{i=1}^{n} \varphi_i\eta_i(t) \qquad (2-25)$$

用$\boldsymbol{\varphi}_j^{\mathrm{T}}\boldsymbol{M}$ 前乘上式的两边，由于振型正交性，等式右边的 n 项中只剩下 $i=j$ 项，即

$$\boldsymbol{\varphi}_j^{\mathrm{T}}\boldsymbol{M}\delta = \eta_j(t)\boldsymbol{\varphi}_j^{\mathrm{T}}\boldsymbol{M}\varphi_j = m_{pj}\eta_j(t)$$

由此得到

$$\eta_i(t) = \frac{\boldsymbol{\varphi}_i^{\mathrm{T}}\boldsymbol{M}\delta}{m_{pi}}$$

η_i 和 $\dot{\eta}_i$ 的初始值可表示为

$$\eta_i(0)=\frac{\varphi_i^{\mathrm{T}}M\delta(0)}{m_{pi}}$$

$$\dot{\eta}_i(0)=\frac{\varphi_i^{\mathrm{T}}M\dot{\delta}(0)}{m_{pi}}$$

现在考虑下列运动方程的求解：

$$M\ddot{\delta}+C\delta+K\delta=P(t)$$

把式（2-25）代入上式，得到

$$M\sum_{i=1}^{n}\varphi_i\ddot{\eta}_i+C\sum_{i=1}^{n}\varphi_i\dot{\eta}_i+K\sum_{i=1}^{n}\varphi_i\eta_i=P(t)$$

对上式两边前乘以φ_j^{T}，并令 $C=\alpha M+\beta K$，得到

$$\sum_{i=1}^{n}\varphi_j^{\mathrm{T}}M\varphi_i\ddot{\eta}_i+\sum_{i=1}^{n}\varphi_j^{\mathrm{T}}(\alpha M+\beta K)\varphi_i\dot{\eta}_i+\sum_{i=1}^{n}\varphi_j^{\mathrm{T}}K\varphi_i\eta_i=\varphi_j^{\mathrm{T}}P(t)$$

由于振型正交性，得到

$$m_{pi}\ddot{\eta}_i+(\alpha+\beta\omega_i^2)m_{pi}\dot{\eta}_i+\omega_i^2m_{pi}\eta_i=\varphi_j^{\mathrm{T}}P(t)$$

由于 $\alpha+\beta\omega_i^2=2\zeta_i\omega_i$，上式进一步化为

$$\ddot{\eta}_i+2\zeta_i\omega_i\dot{\eta}_i+\omega_i^2\eta_i=\frac{1}{m_{pi}}\varphi_j^{\mathrm{T}}P(t)\quad(i=1,2,3,\cdots,n)\tag{2-26}$$

这是二阶常微分方程，这样的方程共有 n 个，它们是互相独立的。式（2-26）在形式上与单自由度体系的运动方程相同。其解答可用数值积分方法计算，也可用 Duhamel 积分计算如下：

$$\eta_i(t)=\frac{1}{\omega_{di}m_{pi}}\int_0^t P^*(\tau)\mathrm{e}^{-\zeta_i\omega_i(t-\tau)}\sin\omega_{di}(t-\tau)\mathrm{d}\tau$$

$$+\mathrm{e}^{-\zeta_i\omega_i t}\left\{\eta_i(0)\cos\omega_{di}t+\frac{\dot{\eta}_i(0)+\zeta_i\omega_i\eta_i(0)}{\omega_{di}}\sin\omega_{di}t\right\}$$

其中，

$$\omega_d=\omega_i\sqrt{1-\zeta_i^2}$$

$$P^*(t)=\varphi_i^{\mathrm{T}}P(t)$$

把 $\eta_i(t)$代入式（2-25），即得到所需解答。在用有限元方法进行结构动力分析时，自由度数目 n 可以达到几百甚至几千，但由于高阶振型对结构动力反应的影响一般都很小，通常只要计算一部分低阶振型就够了。例如，对于地震荷载，一般只要计算前面 5 ~ 20 个振型。对于爆炸和冲击荷载，就需要取更多的振型，有时需取出多达 $2n/3$ 个振型进行计算，而对于振动激发的动力反应，有时只有一部分中间的振型起作用。

运动方程式（2-18）是二阶常微分方程组，可用数值积分方法直接求解。应用于动力问题的直接积分方法很多，有线性加速度方法、Wilson 方法、Newmark 方法等，不再赘述。

2.3 结构非线性有限元法

固体力学问题，从本质上讲是非线性的，线性假设仅是实际问题中的一种简化。在分析线性弹性体系时，假设节点位移无限小；材料的应力与应变关系满足胡克定律；加载时边界条件的性质保持不变，如果不满足上述条件之一的，则称为非线性问题。

通常把非线性问题分成两大类：几何非线性和材料非线性，但 ANSYS 也能处理施工或加工过程中结构变化的非线性。如果体系的非线性是由于材料的应力与应变关系的非线性引起的，则称为材料非线性，如铝材和许多高分子材料。如果结构的位移使体系的受力状态发生了显著变化，以至不能采用线性体系的分析方法，则称为几何非线性。几何非线性又可分为以下情况：①大位移小应变问题，如高层建筑、大跨度钢架结构的结构分析大多属于此类问题；②大位移大应变问题，如金属的压力加工问题；③结构的变位引起外载荷大小、方向或边界支承条件的变化等问题。ANSYS 用单元死活来处理施工非线性。

用有限元法分析非线性问题时仍由分析线性问题的 3 个基本步骤组成，但需要反复迭代。

1）单元分析。和线性问题相比较，非线性问题的基本不同之处，在于单元刚度矩阵的形成有所差别。当仅为材料非线性问题时，应使用材料的非线性本构关系；当仅为几何非线性问题时，在计算应变－位移矩阵 $\boldsymbol{B}$ 时，应考虑位移的高阶导数项的效应。同时，对于所有积分，应考虑单元体的变化。对于同时兼有几何非线性和材料非线性的两种非线性问题时，应考虑这两种非线性的耦合效应。

2）整体组集。单元刚度矩阵集成为整体刚度矩阵，整体刚度方程的建立及约束处理，大体上与线性体系问题相同，只是通常将整体刚度方程写成增量形式。

3）非线性方程组的求解。非线性问题求解方法大体上可分为增量法、迭代法和混合法，它与线性方程组的求解有很大差别。

本节主要讨论材料塑性力学问题和几何大变形小应变问题。

2.3.1 塑性力学问题

在固体力学问题中，当应变比较小时，应力应变关系是线弹性的；当应变比较大时，应力应变关系往往不再是线弹性的，这类问题属于塑性力学范畴。有限元法在这方面的应用是很成功的。

1. 单向受力的应力－应变关系

根据金属材料的拉伸试验，受力超过屈服极限以后，材料又恢复了抵抗变形的能力，必须增加载荷，才能继续产生变形，这种现象称为材料的强化（或硬化）。载荷达到最高点时的应力，称为强度极限。

为便于研究，在试验资料的基础上，常抽象为一些简化的模型，如图 2-16 所示。

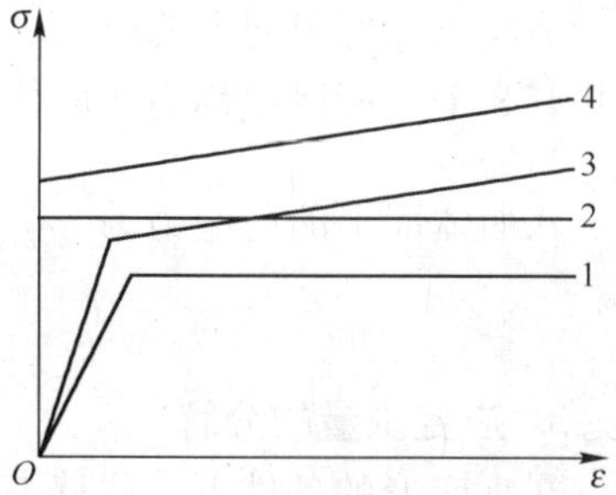

图 2-16 几种材料的简化模型

1—理想弹塑性模型 2—理想刚塑性模型

3—线性强化弹塑性模型

4—线性强化刚塑性模型

2. 应力张量的分解与应力不变量

在外力作用下，物体内与应力所对应的应变通常分为体积变形和形状变形两部分，这两种变形的变化规律是不同的，对金属而言，在各向均匀压力（或称静水压力）作用下，体积变形是弹性的，不产生塑性变形。为了研究塑性变形必须把各向均匀的压力分离出来，对应的张量做如下分解。

$$\begin{pmatrix} \sigma_x & \tau_{xy} & \tau_{xz} \\ \tau_{yx} & \sigma_y & \tau_{yz} \\ \tau_{zx} & \tau_{zy} & \sigma_z \end{pmatrix} = \begin{pmatrix} \sigma_m & 0 & 0 \\ 0 & \sigma_m & 0 \\ 0 & 0 & \sigma_m \end{pmatrix} + \begin{pmatrix} \sigma_x - \sigma_m & \tau_{xy} & \tau_{xz} \\ \tau_{yx} & \sigma_y - \sigma_m & \tau_{yz} \\ \tau_{zx} & \tau_{zy} & \sigma_z - \sigma_m \end{pmatrix} \tag{2-27}$$

$$\sigma_m = \frac{1}{3}(\sigma_x + \sigma_y + \sigma_z)$$

式（2-27）右边第 1 项称为应力球张量，第 2 项称为应力偏张量，以 $\boldsymbol{s}_{ij}$ 表示为

$$\boldsymbol{s}_{ij} = \begin{pmatrix} s_x & s_{xy} & s_{xz} \\ s_{yx} & s_y & s_{yz} \\ s_{zx} & s_{zy} & s_z \end{pmatrix}$$

对于金属来说，进入塑性状态后，其体积变形仍是弹性的，它由应力球张量引起；而与形状改变有关的塑性变形则是由应力偏量引起的。

由弹性力学可知，任意一点的主应力 σ_i 决定于下列方程。

$$\sigma_i^3 - I_1\sigma_i^2 - I_2\sigma_i - I_3 = 0$$

当坐标轴的方向改变时，应力张量的分量均将改变，但主应力的值不变。因此，上式中系数 I_1、I_2、I_3 的值与坐标轴的取向无关，称为应力张量的 3 个不变量，其中

$$\begin{cases} I_1 = \sigma_x + \sigma_y + \sigma_z \\ I_2 = -(\sigma_x\sigma_y + \sigma_y\sigma_z + \sigma_z\sigma_x) + \tau_{xy}^2 + \tau_{yz}^2 + \tau_{zx}^2 \\ I_3 = \sigma_x\sigma_y\sigma_z + 2\tau_{xy}\tau_{yz}\tau_{zx} - \sigma_x\tau_{yz}^2 - \sigma_y\tau_{zx}^2 - \sigma_z\tau_{xy}^2 \end{cases}$$

同样，应力偏张量也有 3 个不变量，即

$$\begin{cases} J_1 = s_x + s_y + s_z \\ I_2 = -(s_xs_y + s_ys_z + s_zs_x) + s_{xy}^2 + s_{yz}^2 + s_{zx}^2 \\ I_3 = s_xs_ys_z + 2s_{xy}s_{yz}s_{zx} - s_xs_{yz}^2 - s_ys_{zx}^2 - s_zs_{xy}^2 \end{cases}$$

下面研究等斜面上的应力。等斜面是其法线与 3 个主应力方向成等角的平面，这样的平面共有 8 个，所以也称为八面体的面。八面体面上的正应力为

$$\sigma_8 = \sigma_{\mathrm{m}}$$

八面体面上的剪应力为

$$\sigma_8 = \sqrt{\frac{2}{3}J_2}$$

3. 应变张量的分解

在小变形的条件下，位移与应变的关系如下

$$\varepsilon_x = \frac{\partial u}{\partial x},\ \gamma_{xy} = \frac{\partial u}{\partial y} + \frac{\partial v}{\partial x}$$

$$\varepsilon_y = \frac{\partial v}{\partial y},\ \gamma_{yz} = \frac{\partial v}{\partial z} + \frac{\partial w}{\partial y}$$

$$\varepsilon_z = \frac{\partial w}{\partial z},\ \gamma_{zx} = \frac{\partial w}{\partial x} + \frac{\partial u}{\partial z}$$

如果令

$$\varepsilon_{xy} = \frac{1}{2}\gamma_{xy},\ \varepsilon_{yz} = \frac{1}{2}\gamma_{yz},\ \varepsilon_{zx} = \frac{1}{2}\gamma_{zx}$$

且有

$$\varepsilon_{xy}=\varepsilon_{yx},\ \varepsilon_{yz}=\varepsilon_{zy},\ \varepsilon_{zx}=\varepsilon_{xz}$$

与应力张量相似，应变张量也可分解为应变球张量与应变偏张量，即

$$\begin{pmatrix}\varepsilon_x & \varepsilon_{xy} & \varepsilon_{xz}\\ \varepsilon_{xy} & \varepsilon_y & \varepsilon_{yz}\\ \varepsilon_{xz} & \varepsilon_{yz} & \varepsilon_z\end{pmatrix}=\begin{pmatrix}\varepsilon_m & 0 & 0\\ 0 & \varepsilon_m & 0\\ 0 & 0 & \varepsilon_m\end{pmatrix}+\begin{pmatrix}\varepsilon_x-\varepsilon_m & \frac{1}{2}\gamma_{xy} & \frac{1}{2}\gamma_{xz}\\ \frac{1}{2}\gamma_{xy} & \varepsilon_y-\varepsilon_m & \frac{1}{2}\gamma_{yz}\\ \frac{1}{2}\gamma_{xz} & \frac{1}{2}\gamma_{yz} & \varepsilon_z-\varepsilon_m\end{pmatrix} \tag{2-28}$$

式中，$\varepsilon_m=(\varepsilon_x+\varepsilon_y+\varepsilon_z)/3$ 为平均应变。

式（2-28）右边第1项为应变球张量，第2项为应变偏张量，以 $\boldsymbol{e}_{ij}$ 表示，即

$$\boldsymbol{e}_{ij}=\begin{pmatrix}e_x & e_{xy} & e_{xz}\\ e_{xy} & e_y & e_{yz}\\ e_{xz} & e_{yz} & e_z\end{pmatrix}=\begin{pmatrix}\varepsilon_x-\varepsilon_m & \frac{1}{2}\gamma_{xy} & \frac{1}{2}\gamma_{xz}\\ \frac{1}{2}\gamma_{xy} & \varepsilon_y-\varepsilon_m & \frac{1}{2}\gamma_{yz}\\ \frac{1}{2}\gamma_{xz} & \frac{1}{2}\gamma_{yz} & \varepsilon_z-\varepsilon_m\end{pmatrix}$$

应变球张量具有各方向相同的正应变，它代表体积的改变。应变球张量的 3 个正应变之和为零，说明它没有体积变形，只反映形状的改变。

应变偏张量的 3 个不变量分别以 J_1'、J_2'、J_3'表示。

$$\begin{cases}J_1'=e_x+e_y+e_z=0\\ J_2'=\frac{1}{6}[(e_x-e_y)^2+(e_y-e_z)^2+(e_z-e_x)^2+6(e_{xy}^2+e_{yz}^2+e_{zx}^2)]\\ J_3'=e_xe_ye_z+2e_{xy}e_{yz}e_{zx}-e_xe_{yz}^2-e_ye_{zx}^2-e_ze_{xy}^2\end{cases}$$

4. 屈服准则

单向受力时，以理想弹塑性模型为例，当应力小于屈服极限 σ_s 时，材料处于弹性状态。当应力达到 σ_s时，材料即进入塑性状态。因此，$\sigma=\sigma_s$就是单向受力时的屈服条件。

在复杂应力状态下，物体内某一点开始产生塑性变形时，应力也必须满足一定的条件，它就是复杂应力状态下的屈服条件。一般来说，它应是 6 个应力分量的函数，可表示为

$$\boldsymbol{F}(\sigma_x,\sigma_y,\sigma_z,\tau_{xy},\tau_{yz},\tau_{zx})=\boldsymbol{C}$$

式中，$\boldsymbol{C}$ 为与材料有关的常数；$\boldsymbol{F}$ 为屈服函数。

把某点的 6 个应力分量代入上式，如果 $\boldsymbol{F}<\boldsymbol{C}$，则表明该点处于弹性状态；如果 $\boldsymbol{F}=\boldsymbol{C}$，则表明该点处于塑性状态。

考虑的材料是各向同性的，坐标方向的改变对屈服条件没有影响，因此可用主应力表示为

$$\boldsymbol{F}(\sigma_1,\sigma_x,\sigma_3)=\boldsymbol{C}$$

也可用应力张量不变量 $\boldsymbol{I}_1$、$\boldsymbol{I}_2$、$\boldsymbol{I}_3$，或应力偏量不变量 $\boldsymbol{J}_2$、$\boldsymbol{J}_3$来表示。

一类材料，如岩石、土体、混凝土等，其屈服条件受到静水应力的影响，一般表示为

$$\boldsymbol{F}(\boldsymbol{I}_1,\boldsymbol{J}_2,\boldsymbol{J}_3)=\boldsymbol{C}$$

另一类材料，如金属，其屈服条件不受静水应力的影响，可表示为

$$\boldsymbol{F}(\boldsymbol{J}_2,\boldsymbol{J}_3)=\boldsymbol{C}$$

屈服条件常称为屈服准则。

（1）特雷斯卡（Tresca）屈服准则

1864 年，Tresca 提出：当最大剪应力 τ_{max} 达到某一定值 k 时，材料就发生屈服，此条件可表示为

$$[(\sigma_1-\sigma_2)^2-4k^2][(\sigma_2-\sigma_3)^2-4k^2][(\sigma_3-\sigma_1)^2-4k^2]=0$$

上式也可用应力偏量不变量表示为

$$\boldsymbol{F}=4\boldsymbol{J}_2^3-27\boldsymbol{J}_3^2-36k^2\boldsymbol{J}_2^2+96k^4\boldsymbol{J}_2-64k^6=0$$

屈服面如图 2-17 所示。

上面的常数 k 是由单向拉伸试验确定的，所以 $k=\sigma_s/2$。如果常数是由纯剪试验确定，则 $k=\tau_s$，其中 τ_s 为纯剪时的屈服极限。按照 Tresca 屈服条件，材料的剪切屈服极限与拉伸屈服极限之间的关系为

$$\tau_s=\sigma_s/2$$

Tresca 屈服条件是主应力的线性函数，应用比较方便，它与金属材料的试验资料也基本吻合。但它忽略了中间主应力的影响，且屈服线上有角点，给数学处理带来了一定困难，这是其不足之处。

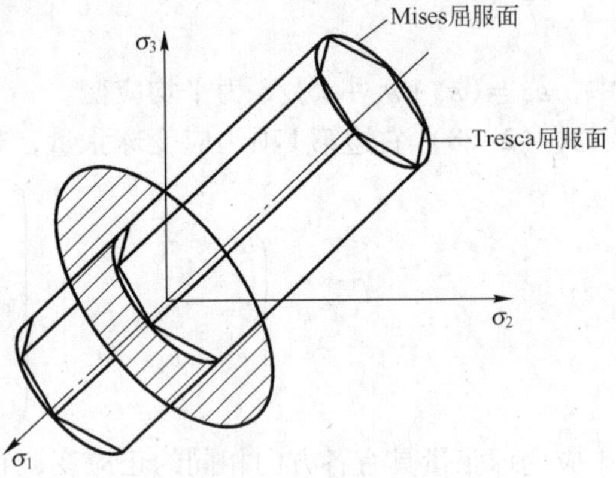

图 2-17　Tresca 和 Mises 屈服面

（2）米泽斯（Mises）屈服准则

1913 年，Mises 提出：在偏量平面 π 上的屈服线是 Tresca 六边形的外接圆。主应力空间中过原点并与坐标轴成等角的直线为静水应力轴。过原点并与静水应力轴垂直的平面为 π 平面。与 π 平面平行的平面为偏量平面。如图 2-17 所示，屈服面 Mises 在偏量平面上是一个六边形的外接圆，在坐标轴平面上是椭圆。其表达式为

$$\boldsymbol{J}_2=\frac{1}{3}\sigma_s^2=k^2$$

它表明，只要应力偏量的第二不变量达到某一定值时，材料就屈服。σ_s 是单向拉伸时的屈服极限。

在纯剪切的情况下，

$$\boldsymbol{J}_2=\tau_{xy}^2=\tau_s^2=k^2$$

可见按照 Mises 屈服条件，材料的剪切屈服极限 τ_s 与拉伸屈服极限 σ_s 之间的关系为

$$\tau_s=\sigma_s/\sqrt{3}$$

Mises 屈服准则弥补了 Tresca 屈服准则的不足，更接近实验结果。Mises 屈服准则对金属材料比较吻合。

（3）德鲁克－普拉格（Drucker－Prager）屈服准则

对基层、垫层和土地基等弹塑性体积较大的变形材料，莫尔－库仑（Mohr－Coulomb）的强度理论为最早提出的屈服准则，理论表达式为

$$\tau_s=C-\sigma_s\tan\varphi$$

式中，C 为材料粘聚力；φ 为内摩擦角；τ_s 为破坏面上的剪应力；σ_s 为破坏面上的正应力。

考虑到莫尔-库仑屈服准则在 π 平面上是等边不等角六边形，具有角偶性，当应力落在屈服面尖点上会导致其导数的方向不定。德鲁克-普拉格（Drucker-Prager）于1952年对莫尔-库仑屈服准则加以修正，表述为

$$\boldsymbol{F}=\alpha\boldsymbol{I}_1-\sqrt{\boldsymbol{J}_2}+K=0$$

式中，$\alpha=\dfrac{\sin\varphi}{\sqrt{3(3+\sin^2\varphi)}}$；$K=\dfrac{\sqrt{3}\,C\cos\varphi}{\sqrt{(3+\sin^2\varphi)}}$；$\boldsymbol{I}_1$为第一应力状态不变量；$\boldsymbol{J}_2$为第二应力偏量状态不变量。

在土基、路面等的形变中采用德鲁克-普拉格屈服准则是比较简明的。

还有许多其他屈服准则，不再赘述。

5. 强化条件

如图2-18所示，在单向受力时，当材料中应力超过初始屈服点 A 而进入塑性状态后卸载，此后再加载，应力-应变关系将仍按弹性规律变化，直至卸载前所达到的最高应力点 B，然后材料再次进入塑性状态。应力点 B 是材料在经历了塑性变形后的新屈服点，称为强化点。它是材料在再次加载时，应力-应变关系按弹性还是按塑性规律变化的区分点。

同样，当材料在复杂应力状态下进入塑性后卸载，然后再加载，屈服函数也会随着以前发生过的塑性变形的历史而有所改变。当应力分量满足某一关系时，材料将重新进入塑性状态而产生新的塑性变形，这种现象叫做强化。材料在初始屈服以后再进入塑性状态时，应力分量间所必须满足的函数关系，称为强化条件或加载条件，有时也称为后继屈服条件，以区别于初始屈服条件。强化条件在应力空间中的图形称为强化面或加载面。

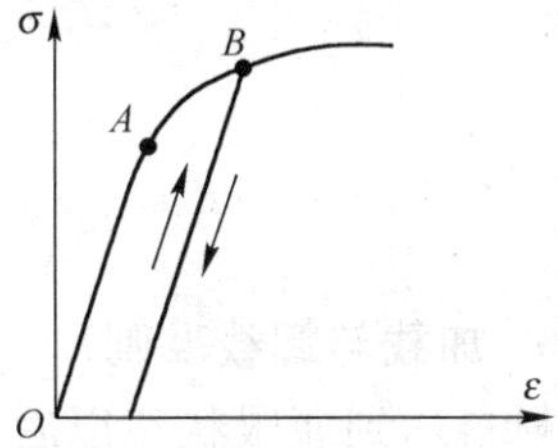

图2-18　单向受力时材料的强化

（1）各向同性强化模型

假定加载面在应力空间中的形状中心位置保持不变，随着强化程度的增加，由初始屈服面在形状上作相似的扩大。加载面仅由其曾经达到过的最大应力点所决定，与加载历史无关，如图2-19a所示。强化条件可表示为

$$F(\sigma_{ij})-k(\varepsilon^p)=0$$

式中，$k(\varepsilon^p)$为有效塑性应变 ε^p的函数。

（2）随动强化模型

假定在塑性变形过程中，屈服曲面的形状和大小都不改变，只是在应力空间中作刚性平移，如图2-19b所示。设在应力空间中，屈服面内部中心的坐标用 α_{ij}表示，它在初始屈服时等于零，于是，随动强化模型的加载曲面可表示为

$$F(\sigma_{ij}-\alpha_{ij})-k=0$$

显然，$F(\alpha_{ij})-k=0$ 为初始屈服曲面，产生塑性变形以后，加载面随着 α_{ij}而移动，α_{ij}称为移动张量。

（3）混合强化模型

把各向同性强化模型和随动强化模型加以组合，得到混合强化模型，如图2-19c所示。它假定在塑性变形过程中，加载曲面不但作刚性平移，还同时在各个方向作均匀扩大。加载

曲面可表示为

$$F(\sigma_{ij}-\alpha_{ij})-k(\varepsilon^{p})=0$$

式中，α_{ij}为屈服面中心的移动；k 为硬化参数，是有效塑性应变 ε^{p}的函数。

在以上几种强化模型中，各向同性强化模型使用最为广泛。这一方面是由于它便于进行数学处理；另一方面，如果在加载过程中应力方向（或各应力分量的比值）变化不大，采用各向同性强化模型的计算结果与实际情况也比较符合。随动强化模型可以考虑材料的包辛格（Bauschinger）效应，在循环加载或可能出现反向屈服的问题中，需要采用这种模型。

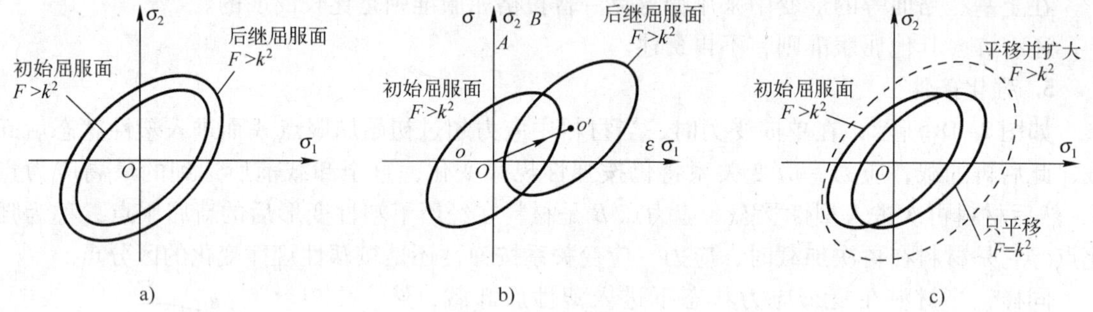

图 2-19　强化模型

a）各向同性强化模型　b）随动强化模型　c）混合强化模型

6. 加载与卸载准则

材料达到屈服状态以后，加载和卸载时的应力应变规律不同。单向受力时，只有一个应力分量，由这个应力分量的增加或减小，就可判断是加载还是卸载。对于复杂应力状态，6个应力分量中，各分量可增可减，为了判断是加载还是减载，需要一个准则。

1）理想塑性材料的加载和卸载。理想塑性材料不发生强化，加载条件和屈服条件相同，应力点不可能位于屈服面外。当应力点保持在屈服面上时，称为加载，因为这时塑性变形可以增长。设屈服条件为 $F(\sigma_{ij})=0$。当应力达到屈服状态时，$F(\sigma_{ij})=0$，对于应力增量 $d\sigma_{ij}$，如果 $dF=F(\sigma_{ij}+d\sigma_{ij})-F(\sigma_{ij})=0$，表示新的应力点仍保持在屈服面上，属于加载。反之，如果 $dF=F(\sigma_{ij}+d\sigma_{ij})-F(\sigma_{ij})<0$，表示应力点从屈服面上退回到屈服面内，属于卸载。因此，理想塑性材料的加载和卸载准则可表示为

$$\begin{cases}F(\sigma_{ij})<0 & \text{（弹性状态）}\\ F(\sigma_{ij})=0,dF=0 & \text{（加载）}\\ F(\sigma_{ij})=0,dF<0 & \text{（卸载）}\end{cases}$$

2）强化材料的加载和卸载。强化材料的加载面可以扩大，因此只有当 $d\sigma$ 指向面外时才是加载。当 $d\sigma$ 沿着加载面变化时，加载面并不改变，只表示一点的应力状态从一个塑性状态过渡到另一个塑性状态，但不引起新的扭性变形，这种变化过程称为中性变载。$d\sigma$ 指向加载面内时为卸载。强化材料的加载和卸载准则可表示为

$$\begin{cases}F(\sigma_{ij})=0,\ dF>0 & \text{（加载）}\\ F(\sigma_{ij})=0,\ dF=0 & \text{（中性变载）}\\ F(\sigma_{ij})=0,\ dF<0 & \text{（卸载）}\end{cases}$$

7. 粘弹塑性路面有限元计算分析与步骤

下面以沥青路面为例加以说明。

在荷载作用下，路面总应变速率 $\dot{\varepsilon}$ 分为弹性应变速率$\dot{\varepsilon}^{e}$ 和粘塑性应变速率$\dot{\varepsilon}^{vp}$

$$\dot{\varepsilon} = \dot{\varepsilon}^{e} + \dot{\varepsilon}^{vp}$$

应力速率由下式计算。

$$\dot{\sigma} = \boldsymbol{D}\,\dot{\varepsilon}^{e}$$

开始产生塑性变形的屈服条件表示为

$$F(\sigma,\varepsilon^{vp}) - F_0 = 0$$

F_0为屈服准则下限，一般取 0。

路面粘塑性应变速率的数值与当时的应力状态有关。

$$\dot{\varepsilon}^{vp} = \boldsymbol{f}(\sigma)$$

广泛采用粘塑性流动法则：

$$\dot{\varepsilon}^{vp} = \gamma < \varphi(F) > \frac{\partial Q}{\partial \sigma} \tag{2-29}$$

式中，γ 为流动系数，具体获取方法参见有关文献；塑性势 $Q = Q(\sigma,\varepsilon^{vp},k)$，路面计算中采用相关连流动法则，$Q \equiv F$；符号 < > 的意义为

$$\begin{cases} <\varphi(F)> = \varphi(F) & (F>0) \\ <\varphi(F)> = 0 & (F\leqslant 0) \end{cases}$$

路面简单计算中取 $\Phi(F) = F$。

由式（2-29）得到当前应力状态下的粘塑性应变率。

把路面响应分析计算时间长度 t 划分为一系列时段，在 $\Delta t_n = t_{n+1} - t_n$内产生的粘塑性应变增量用下式计算。

$$\Delta\,\varepsilon_n^{vp} = \varepsilon^{vp}(t_{n+1}) - \varepsilon^{vp}(t_n) = \Delta t_n[\,(1-s)\,\dot{\varepsilon}_n^{vp} + s\,\dot{\varepsilon}_{n+1}^{vp}\,] \tag{2-30}$$

式中，取 $s=0$，为前向差分法，是显式解法；取 $s=1$，为后向差分法，是隐式解法；取 $s=1/2$，为中点差分法。

把$\dot{\varepsilon}^{vp}$按泰勒展开，忽略高阶项，得到

$$\dot{\varepsilon}_{n+1}^{vp} = \dot{\varepsilon}_n^{vp} + \boldsymbol{H}_n \Delta\,\sigma_n \tag{2-31}$$

式中，$\boldsymbol{H}_n = \left.\dfrac{\partial\,\dot{\varepsilon}^{vp}}{\partial \sigma}\right|_{t=t_n}$；$\Delta\sigma_n$为应力增量，未知。

把式（2-31）代入式（2-30），得到

$$\Delta\,\varepsilon_n^{vp} = \dot{\varepsilon}_n^{vp}\Delta t_n + \boldsymbol{C}_n \Delta\,\sigma_n \tag{2-32}$$

式中，$\boldsymbol{C}_n = s\Delta t_n \boldsymbol{H}_n$。

在时间 $\Delta t_n = t_{n+1} - t_n$内产生的应力增量为

$$\Delta\,\boldsymbol{\sigma}_n = \boldsymbol{D}\,\varepsilon_n^{e} = \boldsymbol{D}(\Delta\,\varepsilon_n - \Delta\,\varepsilon_n^{vp})$$

把 $\Delta\,\varepsilon_n = \boldsymbol{B}\Delta\,\delta_n$ 代入上式，得

$$\Delta\,\sigma_n = \boldsymbol{D}(\boldsymbol{B}\Delta\,\delta_n - \Delta\,\varepsilon_n^{vp}) \tag{2-33}$$

将式（2-32）代入式（2-33），得到

$$\Delta\sigma_n = \boldsymbol{D}(\boldsymbol{B}\Delta\delta_n - \dot{\varepsilon}_n^{\mathrm{vp}}\Delta t_n - \boldsymbol{C}_n\Delta\sigma_n)$$

整理为

$$\Delta\sigma_n = \overline{\boldsymbol{D}}_n(\boldsymbol{B}\Delta\delta_n - \dot{\varepsilon}_n^{\mathrm{vp}}\Delta t_n) \tag{2-34}$$

其中，

$$\overline{\boldsymbol{D}}_n = (\boldsymbol{I} + \boldsymbol{D}\boldsymbol{C}_n)^{-1}\boldsymbol{D} = (\boldsymbol{D}^{-1} + \boldsymbol{C}_n)^{-1}$$

在 Δt_n时间内的平衡条件为

$$\int \boldsymbol{B}^{\mathrm{T}}\Delta\sigma_n \mathrm{d}V = \Delta\boldsymbol{P}_n \tag{2-35}$$

式中，$\mathrm{d}V$ 为体积微元。

将式（2-34）代入式（2-35），得到平衡方程组

$$\boldsymbol{K}_n\Delta\delta_n = \Delta\boldsymbol{P}_n + \Delta\boldsymbol{P}_n^{\mathrm{vp}}$$

其中，

$$\boldsymbol{K}_n = \int \boldsymbol{B}^{\mathrm{T}}\overline{\boldsymbol{D}}_n\boldsymbol{B}\mathrm{d}V$$

$$\Delta\boldsymbol{P}_n^{\mathrm{vp}} = \int \boldsymbol{B}^{\mathrm{T}}\overline{\boldsymbol{D}}_n\dot{\varepsilon}_n^{\mathrm{vp}}\Delta t_n \mathrm{d}V$$

式中，$\boldsymbol{K}_n$为第 n 步迭代计算的刚度矩阵；$\Delta\boldsymbol{P}_n^{\mathrm{vp}}$为粘塑性应变增量引起的等效荷载增量；$\Delta\boldsymbol{P}_n$为外荷载增量。

由式（2-31）解出位移增量 $\Delta\delta_n$，代入式（2-34）求得应力增量 $\Delta\sigma_n$，从而有

$$\delta_{n+1} = \delta_n + \Delta\delta_n$$

$$\sigma_{n+1} = \sigma_n + \Delta\sigma_n$$

再矫正粘塑性应变增量，由式（2-32）知道

$$\Delta\varepsilon_n^{\mathrm{vp}} = \Delta\varepsilon_n - \boldsymbol{D}^{-1}\Delta\sigma_n = \boldsymbol{B}\Delta\delta_n - \boldsymbol{D}^{-1}\Delta\sigma_n$$

从而得到代表永久变形的真实的粘塑性应变。

$$\varepsilon_{n+1}^{\mathrm{vp}} = \varepsilon_n^{\mathrm{vp}} + \Delta\varepsilon_n^{\mathrm{vp}}$$

粘弹塑性应变速率$\dot{\varepsilon}_n^{\mathrm{vp}}$由前面的公式计算，当各积分点的粘塑性应变速率均等于零时，表示变形已经稳定可以停止计算。

在任意时刻 t，应力状态都应满足平衡方程：

$$\int \boldsymbol{B}^{\mathrm{T}}\sigma\mathrm{d}V - \boldsymbol{P} = 0$$

由于线性化带来的误差，算得的应力 σ_{n+1}不一定满足上述平衡条件，而且这种误差是会累积的。为了避免误差的累积，可用下式计算失衡力。

$$\psi_{n+1} = \int \boldsymbol{B}^{\mathrm{T}}\sigma_{n+1}\mathrm{d}V - \boldsymbol{P}_{n+1}$$

然后在下一步计算时，把上述失衡量合并到荷载增量中去。

时间步的限制为

$$\begin{cases}\text{Mises 材料} \\ \\ \text{Mohr - Coulomb 材料}\end{cases}$$

对每一时间步 Δt 计算步骤如下。

第 1 步：已知 δ_n、$\boldsymbol{\sigma}_n$、$\boldsymbol{\varepsilon}_n$、$\boldsymbol{\varepsilon}_n^{\mathrm{vp}}$、$\boldsymbol{H}_n$，计算下列各量。

$$\boldsymbol{C}_n = s\Delta t_n \boldsymbol{H}_n$$

$$\overline{\boldsymbol{D}}_n = (\boldsymbol{D}^{-1} + \boldsymbol{C}_n)^{-1}$$

$$\boldsymbol{K}_n = \int \boldsymbol{B}^{\mathrm{T}} \overline{\boldsymbol{D}}_n \boldsymbol{B} \mathrm{d}V$$

$$\dot{\varepsilon}^{\mathrm{vp}} = \gamma < \varphi(F) > \left.\frac{\partial Q}{\partial \sigma}\right|_{t=t_n}$$

$$\Delta \boldsymbol{P}_n^{\mathrm{vp}} = \int \boldsymbol{B}^{\mathrm{T}} \overline{\boldsymbol{D}}_n \dot{\varepsilon}_n^{\mathrm{vp}} \Delta t_n \mathrm{d}V$$

$$\psi_n = \int \boldsymbol{B}^{\mathrm{T}} \sigma_n \mathrm{d}V$$

第 2 步：由下式求解位移增量 $\Delta\delta_n$。

$$\Delta \delta_n = \boldsymbol{K}_n^{-1}(\Delta \boldsymbol{P}_n + \Delta \boldsymbol{P}_n^{\mathrm{vp}} + \psi_n)$$

计算 $\Delta\boldsymbol{\sigma}_n$、$\delta_{n+1}$、$\boldsymbol{\sigma}_{n+1}$如下。

$$\Delta \sigma_n = \overline{\boldsymbol{D}}_n(\boldsymbol{B}\Delta \delta_n - \dot{\varepsilon}_n^{\mathrm{vp}} \Delta t_n)$$

$$\delta_{n+1} = \delta_n + \Delta\delta_n$$

$$\sigma_{n+1} = \sigma_n + \Delta\sigma_n$$

第 3 步：按下式计算$\dot{\boldsymbol{\varepsilon}}_{n+1}^{\mathrm{vp}}$。

$$\dot{\varepsilon}_{n+1}^{\mathrm{vp}} = \gamma < \varphi(F) > \left.\frac{\partial Q}{\partial \sigma}\right|_{t=t_{n+1}}$$

第 4 步：检查各积分点的粘塑性应变速率$\dot{\boldsymbol{\varepsilon}}_{n+1}^{\mathrm{vp}}$，如果其数值均已接近零，停止计算，否则转至第 1 步。

2.3.2 大位移问题

在大多数的大位移问题中，尽管位移很大，结构的应变仍然不大，属于大位移小应变问题，材料的应力－应变关系仍是线性的，只是应变－位移关系是非线性的，即所谓几何非线性。如果位移－应变关系是非线性的，而且应力－应变关系也是非线性的，那么即是双重非线性（材料非线性和几何非线性）问题。

首先，用虚位移原理建立有限元平衡方程组。用列阵 ψ 表示每个节点广义内力和广义外力矢量的和，根据虚位移原理，外力因虚位移所做的功，等于结构因虚应变而产生的应变能，所以有

$$\mathrm{d}\delta^{\mathrm{T}}\psi = \int \mathrm{d}\boldsymbol{\varepsilon}^{\mathrm{T}}\sigma \mathrm{d}V - \mathrm{d}\delta^{\mathrm{T}}\boldsymbol{P} = 0$$

式中，$\mathrm{d}\delta$ 为虚位移；$\mathrm{d}\boldsymbol{\varepsilon}$ 为虚应变；$\boldsymbol{P}$ 为荷载列阵。

再用应变的增量形式写出位移和应变的关系：

$$\mathrm{d}\boldsymbol{\varepsilon} = \overline{\boldsymbol{B}}\mathrm{d}\delta$$

利用上式消去 $\mathrm{d}\delta^{\mathrm{T}}$，得到非线性问题的平衡方程组：

$$\psi(\delta) = \int \overline{\boldsymbol{B}}^{\mathrm{T}}\sigma \mathrm{d}V - \boldsymbol{P} = 0 \tag{2-36}$$

不论是大位移问题还是小位移问题，上式都是适用的。

在大位移情况下，应变－位移关系是非线性的，矩阵 $\overline{\boldsymbol{B}}$ 是 δ 的函数。为了运算方便起见，可以写成

$$\overline{\boldsymbol{B}} = \boldsymbol{B}_0 + \boldsymbol{B}_L$$

式中，$\boldsymbol{B}_0$为线性应变分析的矩阵项，与 δ 无关；$\boldsymbol{B}_L$为由非线性变形引起的，与 δ 有关，通常，$\boldsymbol{B}_L$是 δ 的线性函数。

在大多数情况下，尽管位移很大，结构的应变并不大，应力－应变关系还是线性弹性关系，因此有

$$\boldsymbol{\sigma} = \boldsymbol{D}\boldsymbol{\varepsilon}$$

式中，$\boldsymbol{D}$ 为材料的弹性矩阵。

如果应变比较大，已属于非线性应力－应变关系，则属于弹塑性问题。

通常用牛顿－拉夫逊方法求解式（2-36），因此，需建立 $\mathrm{d}\sigma$ 和 $\mathrm{d}\psi$ 之间的关系，由式（2-36）取 ψ 的微分，得到

$$\mathrm{d}\psi = \int \mathrm{d}\,\overline{\boldsymbol{B}}^{\mathrm{T}}\sigma \mathrm{d}V + \int \overline{\boldsymbol{B}}^{\mathrm{T}}\mathrm{d}\sigma \mathrm{d}V \tag{2-37}$$

又

$$\mathrm{d}\boldsymbol{\sigma} = \boldsymbol{D}\mathrm{d}\boldsymbol{\varepsilon} = \overline{\boldsymbol{D}\boldsymbol{B}}\mathrm{d}\delta$$

$$\mathrm{d}\overline{\boldsymbol{B}} = \mathrm{d}\boldsymbol{B}_L$$

代入式（2-37），得到

$$\mathrm{d}\psi = \int \mathrm{d}\overline{\boldsymbol{B}}^{\mathrm{T}}\sigma \mathrm{d}V + \overline{\boldsymbol{K}}\mathrm{d}\delta \tag{2-38}$$

其中，

$$\overline{\boldsymbol{K}} = \int \overline{\boldsymbol{B}}^{\mathrm{T}}\boldsymbol{D}\overline{\boldsymbol{B}}\mathrm{d}V = \int (\boldsymbol{B}_0 + \boldsymbol{B}_L)^{\mathrm{T}}\boldsymbol{D}(\boldsymbol{B}_0 + \boldsymbol{B}_L)\mathrm{d}V = \boldsymbol{K}_0 + \boldsymbol{K}_L$$

$$\boldsymbol{K}_0 = \int \boldsymbol{B}_0^{\mathrm{T}}\boldsymbol{D}\,\boldsymbol{B}_0\mathrm{d}V$$

$$\boldsymbol{K}_L = \int (\boldsymbol{B}_0^{\mathrm{T}}\boldsymbol{D}\,\boldsymbol{B}_L + \boldsymbol{B}_L^{\mathrm{T}}\boldsymbol{D}\,\boldsymbol{B}_L + \boldsymbol{B}_L^{\mathrm{T}}\boldsymbol{D}\,\boldsymbol{B}_0)\mathrm{d}V$$

式中，$\boldsymbol{K}_0$为小位移的线性刚度矩阵；$\boldsymbol{K}_L$为初始位移矩阵或大位移矩阵。

式（2-38）等号右边第 1 项可写为

$$\int \mathrm{d}\overline{\boldsymbol{B}}^{\mathrm{T}}\sigma \mathrm{d}V = \boldsymbol{K}_\sigma \mathrm{d}\delta$$

式中，$\boldsymbol{K}_\sigma$为关于应力 σ 的对称矩阵，称为初应力矩阵或几何刚度矩阵。

于是，式（2-38）可以写为

$$\mathrm{d}\psi = (\boldsymbol{K}_0 + \boldsymbol{K}_\sigma + \boldsymbol{K}_L)\mathrm{d}\delta = \boldsymbol{K}_T\mathrm{d}\delta$$

其中，$\boldsymbol{K}_T = \boldsymbol{K}_0 + \boldsymbol{K}_\sigma + \boldsymbol{K}_L$ 为切线刚度矩阵。

2.4 本章小结

有限元法分析的步骤首先是网格划分，然后选择一种协调的位移模式表示单元任意一点

的位移，求出广义坐标和形函数；求出应变矩阵、应力矩阵、单元刚度矩阵、整体刚度矩阵，刚度矩阵的求解是最关键的一步；利用能量原理求出等效节点荷载，列出总体平衡方程，求出节点位移；然后进行其他量的分析。

平面问题分平面应力问题和平面应变问题两类。有限元分析中的有关量只是两个坐标的函数。平面应力问题一般指很薄的均匀薄板，只在板边上受有平行于板面并且不沿厚度变化的面力。同时，体力也平行于板面并且不沿厚度变化，不为零的应力分量为薄板平面内的应力。平面应变问题一般指厚板外缘或较长柱形体的柱面上受有平行于横截面而且不沿长度变化的面力。同时，体力也平行于横截面且不沿长度变化，不为零的应变分量为截面内的应变。

轴对称问题同平面问题的根本区别在于前者单元为圆环，后者为平板；前者节点力和荷载对整个圆周进行考虑，后者只考虑板边受力。

为了减少单元数量，提高单元与实际边界的逼近程度，提高计算精度，减小计算量，对一般由直线或平面围成的母单元进行等参数变换得到等参单元。这样构造的单元具有双重特性：作为实际单元，其几何特性、受力情况、力学性能都来自真实结构，充分反映了它的属性；作为基本单元，其形状规则，便于计算与分析。

虚位移原理和最小势能原理是单元分析和整体分析的理论基础。虚位移原理表明，如果在虚位移发生之前，物体处于平衡状态，那么在虚位移发生时，外力所做虚功等于物体的虚应变能。虚位移原理不但适用于线性材料，也适用于非线性材料。最小势能原理指在所有满足边界条件的协调（连续）位移中，那些满足平衡条件的位移使物体势能取驻值。对于线性弹性体，势能取最小值。最小势能原理是变分原理在材料力学中的应用，即里兹（Ritz）法，是有限元法的核心理论基础之一。

动力学问题要考虑结构的质量和阻尼。质量矩阵有协调质量矩阵和集中质量矩阵两种，复杂的结构采用前者。通常是根据实测资料，由振动过程中结构整体的能量消耗来决定阻尼的近似值，因此不是计算单元阻尼矩阵，而直接计算结构的整体阻尼矩阵，一般采用瑞利（Rayleigh）阻尼，与质量矩阵和刚度矩阵成线性关系。对于每个自振频率，可确定一组各节点的振幅值，它们互相之间应保持固定的比值，但绝对值可任意变化，它们构成一个向量，称为特征向量，即振型。常用的求解结构受迫振动的方法有振型叠加法和直接积分法。

对结构非线性问题的有限元方法，是许多子步的反复迭代，每个子步的具体过程同结构线性问题的有限元方法：单元分析、整体组集、非线性方程组的求解。本书主要针对塑性和大位移问题有限元法进行了阐述。材料的塑性主要采用理想弹塑性模型、理想刚塑性模型、线性强化弹塑性模型、线性强化刚塑性模型等几种简化模型；常用的屈服准则有特雷斯卡（Tresca）屈服准则、米泽斯（Mises）屈服准则、德鲁克－普拉格（Drucker－Prager）屈服准则等几种；强化模型有各向同性强化模型、随动强化模型和混合强化模型 3 种。以沥青路面为例加以说明了粘弹塑性材料结构的有限元方法。

2.5 思考与练习

1. 概念题

1）平面应力问题与平面应变问题的区别是什么？

2）轴对称问题有什么特征？它和平面问题的主要区别是什么？

3）什么是等参数单元？

4）简述虚位移原理和最小势能原理。

5）什么是结构的振型？

6）简述几种材料简化模型的特点。

7）简述强化、强化条件、强化面（加载面）的定义。

2. 计算操作题

1）轴对称问题中三角形单元 ijm 面积为 A，平均半径为 r，密度为 ρ，求重力在节点产生的节点荷载。

2）如图 2-20 所示的等腰直角三角形单元，设 $\mu=1/4$，记弹性模量为 E，厚度为 t，求形函数矩阵 $\boldsymbol{N}$、应变矩阵 $\boldsymbol{B}$、应力矩阵 $\boldsymbol{S}$ 与单元刚度矩阵 $\boldsymbol{K}^e$。

3）如图 2-21 所示的正方形薄板，受力与约束如图所示，划分为两个三角形单元，$\mu=1/4$，板厚为 t，求各节点位移与应力。

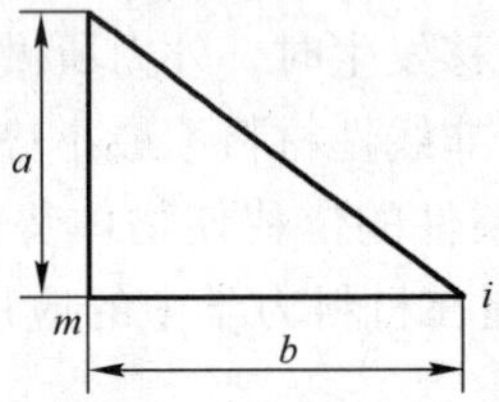

图 2-20　直角三角形单元

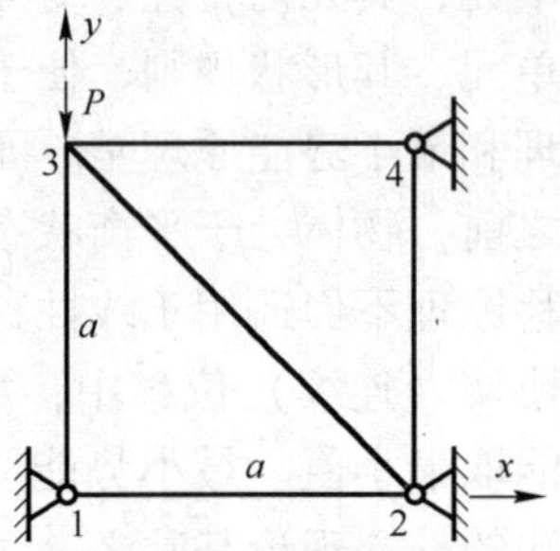

图 2-21　正方形薄板

4）两个轴对称等边直角三角形单元，形状、大小、方位都相同，位置如图 2-22 所示。弹性模量 E，泊松比 $\mu=0.15$，试分别计算它们的单元刚度矩阵。

图 2-22　轴对称等边直角三角形单元

第 3 章　ANSYS 建模

有限元分析的最终目的是还原一个实际工程系统的数学行为特征，即分析必须针对一个物理原型准确的数学模型。广义上讲，模型包括所有节点、单元、材料属性、实常数、边界条件，以及其他用来表现这个物理系统的特征。在 ANSYS 术语中，模型生成一般狭义地指用节点和单元表示的空间体域及与实际系统连接的生成过程。本书讨论的模型生成指模型的节点和单元的几何造型、材料属性、实常数及网格划分。

本章重点

- 生成模型的步骤
- 坐标系和工作平面使用
- 复杂实体造型方法
- 自底向上（自下而上）建模和自顶向下（自上而下）建模操作

3.1　建模基础

在 ANSYS 前处理模块中，通过灵活使用自上而下或自下而上两种建模方法，能完成非常复杂的实体造型，然后进行网格划分。也可以简单地从其他 CAD 软件读入早已创建好的实体模型。

3.1.1　模型生成

ANSYS 本身提供了强大的实体几何建模功能，可以像一般的 CAD 软件一样创建几何模型，也可以输入在 CAD 系统创建的模型。生成模型的典型步骤如下。

1）确定分析目标及模型的基本形式，选择合适的单元类型并考虑如何建立适当的网格密度。

2）进入前处理（PREP7）。

3）建立工作平面。

4）激活适当的坐标系。

5）用自底向上或自顶向下方法生成实体。

6）用布尔运算或编号控制适当地连接各个独立的实体模型域。

7）生成单元属性表（单元类型、实常数、材料属性和单元坐标系），设置单元属性指针。

8）设置网格划分控制以建立需要的网格密度。若需用自动网格划分功能，则应退出前处理后激活自适应网格划分。

9）通过划分实体模型的网格生成节点和单元。

10）在生成节点和单元后定义面与面的接触单元、自由度耦合及约束方程等。

11）保存模型数据为 Jobname. DB。

12）退出前处理。

3.1.2 坐标系统

ANSYS 有如下几种坐标系统类型。

- 全局和局部坐标系统：在空间坐标定位几何项（如节点和关键点等）。
- 显示坐标系统：决定列出和显示几何项的坐标系。
- 节点坐标系统：定义每个节点自由度的方向及节点计算结果的定位。
- 单元坐标系统：定位材料特性及单元计算结果数据。
- 结果坐标系统：转换节点或单元的计算结果数据到一个特殊的坐标系统中，以进行显示或一般的后处理操作。

1. 全局坐标系

用户定义一个节点或关键点时，系统默认为全局笛卡儿坐标系。全局坐标系即绝对坐标参考系，包括笛卡儿坐标系、柱坐标系及球坐标系，它们都遵从右手准则。

2. 局部坐标系

可以通过下列方式建立各种局部坐标系。

1）在全局笛卡儿坐标系中确立局部坐标系。

GUI：Utility Menu→WorkPlane→Local Coordinate Systems→Create Local CS→At Specified Loc。
命令：LOCAL。

2）在已存在的节点上建立局部坐标系。

GUI：Utility Menu→WorkPlane→Local Coordinate Systems→Create Local CS→By 3 Nodes。
命令：CS。

3）在已经存在的关键点上建立局部坐标系。

GUI：Utility Menu→WorkPlane→Local Coordinate Systems→Create Local CS→By 3 Keypoints。
命令：CSKP。

4）在目前的工作平面的中心原点建立局部坐标系。

GUI：Utility Menu→WorkPlane→Local Coordinate Systems→Create Local CS→At WP Origin。
命令：CSWPLA。

5）在当前活动坐标系中建立局部坐标系（无对应的 GUI 命令）。

命令：CLOCAL。

可以通过执行以下命令删除局部坐标系。

GUI：Utility Menu→WorkPlane→Local Coordinate Systems→Delete Local CS。
命令：CSDELE。

还可以通过执行以下命令查看全局或局部坐标系的状态。

GUI：Utility Menu→List→Other→Local Coord Sys。
命令：CSLIST。

3. 活动坐标系

某个时刻只有一个坐标系起作用，称为活动坐标系。默认模式下笛卡儿坐标系为活动坐标系，用户定义的一个新局部坐标系自动成为活动坐标系。如果需要激活全局坐标系或某个局部坐标系时，则通过执行如下命令。

GUI：Utility Menu→WorkPlane→Change Active CS to→Global Cartesian（或其他）。

命令：CSYS。

4. 显示坐标系

可以通过执行以下命令改变显示坐标系。

GUI：Utility Menu→WorkPlane→Change Display CS to→Global Cartesian（或其他）。

命令：DSYS。

改变显示坐标系将影响图形显示，除非要求特殊的图形显示；否则必须在执行任何图形显示命令（如 NPLOT 或 EPLOT 等）前重新设置显示坐标系为全局笛卡儿坐标系。

5. 节点坐标系

全局或局部坐标系确定几何项的位置，节点坐标系确定各节点的自由度方向。每个节点都有自己的节点坐标系，默认方式下，其平行于全局笛卡儿坐标系。可以通过下列方法在任意一节点旋转节点坐标系直到满足所需的方位。

1）旋转节点坐标系到当前活动坐标系。

GUI：Main Menu→Preprocessor→Modeling→Create→Nodes→Rotate Node CS→To Active CS。
Main Menu→Preprocessor→Modeling→Move/Modify→Rotate Node CS→To Active CS。

命令：NROTAT。

2）通过命令 N 在生成一个节点时定义旋转角或通过命令 NMODIF 指定旋转角。

GUI：Main Menu→Preprocessor→Modeling→Create→Nodes→In Active CS。

命令：N。

GUI：Main Menu→Preprocessor→Modeling→Create→Nodes→Rotate Node CS→By Angles。
Main Menu→Preprocessor→Modeling→Move/Modify→Rotate Node CS→By Angles。

命令：NMODIF。

3）通过方向余弦分量旋转坐标系。

GUI：Main Menu→Preprocessor→Modeling→Create→Nodes→Rotate Node CS→By Vectors。
Main Menu→Preprocessor→Modeling→Move/Modify→Rotate Node CS→By Vectors。

命令：NANG。

还可以通过执行以下命令列出节点坐标系的旋转角（相对于全局笛卡儿坐标系）。

GUI：Utility Menu→List→Nodes。
Utility Menu→List→Picked Entities→Nodes。

命令：NLIST。

6. 单元坐标系

每个单元施加的载荷及计算结果（如应力、应变等）方向满足右手准则的单元坐标系。大多数的单元坐标系默认方位都符合下列模式：

1）线单元的 X 轴指向通常为从节点 I 到节点 J。

2）壳单元的 X 轴指向为节点 I 到节点 J，Z 轴指向为壳单元表面的法向（满足右手准则），Y 轴指向垂直 XZ 平面。

3）对于二维和三维实体单元，单元坐标系通常平行于全局笛卡儿坐标系。

多种单元类型有关键点选项（KEYOPTS），允许用户改变默认的单元坐标系的方位。对于面或体单元，也可通过执行以下命令改变单元坐标系的方位。

GUI：Main Menu→Preprocessor→Meshing→Mesh Attributes→Default Attribs。

Main Menu→Preprocessor→Modeling→Create→Elements→Elem Attributes。

命令：ESYS。

如果同时指定 KEYOPTS 和 ESYS，则忽略 ESYS。

7. 结果坐标系

结果数据为求解过程中计算的数据，包括位移、梯度、应力和应变等。这些数据保存在数据库和结果文件中，坐标系为节点或单元坐标系。结果数据通常转换为活动结果坐标系（默认方式为全局笛卡儿坐标系）显示、列表和单元表格数据的保存（ETABLE 命令）。

可以改变当前结果坐标系为其他坐标系（如全局柱或局部坐标系），或求解过程中使用的坐标系（节点或单元坐标系）。如果在后续过程中显示和操作这些结果数据，则结果坐标系首先被转换。可以通过执行以下命令改变结果坐标系。

GUI：Main Menu→General Postproc→Options for Output。

命令：RSYS。

3.1.3 工作平面

光标在屏幕上是一个点，在空间中实际代表一条直线。为了用光标拾取一个点，必须要有一个假想的平面与该直线相交，这样才能唯一地确定空间中的一个点，该平面即工作平面。由于光标在平面上任意移动，所以工作平面如同在上面写字的平板。在同一时刻只能定义一个工作平面（即定义一个新的工作平面时删除已有的工作平面）。

进入 ANSYS 后，系统有一个默认的工作平面，即总体笛卡儿坐标系（也称为直角坐标系）的 XY 平面，工作平面的 WX、WY 轴分别取为总体笛卡儿坐标系的 X 轴与 Y 轴。

1. 使用工作平面

用户可以通过下列 5 种方法之一定义一个新的工作平面。

1）由 3 点定义一个工作平面，命令如下。

GUI：Utility Menu→WorkPlane→Align WP with→XYZ Locations。

命令：WPLANE。

2）由 3 个节点定义一个工作平面，命令如下。

GUI：Utility Menu→WorkPlane→Align WP with→Nodes。

命令：NWPLAN。

3）由 3 个关键点定义一个工作平面，命令如下。

GUI：Utility Menu→WorkPlane→Align WP with→Keypoints。

命令：KWPLAN。

4）由经过一指定线上的点与视平面定义一个工作平面，命令如下。

GUI：Utility Menu→WorkPlane→Align WP with→Plane Normal to Line。

命令：LWPLAN。

5）通过现有坐标系的 $X-Y$（或 $R-\theta$）平面来定义工作平面，命令如下。

GUI：Utility Menu→WorkPlane→Align WP with→Active Coord Sys（或其他）。

命令：WPCSYS。

显示工作平面及其状态的命令如下。

GUI：Utility Menu→WorkPlane→Display Working Plane。

命令：WPSTYL。

获得工作平面状态（即位置、方向和增量）的命令如下。

GUI：Utility Menu→List→Status→Working Plane 命令。

命令：STAT。

2. 移动工作平面

用户可以利用下列 4 种方法之一来平移工作平面到一个新的原点。

1）移动工作平面原点到关键点位置，命令如下。

GUI：Utility Menu→WorkPlane→Offset WP to→Keypoints。

命令：KWPAVE。

2）移动工作平面原点到节点位置，命令如下。

GUI：Utility Menu→WorkPlane→Offset WP to→Nodes。

命令：NWPAVE。

3）移动工作平面原点到指定点位置，命令如下。

GUI：Utility Menu→WorkPlane→Offset WP to→Global Origin（或其他）。

命令：WPAVE。

4）平移工作平面一定的增量，命令如下。

GUI：Utility Menu→WorkPlane→Offset WP by Increments。

命令：WPOFFS。

3. 旋转工作平面

在平面内同时旋转工作平面的 x 和 r 坐标轴或旋转整个工作平面到新的位置（如果不清楚旋转角度，则可以重新定义一个新的工作平面）。旋转工作平面的命令如下。

GUI：Utility Menu→WorkPlane→Offset WP by Increments。

命令：WPROTA。

4. 增强工作平面

用 WPSTYL 命令或 GUI 方法可增强工作平面的功能，使其具有捕捉增量、显示栅格、恢复容差和坐标类型功能。然后可迫使用户坐标系随工作平面移动，命令如下。

GUI：Utility Menu→WorkPlane→Change Active CS to→Global Cartesian（或其他）。

命令：CSYS。

3.1.4 实体模型

建立实体模型的方法有自底向上和自顶向下建模两种。

1. 自底向上（自下而上）建模

首先定义关键点，然后利用关键点定义较高级的实体图元（即线、面和体）。同时，自底向上构造的有限元模型在当前激活的坐标系内定义。这些图元的层次关系是最高级的图元体以面为边界，面以线为边界，线以关键点为端点。

2. 自顶向下（自上而下）建模

生成一种体素时，ANSYS 自动生成所有从属于该体素的较低级图元，这种开始就从较高级的实体图元构造模型的方法即自顶向下的建模方法。

可自由组合自底向上和自顶向下的建模技术，因此对同一个模型，不同用户的建模过程可能不同。注意几何体素在工作平面内创建，自底向上方法在当前激活的坐标系中建模。

3.1.5 有限元模型

有限元模型的主要要素是节点、单元、实常数、材料的属性、边界条件和载荷，该模型由简单的单元组成，单元间通过节点连接并承受一定的载荷。节点的自由度个数与所求解的物理模型有关，单元分为点单元、线单元、面单元和体单元。建立实体模型后，定义单元属性（单元类型、实常数和材料属性）及网格控制（控制网格密度），然后生成网格，为施加边界条件、载荷和求解做好准备。

1. 划分网格的工具栏

执行下列命令打开如图 3-1 所示的划分网格工具栏。

GUI：Main Menu→Preprocessor→Meshing→MeshTool。

使用该工具栏中可执行的操作包括控制 SmartSizing 水平、设置单元尺寸控制和单元形状、指定网格划分类型（自由或映射）、对实体模型图元划分网格，以及清除和细化网格等。

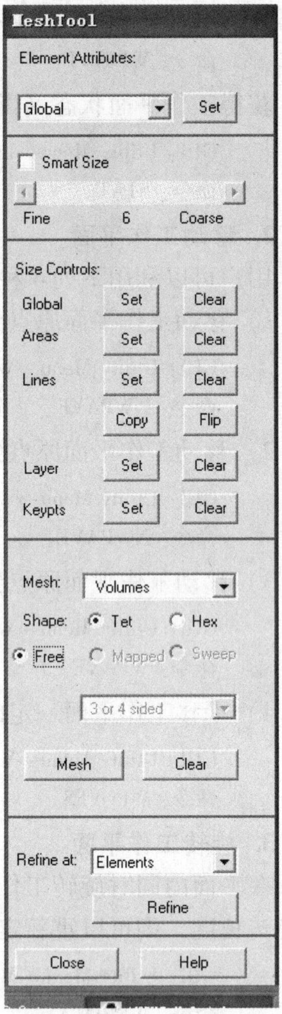

图 3-1　划分网格工具栏

2. 单元属性

单元属性指划分网格前需要指定的分析对象的特征，主要包括如下 3 个方面。

（1）单元类型（Element Type）

ANSYS 单元库中有 100 多种单元类型，要根据分析问题的物理性质选择单元，单元一旦选定，则分析问题的物理环境随之确定。定义单元类型的命令如下。

GUI：Main Menu→Preprocessor→Element Type→ Add/Edit/Delete。

命令：ET。

（2）实常数（Real Constants）

实常数指某一单元的补充几何特征，如壳单元的厚度、梁的横截面积和惯性矩等。设置实常数的命令如下。

GUI：Main Menu→Preprocessor→Real Constants。

命令：R。

（3）材料属性（Material Attributes）

在所有分析中都要输入材料属性，材料属性根据分析问题的物理环境不同而不同。例如，在结构分析中必须输入材料的弹性模量及泊松比，在热分析中必须输入导热系数等。如果在分析中要考虑重力和惯性力，则必须要输入材料的密度等。定义材料属性的命令如下。

GUI：Main Menu→Preprocessor→Material Props→Material Models。

命令：MP 和 TB。

为方便用户输入材料属性，ANSYS 定义了 100 多种材料模型，只要按照模型格式输入相关数据即可。由于除磁场分析外，在输入数据时用户不需要指示 ANSYS 所用单位，所以要注意单位，确保所有输入值的单位保持统一。单位影响输入的实体模型尺寸、材料属性、实常数及载荷等。

生成节点和单元网格前，用户必须定义合适的单元属性。建立属性表后即可通过指向表中合适的项目为模型的不同部分分配单元属性，方法如下。

1）为关键点预置单元属性，命令如下。

GUI：Main Menu→Preprocessor→Meshing→Mesh Attributes→All Keypoints。
Main Menu→Preprocessor→Meshing→Mesh Attributes→Picked KPs。

命令：KATT。

2）为线预置单元属性，命令如下。

GUI：Main Menu→Preprocessor→Meshing→Mesh Attributes→All Lines。
Main Menu→Preprocessor→Meshing→Mesh Attributes→Picked Lines。

命令：LATT。

3）为面预置单元属性，命令如下。

GUI：Main Menu→Preprocessor→Meshing→Mesh Attributes→All Areas。
Main Menu→Preprocessor→Meshing→Mesh Attributes→Picked Areas。

命令：AATT。

4）为体预置单元属性，命令如下。

GUI：Main Menu→Preprocessor→Meshing→Mesh Attributes→All Volumes。
Main Menu→Preprocessor→Meshing→Mesh Attributes→Picked Volumes。

命令：VATT。

利用总体属性设置，在生成模型时系统将从列表中给出实体模型和单元分配属性，直接分配给实际模型图元的属性将取代默认的属性。清除实体模型图元的节点和单元时，也删除任何通过默认属性分配的属性，命令如下。

GUI：Main Menu→Preprocessor→Meshing→Mesh Attributes→Default Attribs。
Main Menu→Preprocessor→Modeling→Create→Elements→Elem Attributes。

命令：TYPE、REAL、MAT、ESYS 和 SECNUM。

如果为属性赋值错误或将模型从一个分析环境转换到另一个分析环境，则需要修改定义的单元属性。首先用网格清除命令清除网格，然后用与属性相关的命令，诸如 TYPE 或 REAL 等命令重新设置。如果网格本身是可接受的，则不要使用这种方法。选择要修改的单元后重新设置属性，命令如下。

GUI：Main Menu→Preprocessor→Modeling→Move/Modify→Element→Modify Attrib。

命令：EMODIF。

3. 划分密度

网格划分密度过于粗糙，结果可能包含严重的错误；过于细致，将花费过多的计算时间，浪费计算机资源，而且可能导致不能运行，因此在生成模型前应考虑网格密度问题。为合理划分有限元分析中的网格，可借助以下技术。

1）利用自适应网格划分产生可满足能量误差估计准确的网格（只适用于线性结构静力或稳态热问题，可接受的误差水平依据用户的分析要求），自适应网格划分需要实体建模。

2）与先前独立得出的试验分析或已知解析解相比较，对已知和计算结果偏差过大处进行网格细化。对所有四面体组成的面或体网格可用 NREFINE、EREFINE、KREFINE、LREFINE 和 AREFINE 或 Main Menu→Preprocessor→Meshing→Modify Mesh→Refine At 命令进行局部网格细化。

3）执行一个认为是合理网格划分的初始分析，然后在危险区域利用两倍多网格重新分析并比较结果。如果近似，则网格足够；否则应继续细化网格。

4）如果细化网格测试显示只有模型的一部分需要更细的网格，则可以对模型进行子建模以放大危险区域。

4. 划分方法

（1）自由网格划分

无单元形状限制，网格也不遵循任何模式，适合于复杂形状的面和体网格划分。自由网格划分生成的单元尺寸依赖于 DESIZE、ESIZE、KESIZE 和 LESIZE 的当前设置，如果 SmartSizing 打开，则由 SMARTSIZE 及 ESIZE、KESIZE 和 LESIZE 决定。所有的网格划分均由 Main Menu→Preprocessor→Meshing→MeshTool 或 Main Menu→Preprocessor→Meshing→Size Contrls 命令生成。

（2）映射网格划分

面接受映射网格划分时，必须满足下列条件。

- 面必须是 3 条或 4 条边。
- 面的对边必须划分为相同数目的单元。
- 面如果有 3 条边，则划分的单元必须为偶数且各边单元数相等。
- 网格划分必须设置为映射网格，结果得到全部四边形单元或三角形单元的映射网格，依赖于当前单元类型和单元形状的设置。
- 如果需要生成映射三角形网格，则默认为以系统所用模式生成三角形单元网格。

将体映射网格划分为六面体时，必须要满足下列条件。

- 该体的外形应为块状（即有 6 个面）、锲形或棱柱（5 个面）或四面体。
- 体的对边必须划分相同的单元数，或分割符合过渡网格形式适于六面体网格划分。
- 如果体是棱柱或四面体，三角形面上的单元分割数必须是偶数。

组成体的面数超过上述条件限制时，需减少面数以进行映射网格划分，可以对面进行加或连接操作。

（3）体扫掠

可从一边界面网格扫掠贯穿整个体（该体必须存在且未划分网格）生成体单元。

3.2　建立复杂有限元模型

ANSYS 软件虽然本身具有建模功能，但它的功能还不够强大。因此，设置了与多种 CAD 软件（如 Pro/Engineer（简称 Pro/E）、UG、AutoCAD 等）的数据交换接口。通过这个接口，可以把模型直接传入 ANSYS 中，然后进行网格划分，加载求解等过程，这种方法适用于一些复杂的三维实体模型在 ANSYS 软件中不容易构建成功的情况下。下面以 UG 和 Pro/E 为例说明建立 ANSYS 复杂模型的方法。

UG 下的模型传入 ANSYS 的方法如下：在 UG 中对复杂对象建模，导出扩展名为 prt 的文件，然后从 ANSYS 文件菜单中导入。

Pro/E 是美国 PTC 公司开发的大型 CAD/CAE/CAM 软件，它具有强大的建模功能，尤其是对一些曲面较复杂的模型。下面介绍怎样将 Pro/E 的模型传入 ANSYS 中。

1. 第一种方法

将在 Pro/E 中创建的模型导出为 IGES 格式，即 File→Export→Model，选择 IGES，从 ANSYS 中导入 IGES 格式，即 Import→IGES。在 ANSYS 中打开刚刚保存好的 IGES 文件，即把 Pro/E 模型调入了 ANSYS，然后进行网格划分，就得到了 ANSYS 有限元模型。

2. 第二种方法

首先要把两种软件连接起来，一般来说，Pro/E 和 ANSYS Workbench 的连接操作过程如下。

1）在同机的同一操作系统下安装 Pro/E 和 ANSYS 两种软件。

2）保证上述两种软件的版本兼容，Pro/E 的版本不得高于同期的 ANSYS 的版本。执行“开始”→“程序”→ANSYS 13.0→Utilities→CAD Configuration Manager 13.0，出现如图 3-2 所示的“ANSYS CAD Configuration Manager 13.0”对话框，选择“CAD Selection”选项卡，然后勾选“Workbench and ANSYS Geometry Interfaces”复选框，然后选中“Workbench Associative Interface”单选按钮，如图 3-3 所示；选项“Pro/Engineer”选项卡，出现如图 3-4 所示的对话框，给出“Pro/Engineer Installation Location”和“Pro/Engineer Start Command”，选择 Pro/Engineer 的安装目录；选择“CAD Configuration”选项卡，弹出如图 3-5 所示的对话框，单击“Configure Selected CAD Interfaces”按钮，关联与配置到此完成。

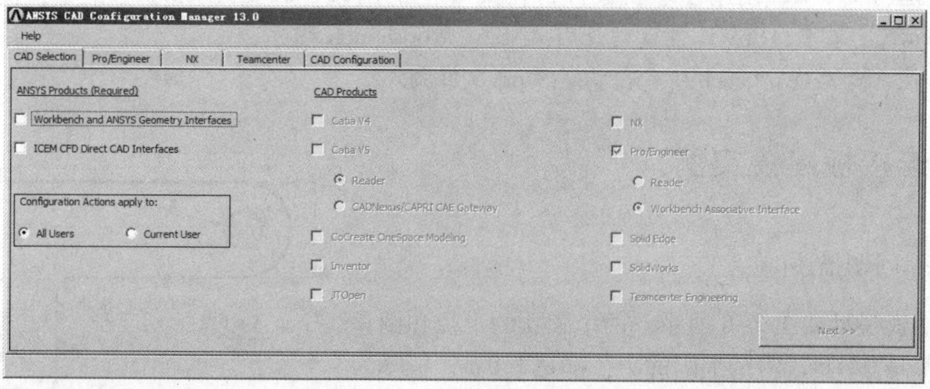

图 3-2　“ANSYS CAD Configuration Manager 13.0”对话框

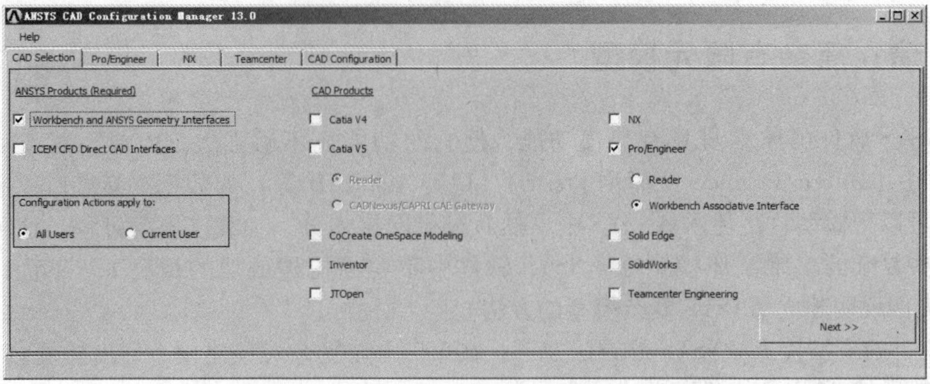

图 3-3　选中 “Workbench Associative Interface” 单选按钮

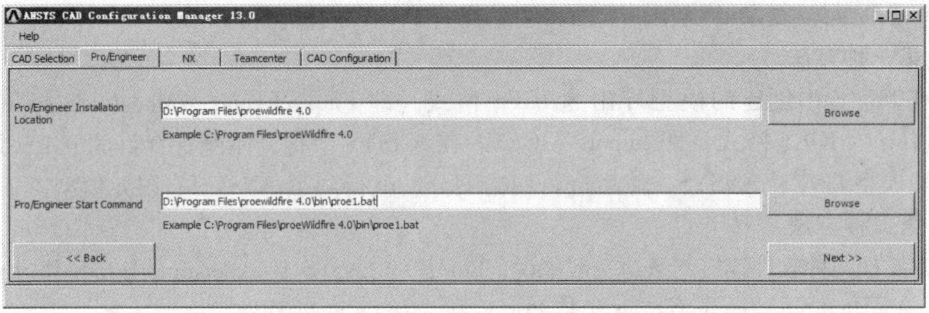

图 3-4　选择 Pro/Engineer 的安装目录

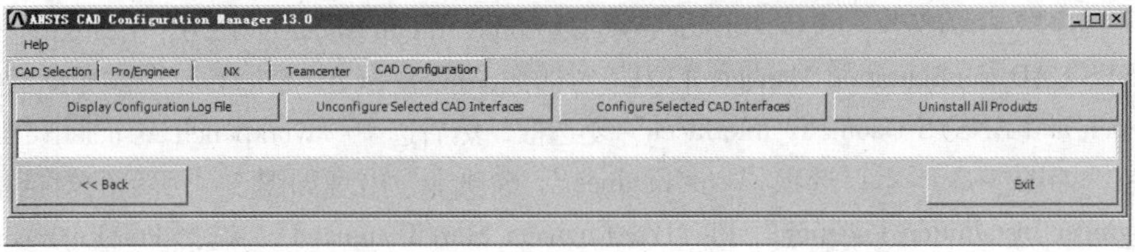

图 3-5　单击 “Configure Selected CAD Interface” 按钮

3）运行 Pro/E，创建一个新零件，在菜单栏下出现 “ANSYS 13.0” 菜单，此时单击 “Workbench” 菜单，Pro/E 会自动开启 ANSYS Workbench 程序。

4）在 ANSYS Worbench 中会自动把该 prt 文件调入。

3.3　连接板建模实例

问题描述

连接板模型如图 3-6 所示。两个圆孔的半径和倒角的半径都是 0.4 m，两个半圆的半径都是 1.0 m，板厚为 0.5 m（注意：只要各量采用统一的单位制度，有单位与否，不影响计算结果）。

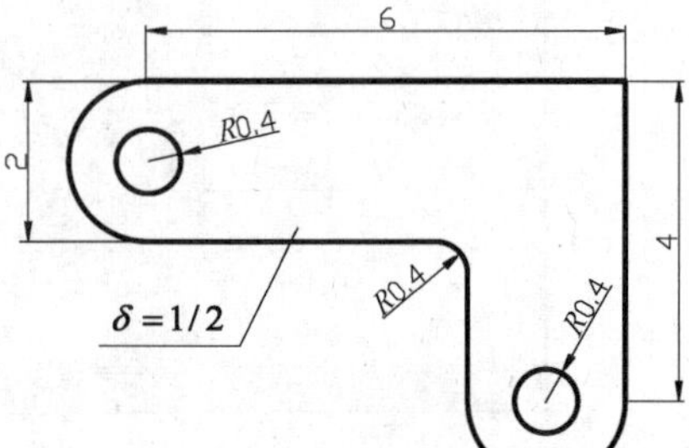

图 3-6　连接板模型示意图

操作步骤

1. 创建矩形

1）执行 Main Menu→Preprocessor→Modeling→Create→Areas→Rectangle→By Dimensions 命令，弹出如图 3-7 所示的“Create Rectangle”对话框。

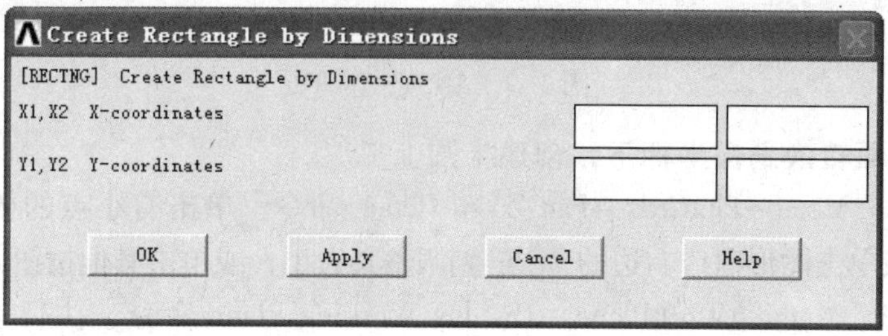

图 3-7 “Create Rectangle by Dimensions”对话框

其中，Xl，X2 是矩形相对于原点坐标左右两个边的 X 轴坐标值，Y1，Y2 是矩形相对于原点坐标上下两个边的 Y 轴坐标值。当然，也可以通过其他方法来定义这个矩形，例如先创建关键点、线，然后由线定义矩形。效果都是一样的，两者也可以混合起来建模。建议不要轻易采用混合法，因为此种方法容易在改正错误模型时删掉线、面，但是没有删掉线上的点、面上的线。

2）输入如下数值（仅作参考）：“Xl =0，X2 =6，Y1 = -1，Y2 =1”，单击 Apply 按钮。

3）输入第二个矩形的坐标数值：“Xl =4，X2 =6，Y1 = -1，Y2 = -3”，单击 OK 按钮关闭该对话框。

2. 改变画法，重画该图形

1）执行 Utility Menu→PlotCtrls→Numbering 命令，弹出如图 3-8 所示的“Plot Numbering Controls”对话框。

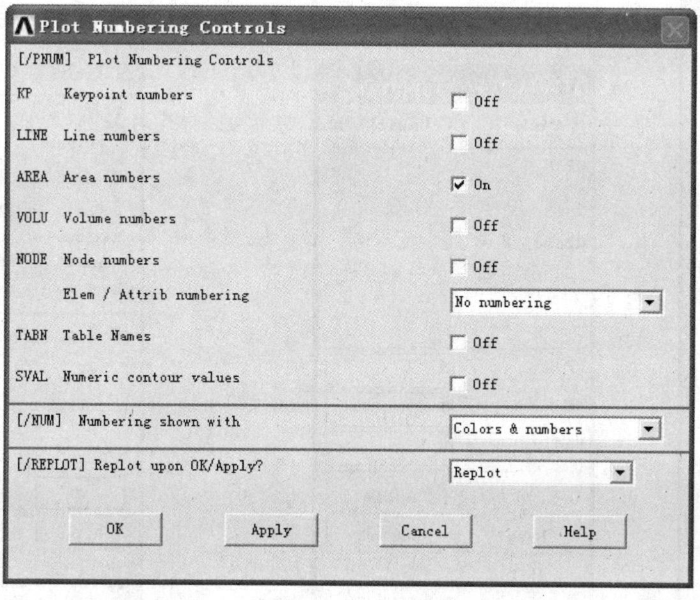

图 3-8 “Plot Numbering Controls”对话框

2）打开 Area numbers。将“［/REPLOT］Replot upon OK/Apply?”选项设置为“Replot”，这样 ANSYS 就会自动区分两个矩形，分别标上不同的颜色并重新画出图形。

3）保存图形。单击 ANSYS Toolbar 中 SAVE_DB 按钮，如图 3-9 所示。将上述图形保存在“file. db”文件中。建议用 Utility Menu→File→Save as 命令存为“connectingplate. db”文件。

图 3-9　ANSYS Toolbar

3. 将工作平面转换到极坐标下，创建半圆

1）执行 Utility Menu→PlotCtrls→Pan Zoom Rotate 命令。单击有小点的按钮，将图形缩小，关闭该对话框。或单击图形窗口右边的与调整其大小，或单击其他按钮调整其位置或视角。

2）执行 Utility Menu→WorkPlane→Display Working Plane 命令。执行该命令之后，显示工作平面坐标系。

3）执行 Utility Menu→WorkPlane→WP Settings 命令。弹出“WP Settings”对话框，设置各选项如图 3-10 所示。

4）执行 Main Menu→Preprocessor→Modeling→Create→Areas→Circle→Solid Circle 命令。弹出“Solid Circular Area”对话框，设置各选项如图 3-11 所示。

5）单击 OK 按钮关闭该对话框，单击 Toolbar 上的 SAVE_DB 按钮保存文件。

4. 创建第二个半圆

1）执行 Utility Menu→WorkPlane→Offset WP to→Keypoints 命令，弹出如图 3-12 所示的“Offset WP to Keypoints”对话框。将鼠标分别拖到第二个矩形的左右两端，选为关键点。单击 OK 按钮离开该对话框，则工作平面（极坐标）移动到了以所取关键点连线的中点为原点的平面上。

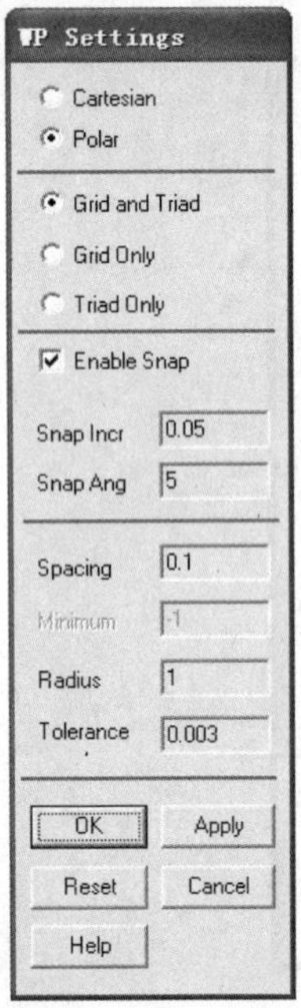

图3-10　工作平面设置

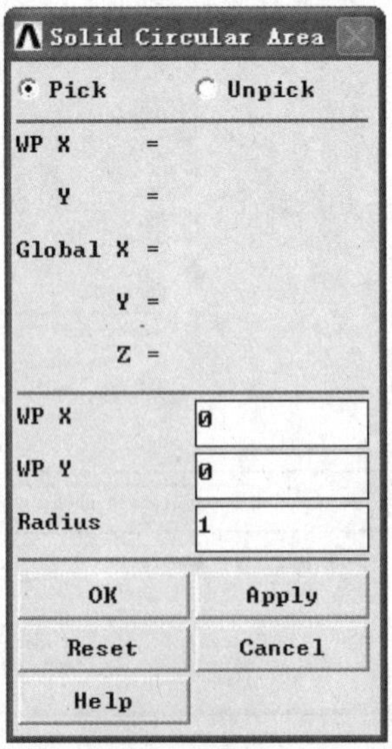

图 3-11　创建实心圆

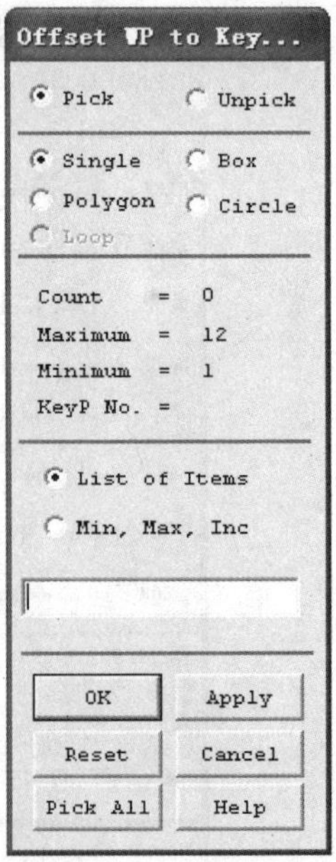

图 3-12　“Offset WP to Keypoints”对话框

2）执行 Main Menu→Preprocessor→Modeling→Create→Areas→Circle→Solid Circle 命令。创建圆心为（0，0），半径为 1 的圆。可以用键盘输入，也可以用鼠标移动得到。单击 OK 按钮关闭该对话框，单击 Toolbar 上的 SAVE_DB 按钮保存文件。

5. 将面积和在一起

执行 Main Menu→Preprocessor→Modeling→Operate→Booleans→Add→Areas 命令，单击 Pick All 按钮将面积和在一起。在上述操作下程序弹出如图 3-13 所示的“Add Aeras”对话框。单击 Pick All 按钮之后，图形界面上的图形就融合在一起。

6. 创建补丁面积，并把它们和在一起

1）执行 Utility Menu→PlotCtrls→Numbering 命令。打开 line numbering，单击 OK 按钮关闭该对话框，如图 3-14 所示。

2）执行 Utility Menu→WorkPlane→Display Working Plane 命令。该命令用来关闭工作平面。

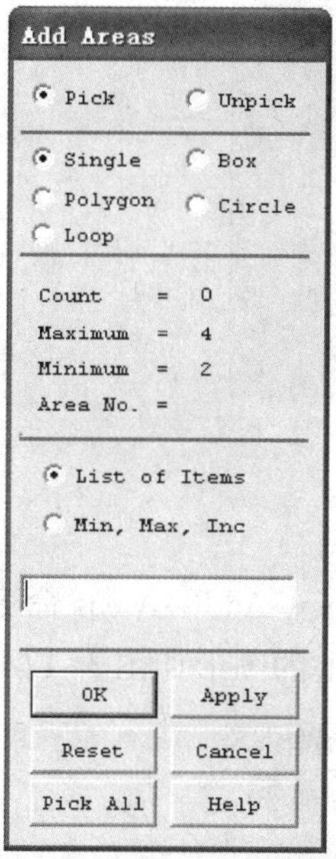

图 3-13 “Add Aeras”对话框

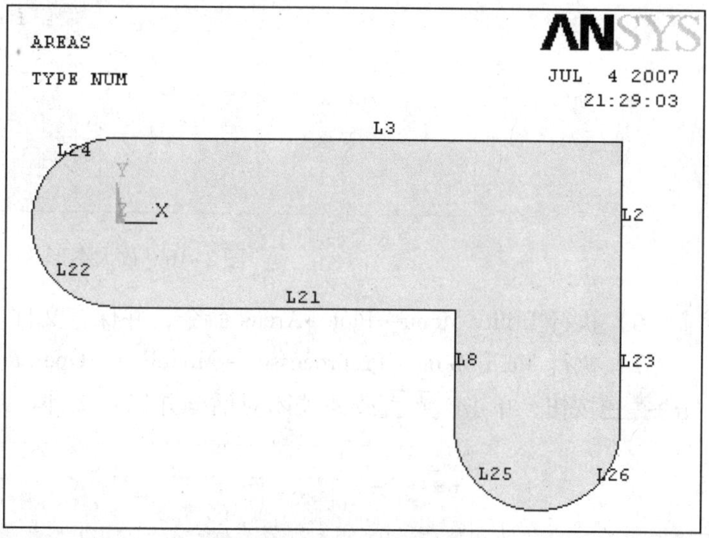

图 3-14 显示直线编号

3）执行 Main Menu→Preprocessor→Modeling→Create→Lines→Line Fillet 命令。选择 L17 和 L8，便出现如图 3-15 所示的“Line Fillet”对话框，输 L17 和 L8 两条线的标号 17 和 8，并设置半径为 0.4，单击 OK 按钮关闭该对话框。

4）执行 Utility Menu→Plot→Lines 和 Utility Menu→PlotCtrls→Pan Zoom Rotate 命令。单击 Zoom 按钮（该命令用于放大所选择的图元），将光标移到要打补丁的区域，按住左键不放，移动光标并再次单击，得到放大的 3 条线图形如图 3-16 所示。

5）执行 Main Menu→Preprocessor→Modeling→Create→Areas→Arbitrary→By Lines 命令。选择 L1、L4、L5 三条线，单击 OK 按钮关闭对话框。单击“Pan - Zoom - Rotate”上的 Fit 按钮，并关闭对话框。

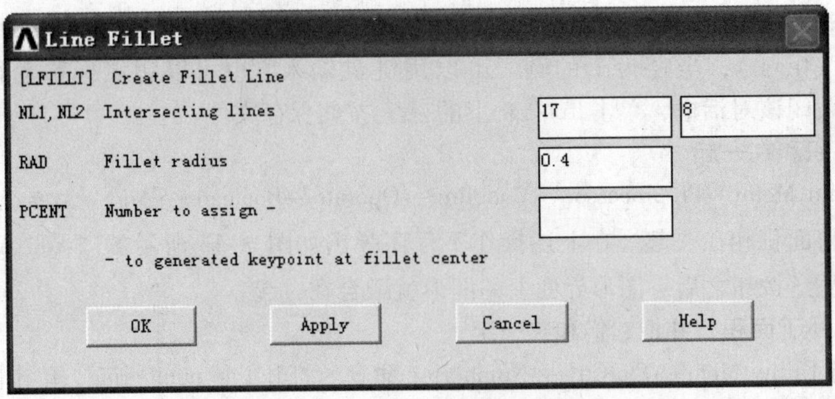

图 3-15 在关键点之间填充线

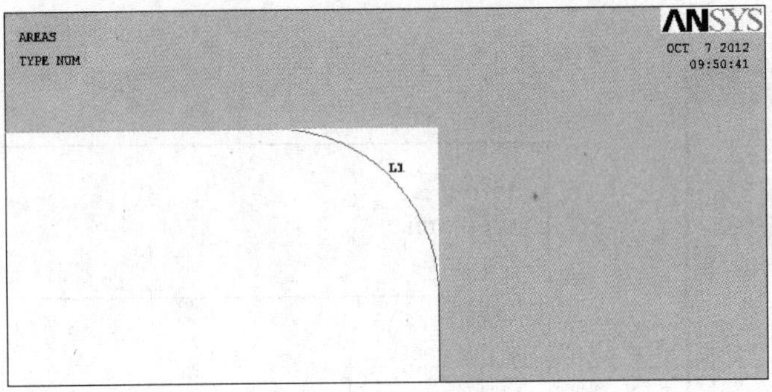

图 3-16 放大图形

6）执行 Utility Menu→Plot→Areas 命令，并保存文件。

7）执行 Main Menu→Preprocessor→Modeling→Operate→Booleans→Add→Areas 命令。单击Pick All按钮，单击OK按钮关闭对话框并保存文件。此时界面上的图形如图 3-17 所示。

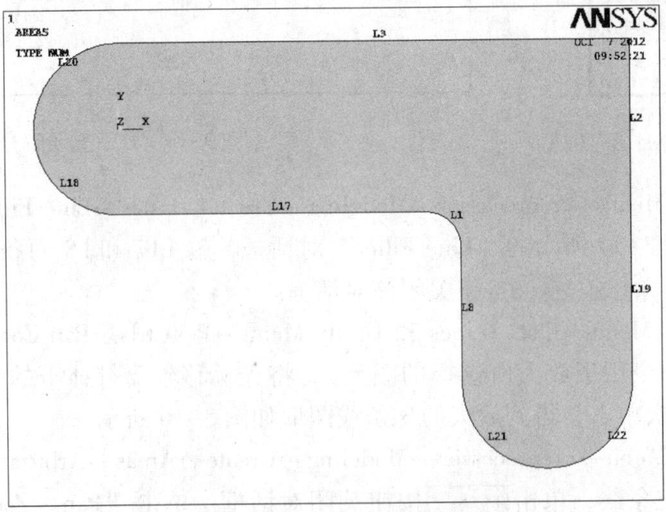

图 3-17 进行布尔加运算后的结果

7. 创建两个小圆孔

1）先执行 Utility Menu→WorkPlane→Display Working Plane 命令。再执行 Main Menu→Preprocessor→ Modeling→Create→Areas→Circle→Solid Circle 命令，与上面所提到的方法相同，创建一个圆心为（0，0），半径为0.4的小圆孔，结果如图3-18所示。

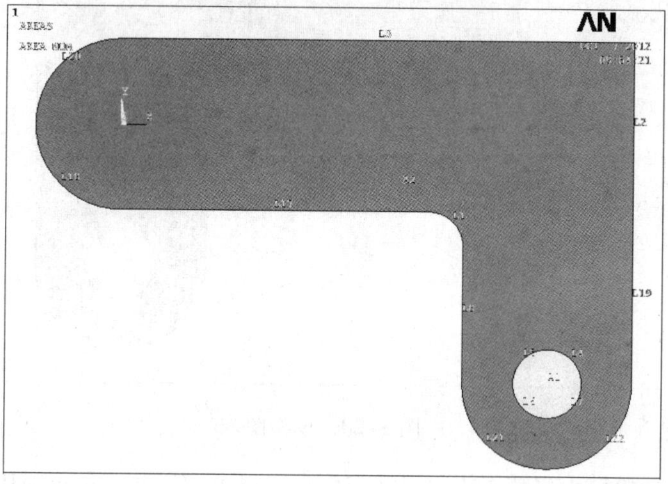

图3-18　绘制一个实心圆

2）先执行 Utility Menu→WorkPlane→Offset WP to→Global Origin 命令。再执行 Main Menu→ Preprocessor→ Modeling→Create→Areas→Circle→Solid Circle 命令：创建另一个圆心为（0，0），半径为0.4的小圆孔，并关闭对话框，结果如图3-19所示。

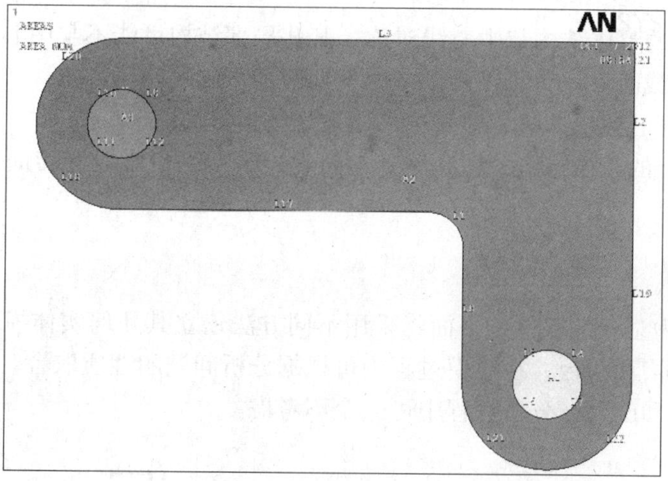

图3-19　绘制两个实心圆

3）先执行 Utility Menu→WorkPlane→Display Working Plane 命令，再执行 Utility Menu→Plot→Replot 命令。

8. 从支架中减去两个小圆孔，保存文件

执行 Main Menu→Preprocessor→ Modeling→Operate→Subtract→Areas 命令，选择支架为基体（base area from which to subtract），单击 Apply 按钮；选择两个小圆孔作为被减去部分（areas to be subtracted)，单击 OK 按钮，所得图形如图 3-20 所示。单击 SAVE_DB 按钮保存文件。

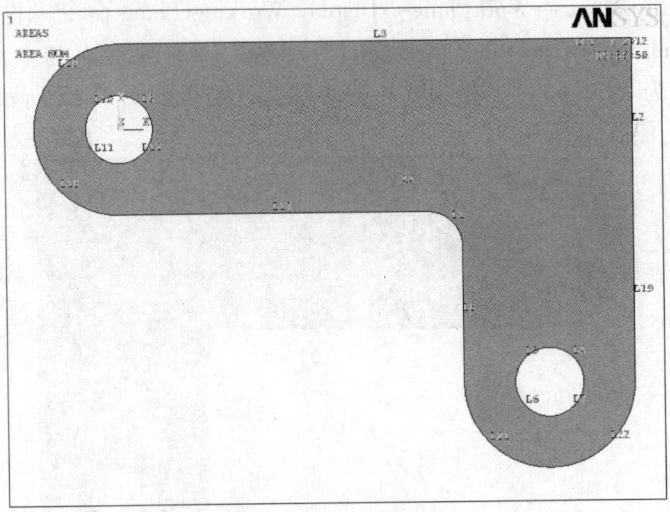

图 3-20　模型图

需要说明的是，建模中经常使用 Utility Menu→Plot、Utility Menu→PlotCtrls→Numbering 和 Utility Menu→PlotCtrls→Pan Zoom Rotate 中的有关操作，使整个过程更为直观，但不会改变模型的数据。

3.4　轴类零件建模实例

由于轴类零件的整体结构与中心线对称，某些局部结构可能不与中心线对称，但在大多数情况下也与某个截面对称，所以可以考虑下列两种不同的建模方法。

1）用自顶向下的建模方法，即直接采用三维体素建模。

2）用自底向上的建模方法，即利用基本面素，采用绕中心线旋转面素或采用面素沿法向拉伸等。

问题描述

图 3-21 所示为某一轴零件，下面将采用不同方法建立其几何实体模型。该轴为加工和安装设置了多个凹槽和凸台，在建模过程中可根据分析问题的性质取舍。特别是纯粹为加工方便而设置的凹槽和凸台在分析过程中可完全不考虑。

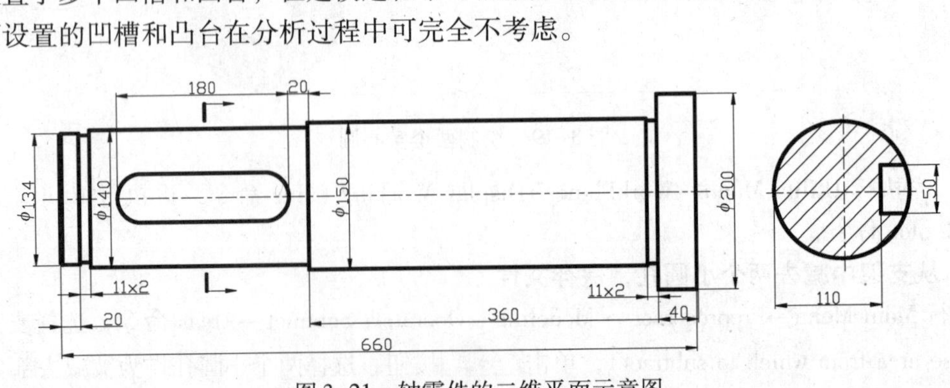

图 3-21　轴零件的二维平面示意图

3.4.1 自底向上建模

据轴的对称性，本节利用面体素中的矩形形成一个平面，然后用这个平面绕其中心线进行旋转而生成轴体。操作步骤如下。

1. 定义工作文件名和工作标题

1）定义工作文件名：执行 Utility Menu→File→Change Jobname 命令，弹出如图 3-22 所示的“Change Jobname”对话框。输入“SHAFT1”并选择“New log and error files”中的“Yes”复选框，单击按钮。

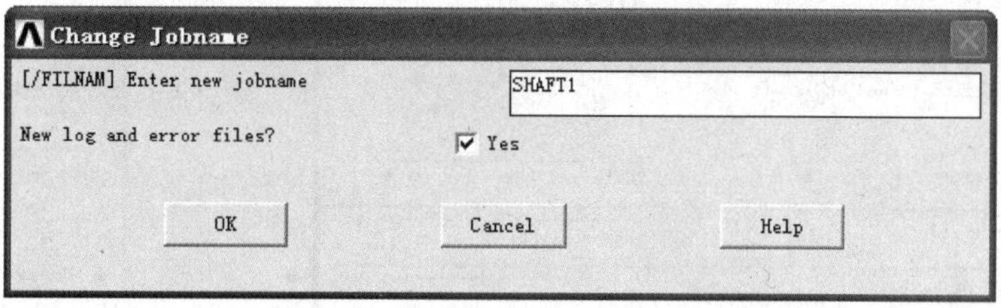

图 3-22 “Change Jobname”对话框

2）定义工作标题：执行 Utility Menu→File→Change Title 命令，弹出如图 3-23 所示的“Change Title”对话框。输入“The Shaft Model”，单击按钮。

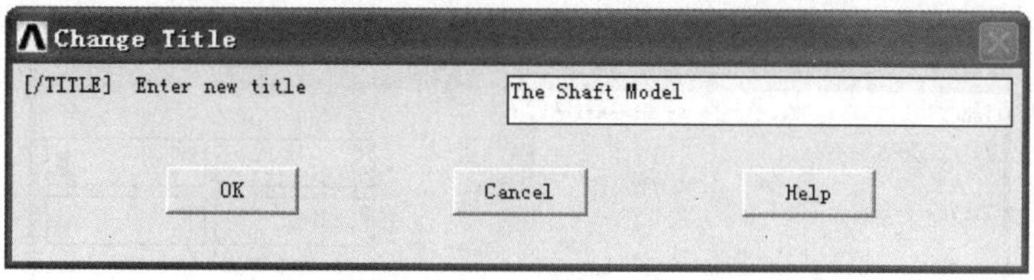

图 3-23 “Change Title”对话框

3）重新显示：执行 Utility Menu→Plot→Replot 命令。

2. 显示工作平面

1）显示工作平面：执行 Utility Menu→WorkPlane→Display Working Plane 命令。

2）关闭三角坐标符号：执行 Utility Menu→PlotCtrls→Window Controls→Window Options 命令，弹出如图 3-24 所示的“Window Options”对话框。在“Location of triad”下拉列表框中选择“Not Shown”选项，单击按钮。

3）显示工作平面移动和旋转工具栏：执行 Utility Menu→WorkPlane→Offset WP by Increments 命令，显示如图 3-25 所示的“Offset WP”工具栏。

3. 利用矩形面素生成面

1）生成矩形面：执行 Main Menu→Preprocessor→Modeling→Create→Areas→Rectangle→By Dimensions 命令，弹出如图 3-26 所示的“Create Rectangle by Dimensions”对话框。在“X - coordinates”和“Y - coordinates”文本框中分别输入“0，260”及“0，70”，单击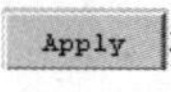按钮，输入“260，620”及“0，75”，单击按钮，输入“620，660”及“0，100”，单击按钮，生成结果如图 3-27 所示。

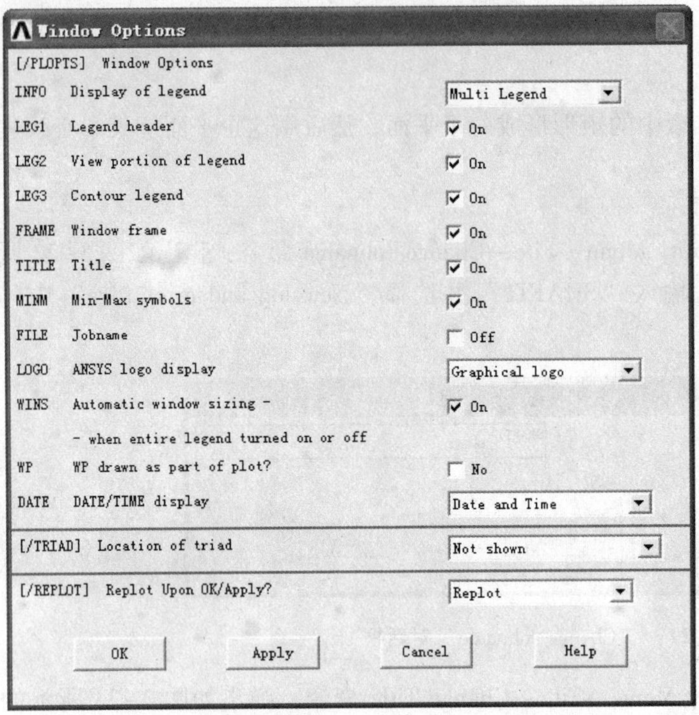

图 3-24 “Window Options” 对话框

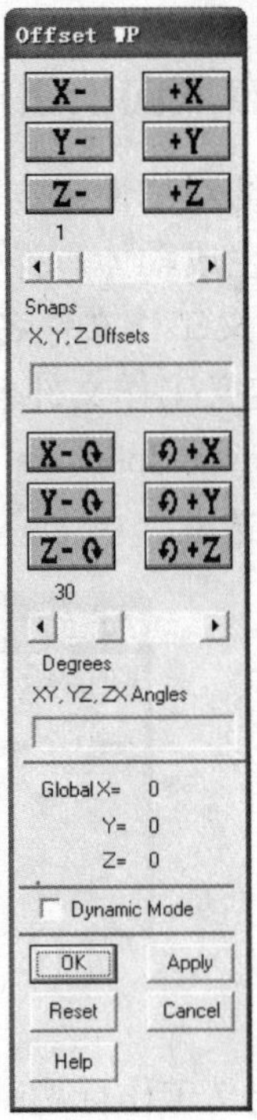

图 3-25 “Offset WP” 工具栏

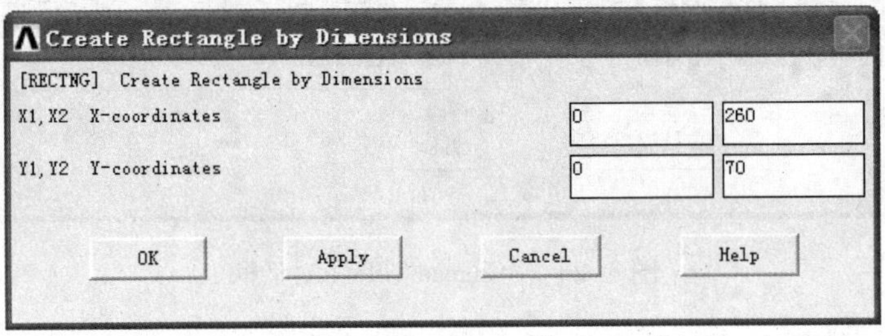

图 3-26 “Create Rectangle by Dimensions” 对话框

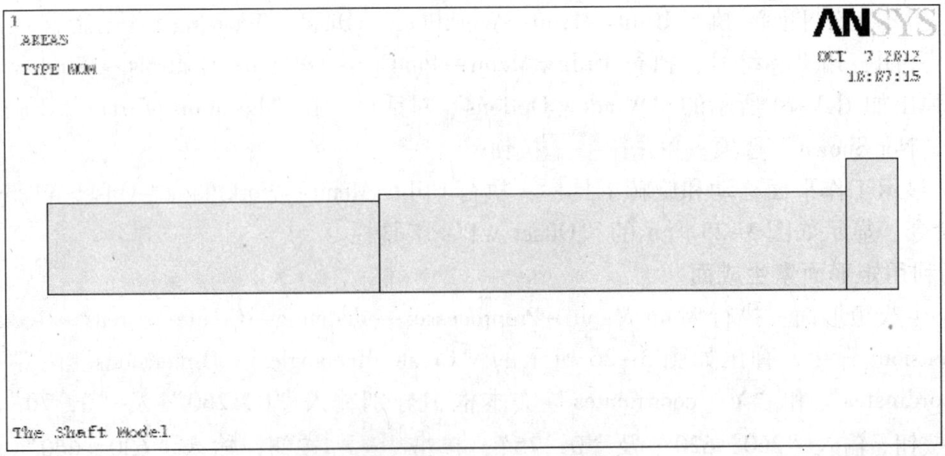

图 3-27 生成结果

2）矩形面相加操作：执行 Main Menu→Preprocessor→Modeling→Operate→Booleans→Add→Areas 命令，弹出一个拾取框。单击 Pick All 按钮完成相加操作，生成结果如图 3-28 所示。此时读者可试验 Utility Menu→Plot、Utility Menu→PlotCtrls→Numbering 和 Utility Menu→PlotCtrls→Pan Zoom Rotate 中的有关操作。

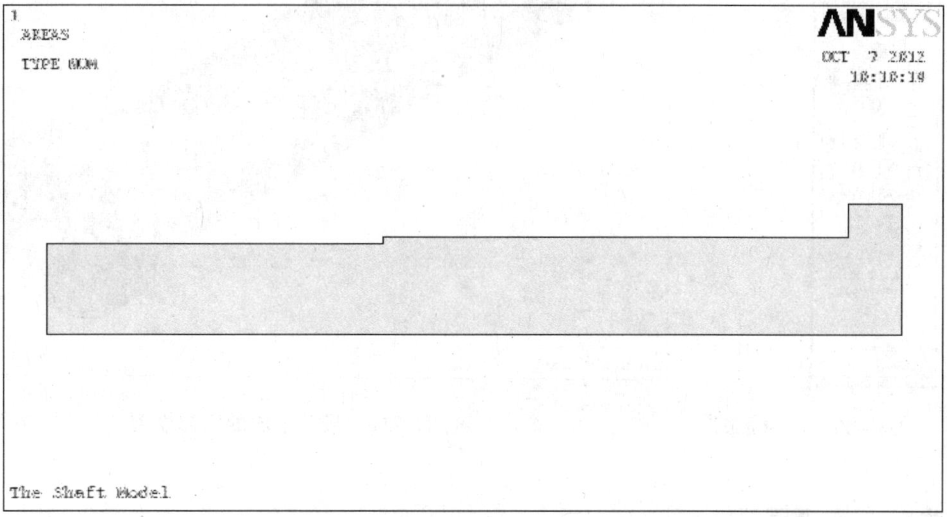

图 3-28　生成结果

4. 由面绕轴线生成体

1）面绕轴线操作：执行 Main Menu→Preprocessor→Modeling→Operate→Extrude→Areas→About Axis 命令，弹出一个拾取框。单击 Pick All 按钮，出现第二个拾取轴心线两端点的拾取框。分别拾取编号为 1 和 10 的关键点，单击 OK 按钮，弹出如图 3-29 所示的“Sweep Areas About Axis”】对话框，单击 OK 按钮。

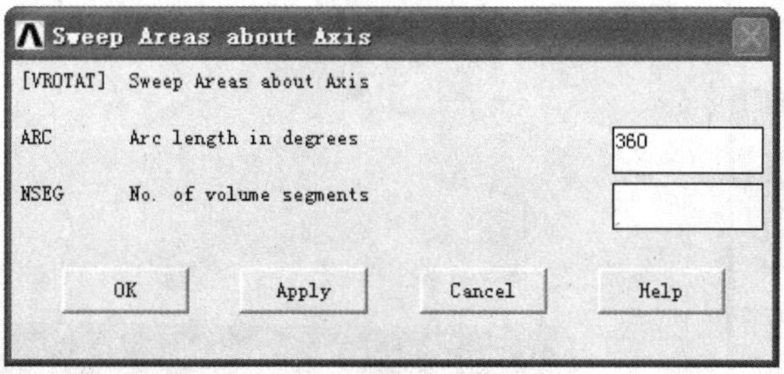

图 3-29　“Sweep Areas about Axis”对话框

2）显示旋转缩放工具栏：执行 Utility Menu→PlotCtrls→Pan Zoom Rotate 命令，弹出如图 3-30 所示的“Pan - Zoom - Rotate”工具栏。单击 Iso 按钮，最后生成的实体模型如图 3-31所示。

3）保存文件：执行 Utility Menu→File→Save As 命令，弹出“Save As”对话框。在“Save Database to”下拉列表框中输入文件名“Shaft_Volu. DB”，单击 OK 按钮。将到目前为止的工作存到“Shaft_Volu”文件中，以后仍然对“SHAFTI”文件操作。

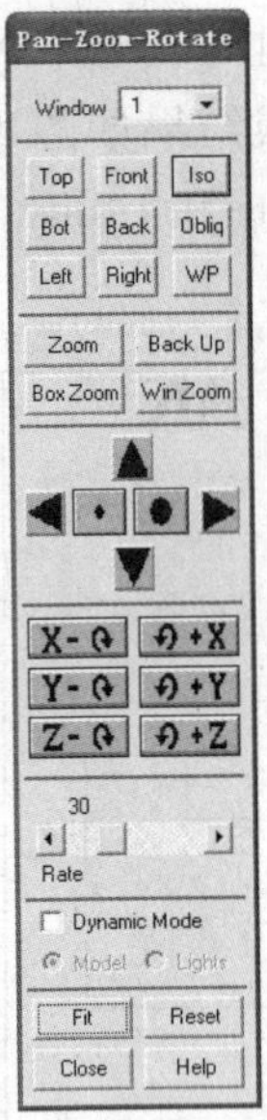

图 3-30 “Pan - Zoom - Rotate”工具栏

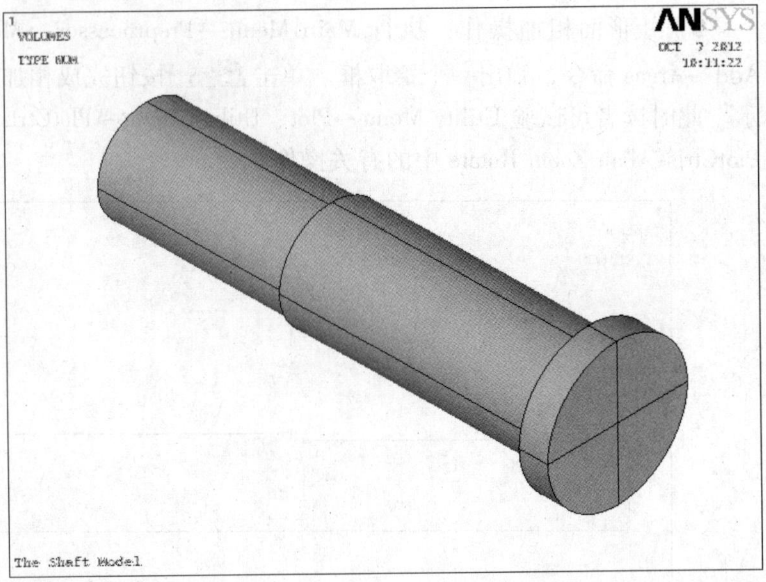

图 3-31 最后生成的实体模型

5. 生成 A_A 键槽

1）移动工作平面：在“Offset WP”工具栏中的“X，Y，Z Offset”文本框中输入“85，0，40”，按〈Enter〉键确认。

2）生成一个圆柱体：执行 Main Menu→Preprocessor→Modeling→Create→Volumes→Cylinder→Solid Cylinder 命令，弹出如图 3-32 所示的“Solid Cylinder”对话框。在“Radius”和“Depth”文本框中分别输入“25”及“50”，单击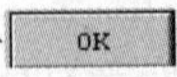

按钮。

3）生成一个块：执行 Main Menu→Preprocessor→Modeling→Create→Volumes→Block→By Dimensions 命令，弹出“Create Block by Dimensions”对话框，如图 3-33 所示，在其中输入数据。

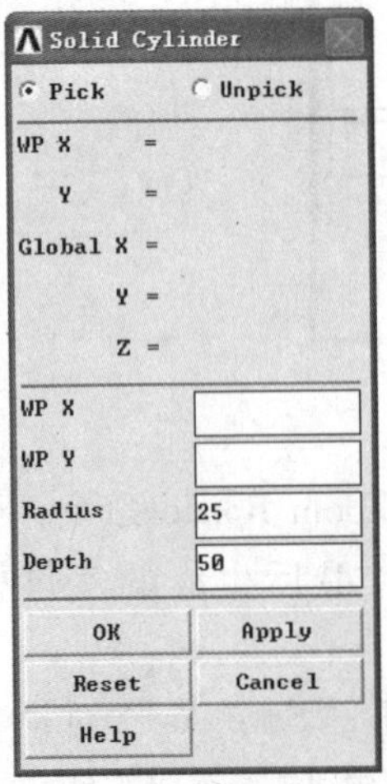

图 3-32 “Solid Cylinder”对话框

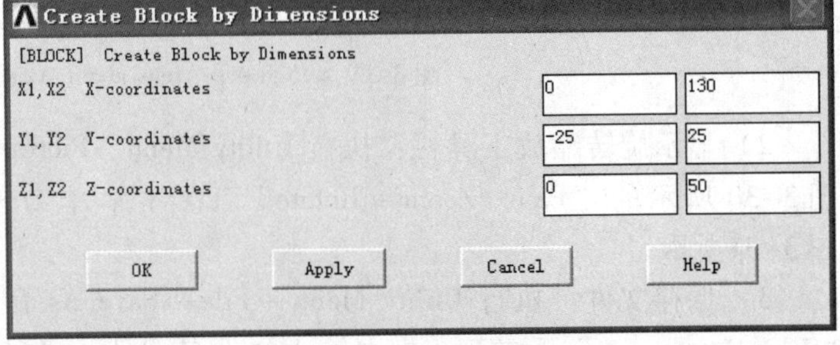

图 3-33 输入数据

4）移动工作平面：在“Offset WP”工具栏的“X，Y，Z Offset”文本框中输入“130，0，0”，按〈Enter〉键确认。

5）生成第二个圆柱体：操作和生成第一个圆柱体一样，生成的实体模型如图 3-34 所示。

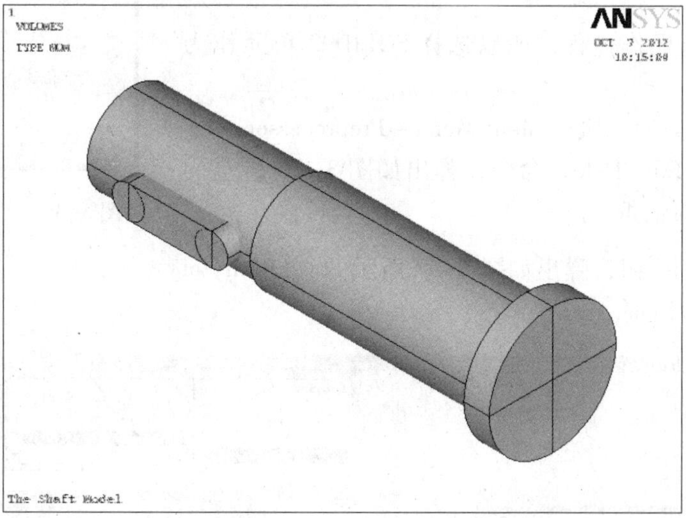

图 3-34　生成的实体模型

6）进行减操作：执行 Main Menu→Preprocessor→Modeling→Operate→Booleans→Subtract→Volumes 命令，弹出第一个拾取框。拾取编号为 V1 和 V2 的体素，单击 OK 按钮，弹出第二个拾取框。分别拾取编号为 V5、V6 和 V7 的体素，单击 OK 按钮。

7）体相加操作：执行 Main Menu→Preprocessor→Modeling→Operate→Booleans→Add→Volumes 命令，弹出一个拾取框，单击 Pick All 按钮。

8）刷新显示：执行 Utility Menu→Plot→Replot 命令，生成结果如图 3-35 所示。

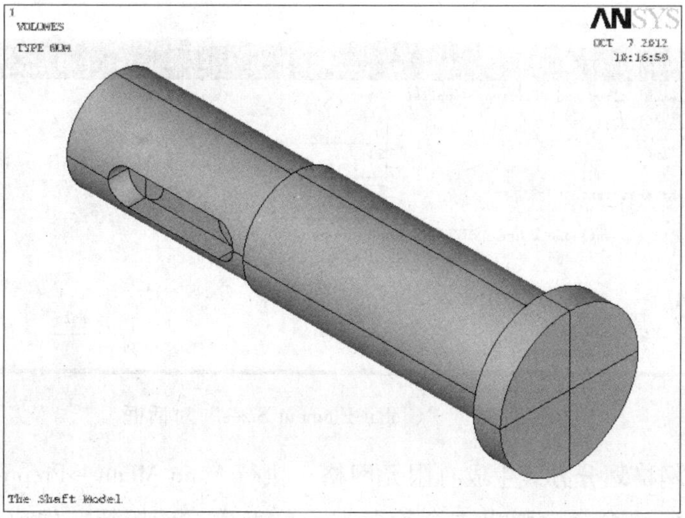

图 3-35　生成结果

6. 生成有限元模型

轴类零件在生成有限元模型时，由于其结构的特殊性，要采用六面体单元相对难一些，最简单的方法是采用四面体单元。选择哪种四面体单元，则要根据分析问题的性质确定。

由于本节介绍操作过程，所以选择 SOLID92 单元作为例子说明。

1）选择单元类型：执行 Main Menu→Preprocessor→Element Type→Add/Edit/Delete 命令，弹出如图 3-36 所示的“Element types”对话框。

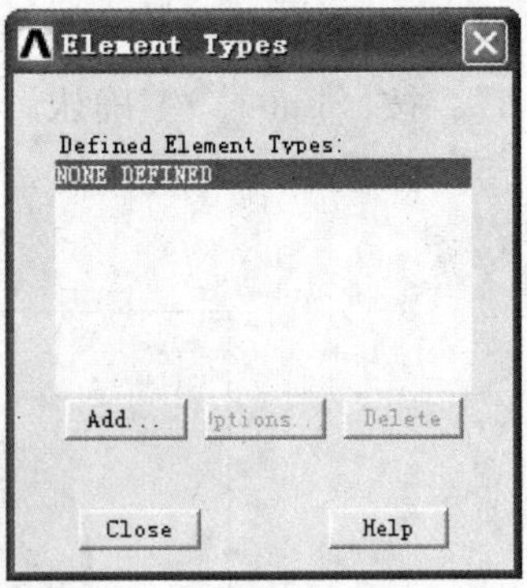

图 3-36　“Element Types”对话框

2）单击 Add... 按钮，弹出如图 3-37 所示的“Library of Element Types”对话框。

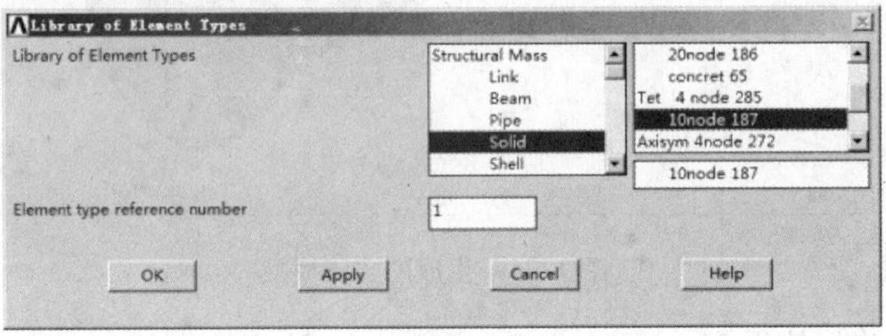

图 3-37　“Library of Element Types”对话框

3）选择“Structural Solid”和“Tet 10node 187”选项，单击 OK 按钮返回“Element Types”对话框。单击 Close 按钮，完成单元类型的选择。

4）设置单元尺寸：执行 Main Menu→Preprocessor→Meshing→Size Cntrls→ManualSize→Global→Size 命令，弹出如图 3-38 所示的“Global Element Sizes”对话框。输入“20”，单击 OK 按钮。

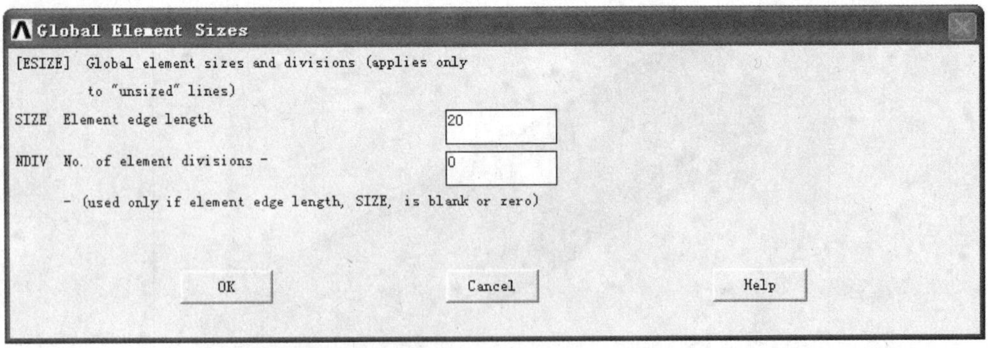

图 3-38　“Global Element Sizes”对话框

5）采用自由网格划分方式生成有限元网格：执行 Main Menu→Preprocessor→Meshing→Mesh→Volumes→Free 命令，弹出一个拾取框。单击 Pick All 按钮，生成的网格如图 3-39 所示。

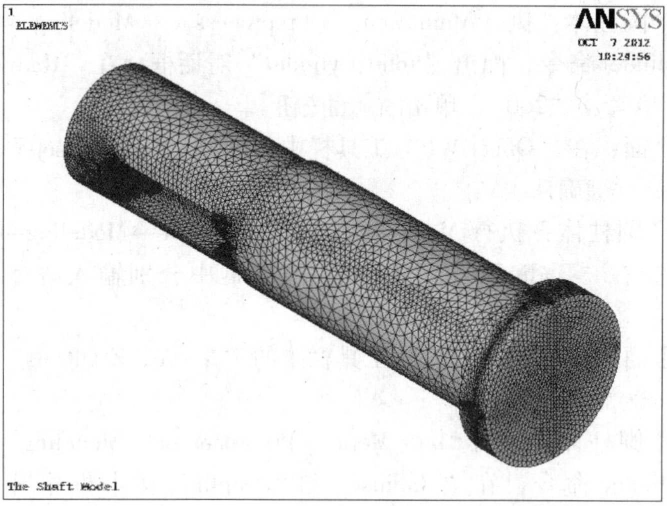

图 3-39　生成的网格

6）保存有限元模型数据文件：执行 Utility Menu→File→Save As 命令，弹出“Save As”对话框。在“Save Database To”下拉列表框中输入文件名“T2－1. DB”，单击 OK 按钮。

3.4.2　自顶向下建模

轴的形状一般为圆柱类，因此在自顶向下建模的过程中要利用 ANSYS 中的体素，即圆柱。通过移动工作平面和生成体素相结合生成轴零件模型，操作步骤如下。

1. 定义工作文件名和工作标题

1）定义工作文件名：执行 Utility Menu→File→Change Jobname 命令，在弹出的“Change Jobname”对话框中输入“SHAFT2”并选择“New log and error files”复选框，单击 OK 按钮。

2）定义工作标题：执行 Utility Menu→File→Change Title 命令，在弹出的“Change Title”对话框中输入“The Shaft Model”，单击 OK 按钮。

3）重新显示：执行 Utility Menu→Plot→Replot 命令。

2. 显示工作平面

1）显示工作平面：执行 Utility Menu→WorkPlane→Display Working Plane 命令。

2）关闭三角坐标符号：执行 Utility Menu→PlotCtrls→Window Controls→Window Options 命令，弹出“Window Options”对话框。在“Location of triad”下拉列表框中选择“Not Shown”选项，单击 OK 按钮。

3）执行 Utility Menu→WorkPlane→Offset WP by Increments 命令，打开“Offset WP”工具栏。

3. 利用圆柱体素生成模型

1）执行 Utility Menu→PlotCtrls→Pan Zoom Rotate 命令，打开“Pan－Zoom－Rotate”工具栏，单击 Iso 按钮。

2）旋转工作平面：在“Offset WP”工具栏中的“XY，YZ，ZX Angle”文本框中输入“0，0，90”，按〈Enter〉键确认。

3）生成第一个圆柱体：执行 Main Menu→ Preprocessor→ Modeling→ Create→ Volumes→ Cylinder→ Solid Cylinder 命令，弹出“Solid Cylinder”对话框。在“Radius”和“Depth”文本框中分别输入“70”及“260”，单击 OK 按钮。

4）移动工作平面：在“Offset WP”工具栏中的“X，Y，Z Offsets”文本框中输入“0，0，260”，按〈Enter〉键确认。

5）生成第二个圆柱体：执行 Main Menu→Preprocessor→Modeling→Create→Cylinder→Solid Cylinder 命令，在“Radius”和“Depth”文本框中分别输入“75”及“360”，单击 OK 按钮。

6）移动工作平面：在“Offset WP”工具栏中的“X，Y，Z Offsets”文本框中输入“0，0，360”，按〈Enter〉键确认。

7）生成第三个圆柱体：执行 Main Menu→Preprocessor→Modeling→Create→Volume→Cylinder→Solid Cylinder 命令，在“Radius”和“Depth”文本框中分别输入“100”及“40”，单击 OK 按钮。

8）刷新显示：执行 Utility Menu→Plot→Replot 命令。

9）体相加操作：执行 Main Menu→Preprocessor→Modeling→Operate→Booleans→Add→Volumes 命令，弹出一个拾取框。单击 Pick All 按钮，最后生成结果如图 3-40 所示。

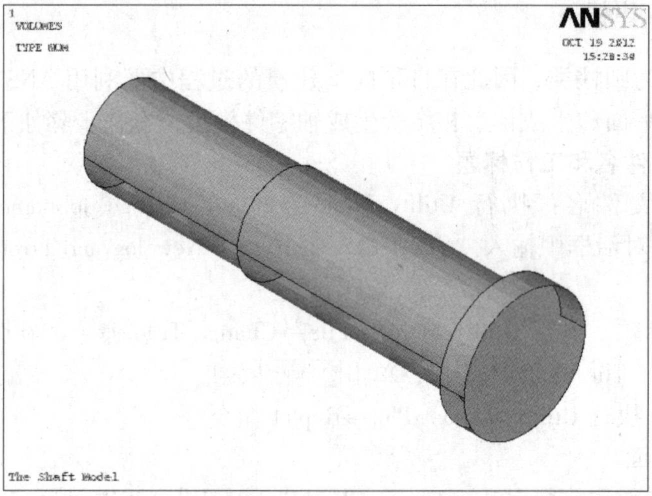

图 3-40　最后生成结果

10）保存文件：执行 Utility Menu→File→Save as 命令，弹出“Save as”对话框。在“Save Database to”下拉列表框中输入文件名“T2-33.DB”，单击 OK 按钮。

4. 生成键槽

1）移动工作平面原点：执行 Utility Menu→WorkPlane→Offset WP to→Global Origin 命令。

2）旋转工作平面：在“Offset WP”工具栏中的“XY，YZ，ZX Angle”文本框中输入“0，0，-90”，按〈Enter〉键确认。

生成键槽的方法可以参考 3.4.1 节中的操作步骤。

3.5 圆柱齿轮建模实例

问题描述

图 3-41 所示为一个圆柱齿轮的结构示意图，图中数据单位为 mm，模数 $m=6$ mm、齿数 $Z=28$。建立有限元模型。

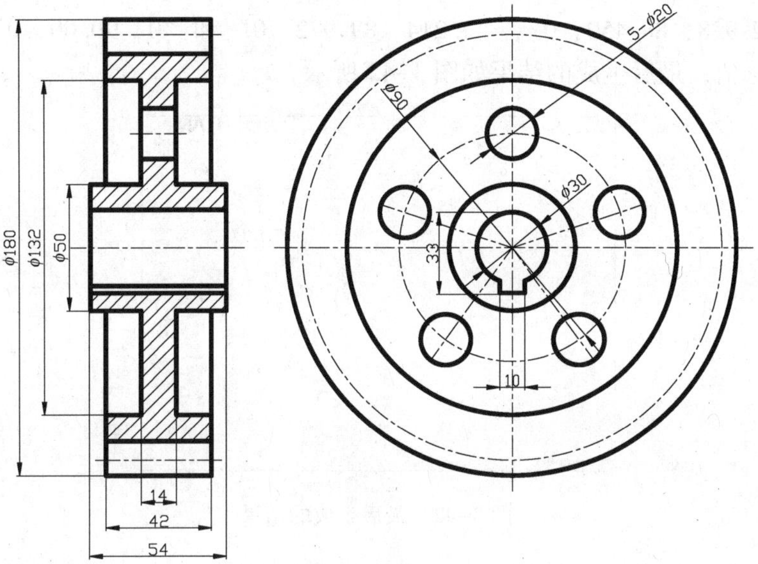

图 3-41　圆柱齿轮的结构示意图

采用自底向上方式建模的操作步骤如下。

1. 定义工作文件名和工作标题

1）定义工作文件名：执行 Utility Menu→File→Change Jobname 命令，在弹出的对话框中输入“GEAR”并选择“New log and error files”复选框，单击OK按钮。

2）定义工作标题：执行 Utility Menu→File→Change Title 命令，在弹出的对话框中输入“The gear model”，单击OK按钮。

3）重新显示：执行 Utility Menu→Plot→Replot 命令。

2. 显示工作平面

1）显示工作平面：执行 Utility Menu→WorkPlane→Display Working Plane 命令。

2）关闭三角坐标符号：执行 Utility Menu→ PlotCtrls→Window Controls→Window Options 命令，弹出一个对话框，在“Location of triad”下拉列表框中选择“Not Shown”选项，单击OK按钮。

3）打开“Offset WP”工具栏：执行 Utility Menu→WorkPlane→Offset WP by Increments 命令。

4）打开“Pan - Zoom - Rotate”工具栏：执行 Utility Menu→Pan，Zoom，Rotate 命令，

单击 Iso 按钮。

3. 生成齿面

1）在当前坐标系下生成关键点：执行 Main Menu→Preprocessor→Modeling→Create→Keypoints→In Active CS 命令，弹出“Create Keypoints in Active Coordinate System”对话框。在“Keypoint number”和“Location in active CS”文本框中分别输入关键点的编号“1”及关键点的“X”、“Y”和“Z”坐标值“5.428，76.803，0”。单击 Apply 按钮，生成第一个关键点。重复上述操作，依次输入“5.534，77.803，0”，“5.595，79.303，0”，“5.411，80.82，0”，“5.110，82.342，0”，“4.694，83.869，0”，“4.208，85.396，0”，“3.623，86.92，0”，“2.928，88.450，0”，“2.214，89.972，0”和“0，90.00，0”共 11 个关键点的编号及坐标值，最后生成的结果如图 3-42 所示。

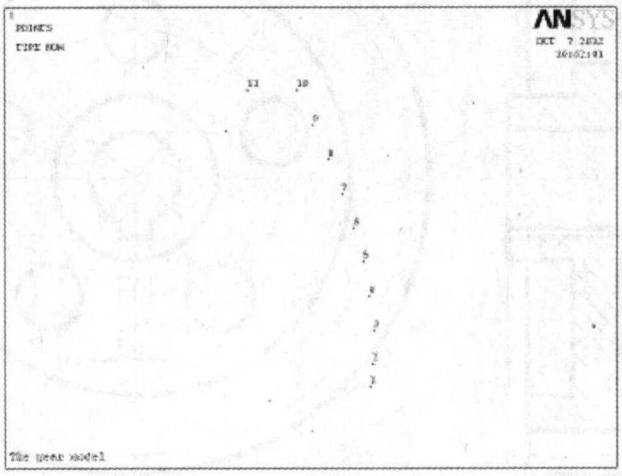

图 3-42　最后生成的结果

2）连样条线：执行 Main Menu→Preprocessor→Modeling→Create→Lines→Splines→Spline thru KPs 命令，弹出一个拾取框。依关键点的排列顺序拾取关键点 1～10，单击 OK 按钮，生成一条曲线，即齿轮的轮齿外轮廓线。

3）镜像生成另一边的轮廓线：执行 Main Menu→Preprocessor→Modeling→Reflect→Lines 命令，弹出一个拾取框。拾取样条线，单击 OK 按钮，弹出如图 3-43 所示的“Reflect Lines”对话框。单击 OK 按钮，生成结果如图 3-44 所示。

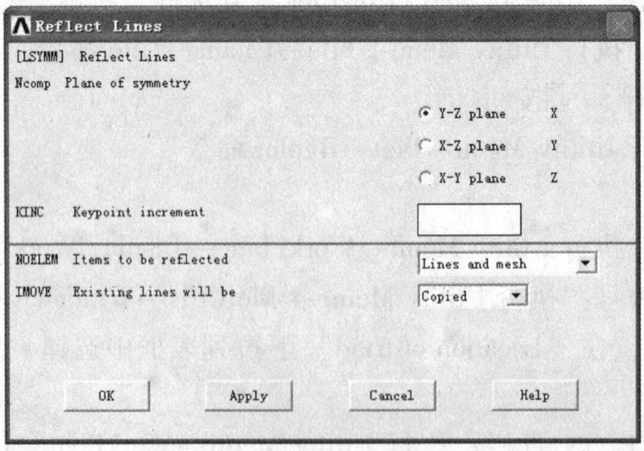

图 3-43　“Reflect Lines”对话框

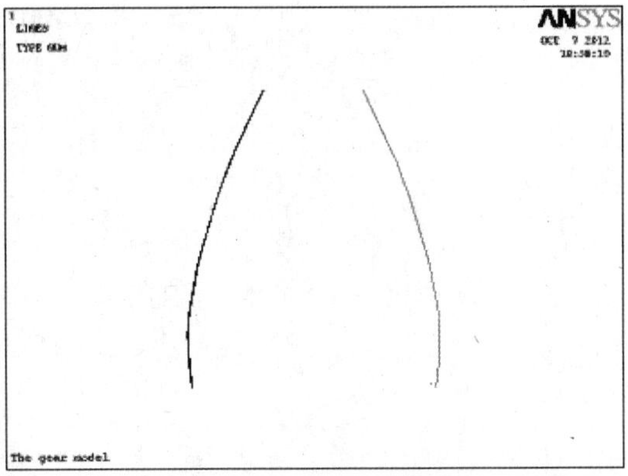

图 3-44　线镜像生成结果

4）生成齿顶圆的圆弧线：执行 Main Men→Preprocessor→Modeling→Create→Lines→Arcs→Through 3 KPs 命令，弹出一个拾取框。按顺序依次拾取编号为 13，10，11 的关键点，单击 OK 按钮。

5）输入参数：执行 Utility Menu→Parameters→Scalar Parameters 命令，弹出 “Scalar Parameters” 对话框。在 “Selection” 文本框中输入 “a = 360/28”，单击 Accept 按钮，再单击 Close 按钮。

6）生成一个圆环面：执行 Main Menu→Preprocessor→Modeling→Create→Areas→Circle→Partial Annulus 命令，弹出 “Part Annular Circ Area” 对话框。如图 3-45 所示输入数据，生成圆环面如图 3-46 所示。

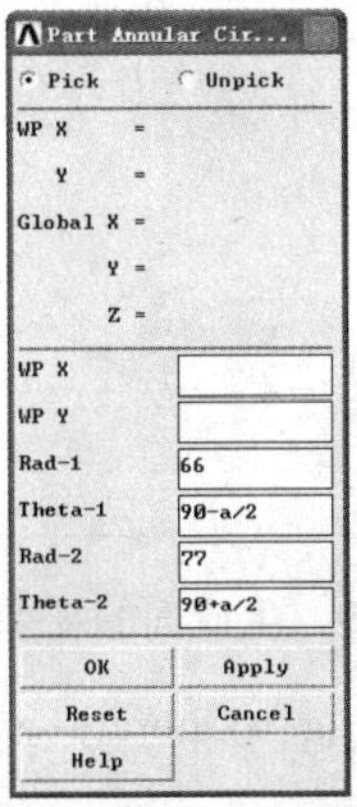

图 3-45　“Part Annular Circ Area” 对话框

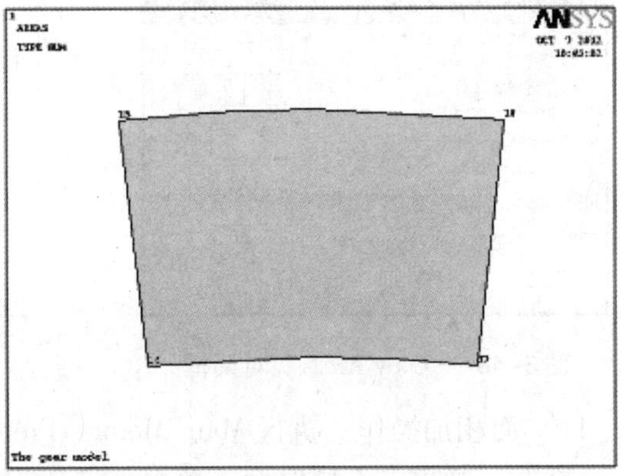

图 3-46　生成圆环面

7）由关键点生成面：执行 Main Menu→Preprocessor→Modeling→Create→Areas→Arbitrary→Through KPs 命令，弹出一个拾取框。依次拾取编号为 1，10，13，12 的关键点，单击 OK 按钮。

8）面相加操作：执行 Main Menu→Preprocessor→Modeling→Operate→Booleans→Add→Areas 命令，弹出一个拾取框。单击 Pick All 按钮，生成结果如图 3-47 所示。

9）改变当前坐标系为柱坐标系：执行 Utility Menu→WorkPlane→Change Active CS to→Global Cylindrical 命令。

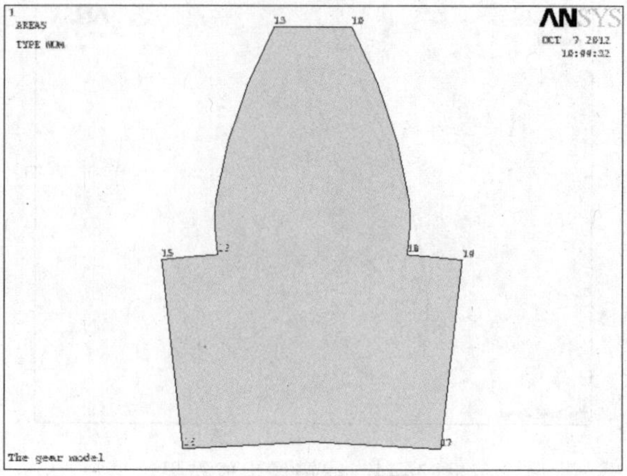

图 3-47 面相加操作后的结果

10）复制生成整个齿圈：执行 Main Menu→Preprocessor→Modeling→Copy→Areas 命令，弹出一个拾取框。单击 Pick All 按钮，弹出如图 3-48 所示的“Copy Areas”对话框，在“Number of copies”文本框中输入复制生成的个数 28，在“Y-offset in active CS”文本框中输入角度“a”。单击 OK 按钮，生成结果如图 3-49 所示。

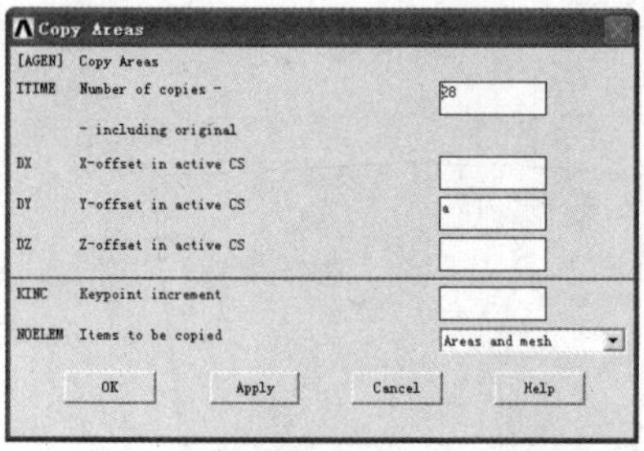

图 3-48 “Copy Areas”对话框

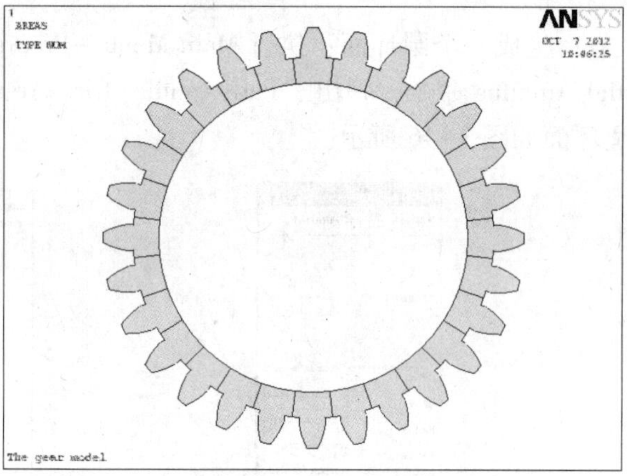

图 3-49 生成面的结果

11）面相加操作：执行 Main Menu→Preprocessor→Modeling→Operate→Booleans→Add→Areas 命令，弹出一个拾取框，单击 Pick All 按钮。

4. 生成齿圈体

1）显示线：执行 Utility Menu→Plot→Line 命令。

2）将内圈的线连成一条线：执行 Main Menu→ Preprocessor→Modeling→Operate→ Booleans→Add→Lines 命令，弹出一个拾取框。依次拾取编号为 15、255、256、257、258、259、260、261、262、263、264、265、266、267、268、269、270、271、272、273、274、275、276、277、278、279、254（共 27 条线，不是 28 条，因为线不能封闭）的线。单击 OK 按钮，弹出“Add Lines”对话框，单击 Apply 按钮。

3）将每个齿的齿底圆弧线相连：依次拾取编号为 1 和 225 的线，单击 OK 按钮，弹出“Add Lines”对话框。单击 Apply 按钮。重复上述操作过程，对齿底圆弧执行连线，生成结果如图3-50所示。

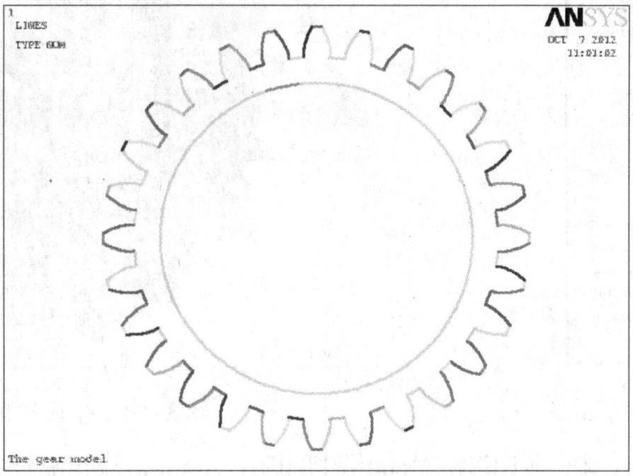

图3-50　生成结果

4）改变当前坐标系：执行 Utility Menu→WorkPlane→Change Active CS to→Global Cartesian 命令。

5）沿面的法向拖动生成体：执行 Main Menu→Preprocessor→Modeling→Operate→Extrude→Areas→Along Normal 命令，弹出一个拾取框。拾取面后单击 OK 按钮，弹出如图3-51所示的“Extrude Area Along Normal”对话框，在“Length of extrusion”文本框中输入齿轮的宽度“42”，单击 OK 按钮。单击“Pan - Zoom - Rotate”工具栏中的 Iso 按钮，生成的最后结果如图3-52所示。

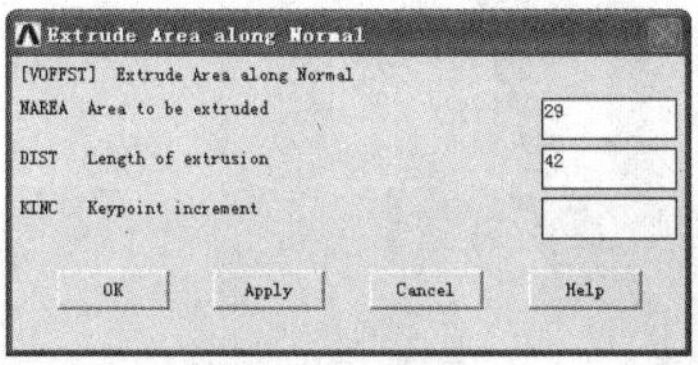

图3-51　“Extrude Area Along Normal”对话框

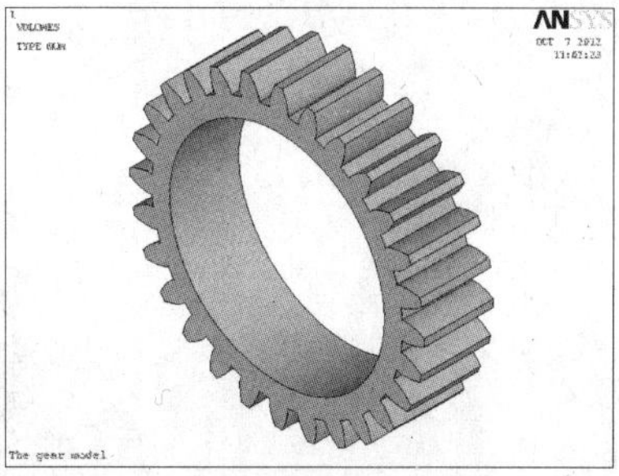

图3-52　生成齿轮外圈的最后结果

5. 生成齿的支撑部分

1）平移工作平面：在“Offset WP”工具栏中的“X，Y，Z Offset”文本框中输入“0，0，-6”，按〈Enter〉键确认。

2）生成一个空心圆柱体：执行 Main Menu→Preprocessor→Modeling→Create→Volumes→Cylinder→Hollow Cylinder 命令，弹出“Hollow Cylinder”对话框，如图3-53所示。输入数据，单击 OK 按钮。

3）体相加操作：执行 Main Menu→Preprocessor→Modeling→Operate→Booleans→ Add→Volumes 命令，弹出一个拾取框。单击 Pick All 按钮，生成结果如图3-54所示。

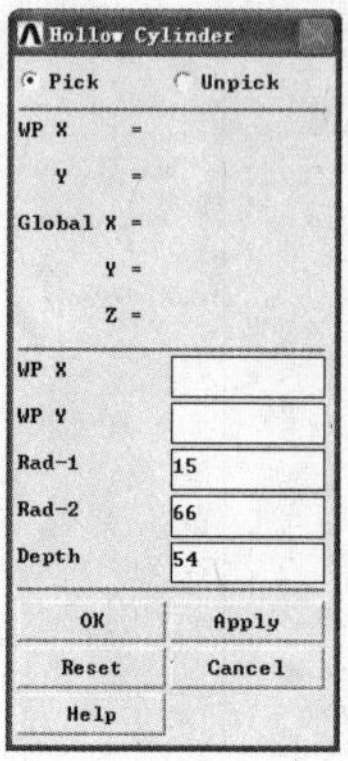

图 3-53　输入数据

图 3-54　生成结果

4）改变视角方向：执行 Utility Menu→PlotCtrls→View Settings→Viewing Direction 命令，弹出一个对话框。在“Coords of viewpoint”文本框中输入“1，1，-1”，单击 OK 按钮。

5）生成空心圆柱体：执行 Main Menu→Preprocessor→Modeling→Create→Cylinder→Hollow Cylinder 命令，弹出“Hollow Cylinder”对话框。在“Rad-1”、“Rad-2”和“Depth”文本框中分别输入“25”，“66”及“20”，单击 OK 按钮。

6）体相减操作：执行 Main Menu→Preprocessor→Modeling→Operate→Booleans→Subtract→Volumes 命令，弹出一个拾取框。拾取编号为 V3 的体素，单击 OK 按钮。拾取编号为 V1 的体素，单击 OK 按钮，生成结果如图 3-55 所示。

图 3-55　生成结果

7）改变视角方向：单击“Pan-Zoom-Rotate”工具栏中的 Iso 按钮。

8）平移工作平面：在“Offset WP”工具栏中的“X，Y，Z Offset”文本框中输入“0，0，34”，按〈Enter〉键确认。

9）生成空心圆柱体：执行 Main Menu→Preprocessor→Modeling→Create→Volumes→Cylinder→Hollow Cylinder 命令，弹出“Hollow Cylinder”对话框。在“Rad-1”、“Rad-2”和“Depth”文本框中分别输入“25”，“66”及“20”，单击 OK 按钮。

10）体相减操作：执行 Main Menu→Preprocessor→Modeling→Operate→Booleans→ Subtract→Volumes 命令，弹出一个拾取框。拾取编号为 V2 的体素，单击 OK 按钮。拾取编号为 Vl 的体素，单击 OK 按钮，生成结果如图 3-56 所示。

图 3-56　生成结果

6. 在齿的支撑部分开孔

1）平移工作平面：在“Offset WP”工具栏中的“X，Y，Z Offset”文本框中输入“0，45，－20”，按〈Enter〉键确认。

2）生成一个实心圆柱体：执行 Main Menu→Preprocessor→Modeling→Create→Volumes→Cylinder→Solid Cylinder 命令，弹出“Solid Cylinder”对话框。在“Radius”和“Depth”文本框中分别输入“10”及“20”，单击 OK 按钮。

3）改变当前坐标系为柱坐标系：执行 Utility Menu→WorkPlane→Change Active CS to→Global Cylinder 命令。

4）复制 5 个小圆柱体：执行 Main Menu→Preprocessor→Modeling→Copy→Volumes 命令，弹出一个拾取框。拾取编号为 V1 的体素，单击 OK 按钮，弹出“Copy Volumes”对话框。在“Number of copies”和“Y－offset in active CS”文本框中分别输入复制生成的个数“5”及角度“72”，单击 OK 按钮。

5）体相减操作：执行 Main Menu→Preprocessor→Modeling→Operate→Booleans→ Subtract→Volumes 命令，弹出一个拾取框。拾取编号为 V3 的体素，单击 OK 按钮。拾取编号为 V1、V2、V4、V5 利 V6 的体素，单击 OK 按钮，生成结果如图 3-57 所示。

6）改变当前坐标系为笛卡儿坐标系：执行 Utility Menu→WorkPlane→Change Active CS to→Global Cartesian 命令。

7. 在中心孔上开键槽

1）平移工作平面：在“Offset WP”工具栏中的“X，Y，Z Offset”文本框中输入“0，－45，－14”，按〈Enter〉键确认。

2）生成矩形块：执行 Main Menu→Preprocessor→Modeling→Create→Volumes→Block→By Dimensions 命令，弹出“Create Block by Dimensions”对话框。如图 3-58 所示输入数据，单击 OK 按钮。

图 3-57　生成结果

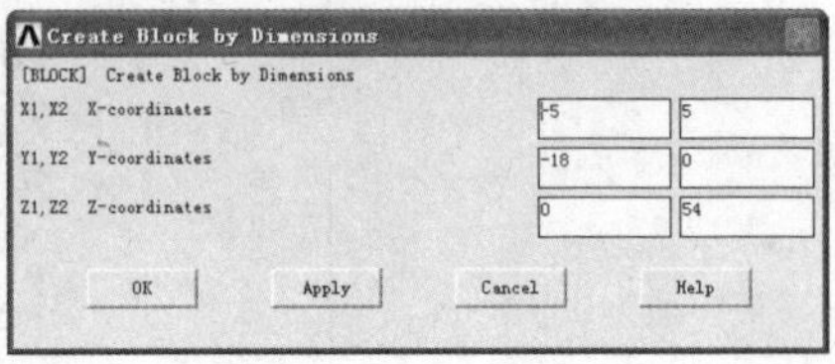

图 3-58　输入数据

3）体相减操作：执行 Main Menu→Preprocessor→Modeling→Operate→Booleans→ Subtract →Volumes 命令，弹出一个拾取框。拾取编号为 V7 的体素，单击 OK 按钮。拾取编号为 V1 的体素，单击 OK 按钮，生成结果如图 3-59 所示。

图 3-59　生成结果

4）关闭工作平面：执行 Utility Menu→WorkPlane→Display Working Plane 命令。

5）保存实体模型数据：执行 Utility Menu→File→Save as 命令，弹出“Save as”对话框。在“Save Database to”下拉列表框中输入文件名“T2-8. DB”，单击 OK 按钮。

8. 划分有限元网格

1）选择单元类型：执行 Main Menu→Preprocessor→Element Type→Add/Edit/Delete 命令，弹出“Element Types”对话框。单击 Add... 按钮，弹出“Library of Element Types”对话框。分别选择“Structural Solid”和“Tet 10node187”选项，单击 OK 按钮。单击 Close 按钮，完成单元类型的选择。

2）设置单元尺寸：执行 Main Menu→Preprocessor→Meshing→Size Cntrls→ManualSize→Global→Size 命令，弹出“Global Element Sizes”对话框。在“Element edge length”文本框中输入“5”，单击 OK 按钮。

3）采用自由网格划分方式生成有限元网格：执行 Main Menu→Preprocessor→Meshing→Mesh→Volumes→Free 命令，弹出一个拾取框。单击 Pick All 按钮，生成的网格如图 3-60 所示。

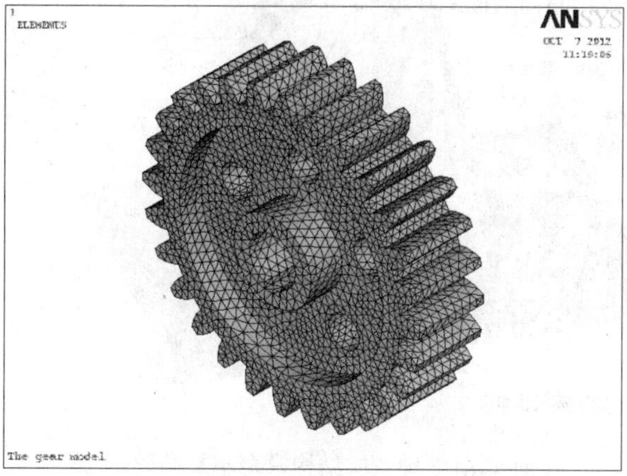

图 3-60　生成的有限元分析模型

4）保存有限元模型数据：执行 Utility Menu→File→Save As 命令，弹出“Save As”对话框。在“Save Database to”下拉列表框中输入文件名“T2-9. DB”，单击 OK 按钮。

3.6　本章小结

ANSYS 生成模型的典型步骤是在前处理（PREP7）模块内完成的，首先建立工作平面，激活适当的坐标系，当模型非常简单时，采用默认的环境设置即可；然后用自底向上建模和自顶向下建模两种方法生成实体，生成单元属性表（单元类型、实常数、材料属性和单元坐标系），设置单元属性指针；设置网格划分控制以建立需要的网格密度；通过划分实体模型的网格生成节点和单元。有限元模型的主要要素是节点、单元、实常数、材料的属性等。

ANSYS 中最基本的坐标系统是全局和局部坐标系统，显示坐标系统、节点坐标系统、单元坐标系统也经常用到，坐标系的定义和应用使建模过程直观简便。

ANSYS 可和其他 CAD 软件接口完成复杂实体建模。

通过连接板、轴和齿轮等典型零件的建模过程的练习，熟悉各种结构的建模过程。

3.7　思考与练习

1. 概念题

1）什么是工作平面？

2）ANSYS 内有哪几种坐标系，适用于什么场合？

3）简述 ANSYS 建模的基本过程。

4）如何在 ANSYS 内构建复杂实体模型？

2. 操作题

1）使用自上而下的建模方法建立图 3-61 所示的轴承座结构模型。

2）建立如图 3-62 所示的传动带轮结构模型。

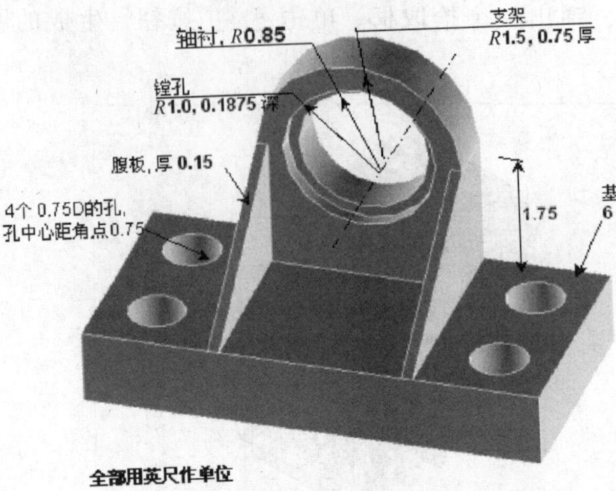

图 3-61　轴承座结构模型示意图

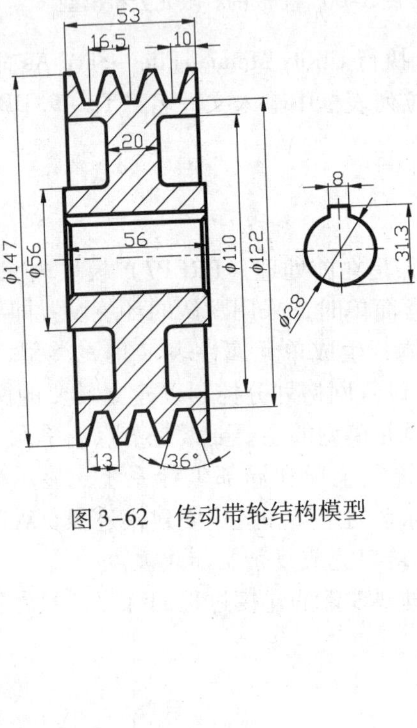

图 3-62　传动带轮结构模型

第4章　结构线性静力分析

结构静力分析主要用来分析由于稳态外载荷所引起的系统或零部件的位移、应力、应变和作用力，很适合求解惯性及阻尼的时间相关作用对结构响应的影响并不显著的问题，其中稳态载荷主要包括外部施加的力和压力、稳态的惯性力，如重力和旋转速度、施加位移、温度和热量等。静力分析可分为线性静力分析和非线性静力分析。本章先介绍有关静力分析的选项与操作，然后就结构线性静力分析问题重点说明。

本章重点

- 结构静力分析过程与步骤
- 熟悉各种静力问题分析的操作方法

4.1　结构静力分析过程与步骤

ANSYS 的静力分析过程一般包括建立模型、施加载荷并求解和检查结果 3 个步骤。

4.1.1　建立模型

在建立模型之前先要定义工作文件名，指定分析标题，然后进入/PREP7 处理器，即执行 Main Menu→Preprocessor 命令建立有限元分析模型，主要包括定义单元类型、单元实常数、材料属性和几何模型等。建立模型后，对几何模型划分网格生成有限元分析模型。

对静力分析，单元类型必须指定为线性或非线性结构单元类型；材料属性可为线性或非线性、各向同性或正交各向异性、常量或与温度相关的量等；必须定义弹性模量和泊松比；对于诸如重力等惯性载荷，必须定义能计算出质量的参数，如密度等；对热载荷，必须要定义热膨胀系数；对应力、应变感兴趣的区域，网格划分比仅对位移感兴趣的区域要密；如果分析中包含非线性因素，网格应划分到能捕捉非线性因素影响的程度。

4.1.2　施加载荷并求解

1. 定义分析类型及分析选项

分析类型和分析选项在第一个载荷步后（即执行第一个 Solve 命令之后）不能改变。ANSYS 提供的用于静态分析的选项见表 4-1。

1）New Analysis（新的分析，ANTYPE）：一般情况下使用。

2）Analysis Type：Static（分析类型包括静态和 ANTYPE）；选择静态分析。

3）Large Deformation Effects（大变形或大应变选项，GEOM）：并不是所有的非线性分析都产生大变形。

表 4-1　用于静态分析的选项

选　　项	命　　令	GUI 路径
New Analysis	ANTYPE	Main Menu→Solution→Analysis Type→New Analysis 或 Restart

（续）

选 项	命 令	GUI 路径
Analysis Type：Static	ANTYPE	Main Menu→Solution→Analysis Type→New Analysis→Static
Large Deformation Effects	NLGEOM	Main Menu→Solution→Analysis Type→Sol' n Controls
Stress Stiffening Effects	SSTIF	Main Menu→Solution→Analysis Type→ Sol' n Controls
Newton - Raphson Option	NROPT	Main Menu→Solution→Analysis Type→ Sol' n Controls
Equation Solver	EQSLV	Main Menu→Solution→Analysis Type→ Sol' n Controls

4）Stress Stiffening Effects（应力刚化效应，SSTIF）：如果存在应力刚化效应，则应选择 ON。

5）Newton - Raphson Option（牛顿 - 拉普森选项，NROPT）：仅在非线性分析中使用，用于指定在求解期间修改一次正切矩阵的间隔时间。取值如下。

- 程序选择（NROPT，ANTO）：基于模型中存在的非线性类型选择使用这些选项之一。需要时，牛顿 - 拉普森方法将自动激活自适应下降。
- 全部（NROPT，FNLL）：使用完全牛顿 - 拉普森处理方法，即每进行一次平衡迭代就修改刚度矩阵一次。如果自适应下降关闭，则每次平衡迭代都使用正切刚度矩阵；如果自适应下降打开（默认值），则只要迭代保持稳定，即只要残余项减小且没有负主对角线出现，则仅使用正切刚度矩阵。如果在一次迭代中探测到发散倾向，则抛弃发散的迭代且重新开始求解，应用正切和正割刚度矩阵的加权组合。当迭代回到收敛模式时，将重新开始使用正切刚度矩阵，对复杂的非线性问题自适应下降通常可提高获得收敛的能力。
- 修正（NROPT，MODI）：使用修正的牛顿 - 拉普森方法，正切刚度矩阵在每个子步中均被修正，而在一个子步的平衡迭代期间矩阵不改变。这个选项不适用于大变形分析，并且自适应下降不可用。
- 初始刚度（NROPT，INIT）：在每次平衡迭代中使用初始刚度矩阵，这个选项比完全选项似乎不易发散，但经常要求更多次的迭代得到收敛。它不适用于大变形分析，自适应下降是不可用的。

6）Equation Solver（方程求解器）：对于非线性分析使用前面的求解器（默认）。

2. 在模型上施加载荷

用户能够将载荷施加在几何模型（如关键点、线、面或体）或有限元模型（如节点或单元）上。若施加在几何模型，则 ANSYS 在求解分析时将载荷转换到有限元模型上。结构静力分析的载荷类型主要包括位移（UX、UY、UZ、ROTX、ROTY 和 ROTZ）、力或力矩（FX、FY、FZ、MX、MY 和 MZ）、压力（PRES）、温度（TEMP）、流通量（FLUE）、重力（Gravity）和旋转角速度（Spinning Angular Velocity）等，GUI 路径为：Main Menu→Solution→Define Loads→Apply。在分析过程中可以执行施加、删除、运算和列表载荷等操作。

指定载荷步选项主要包括普通和非线性选项，其中普通选项包括对载荷步终止时间（Time）、对热应变计算的参考温度（Reference Temperature）和用于轴对称谐单元的模态数（Mode Number）等；非线性选项包括时间子步数、时间步长、渐变加载还是阶跃加载、是否采用自动时间步跟踪、平衡迭代的最大数、收敛精度、矫正预测、线搜索、蠕变准则、求解终止选项、数据和结果文件的输入/输出，以及结果外插法等。

3. 输出控制选项

输出控制选项如下。

1）打印输出：在输出文件中包括进一步所需要的结果数据。

GUI：Main Menu→Solution→Unabridged Menu→Load Step Opts→Output Ctrls→Solu Printout。

命令：OUTPR。

2）结果文件输出：控制结果文件中的数据。

GUI：Main Menu→Solution→Unabridged Menu→Load Step Opts→Ouput Ctrls→Solu Printout。

命令：OUTRES。

3）结果外推：如果在单元中存在非线性（塑性、蠕变或膨胀），默认复制一个单元的积分点应力和弹性应变结果到节点，替代外推它们，积分点非线性变化总是被复制到节点。

GUI：Main Menu→Solution→Unabridged Menu→Load Step Opts→Output Ctrls→ Integration。

命令：ERESX。

4. 求解计算

1）保存基本数据到文件。

GUI：Utility Menu→File→Save As。

命令：SAVE。

2）开始求解计算。

GUI：Main Menu→Solution→Solve→Current LS。

命令：SOLVE。

4.1.3 检查结果

静力分析的结果将写入结构分析结果文件 Jobname . rst 中，这些数据包括基本数据，即节点位移（UX、UY、UZ、ROTX、ROTY 和 ROTZ）及导出数据，如节点和单元应力、节点和单元应变、单元力和节点反作用力等。

在结构分析完成后，可进入通用后处理器（General Postprocessor，POSTl）和时间历程后处理器（Time - history Processor，POST26）中浏览分析结果。POSTl 检查整个模型指定子步上的结果，POST26 用于跟踪指定结果与施加载荷历程的关系。要注意在 POSTl 或 POST26 中浏览结果时，数据库必须包含求解前使用的模型，且使用 Jobname. rst 文件。

1. 用 POSTl 检查结果

1）检查输出文件是否在所有的子步分析中都收敛。

2）进入 POSTl。如果用于求解的模型不在数据中，则执行 RESUME 命令。

GUI：Main Menu→General Postproc。

命令：/POSTl。

3）读取需要的载荷步和子步结果，可以依据载荷步和子步号来识别。能依据时间识别弧长法结果。

GUI：Main Menu→General Postproc→Read Resets→By Load Step。

命令：SET。

4）使用下列任意选项显示结果。

- 显示已变形的形状。

GUI：Main Menu→General Postproc→Plot Results→Deformed Shapes。

命令：PLDISP。

• 显示等值线。

GUI：Main Menu→General Postproc→Plot Results→Contour Plot→Nodal Solu 或 Element Solution。

命令：PLNSOL 或 PLESOL。

使用选项显示应力、应变或任何其他可用项目的等值线。如果邻接单元具有不同材料行为（可能由于塑性或多线性弹性的材料性质、不同的材料类型，或邻近的单元的死活属性不同而产生），则应注意避免结果中的节点应力平均错误。

• 列表。

GUI：Utility Menu→ List Results→Nodal Solution（及其他选项）。

命令：PRNSOU（节点结果）、PRESOL（单元结果）、PRRSOU（反作用力结果）、PRETAB PRITER（子步总计数据），以及在数据列表前排序的 NSORT 和 ESORT。

• 其他性能。

多个其他后处理函数（在路径上映射结果和记录参量列表等），在 POSTl 中可用。对于非线性分析，载荷工况组合通常无效。

2. 用 POST26 检查结果

典型的 POST26 后处理的步骤如下：

1）根据输出文件检查是否在所有要求的载荷步内分析都收敛，不应将自身的设计决策建立在非收敛结果的基础上。

2）如果用户的解是收敛的，则进入 POST26。如果用户模型不在数据库中，则执行 RESUME 命令。

GUI：Main Menu→TimeHist Postpro。

命令：POST26。

3）定义在后处理期间使用的变量。

有两种方法，第一种方法如下。

GUI：Main Menu→TimeHist Postpro→Define Variables。

命令：NSOL、ESOL 和 RFORCL。

第二种方法为：当执行 Main Menu→TimeHist Postpro 时，出现如图 4-1 所示的对话框，可以通过对话框直观地定义变量、编辑变量或显示变量。

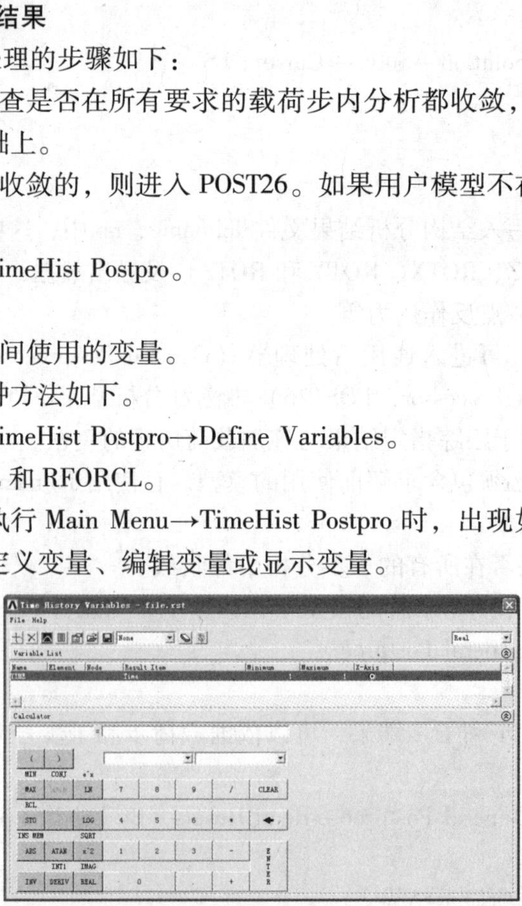

图 4-1 “Time History Variables - file. rst”对话框

4）图形或列表显示变量。

GUI：Main Menu→TimeHist Postproc→Graph Variables。

Main Menu→TimHist Postproc→List Variables。

Main Menu→TimeHist Postproc→List Extremes。

命令：PLVAR（图形表示变量）、PRVAR 和 EXTREM（列表变量）。

4.2　连杆受力分析实例

问题描述

如图 4-2 所示为汽车连杆的几何模型（图中标注尺寸的单位均为英寸）连杆的厚度为 0.5 in。在小头孔的内侧 90°范围内承受 $P=1\,000$ psi 的面载荷作用，利用有限元分析该连杆的受力状态。连杆的材料属性为弹性模量 $E=30\times10^6$ psi，泊松比为 0.3。

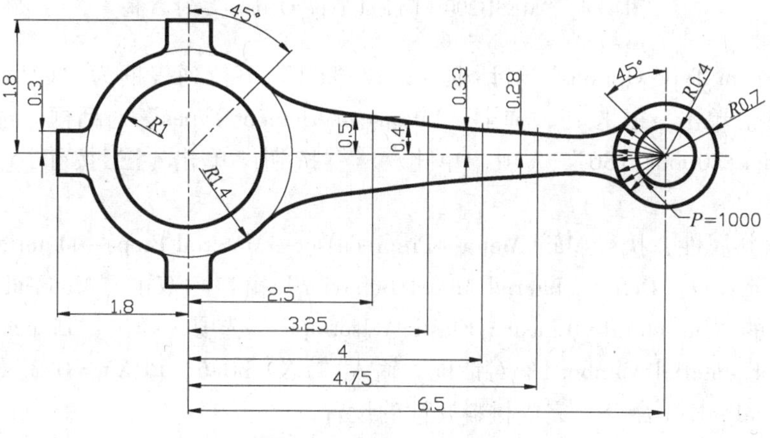

图 4-2　连杆的几何模型

GUI 操作步骤

由于连杆的结构和载荷均对称，所以在分析时只要采用一半进行分析。采用由底向上的建模方式，用 20 节点的 SOLID95 单元划分网格并用 PCG 求解器求解。

1. 定义工作文件名和工作标题

1）定义工作文件名：执行 Utility Menu→File→Change Jobname 命令，在弹出的“Change-Jobname”对话框中输入“c－rod”，选择“New log and error files”复选框，单击 OK 按钮。

2）定义工作标题：执行 Utility Menu→File→Change Title 命令，在弹出的“Change Title”对话框中输入“The stress calculating of c－rod”，单击 OK 按钮。

3）重新显示：执行 Utility Menu→Plot→Replot 命令。

2. 定义单元类型及材料属性

1）设置单元类型：执行 Main Menu→Preprocessro→Element Type→Add/Edit/Delete 命令，弹出“Element Tpyes”对话框。单击 Add... 按钮，弹出如图 4-3 所示的“Labrary of Element Types”对话框。选择“Not Solved”和“Mesh Facet 200”选项，单击 OK 按钮。

2）设置单元选项：单击“Element Types”对话框中的 Options... 按钮，弹出如图 4-4 所示的

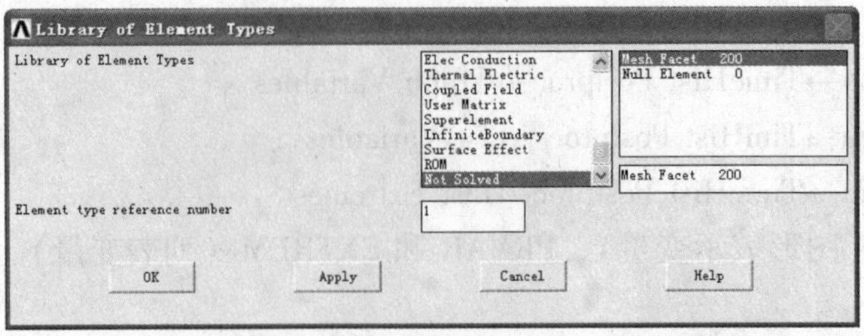

图 4-3 “Library of Element Types” 对话框

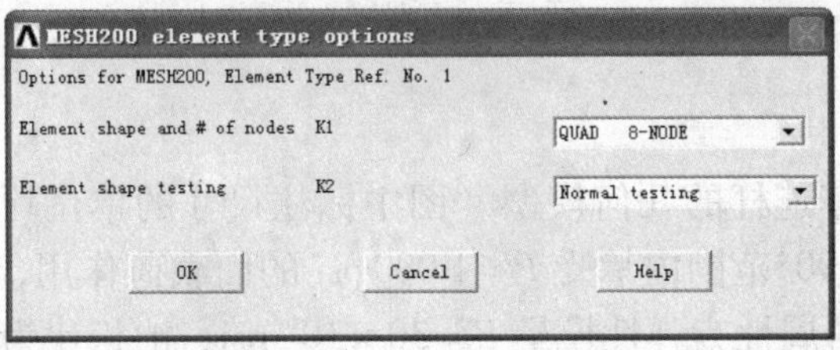

图 4-4 “MESH200 Element Type Options” 对话框

“MESH200 Element Type Options” 对话框。设置“K1”下拉列表框为“QUAD 8 - NODE”，单击 OK 按钮。单击 Add... 按钮，弹出“Library of Element Types”对话框。选择“Structural Solid”和“Brick 20node 186”选项，单击 OK 按钮。单击 Close 按钮，关闭“Element Types”对话框。

3）设置材料属性：执行 Main Menu→Preprocessor→Material Props→Material Models 命令，弹出如图 4-5 所示的“Define Material Model Behavior”窗口。双击“Material Models Available”列表框中的“Structural \ Linear \ Elastic \ Isotropic”选项，弹出“Linear Isotropic Material Properties for Material Number l”对话框。输入“EX = 30e6，PRXY = 0. 3”，单击 OK 按钮。执行 Material→Exit 命令，完成材料属性的设置。

3. 建立二维模型

1）创建两个圆环面：执行 Main Menu→Preprocessor→Modeling→Create→Areas→Circle→By Dimensions 命令，显示“Circular Area by Dimensions”对话框。输入如图 4-6 所示的数据，单击 Apply 按钮。在“THETAl”文本框中输入“45”，单击 OK 按钮。

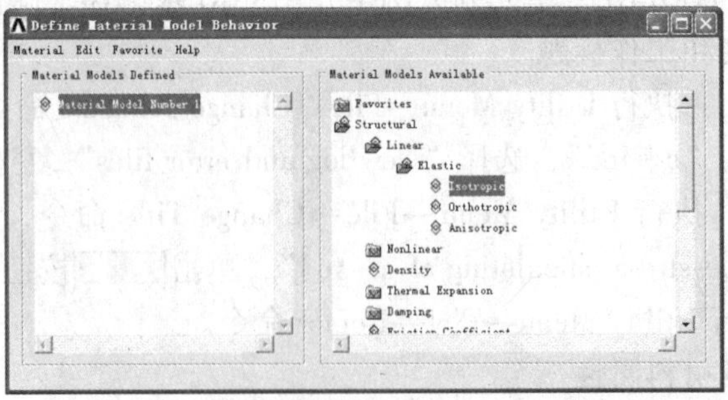

图 4-5 “Define Material Model Behavior” 窗口

2）打开面编号控制：执行 Utility Menu→PlotCtrls→Numbering 命令，弹出如图 4-7 所示的“Plot Numbering Controls”对话框。选择“AREA Area Numbers”后的“On”复选框，单击 OK 按钮。

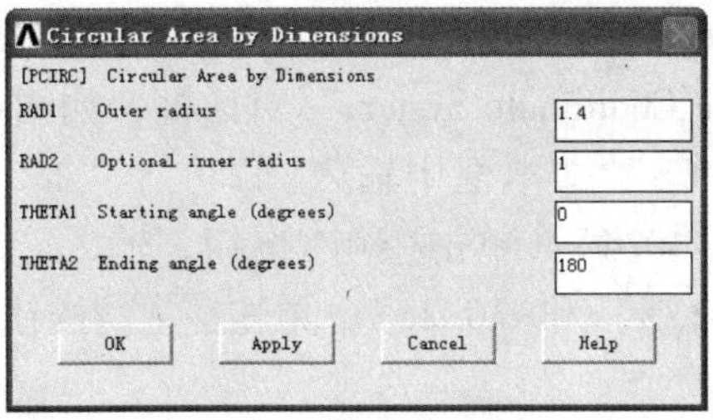

图 4-6　输入数据

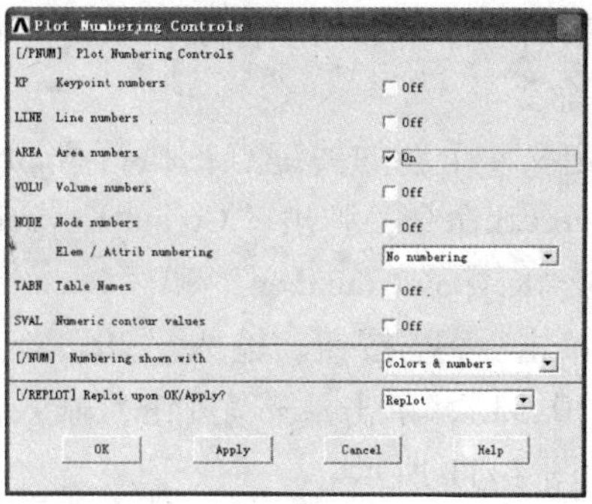

图 4-7　“Plot Numbering Controls”对话框

4. 创建两个矩形面

1）生成矩形面：执行 Main Menu→Preprocessor→Modeling→Create→ Areas→ Rectangle→ By Dimensions 命令，弹出“Create Rectangle by Dimensions”对话框。如图 4-8 所示输入数据，单击 Apply 按钮。“X1，X2”和“Y1，Y2”文本框中分别输入“-0.3，0.3”及“1.2，0.8”，单击 OK 按钮。

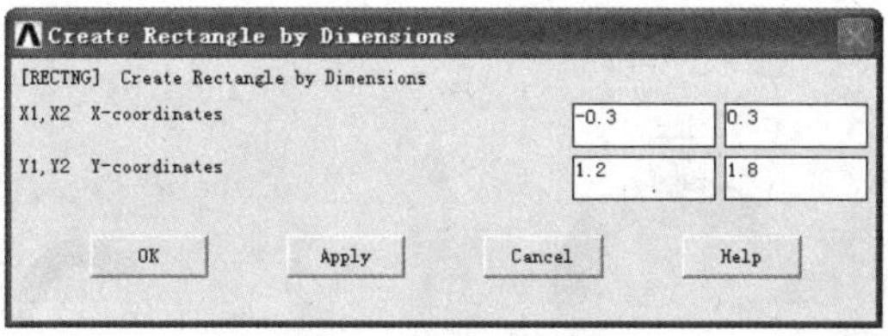

图 4-8　输入数据

2）平移工作平面：执行 Utility Menu→WorkPlane→Offset WP to→XYZ Locations 命令，弹出一个拾取框。在坐标栏中输入“6.5”，单击 OK 按钮。

3）将激活的坐标系设置为工作平面坐标系：执行 Utility Menu→WorkPlane→Change Active CS to→Working Plane 命令。

4）创建另两个圆环面：执行 Main Menu→Preprocessor→ Modeling→Create→Areas→ Circle→ By Dimensions 命令，弹出“Circular Area by Dimensions”对话框。输入“RADl = 0.7”，“RAD2 = 0.4”，“THETAI = 0”，“THETA2 = 180”，单击 Apply 按钮。输入“THETA2 = 135”，单击 OK 按钮。

5）面叠分操作：执行 Main Menu→Preprocessor→Modeling→Operate→Booleans→ Overlap → Areas 命令，弹出一个拾取框。拾取编号为 A1、A2、A3 和 A4 的面，单击 Apply 按钮。选择编号为 A5 和 A6 的面，单击 OK 按钮，生成结果如图 4-9 所示。

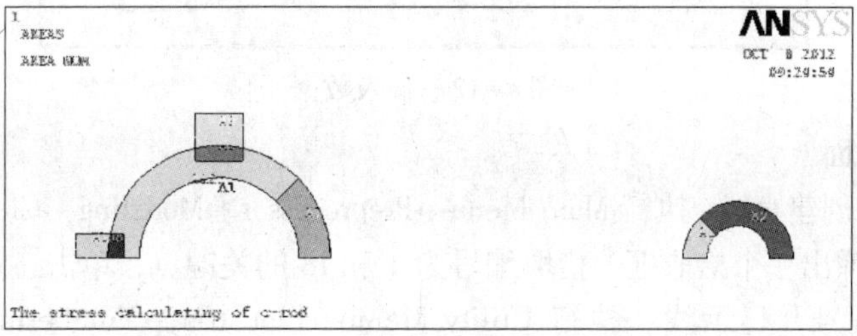

图 4-9　生成结果

6）激活总体笛卡儿坐标系：执行 Utility Menu→WorkPlane→Change Active CS to→Global Cartesian 命令。

7）定义 4 个新的关键点：执行 Main Menu→Preprocessor→Modeling→Create→Keypoints→In Active CS 命令，弹出“Create Keypoints in Active Coordinate System”对话框，如图 4-10 所示。在“Keypoint number”和“Location in active CS”文本框中输入“28”、“2.5”和“0.5”，单击 Apply 按钮。输入“29”、“3.25”和“0.4”，单击 Apply 按钮，输入“30”、“4”和“0.33”，单击 Apply 按钮，输入“31”、“4.75”和“0.28”，单击 OK 按钮，生成结果如图 4-11 所示。

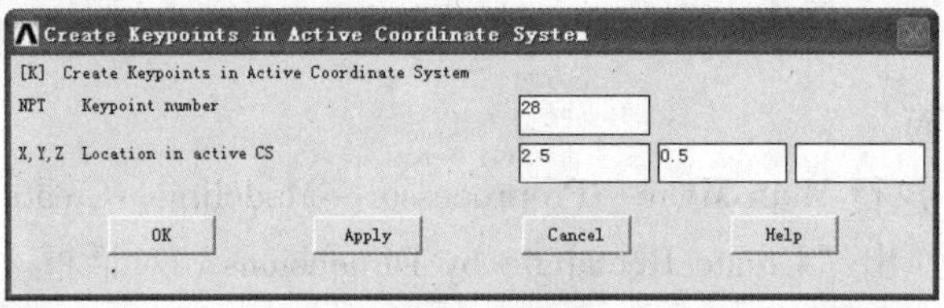

图 4-10 输入数据

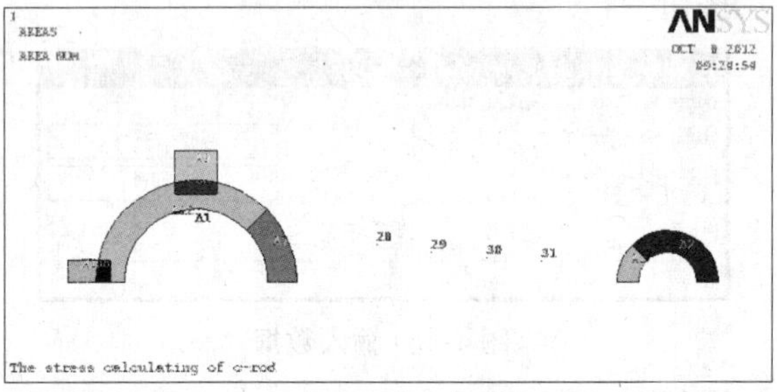

图 4-11 生成关键点的结果

8）激活总体柱坐标系：执行 Utility Menu→WorkPlane→Change Active CS to→Global Cylindrical 命令。

9）创建样条线：执行 Main Menu→Preprocessor→Modeling→Create→Lines→Splines→With Options→Spline Thru KPs 命令，弹出一个拾取框。按顺序拾取编号为 5、28、29、30、31 和 22 这 6 个关键点。单击 OK 按钮，弹出“B - Spline”对话框。输入如图 4-12 所示的数据，单击 OK 按钮，生成的样条曲线如图 4-13 所示。

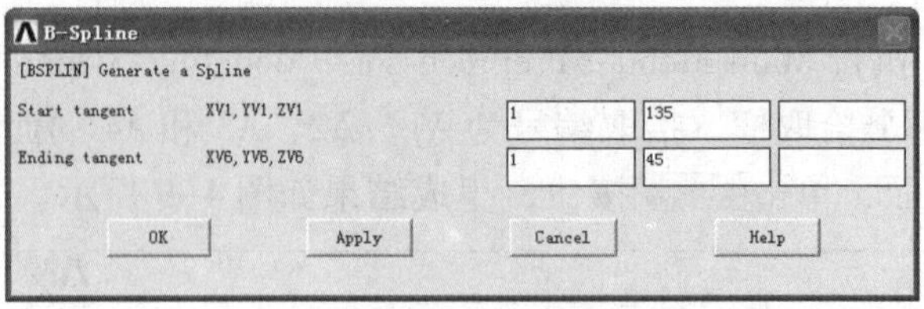

图 4-12 输入数据

5. 生成一个新面

1）在关键点间创建直线：执行 Main Menu→Preprocessor→Modeling→Create→Lines→ Lines→Straight Line 命令，弹出一个拾取框。拾取编号为 1 和 18 的关键点，单击 OK 按钮。

2）打开线的编号并显示线：执行 Utility Menu→PlotCtrls→Numbering 命令，弹出“Plot Numbering Controls”对话框。选择“Line Number”复选框，单击 OK 按钮。执行 Utility

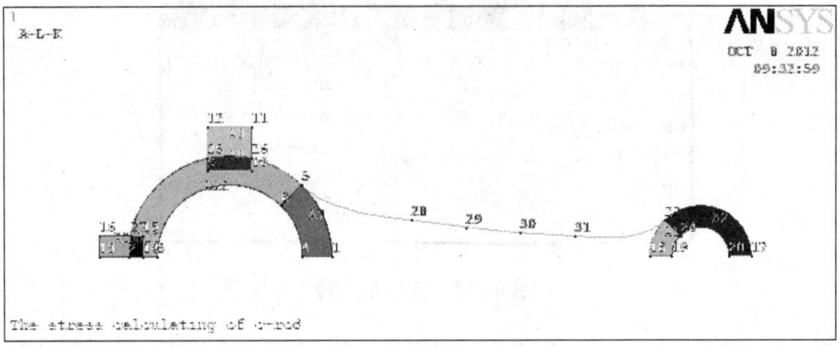

图 4-13　生成的样条曲线

Menu→Plot→Lines 命令，显示结果如图 4-14 所示。

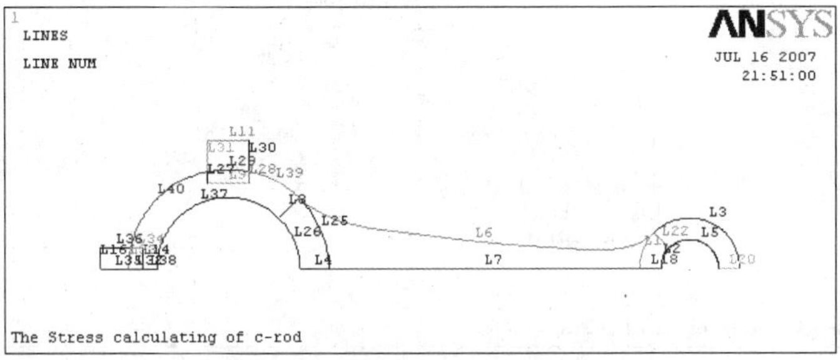

图 4-14　显示所有线及其编号

3）由线生成新的面：执行 Main Menu→Preprocessor→Modeling→Create→Areas→ Arbitrary→ By Lines 命令，弹出一个拾取框。拾取编号为 6、1、7 和 25 的 4 条线，单击 OK 按钮，生成结果如图 4-15 所示。

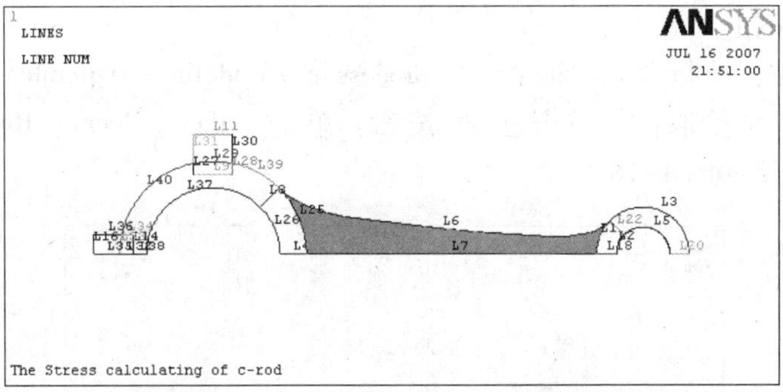

图 4-15　连杆体面的生成结果

4）放大连杆的左面部分：执行 Utility Menu→PlotCtrls→Pan Zoom Rotate…命令，显示“Pan - Zoom - Rotate”工具栏，单击 Box Zoom 按钮。然后拾取连杆的左面大头孔部分，单击完成放入操作。

5）线倒角：执行 Main Menu→Preprocessor→Modeling→Create→Lines→Line Fillet 命令，弹出一个拾取框。拾取编号为 36 和 40 的线，单击 Apply 按钮，弹出“Line Fillet”对话框。如图 4-16 所示输入数据，单击 Apply 按钮。然后重复上述操作，对编号为 40、31、30 和 39 的线进行倒角。单击 OK 按钮，生成结果如图 4-17 所示。

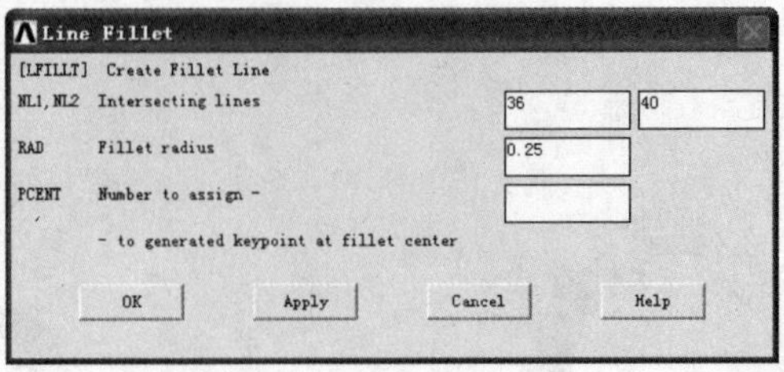

图 4-16　输入数据

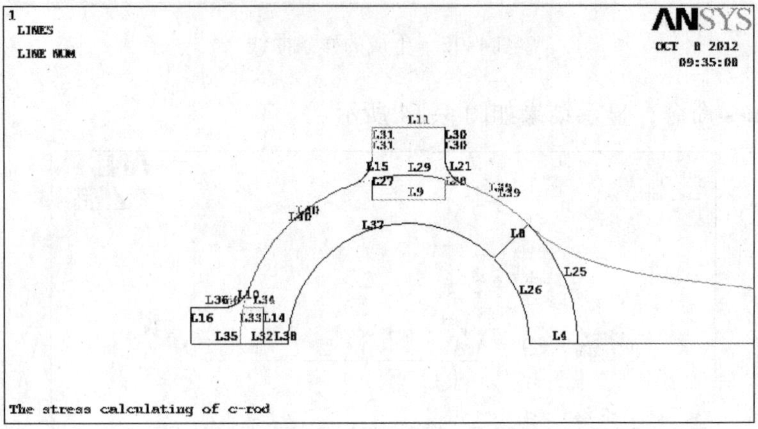

图 4-17　生成结果

6）由前面定义的 3 个线倒角创建新的面：执行 Main Menu→Preprocessor→Modeling→Create→Areas→Arbitrary→By Lines 命令，弹出一个拾取框。拾取编号为 12、10 和 13 的线，单击 Apply 按钮。拾取编号为 17、15 和 19 的线，单击 Apply 按钮。拾取编号为 21、22 和 23 的线，单击 OK 按钮。

7）面相加操作：执行 Main Menu→Preprocessor→Modeling→Operate→Booleans→Add→Areas 命令，弹出一个拾取框，单击 Pick All 按钮。单击“Pan - Zoom - Rotate”工具栏中的 Fit 按钮，生成结果如图 4-18 所示。

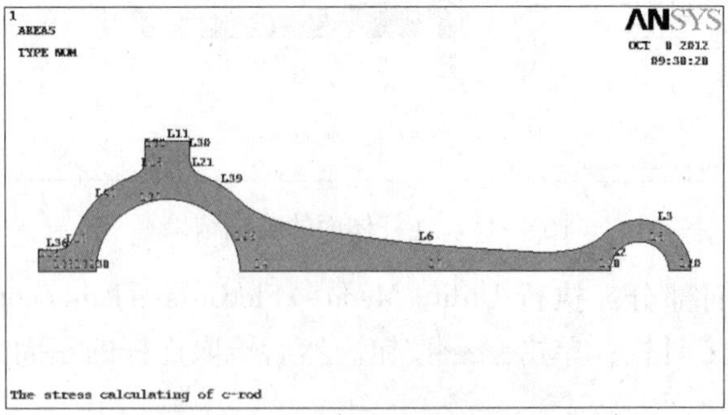

图 4-18　面相加操作后生成的结果

8）关闭线及面的编号：执行 Utility Menu→PlotCtrls→Numbering 命令，弹出“Plot Numbering Controls”对话框。取消“Line Number”复选框的选择，单击 OK 按钮。

9）保存几何模型：执行 Utility Menu→File→Save as 命令，弹出“Save as”对话框。在“Save Database to”下拉列表框中输入文件名“c－rod model”，单击 OK 按钮。

6. 生成二维网格

1）设置单元尺寸并划分网格：执行 Main Menu→Preprocessor→Meshing→MeshTool 命令，弹出划分网格工具栏。单击“Size controls:”栏“Global”旁边的 Set 按钮，弹出如图 4-19 所示的“Global Element Sizes”对话框。在“SIZE”文本框中输入“0.2”，单击 Mesh 按钮，弹出一个拾取框。单击 Pick All 按钮，采用自由网格划分的结果如图 4-20 所示。

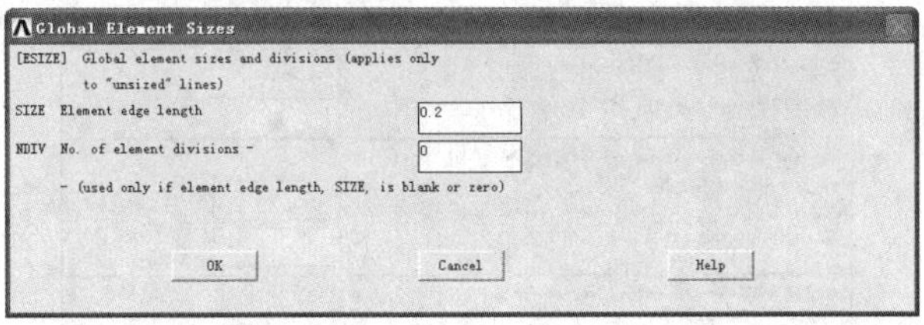

图 4-19 “Global Element Sizes”对话框

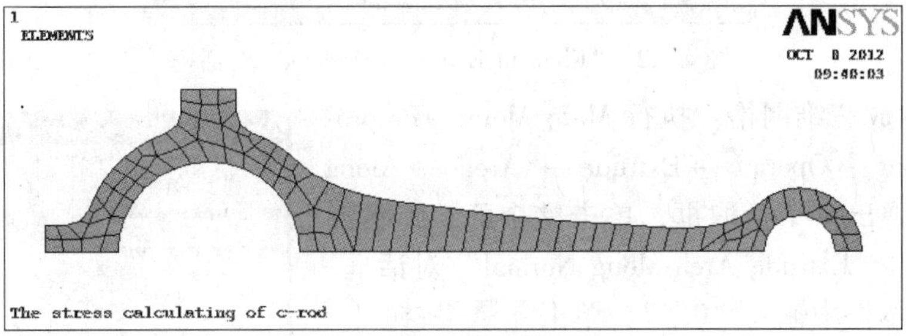

图 4-20 生成的二维网格结果

2）保存网格结果：执行 Utility Menu→File→Save as 命令，弹出“Save as”对话框。在“Save Database to”下拉列表框中输入文件名“c_rod_2D_mesh”，单击 OK 按钮。

7. 采用拖动生成三维网格

1）改变单元类型：单击划分网格工具栏中的第一个 Set 按钮，弹出如图 4-21 所示的“Meshing Attributes”对话框。在“Element Type Number”下拉列表框中选择“SOLID186”选项，单击 OK 按钮。

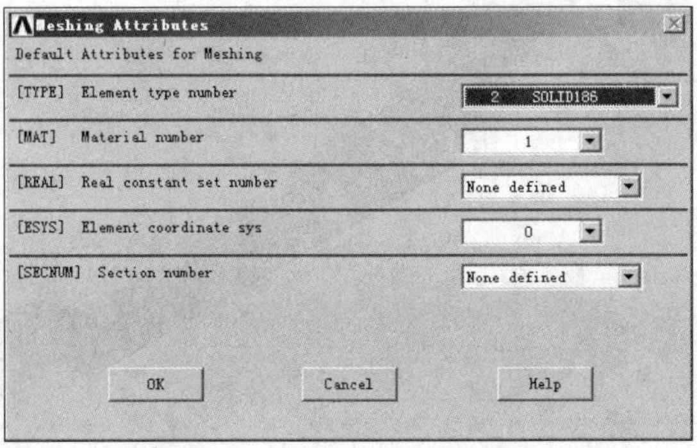

图 4-21 “Meshing Attributes”对话框

2）设置拖动方向的单元数目：执行 Main Menu→Preprocessor→Modeling→Operate→ Extrusion→Elem Ext Opts 命令，弹出如图 4-22 所示的“Element Extrusion Options”对话框。在“VAL1”文本框中输入“3”，单击 OK 按钮。

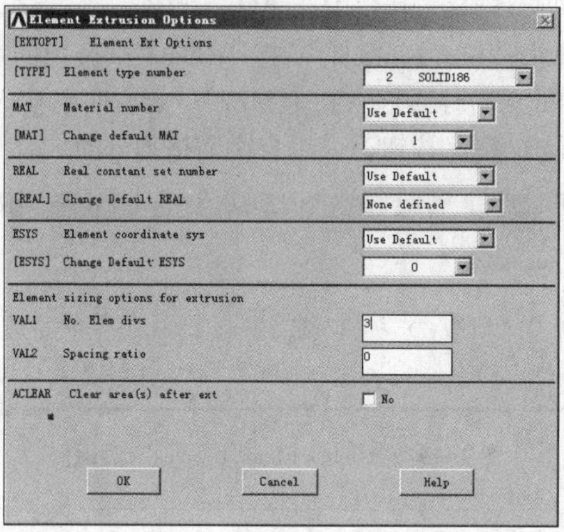

图 4-22 “Element Extrusion Options”对话框

3）拖动生成三维网格：执行 Main Menu→Preprocessor→Modeling→Operate→Extrude→ Areas→Along Normal 命令，弹出一个拾取框，单击整个面，弹出如图 4-23 所示的“Extrude Area along Normal”对话框。在“DIST”文本框中输入“0.5”，单击 OK 按钮。

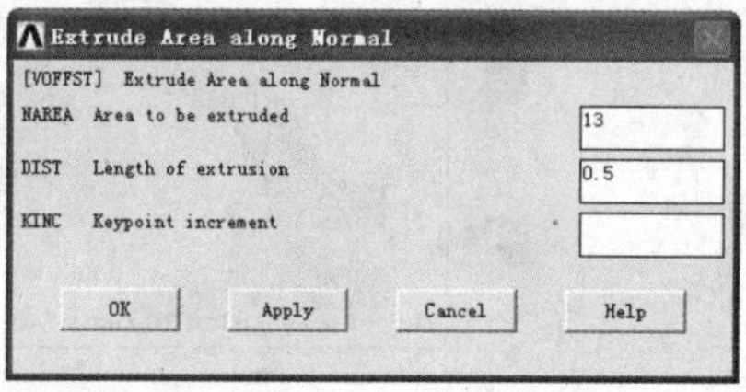

图 4-23 “Extrude Area along Normal”对话框

4）打开“Pan－Zoom－Rotate”工具栏：执行 Utility Menu→PlotCtrls→ Pan Zoom Rotate 命令，弹出“Pan－Zoom－Rotate”工具栏，单击工具栏中的 Iso 按钮。

5）显示网格：执行 Utility Menu→Plot→Plot Element 命令，生成的三维网格结果如图 4-24 所示。

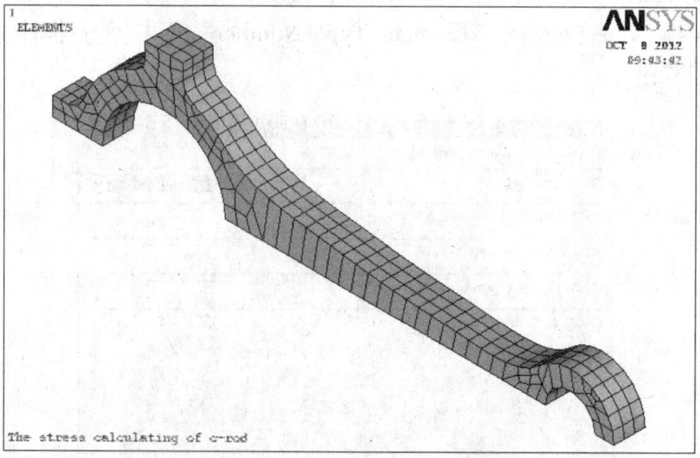

图 4-24 生成的三维网格结果

6）保存网格结果：执行 Utility Menu→File→Save as 命令，弹出“Save as”对话框。在“Save Database to”下拉列表框中输入文件名“c_rod _3D_mesh”，单击 OK 按钮。

8. 施加约束、载荷并求解

1）在大孔的内表面施加对称约束：执行 Main Menu→Solution→Define Loads→Apply→Structural→Displacement→Symmetry B．C.→On Areas 命令，弹出一个拾取框。拾取大孔的内表面（面号为 18 和 19），单击 OK 按钮。

2）在 Y＝0 的所有面上施加对称约束：执行 Main Menu→Solution→Define Loads→Apply→Structural→Displacement→Symmetry B．C→On Areas 命令，弹出一个拾取框。拾取 Y＝0 的所有面（面号为 15、16、17、20、21、22 和 25），单击 OK 按钮。

3）施加 Z 方向的约束：执行 Main Menu→Solution→Define Loads→Apply→Structural→Displacement→On Nodes 命令，弹出一个拾取框。拾取编号为 447 的节点，单击 OK 按钮，弹出一个对话框。在“DOF to be constrained”下拉列表框中选择“UZ”选项，单击 OK 按钮。

4）选择所有实体：执行 Utility Menu→Select→Everything 命令。

5）显示单元：执行 Utility Menu→Plot→Plot Elements 命令，结果如图 4-25 所示。

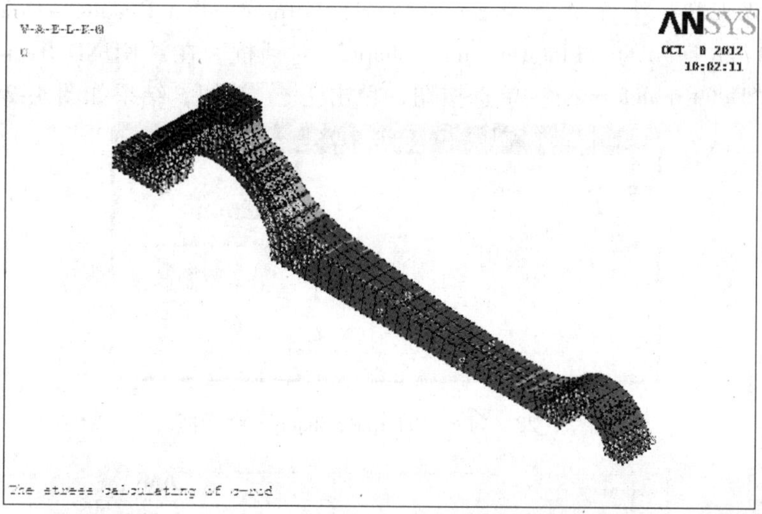

图 4-25　施加约束后生成的结果

6）设置面载荷的表示方式：执行 Utility Menu→PlotCtrls→Symbol 命令，弹出一个对话框。在“Show pres and convect as”下拉列表框中选择“Arrow”选项，单击 OK 按钮。

7）在小孔内表面施加面载荷，执行 Main Menu→Solution→Defme Loads→Apply→ Structural→Pressure→On Areas 命令，弹出一个拾取框。拾取小孔的内表面（面号为 23），单击 OK 按钮，显示如图 4-26 所示的“Apply PRES on areas”对话框。在“Load PRES value”文本框中输入“1000”，单击 OK 按钮。

8）选择 PCG 迭代求解器：执行 Main Menu→Solution→Analysis Type→Sol'n Controls 命令，弹出如图 4-27 所示的“Solution Controls”对话框。在最上面一行选择“Sol'n Options”选项卡，在“Equation Solvers”选项组中选择“Pre－Condition CG”单选按钮，单击 OK 按钮。

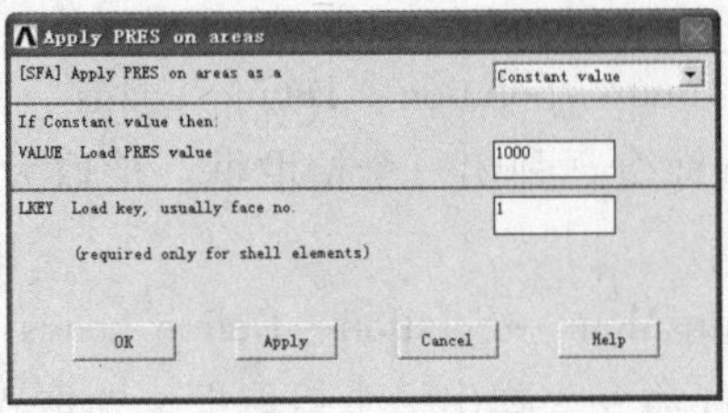

图 4-26 “Apply PRES on areas”对话框

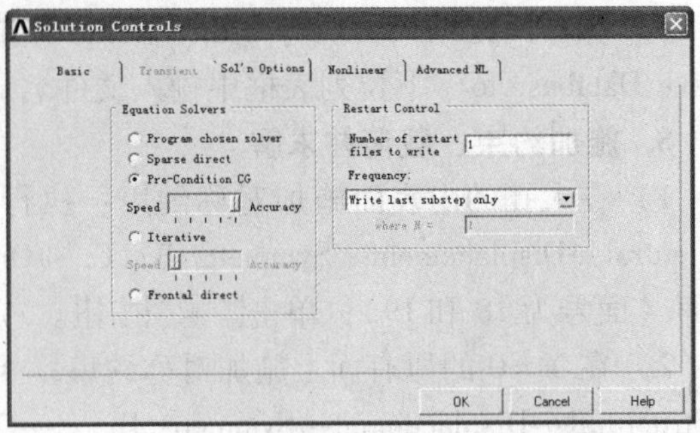

图 4-27 “Solution Controls”对话框

9）开始求解运算：执行 Main Menu→Solution→Solve→Current LS 命令，弹出一个提示框。浏览后执行 File→Close 命令，单击 OK 按钮开始求解运算。弹出一个“Solution is done”对话框时单击 Close 按钮，完成求解运算。

10）保存分析结果：执行 Utility Menu→File→Save as 命令，弹出“Save as”对话框。输入“c_rod_RESU”单击 OK 按钮。

9. 浏览分析结果

1）显示变形形状：执行 Main Menu→General Postproc→Plot Results→Deformed Shape 命令，弹出如图 4-28 所示的“Plot Deformed Shape”对话框。在“KUND Items to be plotted”选项组中选择“Def + undeformed”单选按钮，单击 OK 按钮，结果如图 4-29 所示。

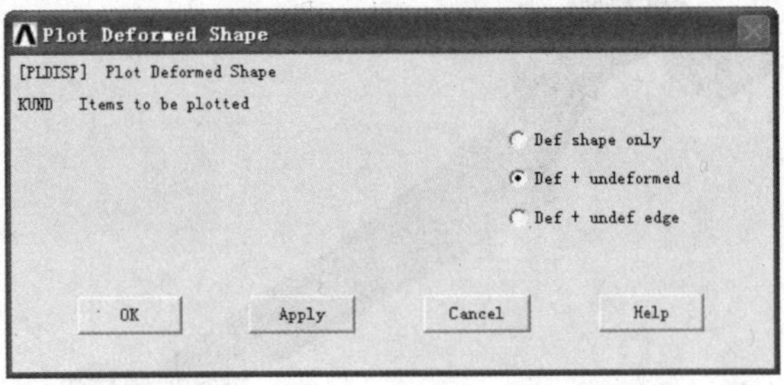

图 4-28 “Plot Deformed Shape”对话框

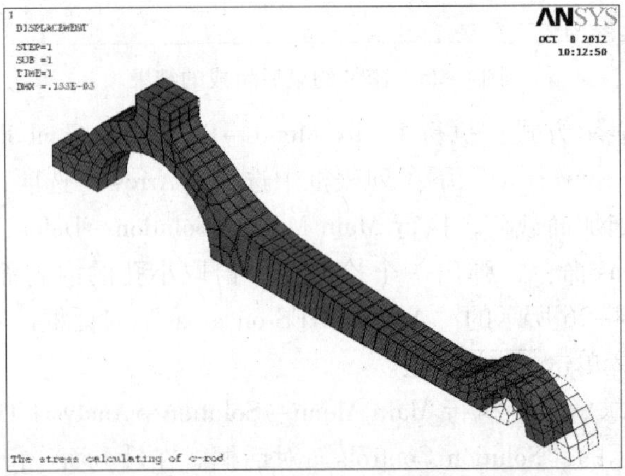

图 4-29 变形形状的结果

2）显示节点位移云图：执行 Main Menu→General Postproc→Plot Results→Contour plot→Nodal Solu 命令，弹出如图 4-30 所示的“Contour Nodal Solution Data”对话框。在两个下拉列表框中分别选择“DOF solution”和“Displacement vector sum”选项，选择“Deformed shape with undeformed model”单选按钮。单击 OK 按钮，生成结果如图 4-31 所示。

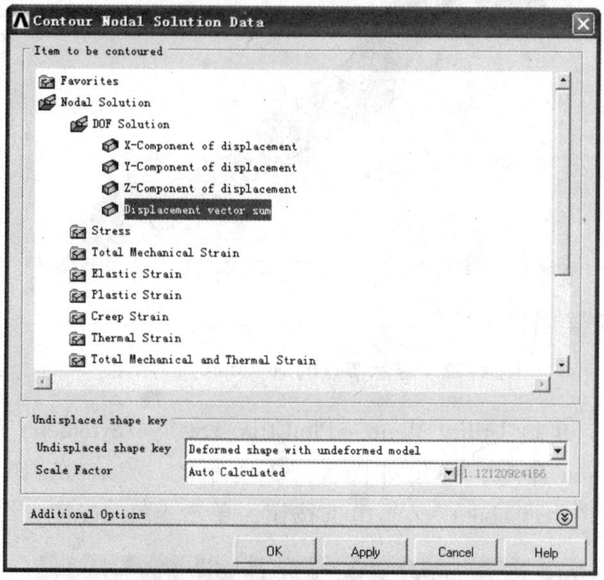

图 4-30 “Contour Nodal Solution Data”对话框

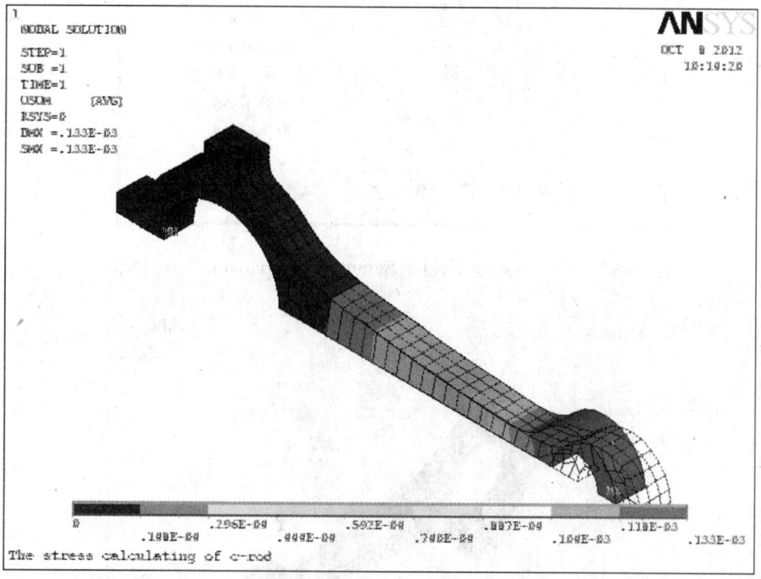

图 4-31 节点位移的结果

3）显示节点的 Von Mises 应力：执行 Mani Menu→General Postproc→Plot Results→Contour plot→Nodal Solu 命令，弹出“Contour Nodal Solution Data”对话框。分别选择“Stress”和“von Mises stress”选项，单击 OK 按钮，结果如图 4-32 所示。

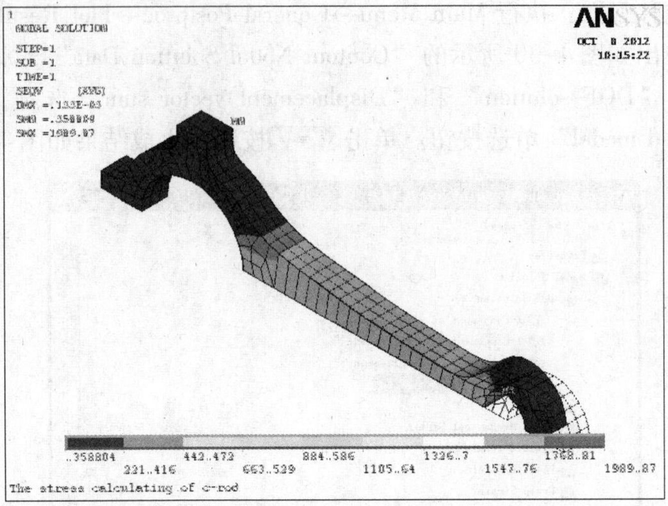

图 4-32　显示节点的 von Miss 应力结果

4）映射节点应力：执行 Utility Menu→PlotCtrls→Style→Symmetry Expansion→ Periodic/Cyclic Symmetry Expansion 命令，弹出如图 4-33 所示的“Periodic/Cyclic Symmetry Expansion”对话框，选择“Reflect about XZ”单选按钮，单击 OK 按钮，结果如图 4-34 所示。

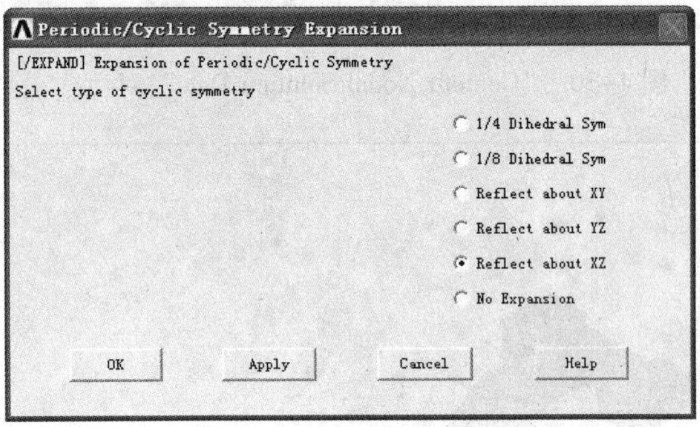

图 4-33　“Periodic/Cyclic Symmetry Expansion”对话框

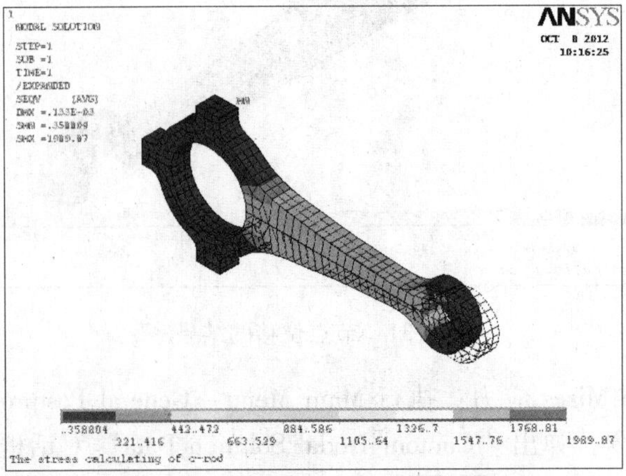

图 4-34　映射节点应力结果

命令流

```
/BATCH
/FILENAME,CON ROD
/TITLE, Stress of connect - rod
/REPLOT
/PREP7
PCIRC,1.4,1,0,180,
PCIRC,1.4,1,45,180,
/PNUM,AREA,1
APLOT
RECTNG, -0.3,0.3,1.2,1.8
RECTNG, -1.8, -1.2,0,0.3
WPSTYLE,,,,,,,,1
FLST,2,1,8
FITEM,2,6.5,0,0
WPAVE,P51X
CSYS,4
PCIRC,0.7,0.4,0,180
PCIRC,0,7,0.4.0,135
/AUTO,1
APLOT
AOVLAP,1,2,3,4
AOVLAJ,5,6
CSYS,0
K,,2.5,0.5
K,,3.25,0.4
K,,4.0,0.33
K,,4.75,0.28
CSYS,1
BSPLIN,5,28,29,30,31,21,1,135,1,45
LSTR,1,18
/PNUM,LINE,1
LPLOT
AL,6,1,7,25
LFILLT,36,40,0.25
LFILLT,40,31,0.25
LFILLT,30,39,0.25
LPLOT
AL,12,10,13
AL,17,15,19
AL,23,21,24
AADD,ALL
APLOT
SAVE,CON_ROD_MODEL
ET,1,MESH200
KEYOPT,1,1,7
ESIZE,0.2
MSHAPE,0,2D
MSHKEY,0
AMESH,ALL
SAVE,CON_ROD_2D_MESH
/EFACET,2
EPLOT
ET,2,SOLID186
EXTOPT,ESIZE,3
/VIEW,1,1,1,1
APLOT
VOFFST,2,0.5
/VIEW,1,1,1,1
EPLOT
SAVE,CON_ROD_3D MESH
EPLOT
MP,EX,1,30E6
MP,PRXY,1,0.3
FINISH
/SOLU
DA,18,SYMM
DA,19,SYMM
DA,15,SYMM
DA,16,SYMM
DA,17,SYMM
DA,20,3YMM
DA,21,SYMM
DA,22,SYMM
DA,25,SYMM
DA,447,UZ
SFA,23,1,PRES,1000
EQSLV,PCG,lE -8
SAVE
SOLVE
SAVE,CON_ROD_RESULT
FINISH
/POSTl
```

```
PLNSOL,S,EQV                    FINISH
/REPLOT                         /EXIT ALL
```

4.3 圆孔应力集中分析实例

问题描述

如图4-35所示为一个承受单向拉伸的无限大平板，在其中心位置有一个小圆孔。材料属性为弹性模量 $E=2\times10^{11}$ Pa，泊松比为0.3，拉伸载荷 $q=1000$ Pa，平板厚度 $t=0.1$ m。图中所示数据单位为m。

根据平板的物理性质，该问题属于平面应力问题。根据平板结构的对称性，只要分析其中的二分之一即可，如图4-36所示。

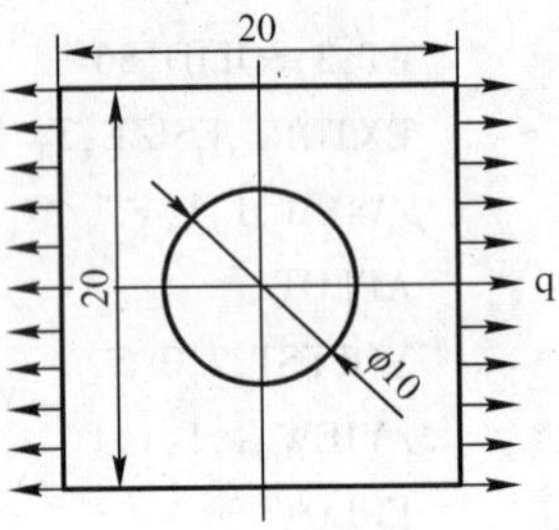

图4-35　无限大平板的结构图

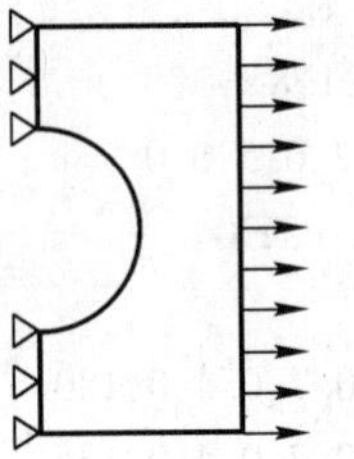

图4-36　有限元分析模型

GUI 操作步骤

1. 定义工作文件名和工作标题

1）定义工作文件名：执行 Utility Menu→File→Change Jobname 命令，在弹出的"Change Jobname"对话框中输入"Plate"。选择"New log and error files"复选框，单击 OK 按钮。

2）定义工作标题：执行 Utility Menu→File→Change Title 命令，在弹出的"Change Title"对话框中输入"The analysis of plate stress with small circle"，单击 OK 按钮。

3）重新显示：执行 Utility Menu→Plot→Replot 命令。

4）关闭三角坐标符号：执行 Utility Menu→PlotCtrls→Window Controls→Window Options 命令，弹出"Window Options"对话框。在"Location of triad"下拉列表框中选择"Not Shown"选项，单击 OK 按钮。

2. 定义单元类型和材料属性

1）选择单元类型：执行 Main Menu→Preprocessor→Element Type→Add/Edit/Delete 命令，弹出"Element Types"对话框。单击 Add... 按钮，弹出如图4-37所示的"Library of Element Types"对话框。选择"Structural Solid"和"Quad 8node 183"选项，单击 OK 按钮，然后单击 Close 按钮。

2）设置材料属性：执行 Main Menu→Preprocessor→Material Props→Material Models 命令，弹出"Define Material Model Behavior"窗口。双击"Material Models Available"列表框中的"Structural \ Linear \ Elastic \ Isotropic"选项，弹出"Linear Isotropic Material Properties for

Material Number 1”对话框。在“EX”和“PRXY”文本框中分别输入“2e11”及“0.3”。单击 OK 按钮，然后执行 Material→Exit 命令，完成材料属性的设置。

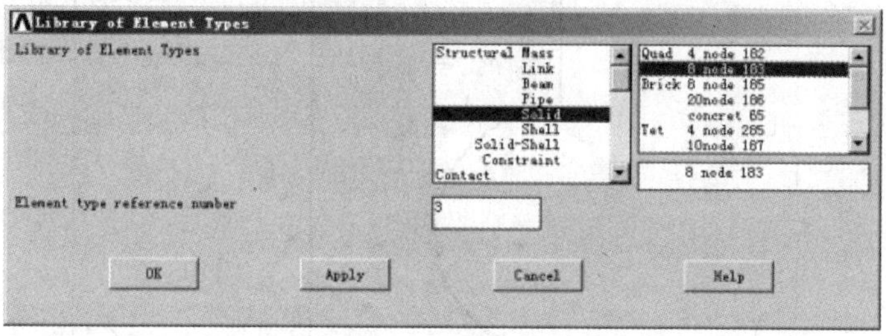

图 4-37 “Labrary of Element Types”对话框

3）保存数据：单击 ANSYS Toolbar 中的 SAVE_DB 按钮。

3. 创建几何模型

1）生成一个矩形面：执行 Main Menu→Preprocessor→Modeling→Create→Areas→ Rectangle→By Dimensions 命令，弹出“Create Rectangle by Dimensions”对话框。输入如图 4-38 所示的数据，单击 OK 按钮，在图形窗口中显示一个矩形。

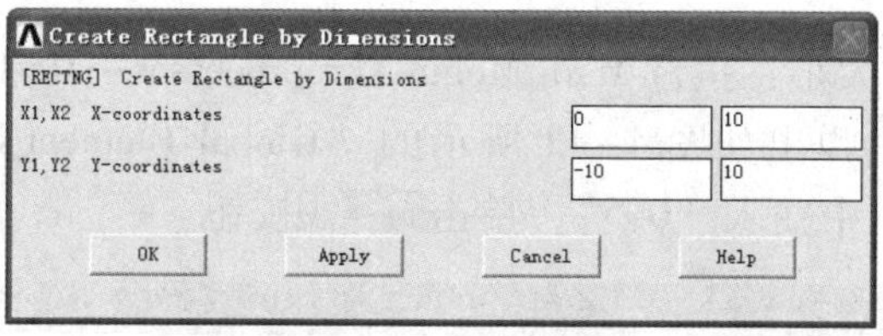

图 4-38 输入数据

2）生成一个小圆孔：执行 Main Menu→Preprocessor→Modeling→Create→ Areas→ Circle→ Solid Circle 命令，弹出如图 4-39 所示的“Solid Circular Area”对话框。分别在“WP X”，“WP Y”和“Radius”文本框中输入“0，0，5”。单击 OK 按钮，生成结果如图 4-40 所示。

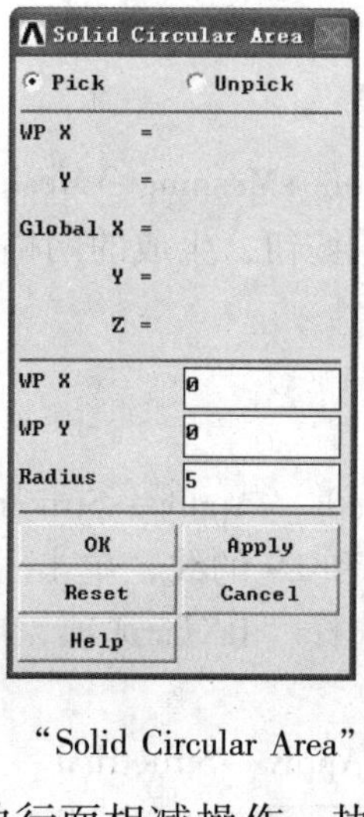

图 4-39 “Solid Circular Area”对话框

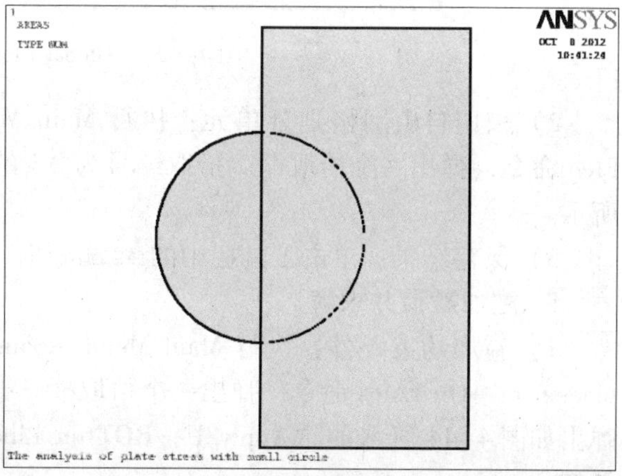

图 4-40 生成的圆面和矩形面的结果

3）执行面相减操作：执行 Main Menu→Preprocessor→Modeling→Operate→Booleans→ Subtract→ Areas 命令，弹出一个拾取框。拾取编号为 A1 的面，单击 OK 按钮，然后拾取

编号为 A2 的圆面，单击 OK 按钮，生成结果如图 4-41 所示。

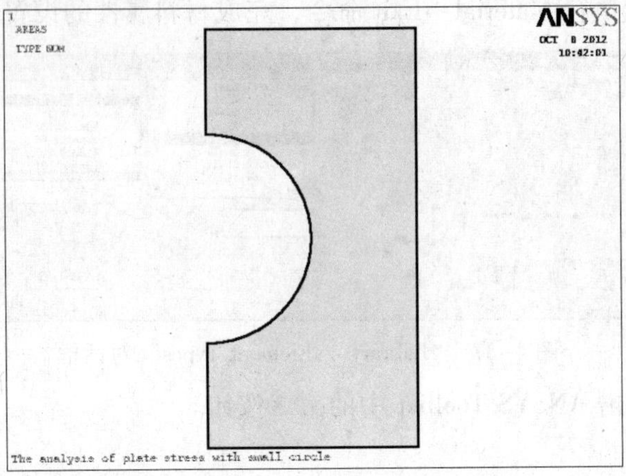

图 4-41　面相减操作后的结果

4）保存几何模型：单击 ANSYS Toolbar 中的 SAVE_DB 按钮。

4. 生成有限元网格

1）设置网格的尺寸大小：执行 Main Menu→Preprocessor→Meshing→Size Cntrls→ManualSize→Global→Size 命令，弹出如图 4-42 所示的“Global Element Sizes”对话框。在“Element edge length”文本框中输入“0. 5”，单击 OK 按钮。

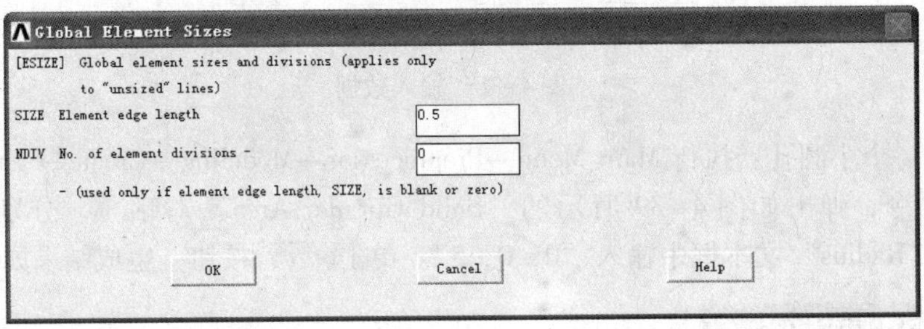

图 4-42　“Global Element Sizes”对话框

2）采用自由网格划分单元：执行 Main Menu→Preprocessor→Meshing→Mesh→Areas→Free 命令，弹出一个拾取框。拾取编号为 A3 的面，单击 OK 按钮，生成的网格如图 4-43 所示。

3）保存结果：单击工具栏中的 SAVE_DB 按钮。

5. 施加载荷并求解

1）施加约束条件：执行 Main Menu→Solution→Define Loads→Apply→Structrual→ Displacement→On Lines 命令，弹出一个拾取框。拾取编号为 L10 和 L9 的线，单击 OK 按钮，弹出如图 4-44 所示的“Apply U，ROT on Lines”对话框。选择“UX”选项，单击 OK 按钮。

2）施加载荷：执行 Main Menu→Solution→Define Loads→Apply→Structrual→ Pressure→On Lines 命令，弹出一个拾取框。拾取编号为 L2 的线，单击 OK 按钮，弹出如图 4-45 所示的“Apply PRES on lines”对话框。在“Load PRES value”文本框中输入“-1000”，单

击 OK 按钮，生成结果如图 4-46 所示。

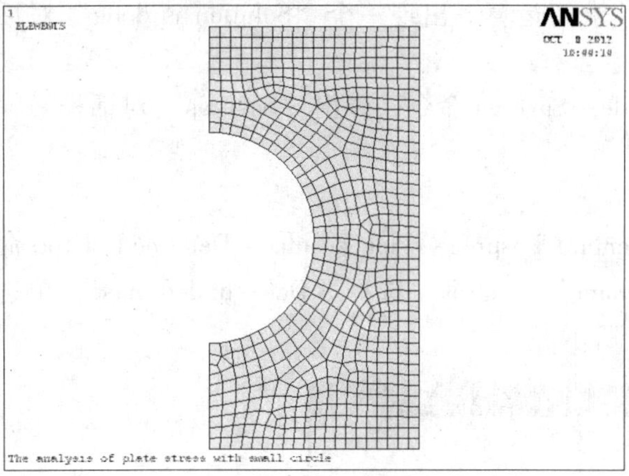

图 4-43　生成的网格

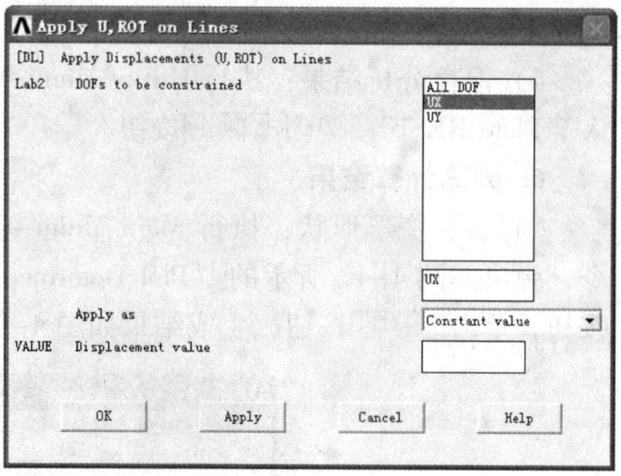

图 4-44　“Apply U, ROT on Lines” 对话框

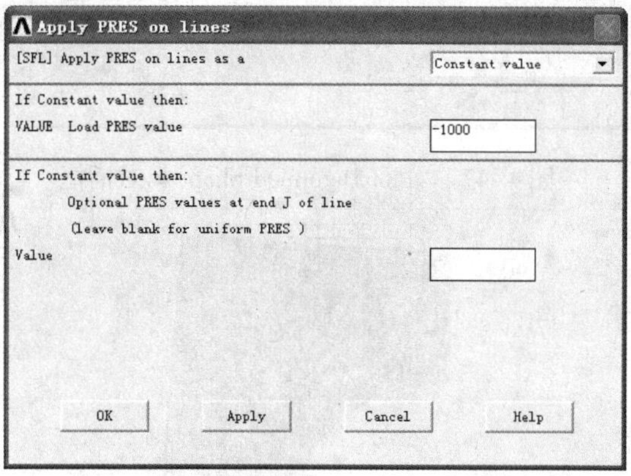

图 4-45　“Apply PRES on lines” 对话框

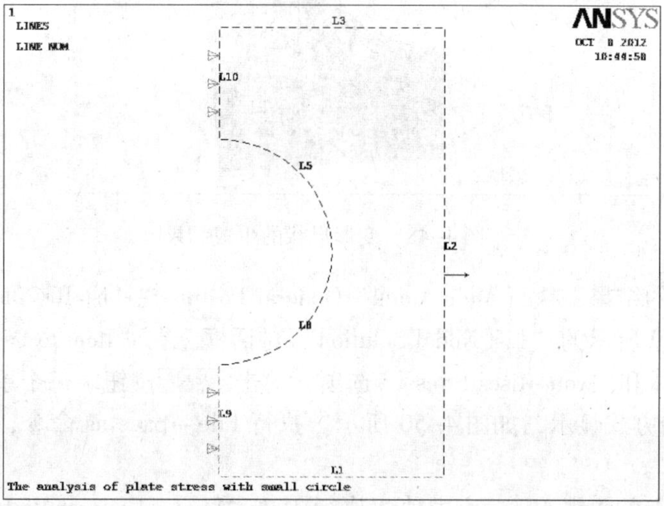

图 4-46　施加载荷的生成结果

3）求解：执行 Main Menu→Solution→Solve→Current LS 命令，弹出一个提示框。浏览后执行 File→Close 命令，单击按钮开始求解运算。出现一个“Solution is done”对话框时单击按钮完成求解运算。

4）保存分析结果：执行 Utility Menu→File→Save as 命令，弹出“Save as”对话框。输入“Plate RESU”，单击按钮。

6. 浏览计算结果

1）显示变形形状：执行 Main Menu→General Posproc→Plot Results→Deformed shape 命令，弹出如图 4-47 所示的“Plot Deformed Shape”对话框。选择“Def + undeformed”单选按钮，单击按钮，生成结果如图 4-48 所示。

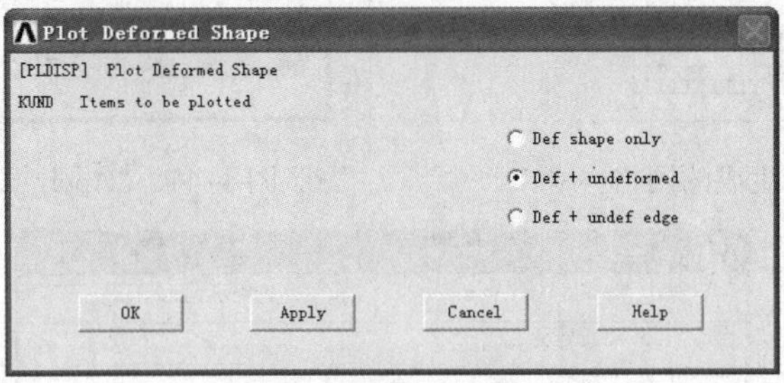

图 4-47 “Plot Deformed Shape”对话框

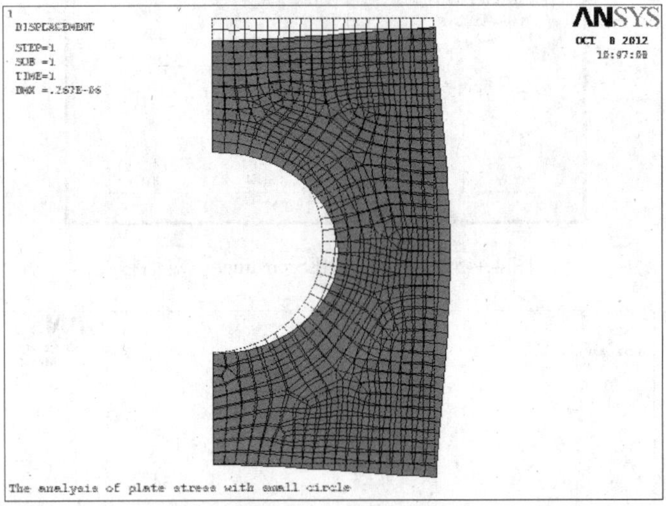

图 4-48 变形形状的生成结果

2）列出节点的结果：执行 Main Menu→General Postproc→List Results→Nodal Solution 命令，弹出如图 4-49 所示的“List Nodal Solution”对话框。在“Item to be listed”的列表框中分别选择“Stress”和“von Mises Stress”选项，单击按钮。每个单元角节点的 6 个应力分量将以列表的方式显示，如图 4-50 所示。执行 File→Save as 命令，可将其作为一个文本文件保存。

3）浏览节点上的 Von Mises 应力值：执行 Main Menu→General Postproc→Plot Results→Contour Plot→Nodal Solu 命令，弹出如图 4-51 所示的“Contour Nodal Solution Data”对话框。在“Item to be contoured”的列表框中分别选择“Stress”和“von Mises Stress”选项，单击

OK 按钮，生成结果如图 4-52 所示。

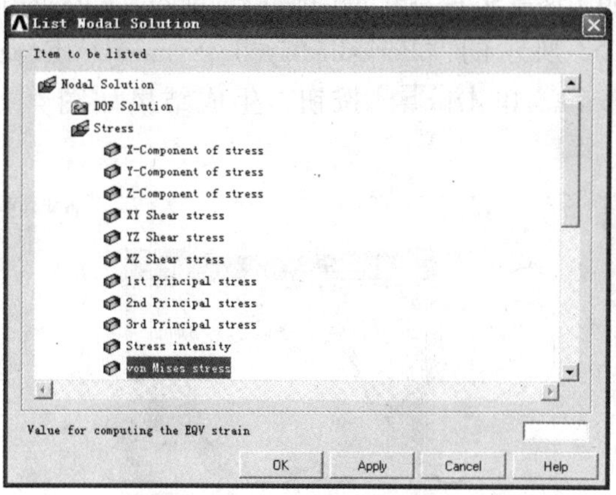

图 4-49 “List Nodal Solution” 对话框

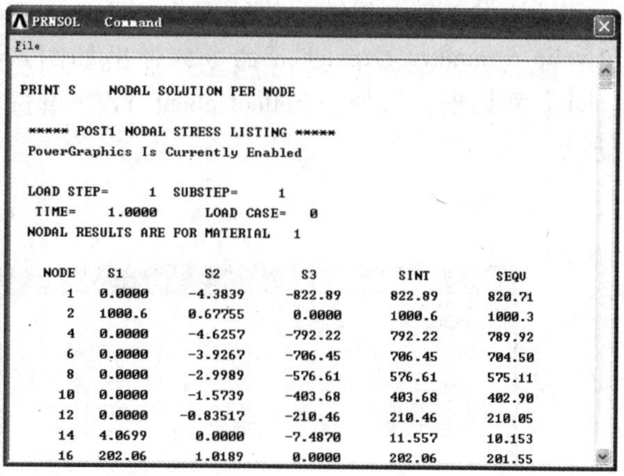
PRNSOL Command

File

PRINT S NODAL SOLUTION PER NODE

***** POST1 NODAL STRESS LISTING *****
PowerGraphics Is Currently Enabled

LOAD STEP= 1 SUBSTEP= 1
TIME= 1.0000 LOAD CASE= 0
NODAL RESULTS ARE FOR MATERIAL 1

NODE	S1	S2	S3	SINT	SEQV
1	0.0000	-4.3839	-822.89	822.89	820.71
2	1000.6	0.67755	0.0000	1000.6	1000.3
4	0.0000	-4.6257	-792.22	792.22	789.92
6	0.0000	-3.9267	-706.45	706.45	704.50
8	0.0000	-2.9989	-576.61	576.61	575.11
10	0.0000	-1.5739	-403.68	403.68	402.90
12	0.0000	-0.83517	-210.46	210.46	210.05
14	4.0699	0.0000	-7.4870	11.557	10.153
16	202.06	1.0189	0.0000	202.06	201.55

图 4-50 单元角节点的 6 个应力分量的结果

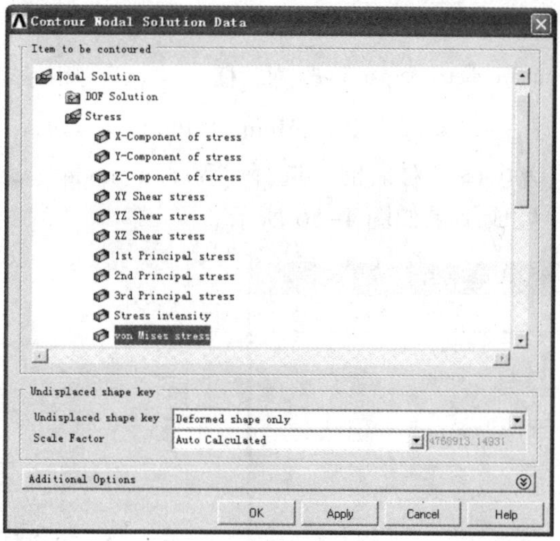

图 4-51 “Contour Nodal Solution Data” 对话框

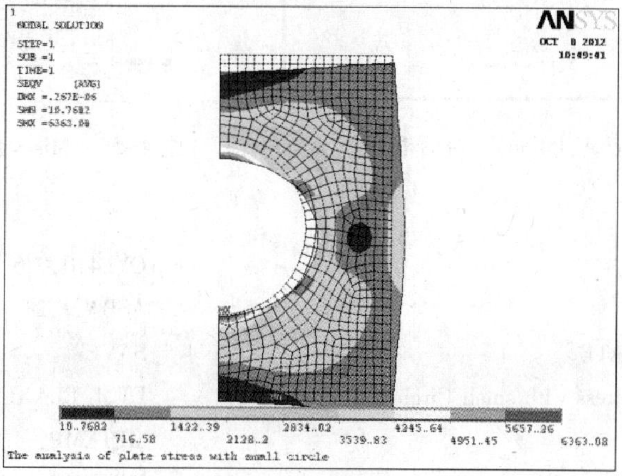

图 4-52 生成的节点 Von - Mise 应力结果

7. 以扩展方式显示计算结果

1）设置扩展模式：执行 Utility Menu→PlotCtrls→Style→Symmetry Expansion→ Periodic/Cyclic Symmetry Expansion 命令，弹出如图 4-53 所示的“Periodic/Cyclic Symmetry Expansion”对话框。选择“Reflect about YZ”单选按钮，单击 OK 按钮，生成结果如图 4-54 所示。

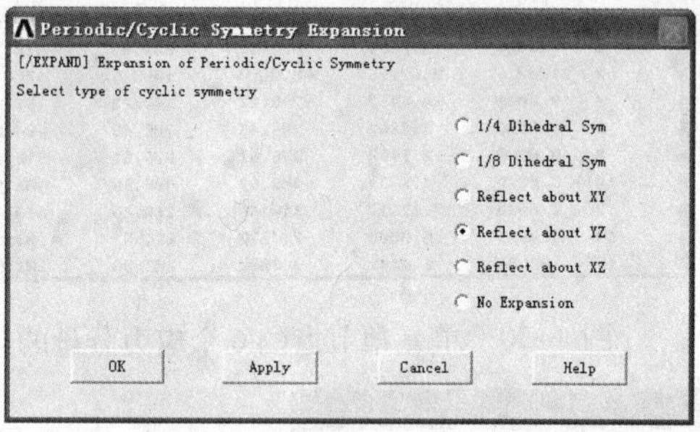

图 4-53 “Periodic/Cyclic Symmetry Expansion”对话框

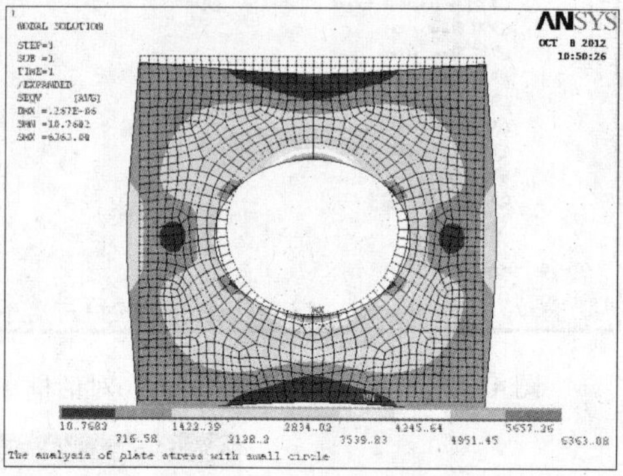

图 4-54 扩展生成结果

2）以等值线方式显示：执行 Utility Menu→PlotCtrls→Device Options 命令，弹出如图 4-55所示的“Device Options”对话框。选择“Vector mode (wireframe)”中的“On”复选框，单击 OK 按钮，生成结果如图 4-56 所示。

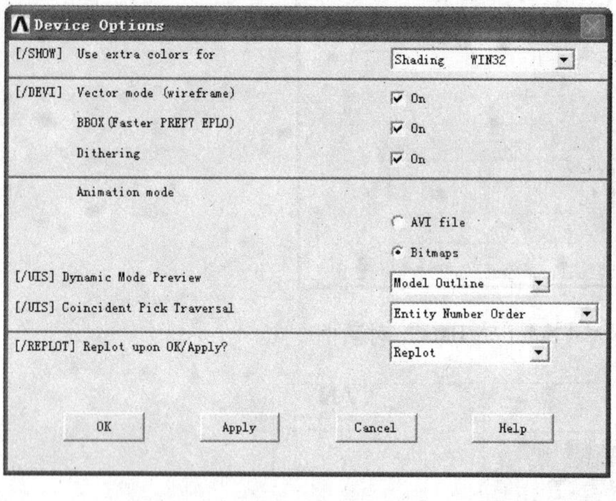

图 4-55 “Device Options”对话框

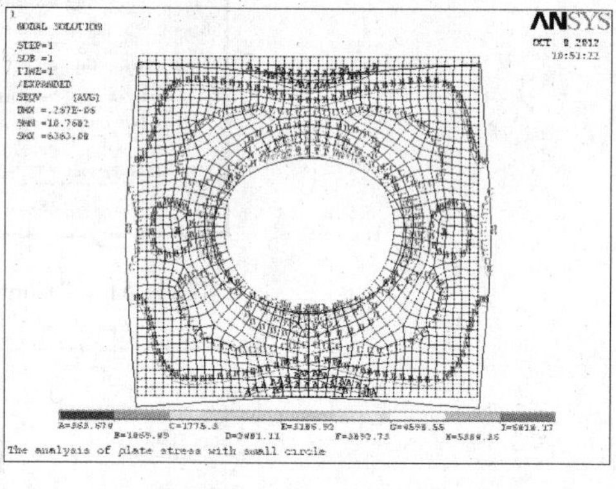

图 4-56 Mises 应力等值线的生成结果

命令流

```
/BATCH
/TRIAD,OFF
/FILNAME,PLATE
/TITLE,Plate Stress with small Circle
/REPLOT
/PREP7
RECTNG,0,10,10,-10
CYL4,0,0,5
ASBA,1,2
SAVE
ET,1,PLANE183
MPTEMP,,,,,,,,
MPTEMP,1,0
MPDATA,EX,1,,2e11
```

```
MPDATA,PRXY,1,,0.3
! SAVE, Plate,db,
ESIZE,0.5
AMESH,ALL
SAVE
FINISH
/SOL
FLST,2,2,4,ORDE,2
FITEM,2,9
FITEM,2,-10
/GO
DL,P51X, ,UX,
FLST,2,1,4,ORDE,1
FITEM,2,2
/GO
SFL,2,PRES,-1000
SOLVE
SAVE
FINISH
/POSTl
PLDISP,1
PLNSOL,S,EQV,0.1
PRNSOL,S,COMP
/EXPAND,AT,,YZ
/DEVICE,VECTOR,1
FINISH
/EXIT,ALL
```

4.4 本章小结

ANSYS 的静力分析过程一般包括建立模型、施加载荷并求解和检查结果 3 个步骤。在建立模型之前要定义工作文件名，指定分析标题。然后进入/PREP7 处理器，建立有限元分析模型，主要包括定义单元类型、单元实常数、材料属性和几何模型等。建立模型后，对几何模型划分网格生成有限元分析模型；进入/SOLU 求解器，用户能够将载荷施加在几何模型（如关键点、线、面或体）或有限元模型（如节点或单元）上，若施加在几何模型，则 ANSYS 在求解分析时也将载荷转换到有限元模型上。结构静力分析的载荷类型主要包括位移（UX、UY、UZ、ROTX、ROTY 和 ROTZ）、力或力矩（FX、FY、FZ、MX、MY 和 MZ）、压力（PRES）、温度（TEMP）、流通量（FLUE）、重力（Gravity）和旋转角速度（Spinning Angular Velocity）等。在分析过程中可以执行施加、删除、运算和列表载荷等操作；进入/POST1 后处理器检查显示有关分析结果。

通过连杆受力、平板圆孔应力集中效应的例子，介绍了结构静力分析的操作步骤与技巧，为解决处理类似实际问题提供了依据和经验。

4.5 思考与练习

1. 概念题

1）在前处理器（/PREP7）内主要完成哪些操作？

2）结构静力分析的载荷类型主要包括哪几种？

3）如何从用户菜单和主菜单查看分析结果？

2. 计算操作题

（1）悬臂梁的自重分析

计算如图 4-57 所示悬臂梁在自身重力作用下的绕度曲线。梁的材料是钢，其弹性模量为 2×10^{11} Pa，各尺寸如图中所示，单位为 m。

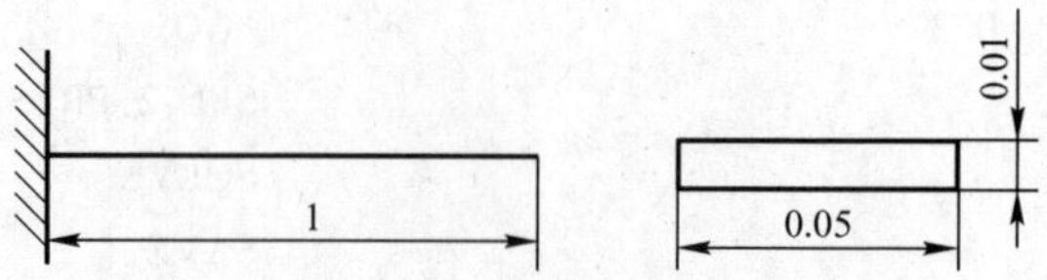

图 4-57　悬臂梁

（2）桁架结构受力分析

求解如图 4-58 所示桁架的节点位移、支座反力和每根杆内的应力。弹性模量 $E=2\times 10^{11}$ Pa，杆的横截面积 $A=3250\ \text{mm}^2$。各节点坐标如表 4-2 所示。

表 4-2　节点坐标

序　号	X/mm	Y/mm
1	0	0
2	1800	3118
3	3600	0
4	5400	3118
5	7200	0
6	9000	3118
7	10800	0

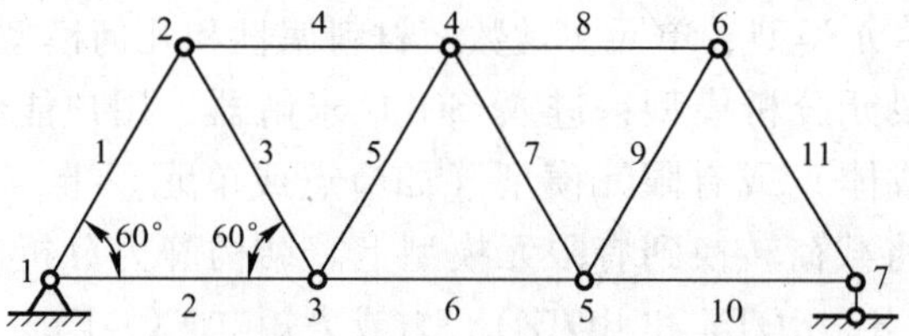

图 4-58　平面桁架结构

（3）三维托架实体受力分析

如图 4-59 所示的托架，其顶面承受 50 lbf/in² 的均匀分布载荷。托架通过有孔的表面固定在墙上，托架是钢制的，弹性模量 $E=29\times 10^6$ psi，泊松比 $v=0.3$。试通过 ANSYS 输出其变形图及托架的 von Mises 应力分布。

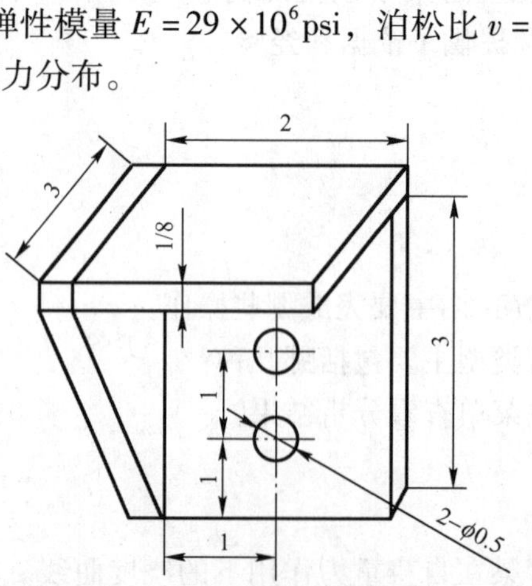

图 4-59　三维托架形状和尺寸

第 5 章　动力学分析

结构动力学研究的是结构在随时间变化载荷下的响应问题，它与静力分析的主要区别是动力分析需要考虑惯性力和运动阻力的影响。动力分析主要包括以下 5 个部分。

1）模态分析：用于计算结构的固有频率和模态。

2）谐波分析（谐响应分析）：用于确定结构在随时间正弦变化的载荷作用下的响应。

3）瞬态动力分析：用于计算结构在随时间任意变化的载荷作用下的响应，并且可涉及上述提到的静力分析中所有的非线性性质。

4）谱分析：它是模态分析的应用拓展，用于计算由于响应谱或 PSD 输入（随机振动）引起的应力和应变。

5）显式动力分析：ANSYS/LS－DYNA 可用于计算高度非线性动力学和复杂的接触问题。

本章重点介绍前 3 种。

本章重点

- 区分各种动力学问题
- 各种动力学问题 ANSYS 分析步骤与特点

5.1　动力学分析的过程与步骤

模态分析与谐波分析两者密切相关，求解简谐力作用下的响应时要用到结构的模态和振型。瞬态动力分析可以通过施加载荷步模拟各种荷载，进而求解结构响应。三者具体分析过程与步骤有明显区别。

5.1.1　模态分析

1. 模态分析应用

用模态分析可以确定一个结构的固有频率和振型，它们是承受动态载荷结构设计中的重要参数。如果要进行模态叠加法谐响应分析或瞬态动力学分析，固有频率和振型是必要的。可以对有预应力的结构进行模态分析，如旋转的涡轮叶片。ANSYS 产品家族的模态分析是线性分析，任何非线性特性，如塑性和接触（间隙）单元，即使定义也将被忽略。可选的模态提取方法有 7 种，即 Block Lanczos（默认）、PCG Lanczos、Supernode、Reduced、Unsymmetric、Damped 及 QR Damped，后两种方法允许结构中包含阻尼。

2. 模态分析的步骤

模态分析过程由 4 个主要步骤组成，即建模、加载和求解、扩展模态、查看结果和后处理。

1）建模。先指定项目名和分析标题，然后用前处理器 PREP7 定义单元类型、单元实常数、材料性质及几何模型。必须指定弹性模量 EX（或某种形式的刚度）和密度 DENS（或某种形式的质量），材料性质可以是线性或非线性、各向同性或正交各向异性，以及恒定或与温度有关的，非线性特性将被忽略。

2）加载和求解。在这个步骤中要定义分析类型和分析选项，施加载荷，指定加载阶段选项，并进行固有频率的有限元求解。在得到初始解后，应对模态进行扩展以供查看。

ANSYS 提供的用于模态分析的选项如下。

- New Analysis [ANTYPE]：选择新的分析类型。
- Analysis Type：Modal [ANTYPE]：指定分析类型为模态分析。
- Mode Extraction Method [MODOPT]：可选模态提取方法如下。Block Lanczo smethod（默认）：分块的兰索斯法，它适用于大型对称特征值求解问题，比子空间法具有更快的收敛速度；Subspace method：子空间法，适用于大型对称特征值问题；Power Dynamics method：适用于非常大的模型（100 000 个自由度以上）及求解结构的前几阶模态，以了解结构如何响应的情形，该方法采用集中质量阵（LUMPM，ON）；Reduced（Householder）method：使用减缩的系统矩阵求解，速度快。但由于减缩质量矩阵是近似矩阵，所以相应精度较低；Unsymmetric method：用于系统矩阵为非对称矩阵的问题，如流体 - 结构相同作用；Damped method：用于阻尼不可忽略的问题；QR Damped method：采用减缩的阻尼阵计算复杂阻尼问题，所以比 Damped method 方法有更快的计算速度和更好的计算效率。
- Number of Modes to Extract [MODOPT]：除 Reduced 方法外的所有模态提取方法都必须设置该选项。
- Number of Modes to Expand [MXPAND]：仅在采用 Reduced、Unsymmetric 和 Damped 方法时要求设置该选项。如果需要得到单元的求解结果，则不论采用何种模态提取方法都需选择“Calculate elem results”复选框。
- Mass Matrix Formulation [LUMPML]：使用该选项可以选定采用默认的质量矩阵形成方式（和单元类型有关）或集中质量阵近似方式，建议在大多数情况下应采用默认形成方式。但对有些包含薄膜结构的问题，如细长梁或非常薄的壳，采用集中质量矩阵近似经常产生较好的结果。另外，采用集中质量阵求解时间短，需要内存少。
- Prestress Effects Calculation [PSTRES]：选用该选项可以计算有预应力结构的模态。默认的分析过程不包括预应力，即结构是处于无应力状态的。

完成“模态分析选项（Modal Analysis Option）”对话框中的选择后，单击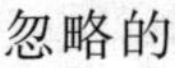

按钮。一个相应于指定的模态提取方法的对话框将会出现。对话框中给出如下选择域的组合。

- FREQB，FREQE：指定模态提取的频率范围，大多数情况无需设置。
- PRMODE：要输出的减缩模态数，只对 Reduced 方法有效。
- Nrmkey：关于振型归一化的设置，可选择相对于质量矩阵 $\boldsymbol{M}$ 或单位矩阵 $\boldsymbol{I}$ 进行归一化处理。
- RIGID：设置提取对已知有刚体运动结构进行子空间迭代分析时的零频模态，只对 Subspace 和 Power Dynamics 方法有效。
- SUBOPT：指定多种子空间迭代选项，只对 Subspace 和 Power Dynamics 方法有效。

● CEkey：指定处理约束方程的方法，只对 Block Lanczos 方法有效。

3）定义自由度。使用 Reduced 模态提取法时要求定义自由度。

GUI:Main Menu→Solution→Master DOFs→ – user Selected – Define。
命令:M。

4）在模型上加载荷。在典型的模态分析中唯一有效的“载荷”是零位移约束，如果在某个 DOF 处指定了一个非零位移约束，则以零位移约束替代该 DOF 处的设置。可以施加除位移约束之外的其他载荷，但它们将被忽略。在未加约束的方向上，程序将计算刚体运动（零频）及高频（非零频）自由体模态。载荷可以加在实体模型（点、线和面）上或加在有限元模型（点和单元）上。

5）指定载荷步选项。模态分析中可用的载荷步选项见表 5-1。阻尼只在用 Damped 模态提取法时有效，在其他模态提取法中将被忽略。如果包含阻尼，且采用 Damped 模态提取法，则计算特征值是复数解。

表 5-1　模态分析中可用的载荷步选项

选　项	命　令	GUI 路径
Alpha（质量）阻尼	ALPHAD	Main Menu→Solution→Load Step Opts→Time/Frequenc→Damping
Beta（刚度）阻尼	BETAD	Main Menu→Solution→Load Step Opts→Time/Frequenc→Damping
恒定阻尼比	DMPRAT	Main Menu→Solution→Load Step Opts→Time/Frequenc→Damping
材料阻尼比	MP，DAMP	Main Menu→Solution→Other→Change Mat Props→Polynomial
单元阻尼比	R	Main Menu→Solution→Load Step Opts→Other→Real Constants→ Add/Edit/Delete
Printed Output	OUTPR	Main Menu→Solution→Load Step Opts→Output Ctrls→Solu Printout

6）开始求解计算。

GUI:Main Menu→Solution→ – Solve – Current LS。
命令:SOLVE。

求解器的输出内容主要为写到输出文件及 Jobnarne. mode 振型文件中的固有频率，也可以包含减缩的振型和参与因子表，这取决于设置的分析选项的输出控制。由于振型现在尚未写到数据库或结果文件中，所以还不能对结果进行后处理。

如果采用 Subspace 模态提取法，则输出内容中可能包括警告：STURM number = n should be m。其中，n 和 m 为整数，表示某阶模态被漏掉或第 m 阶和第 n 阶模态的频率相同，而要求输出的只有第 m 阶模态。

如果采用 Damped 模态提取方法，求得的特征值和特征向量将是复数解。特征值的虚部代表固有频率，实部为系统稳定性的量度。

7）退出 SOLUTION。

GUI:Main Menu→Finish。
命令:FINISH。

3. 扩展模态

从严格意义上来说，扩展意味着将减缩解扩展到完整的 DOF 集上；而缩减解常用主

DOF 表达。在模态分析中扩展指将振型写入结果文件，即扩展模态适用于 Reduced 模态提取方法得到的减缩振型和使用其他模态提取方法得到的完整振型。因此，如果需要在后处理器中查看振型，必须先将振型写入结果文件。模态扩展要求振型 Jobname. mode、Jobname. emat、Jobname. esav 及 Jobname. tri 文件（如果采用 Reduced 方法）必须保存在，并且数据库中必须包含和结算模态时所用模型相同的分析模型。扩展模态的操作步骤如下。

1）进入 ANSYS 求解器，可采用如下命令。

GUI：Main Menu→Solution。

命令：/SOLU。

在扩展处理前必须退出求解并重新进入（/SOLU）。

2）激活扩展处理及相关选项（见表 5-2）。

表 5-2　扩展处理及相关选项

选　项	命　令	GUI 路径
Expansion Pass On/Off	EXPASS	Main Menu→Solution→Analysis Type→Expansion Pass
No. of Modes to Expand	MXPAND	Main Menu→Solution→Load Step Opts→Expansion Pass→Single Expand →Expand Modes
Freq. Range for Expansion	MXPAND	Main Menu→Solution→Load Step Opts→Expansion Pass→Single Expand →Expand Modes
Stress Calc. On/Off	MXPAND	Main Menu→Solution→Load Step Opts→Expansion Pass→Single Expand →Expand Modes

- Expansion Pass On/Off [EXPASS]：选择 ON（打开）。
- Number of Modes to Expand [MXPAND，NMODE]：指定要扩展的模态数。记住，只有经过扩展的模态可在后处理中查看。默认为不进行模态扩展。
- Frequency Range for Expansion [MXPAND,，FREQB，FREQE]：这是另一种控制要扩展模态数的方法。如果指定一个频率范围，那么只有该频率范围内的模态会被扩展。
- Stress Calculations On/Off [MXPAND,,,，Elcalc]：是否计算应力，默认为不计算。模态分析中的应力并不代表结构中的实际应力，而只是给出一个各阶模态之间相对应力分布的概念。

3）指定载荷步选项，模态扩展处理中唯一有效的选项是输出控制。

GUI：Main Menu→Solution→Load Step →Output Ctrls→DB/Results File。

命令：OUTRES。

4）开始扩展处理，扩展处理的输出包括已扩展的振型，而且还可以要求包含各阶模态相对应的应力分布。

GUI：Main Menu→Solution→Current LS。

命令：SOLVE。

5）如需扩展另外的模态（如不同频率范围的模态），则重复步骤 2）～4），每次在扩展处理的结果文件中保存为单步的载荷步。

6）退出 SOLUTION，可以在后处理器中查看结果。

GUI：Main Menu→Finish。

命令：FINISH。

4. 查看结果和后处理

模态分析的结果（即扩展模态处理的结果）写入结构分析 Jobname. rst 文件中，其中包括固有频率、已扩展的振型和相对应力和力分布，如果要求输出，则可以在普通后处理器（/POST1）中查看模态分析结果。

查看结果数据包括读入合适子步的结果数据。每阶模态在结果文件中保存为一个单独的子步。例如，扩展了 6 阶模态，结果文件中将有 6 个子步组成的一个载荷步。

GUI：Main Menu→General Postproc→Read Results→By Load Step→Substep。

命令：SET 和 SBSTEP。

GUI：Main Menu→General Postproc→Plot Results→Deformed Shape。

命令：PLDISP。

5.1.2 谐响应分析

1. 谐响应分析应用

谐响应分析是用于确定线性结构在承受随时间按正弦（简谐）规律变化的载荷时的稳态响应的一种技术。分析的目的是计算结构在几种频率下的响应并得到一些响应值（通常是位移）对频率的曲线，从这些曲线上可找到“峰值”响应，并进一步查看峰值频率对应的应力。

这种分析技术只计算结构的稳态受迫振动，发生在激励开始时的瞬态振动不在谐响应分析中考虑。作为一种线性分析，该分析忽略任何即使已定义的非线性特性，如塑性和接触（间隙）单元，但可以包含非对称矩阵，如分析在流体 - 结构相互作用问题。谐响应分析也可用于分析有预应力的结构，如小提琴的弦（假定简谐应力比预加的拉伸应力小得多）。

2. 3 种求解方法

谐响应分析可以采用如下 3 种方法。

1）Full 方法（完全）。该方法采用完整的系统矩阵计算谐响应（没有矩阵减缩），矩阵可以是对称或非对称的，其优点如下：

- 容易使用，因为不必关心如何选择主自由度和振型。
- 使用完整矩阵，因此不涉及质量矩阵的近似。
- 允许有非对称矩阵，这种矩阵在声学或轴承问题中很典型。
- 用单一处理过程计算出所有的位移和应力。
- 允许施加各种类型的载荷，如节点力、外加的（非零）约束力单元载荷（压力和温度）。
- 允许采用实体模型上所加的载荷。

该方法的缺点是预应力选项不可用，并且采用 Frontal 方程求解器时通常比其他方法运行时间长，但是采用 JCG 求解器或 JCCG 求解器时，该方法的效率很高。

2）Reduced 方法。该方法通常采用主自由度和减缩矩阵来压缩问题的规模，计算主自由度处的位移后，解可以被扩展到初始的完整 DOF 集上，其优点如下：

- 在采用 Frontal 求解器时比 Full 方法更快。
- 可以考虑预应力效果。

该方法的缺点如下：

- 初始解只计算出主自由度的位移。要得到完整的位移、应力和力的解，则需执行扩展处理来进一步处理，扩展处理在某些分析应用中是可选操作。
- 不能施加单元载荷（压力和温度等）。
- 所有载荷必须施加在用户定义的自由度上，限制了采用实体模型上所加的载荷。

3）Mode Superposition 方法（模态叠加）。该方法通过对模态分析得到的振型（特征向量）乘上因子并求和计算出结构的响应，其优点如下：

- 对于许多问题，比 Reduced 或 Full 方法更快。
- 在模态分析中施加的载荷可以通过 LVSCALE 命令用于谐响应分析中。
- 可以使解按结构的固有频率聚集，可产生更平滑且更精确的响应曲线图。
- 可以包含预应力效果。
- 允许考虑振型阻尼（阻尼系数为频率的函数）。

该方法的缺点如下：

- 不能施加非零位移。
- 在模态分析中使用 Power Dynamics 方法时，初始条件中不能有预加的载荷。

谐响应的 3 种方法有如下共同局限性。

- 所有载荷必须随时间按正弦规律变化。
- 所有载荷必须有相同的频率。
- 不允许有非线性特性。
- 不计算瞬态效应。

3. 步骤

使用 Full 方法进行谐响应分析的过程的主要步骤为建模、加载并求解，以及查看结果及后处理。

4. 建模

在该步骤中需指定文件名和分析标题，然后用 PREP7 来定义单元类型、单元实常数、材料特性及几何模型，需记住的要点如下：

1）只有线性行为是有效的，如果有非线性单元，则按线性单元处理。

2）必须指定弹性模量 EX（或某种形式的刚度）和密度 DENS（或某种形式的质量）。材料特性可为线性、各向同性或各向异性，以及恒定的或和温度相关的，忽略非线性材料特性。

5. 加载并求解

在该步骤中定义分析类型和选项、加载、指定载荷步选项并开始有限元求解。需要注意的是，峰值响应分析发生在力的频率和结构的固有频率相等时。在得到谐响应分析解之前，应首先执行模态分析，以确定结构的固有频率。

1）进入 ANSYS 求解器。

GUI：Main Menu→Solution。

命令：/SOLU。

2）定义分析类型和分析选项，ANSYS 提供的用于谐响应分析的选项见表 5-3。

表 5-3　用于谐响应分析的选项

选　项	命　令	GUI 路径
New Analysis	ANTYPE	Main Menu→Solution→Analysis Type→New Analysis
Analysis Type：Harmonic Response	ANTYPE	Main Menu→Solution→Analysis Type→New Analysis→ Harmonic
Solution Method	HROPT	Main Menu→Solution→Analysis Type→ Analysis Options
Solution Listing Format	HROUT	Main Menu→Solution→Analysis Type→ Analysis Options
Mass Matrix Formulation	LUMPM	Main Menu→Solution→Analysis Type→ Analysis Options
Equation Solver	EQSLV	Main Menu→Solution→Analysis Type→ Analysis Options

- New Analysis [ANTYPE]：选择新分析，在谐响应分析中 Restart 不可用。如果需要施加另外的简谐载荷，则可以另进行一次新分析。
- Analysis Type：[ANTYPE]：选择分析类型为 Harmomc Response（谐响应分析）。
- Solution Method [HROPT]：选择 Full、Reduced 或 Mode Superposition 求解方法之一。
- Solution Listing Format [HROUT]：确定在输出文件中谐响应分析的位移解如何列出，可选方式有 real and imaginary（实部和虚部，默认）和 amplitudes and phaseangles（幅值和相位角）。
- Mass Matrix Formulation [LUMPM]：指定采用默认的质量阵形成方式（取决于单元类型）或使用集中质量阵近似。
- Equation Solver [EQSLV]：可选求解器有 Frontal（默认）、Sparse Direct（SPARSE）、Jacobi Conjugate Gradient（JCG），以及 Incomplete Cholesky Conjugate Gradient（ICCG）。对大多数结构模型，建议采用 Frontal 或 SPARSE 求解器。

3）在模型上加载。根据定义，谐响应分析假定所施加的所有载荷随时间按简谐（正弦）规律变化。指定一个完整的简谐载荷需输入 3 个数据，即 Amplitude（振幅），phase angle（相位角）和 forcing frequency range（强制频率范围）。

4）用于谐响应分析的指定载荷步选项见表 5-4。

表 5-4　用于谐响应分析的指定载荷步选项

选　项	命　令	GUI 途径
普通选项（General Options）		
Number of Harmonic Solution	NSUBST	Main Menu→Solution→Load Step Opts→ Time/Frequenc→ Freq and Substeps
Steppe or Ramped Loads	KBC	Main Menu→Solution→Load Step Opts→ Time/Frequenc→ Time→Time Step or Freq and Substeps
动力学选项（Dynamics Options）		
Forcing Frequency Range	HARFRQ	Main Menu→Solution→Load Step Opts→ Time/Frequenc→ Freq and Substeps
Damping	ALPHAD，BETAD，DMPRAT	Main Menu → Solution → Load Step Opts → Time/Frequenc → Damping

（续）

选　　项	命　　令	GUI 途径
输出控制选项（Output Control Options）		
Printed Output	OUTPR	Main Menu → Solution → Load Step Opts → Output Ctrls → Solu Printout
Database and Results File Output	OUTRES	Main Menu→Solution→Load Step Opts→Output Ctrls→ DB/Results File
Extrapolation of Results	ERESX	Main Menu→Solution→Load Step Opts→Output Ctrls→ Integration Pt

普通选项如下。

- Number of Harmonic Solution [NSUBST]：请求计算任何数目的谐响应解，解（或子步）将均布于指定的频率范围内 [HARFQR]。例如，如果在 30 ~ 40Hz 范围内要求出 10 个解，则计算在频率 31 ~ 40Hz 处的响应，而不计算其他频率。
- Stepped or Ramped Loads [KBC]：载荷以 Stepped 或 Ramped 方式变化，默认为 Ramped，即载荷的幅值随各子步逐渐增长。如果用命令（KBC，1）设置了 Stepped 载荷，则在频率范围内的所有子步载荷将保持恒定的幅值。

动力学选项如下。

- Forcing Frequency Range [HARFRQ]：在谐响应分析中必须指定强制频率范围（以周/单位时间为单位），然后指定在此频率范围内要计算处的解数。
- Damping：必须指定某种形式的阻尼，如 Alpha（质量）阻尼 [ALPHAD]、Beta（刚度）阻尼 [BETAD] 或恒定阻尼比 [DMPRAT]，否则在共振处的响应将无限大。

5）开始求解。

GUI：Main Menu→Solution→Solve→Current LS。
命令：SOLVE。

6）如果有另外的载荷和频率范围（即另外的载荷步），则重复步骤 3）~5）。如果要做时间历程后处理（POST26），则一个载荷步和另一个载荷步的频率范围间不能存在重叠。

7）退出 SOLUTION。

GUI：关闭 Solution 菜单。
命令：FINISH。

6. 查看结果和后处理

谐响应分析的结果保存在结构分析 Jobname. rst 文件中，如果结构定义了阻尼，则响应将与载荷异步。所有结果将是复数形式的，并以实部和虚部存储。

通常可以用 POST26 和 POSTl 查看结果。一般的处理顺序是用 POST26 找到临界强制频率模型中关注点产生最大位移（或应力）时的频率，然后用 POSTl 在这些临界强制频率处处理整个模型。

POST26 要用到结果项/频率对应关系表，即 variables（变量）。每个变量都有一个参考号，1 号变量被内定为频率。其中主要操作如下。

1）定义变量。

GUI：Main Menu→TimeHist Postpro→Define Variables。

命令：NSOL 用于定义基本数据（节点位移），ESOL 用于定义派生数据（单元数据，如应力），RFORCE 用于定义反作用力数据。

2）绘制变量对频率或其他变量的关系曲线，然后用 PLCPLX 命令指定用幅值/相位角方式或实部/虚部方式表示解。

GUI：Main Menu→TimeHist Postpro→Graph Variables。
Main Menu→TimeHist Postpro→Settings→Graph。

命令：PLVAR 和 PLCPLX。

3）列表变量值。如果只要求列出极值，可用 EXTREM 命令，然后用 PLCPLX 命令指定用幅值/相位角方式或实部/虚部方式表示解。

GUI：Main Menu→TimeHist Postpro→List Variables→List Extremes。
Main Menu→TimeHist Postpro→List Extremeso
Main Menu→TimeHist Postpro→Settings→List。

命令：PRVAR、EXTREM 和 PRCPLX。

通过查看整个模型中关键点处的时间历程结果，可以得到用于进一步 POSTl 后处理的频率值。

在使用 POSTl 时，使用 SET 命令（GUI：Main Menu→General Postproc→ Read Results→…）读入所需谐响应分析的结果，但不能同时读入实部或虚部。结果大小由实部和虚部的 SRSS 和（二次和取二次根）给出，在 POST26 中可得到模型中指定点处的真实结果，然后进行其他通用后处理。

5.1.3 瞬态动力学分析

1. 应用

瞬态动力学分析（也称为时间历程分析）是用于确定承受任意的随时间变化载荷结构的动力学响应的一种方法，可用其分析、确定结构在静载荷、瞬态载荷和简谐载荷的随意组合作用下随时间变化的位移、应变、应力及力。载荷和时间的相关性使得惯性力和阻尼作用比较显著，如果惯性力和阻尼作用不重要，则可用静力学分析代替瞬态分析。

2. 预备工作

瞬态动力学分析比静力学分析更复杂，因为按工程时间计算，该分析通常要占用更多的计算机资源和更多的人力，可以做必要的预备工作以节省大量资源。

如果分析中包含非线性，可以通过进行静力学分析尝试了解非线性特性如何影响结构的响应，有时在动力学分析中不必包括非线性。

通过模态分析计算结构的固有频率和振型，即可了解这些模态被激活时结构如何响应。固有频率同样也对计算正确的积分时间步长有用。

瞬态动力学分析也可以采用 Full、Reduced 或 Mode Superposition 方法。

3. 步骤

使用 Full 方法进行瞬态动力学分析的过程的主要步骤为建模、加载并求解，以及查看结果及后处理。

4. 建模

在该步骤中需指定文件名和分析标题，然后用 PREP7 来定义单元类型、单元实常数、材料特性及几何模型。需注意的要点如下。

1）只有线性行为是有效的，如果有非线性单元，则按线性单元处理。

2）必须指定弹性模量 EX（或某种形式的刚度）和密度 DENS（或某种形式的质量）。材料特性可为线性、各向同性或各向异性，以及恒定的或和温度相关的，忽略非线性材料特性。

5. 加载并求解

在该步骤中定义分析类型和选项、加载、指定载荷步选项并开始有限元求解。

1）进入 ANSYS 求解器。

GUI：Main Menu→Solution。

命令：/SOLU。

2）定义分析类型和分析选项，用于瞬态动力学响应分析的选项见表 5–5。

表 5–5　用于瞬态动力学响应分析的选项

选　项	命　令	GUI 路径
New Analysis	ANTYPE	Main Menu→Solution→Analysis Type→New Analysis
Analysis Type：Transient Dynamics	ANTYPE	Main Menu→Solution→Analysis Type→New Analysis→Transient Dynamics
Solution Method	HROPT	Main Menu→Solution→Analysis Type→Analysis Options
Large Deformation Effects	NLGEOM	Main Menu→Solution→Analysis Type→Analysis Options
Mass Matrix Formulation	LUMPM	Main Menu→Solution→Analysis Type→Analysis Options
Equation Solver	EQSLV	Main Menu→Solution→Analysis Type→Analysis Options
Stress Stiffening Effect	SSTIF	Main Menu→Solution→Analysis Type→Analysis Options
Newton – Raphson Option	NROPT	Main Menu→Solution→Analysis Type→Analysis Options

- New Analysis［ANTYPE］：选择新分析。已完成静力学预应力或 Full 方法瞬态动力学分析并准备延伸时间历程；选择 Restart，重新启动一次失败的非线性分析。
- Analysis Type［ANTYPE］：选择分析类型为 Transient Dynamics（瞬态动力学分析）。
- Solution Method［HROPT］：选择 Full、Reduced 或 Mode Superposition 求解方法之一。
- Large Deformation Effects［NLGEOM］：考虑属于几何非线性的大变形（如弯曲的细长棒）或大应变（如金属成型问题）时，打开（ON）选项。默认为小变形和小应变。
- Mass Matrix Formulation［LUMPM］：建议在大多数应用中采用默认质量矩阵形成方式（与单元相关），但对有些包含薄膜结构的问题，采用集中质量矩阵近似经常产生较好的结果并且求解时间短，需要内存少。
- Equation Solver［EQSLV］：可选求解器有 Frontal（默认）、Sparse Direct（SPARSE）、Jacobi Conjugate Gradient（JCG）、JCGout – of – memory、Incomplete Cholesky Conjugate Gradient（ICCG）、Preconditioned Conjugate Gradient（PCG）和 Iterative（自动选择，仅用于非线性静力学分析、Full 方法瞬态动力学分析或稳态/瞬态热力学分析，建议采用）。对于大型模型，建议采用 PCG 求解器。

- Stress Stiffening Effect［SSTIF］：应力刚化属于几何非线性，在小变形分析中希望结构中的应力显著增加（或降低）结构的刚度，如承受法向压力的圆形薄膜，或者在大变形分析中如果需要用此选项帮助收敛时选择为 ON（默认为 OFF）。
- Newton－Raphson Option［NROPT］：指定在求解期间切线矩阵被刷新的频度。仅在存在非线性时用，可选项包括 Program－chosen（默认）、Full、Modified 及 Initial Stiffness。

3）在模型上加载。按定义，瞬态动力学分析包含数值为时间函数的载荷，要指定这样的载荷，需将载荷对时间的关系曲线划分成合适的载荷步。在载荷/时间关系曲线上的每个“拐角”都应作为一个载荷步，如图 5-1 所示。

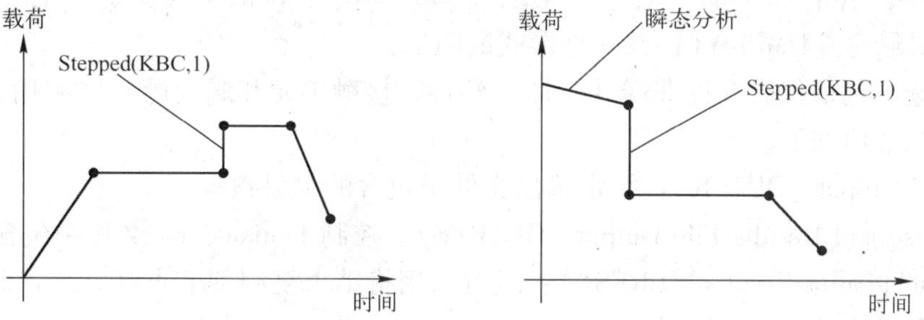

图 5-1　载荷/时间关系曲线的实例

第一个载荷步通常被用来建立初始条件，然后指定后继的瞬态载荷及加载步选项。对于每一个载荷步，都要指定载荷值和时间值，以及其他载荷步选项，如载荷时按 Steped 或 Ramped 方式施加，以及是否使用自动时间步长等。最后将每一个载荷步写入文件并一次性求解所有的载荷步。

施加瞬态载荷的第一步是建立初始关系（即零时刻的情况），瞬态动力学分析要求给定初始位移 U_0和初始速度 V_0两种初始条件。如果没有设置，U_0和 V_0都被假定为 0。初始加速度 a_0一般被假定为 0，但可以通过在一个小的时间间隔内施加合适的加速度载荷来指定非零的初始加速度。

非零初始位移及非零初始速度的设置方法如下。

GUI：Main Menu→Solution→Define Loads→Apply→Initial Condit'n→Define。
命令：IC。

除惯性载荷外，可以在实体模型（由关键点、线及面组成）或有限元模型（由节点和单元组成）上施加载荷。在分析过程中可以施加、删除载荷或操作及列表载荷。

普通选项如下。

- Time［TIME］：指定载荷步结束时间。
- Stepped or Ramped Loads［KBC］：设置在载荷步［KBC］内用 Ramped（直线上升，默认）方式或 Stepped（阶跃）方式加载荷。
- Integration Time Step［SUBST 或 DELTIML］：积分时间步长是用于运动方程时间积分的时间增量值。可以直接用命令［DELTIM］或间接地用子步数［NSUBST］指定。时间步长决定解的精度，其值越小，精度越高。
- Automatic Time Stepping［AUTOTS］：在瞬态分析中也为时间步长优化，指程序按结构的响应增加或减缩积分步长。对于大多数问题，建议选择此选项并指定上下限。

动力学选项如下。

- Time Integration Effects [TIMINT]：如果考虑惯性和阻尼影响时必须打开时间积分效果，否则进行静力分析。默认为打开。该选项对以静力分析开始的瞬态动力学分析很有用，即第一个载荷步求解时应关闭时间积分效果。
- Transient Integration Parameters [TINTP]（瞬态积分参数）：控制 Newmark 时间积分法特性，默认为采用恒定平均加速度方案。
- Damping：在大多数结构中存在某种形式的阻尼且应在分析中加以考虑，在瞬态动力学分析中可指定 Alpha（质量）阻尼 [ALPHAD]、Beta（刚度）阻尼 [BETAD] 和恒定阻尼比 [DMPRAT] 共 3 种形式的阻尼。

非线性选项包括仅当存在非线性特性（塑性、接触单元和蠕变等）时有用。

输出控制选项如下。

- Printed Output [OUTPR]：指定输出文件中包含的结果数据。
- Database and Results File Output [OUTRES]：控制 Jobname. rst 文件中包含的数据。
- Extrapolation of Results [ERESX]：设置采用将结果复制到节点处方式，而默认的外插方式得到单元积分点结果。

4）保存当前载荷步设置到载荷步文件中。

GUI：Main Menu→Solution→Load Step Opts→Write LS File。
命令：LSWRITE。

对载荷/时间关系曲线上的每个拐点重复步骤 3）和 4）。可能需要一个额外的延伸到载荷曲线上最后一个时间外的载荷步，以考察在瞬态载荷施加后结构的响应。

5）开始求解。

GUI：Main Menu→Solution→Solve→Current LS。
命令：SOLVE。

6）退出 SOLUTION。

GUI：关闭 Solution 菜单。
命令：FINISH。

6. 查看结果和后处理

瞬态动力学分析的结果被保存到结构分析 Jobname. rst 文件中，可以用 POST26 和 POSTl 查看结果。

POST26 要用到结果项/频率对应关系表，即 variables（变量）。每个变量都有一个参考号，1 号变量内定为频率。其中主要操作如下：

1）定义变量。

GUI：Main Menu→TimeHist Postpro→Define Variables。
命令：NSOL 用于定义基本数据（节点位移），ESOL 用于定义派生数据（单元数据，如应力），RFORCE 用于定义反作用力数据，FORCE（合力或合力的静力分量，阻尼分量和惯性力分量）及 SOLU（时间步长，平衡迭代次数和响应频率等）。

2）绘制变量变化曲线或列出变量值，通过查看整个模型关键点处的时间历程分析结果，即可找到用于进一步的 POSTl 后处理的临界时间点。

GUI：Main Menu→TimeHist Postpro→Graph Variables。
Main Menu→TimeHist Postpro→List Variables。
Main Menu→TimeHist Postpro→List Extremes。
命令：PLVAR（绘制变量变化曲线）、PLVAR 及 EXTREM（变量值列表）。

使用 POSTl 时主要操作如下：

1）从数据文件中读入模型数据。

GUI：Utility→Menu→File→Resume from。
命令：RESUME。

2）读入需要的结果集，用 SET 命令根据载荷步及子步序号或时间数值指定数据集。

GUI：Main Menu→General→Postproc→Read Results→By Time/Freq。
命令：SET。

如果指定时刻没有可用结果，则得到的结果将是和该时刻相距最近的两个时间点对应结果之间的线性插值。

3）显示结构的变形状况、应力及应变等的等值线，或向量的向量图 IPLVECTL 要得到数据的列表表格，使用 PRNSOL、PRESOL 或 PRRSOL 命令等。

- Display Deformed Shape。

GUI：Main Menu→General Postproc→Plot Results→Deformed Shape。
命令：PLDISP。

- Contour Displays。

GUI：Main Menu→General Postproc→Plot Results→Contour Plot→Nodal Solu or Element Solu。
命令：PLNSOL 或 PLESOL，KUND 参数选择是否将未变形的形状叠加到显示结果中。

- List Reaction Forces and Moments。

GUI：Main Menu→General Postproc→List Results→Reaction Solu。
命令：PRRSOL。

- List Nodal Forces and Moments。

GUI：Main Menu→General Postproc→List Results→Element Solution。
命令：PRESOL、F 或 M。

列出选定的一组节点的总节点力和总力矩，这样即可选定一组节点并得到作用在这些节点上的总力的大小。

GUI：Main Menu→General Postproc→Nodal→Calcs→Total Force um。
命令：FSUM

同样也可以查看每个选定节点处的总力和总力矩，对于处于平衡态的物体，除非存在外加的载荷或反作用载荷，否则所有节点处的总载荷应为零。

GUI：Main Menu→General Postproc→Nodal Caics→Sum @ Each Node。

命令：NFORCE。

还可以设置要查看的力的分量，如合力（默认）、静力分量、阻尼力分量或惯性力分量。

GUI：Main Menu→General Postproc→Options for Outp。

命令：FORCE。

- Line Element Results。

GUI：Main Menu→General Postproc→Element Table→Define Table。

命令：ETABLE。

- Vector Plots。

GUI：Main Menu→General Postproc→Plot Results→Vector Plot→ Predefined。

命令：PLVECT。

- Tabular Listings。

GUI：Main Menu→General Postproc→List Results→Nodal Solution。

Main Menu→General Postproc→List Results→Element Solution。

Main Menu→General Postcroc→List Results→Reaction Solution。

Main Menu→General Postproc→List Results→Sorted Listing→ Sort Nodes。

命令：PRNSOU（节点结果）、PRESOL（单元－单元结果）、PRRSOI（反作用力数据等）、NSORT 和 ESORT（对数据排序）。

5.2 机翼模态分析实例

问题描述

如图 5-2 所示为一个模型飞机的机翼。机翼沿着长度方向轮廓一致，且它的横截面由直线和样条曲线定义。机翼的一端固定在机体上，另一端为悬空的自由端。且机翼由低密度聚乙烯制成，弹性模量为 38×10^3 psi；泊松比为 0.3；密度为 1.033×10^{-3} slug/in^3。问题是显示机翼的模态自由度。

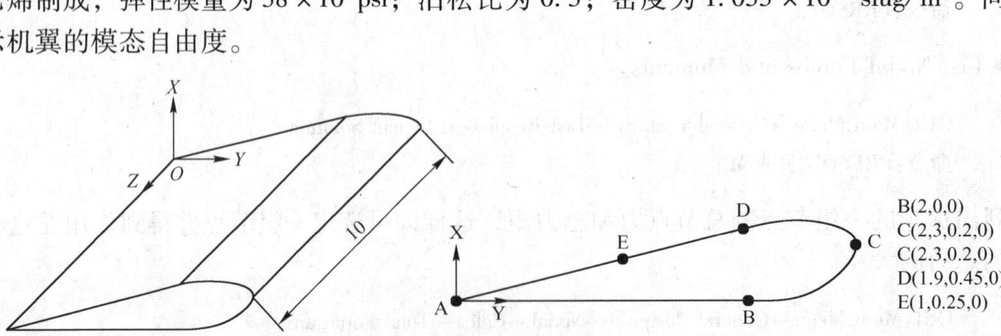

图 5-2　模型飞机的机翼简图

GUI 操作步骤

1. 定义标题和设置参数

1）执行 Utility Menu→File→Change Title 命令。

2）输入文本“Modal analysis of a model airplane wing”，单击 OK 按钮。

3）执行 Main Menu→Preferences 命令。

4）选中“Structural”选项，单击 OK 按钮。

2. 定义单元类型

1）执行 Main Menu→Preprocessor→Element Type→Add/Edit/Delete 命令，弹出“Element Types”对话框如图 5-3 所示。

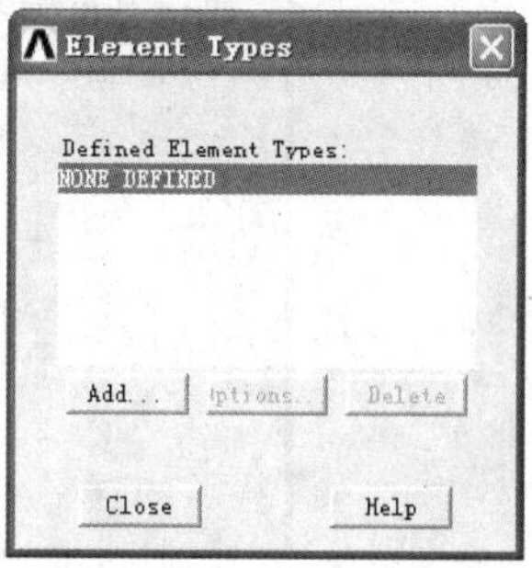

图 5-3 “Element Types”对话框

2）单击 Add... 按钮，弹出“Library of Element Types”对话框如图 5-4 所示。

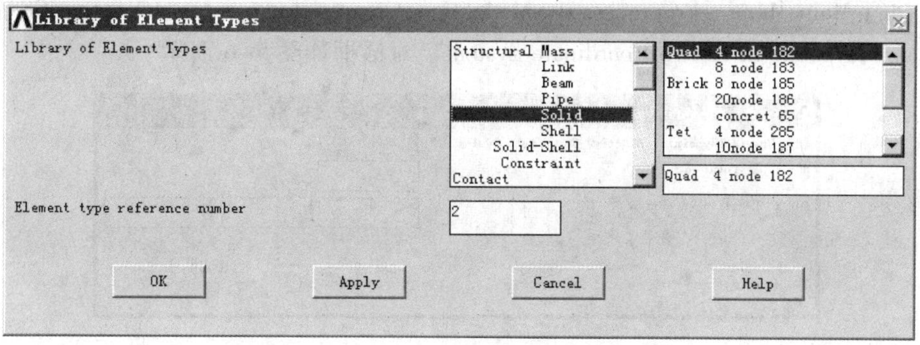

图 5-4 “Library of Element Types”对话框

3）在左侧的滚动框中选择“Structural Solid”。

4）在右侧的滚动框中选择“Quad 4node182”。

5）单击 Apply 按钮。

6）在右侧的滚动框中选择“Brick 8node 185”，单击 OK 按钮。

7）单击 Close 按钮关闭对话框。

3. 定义材料性质

1）执行 Main Menu→Preprocessor→Material Props→Material Models 命令，打开“Define Material Model Behavior”材料属性窗口，如图 5-5 所示。

2）在“Material Models Available”列表中选择下面的路径：Structural→Linear→Elastic→Isotropic；打开另一对话框。

3）在“EX”文本框中输入“3800”。

4）在“PRYX”文本框中输入“0.3”，单击 OK 按钮关闭窗口。

5）双击“Structural，Density”，打开另一窗口。

6）在“DENS”文本框中输入“1.033E-3”，单击 OK 按钮关闭窗口。

7）“Material Model Number 1”出现在“Define Models Defined”列表中。

8）执行 Material→Exit 命令，退出“Define Material Model Behavior”窗口。

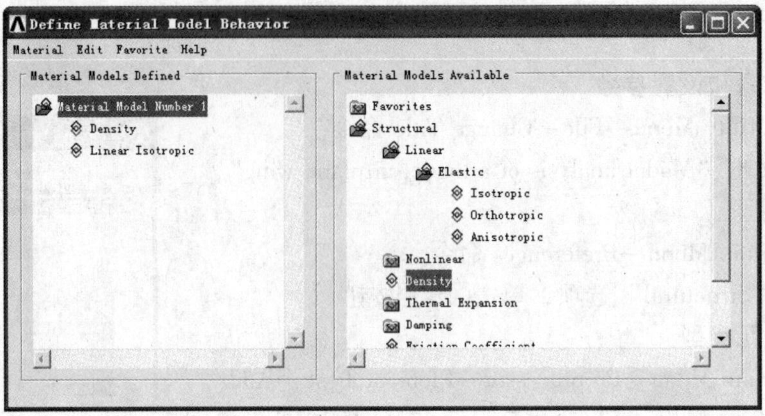

图 5-5 “Define Material Model Behavior” 窗口

4. 创建关键点

1）执行 Main Menu→Preprocessor→Modeling→Create→Keypoints→In Active CS 命令，弹出“Create Keypoints in Active Coordinate System”对话框如图 5-6 所示。

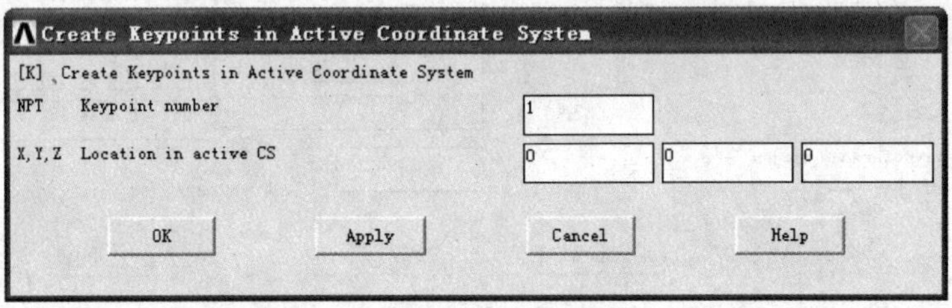

图 5-6 “Create Keypoints in Active Coordinate System”对话框

2）在“Keypoint number”文本框中输入“1”，在“Location in active CS”文本框中输入坐标“0，0，0”。

3）单击 Apply 按钮。

4）重复步骤 2）和 3），输入关键点 2～5 的坐标值：（2，0，0）、（2.3，0.2，0）、（1.9，0.45，0）与（1，0.25，0）。

5）在输入完最后一点后，单击 OK 按钮。

6）执行 Utility Menu→PlotCtrls→Window Controls→Window Options 命令。

7）在“Location of triad”下拉列表框中选中“Not shown”，单击 OK 按钮。

8）执行 Utility Menu→PlotCtrls→Numbering 命令。

9）将“Keypoint numbers”设为“ON”，单击 OK 按钮。

5. 在关键点之间创建线

1）执行 Main Menu→Preprocessor→Modeling→Create→Lines→ Lines→Straight Line 命令，弹出图 5-7 的“Create Straight Lines”拾取框。

2）在绘图区域按顺序选中关键点 1 和 2，绘制一条直线。

3）在绘图区域按顺序选中关键点 5 和 1，绘制另一条直线。

4）单击 OK 按钮。

5）执行 Main Menu→Preprocessor→Modeling→Create→Lines→Splines→With options→Spline thru KPs 命令，弹出“B－Spline”拾取框如图 5-8 所示。

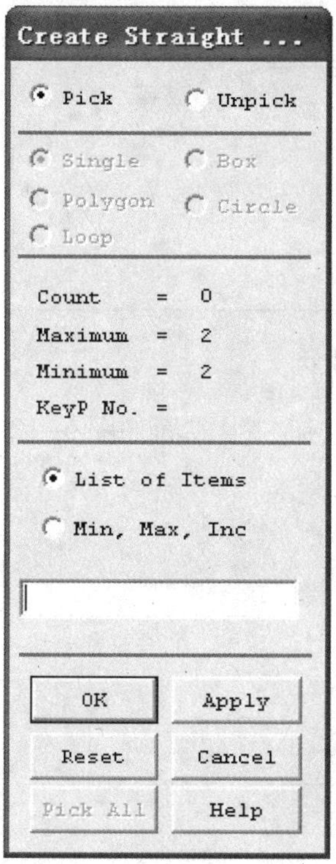

图 5-7 “Create Straight Lines”拾取框

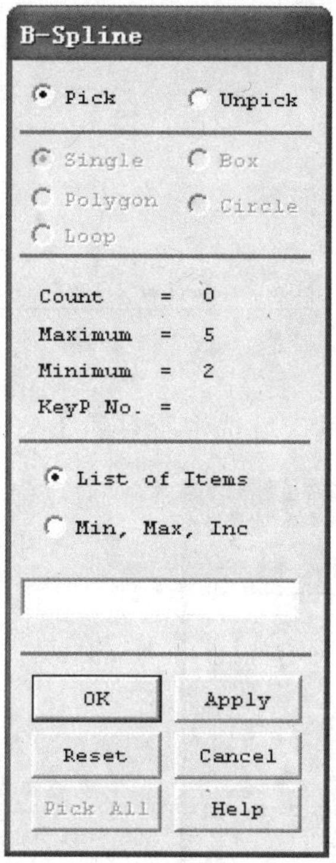

图 5-8 “B－Spline”拾取框

6）按顺序选中关键点 2，3，4，5，然后单击 OK 按钮，弹出另一对话框如图 5-9 所示。

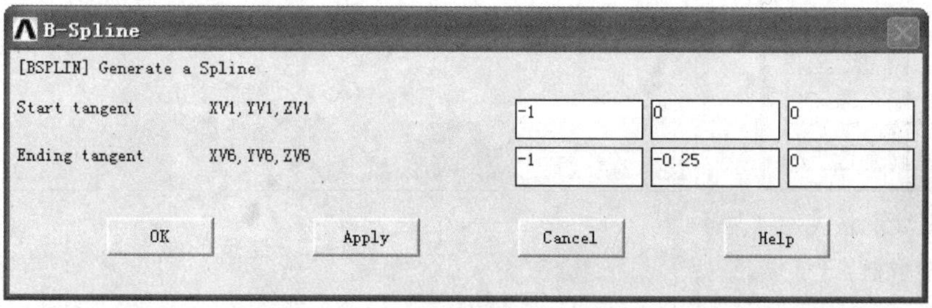

图 5-9 “B－Spline”对话框

7）在“XV1，YV1，ZV1”文本框中输入“－1，0，0”；在“XV6，YV6，ZV6”文本框中输入“－1，－0.25，0”。

8）单击 OK 按钮，在绘图区域显示出机翼的曲线部分如图 5-10 所示。

6. 创建横截面

1）执行 Main Menu→Preprocessor→Modeling→Create→Areas→Arbitrary→By lines 命令，弹出“Create Areas”拾取框如图 5-11 所示。

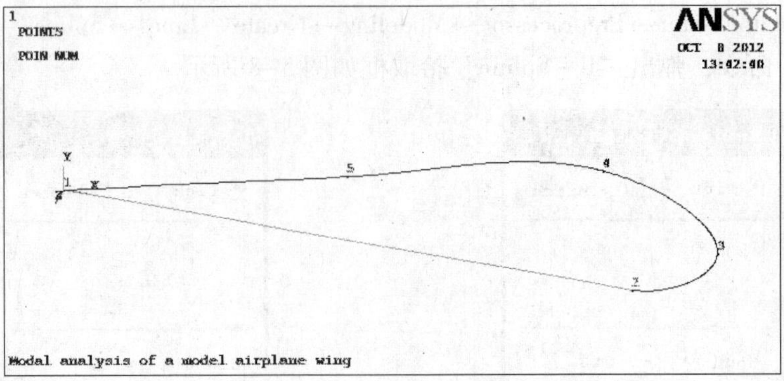

图 5-10　机翼的曲线部分

2）在绘图区域选中所有的 3 条直线，单击 OK 按钮，生成面如图 5-12 所示。

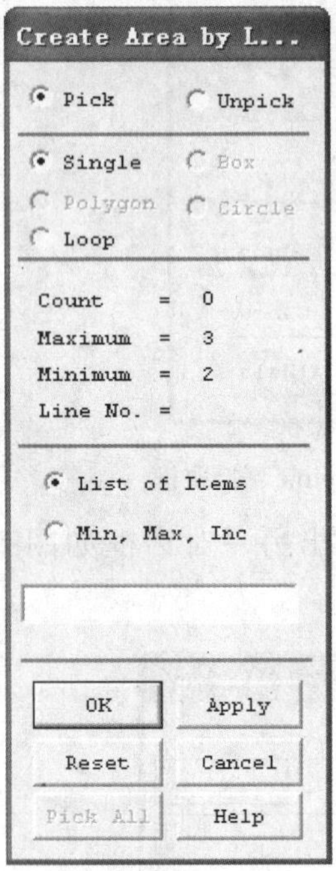

图 5-11　"Create Areas" 拾取框

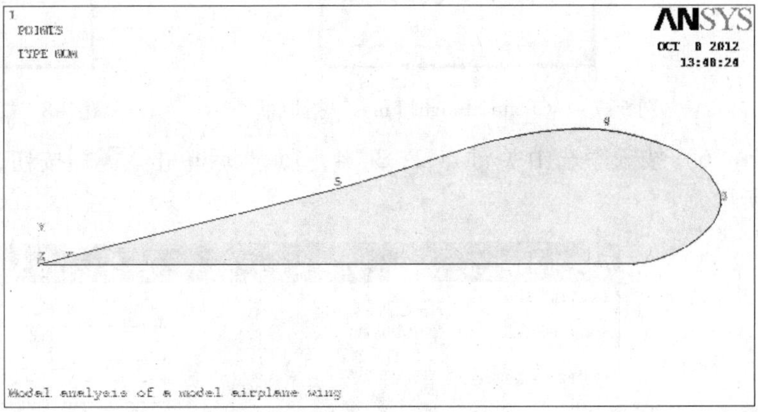

图 5-12　生成的面

3）单击 Toolbar 上的 SAVE_DB 按钮保存文件。

7. 定义网格密度并进行网格划分

1）执行 Main Menu→Preprocessor→Meshing→Size Cntrls→ManualSize→Global→ Size 命令，弹出"Global Element Sizes"对话框如图 5-13 所示。

2）在"Element edge length"文本框中输入"0.25"，单击 OK 按钮。

3）执行 Main Menu→Preprocessor→Meshing→Mesh→Areas→Free 命令，打开如图 5-14 所示的"Mesh Areas"拾取框。

4）单击 Pick All 按钮，如果出现警告信息，则忽略并关闭信息窗口，生成的模型如图 5-15 所示。

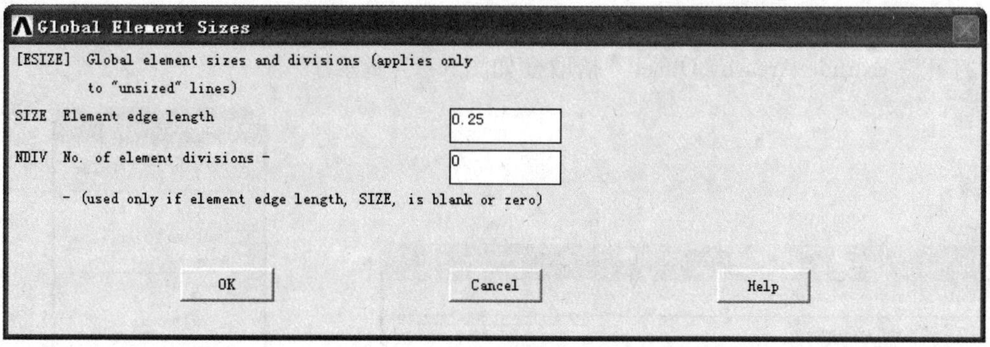

图 5-13 “Global Element Sizes” 对话框

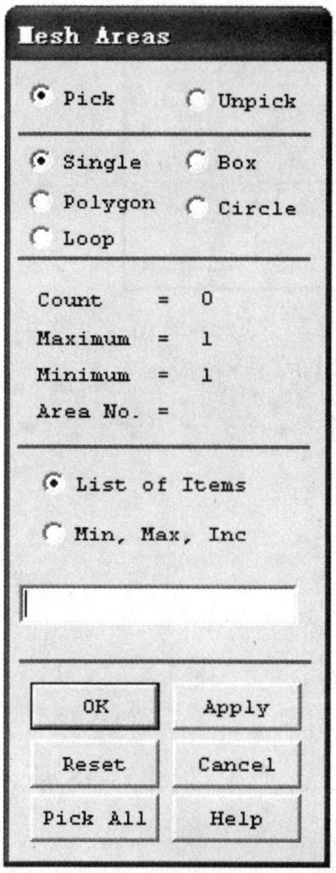

图 5-14 “Mesh Areas” 拾取框

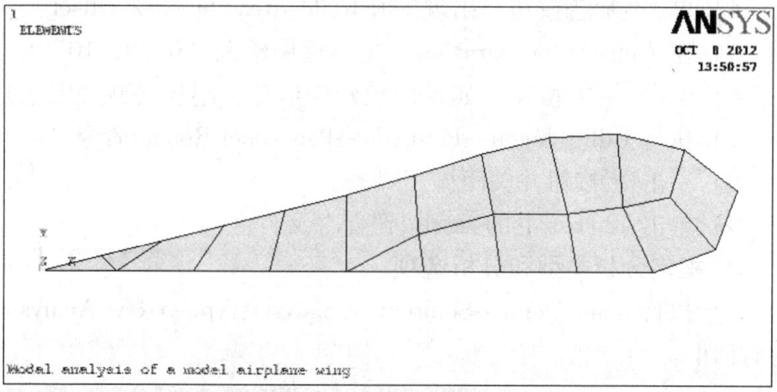

图 5-15 生成的有限元模型

5）单击 Toolbar 上的SAVE_DB按钮保存文件。

6）执行 Main Menu→Preprocessor→Meshing→Size Cntrls→ManualSize→Global→Size 命令，弹出“Global Element Sizes”对话框。

7）删除单元的边界长度。

8）在“Number of element divisions”文本框中输入“10”，单击OK按钮。

8. 将网格划分面积嵌入网格划分体积

1）执行 Main Menu→Preprocessor→Meshing→Meshing Attributes→Default Attribs 命令，弹出“Meshing Attributes”对话框，如图 5-16 所示。

2）在“Element type number”下拉列表框中选择“2 Solid185”，单击OK按钮。

3）执行 Main Menu→Preprocessor→Modeling→Operate→Extrude→Areas→By XYZ Offset 命令，打开“Extrude Area by Offset”拾取框如图 5-17 所示。

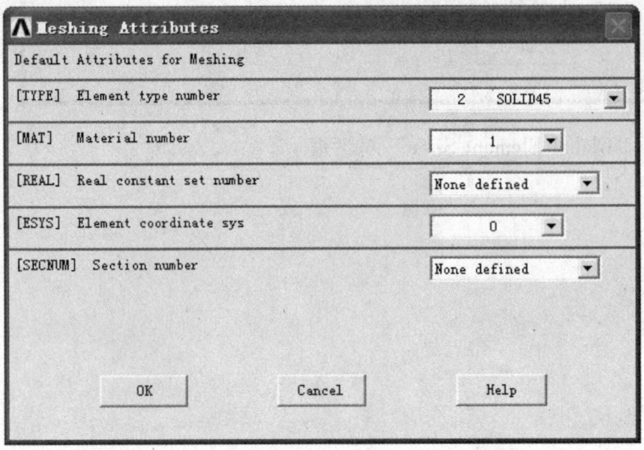

图 5-16 “Meshing Attributes”对话框

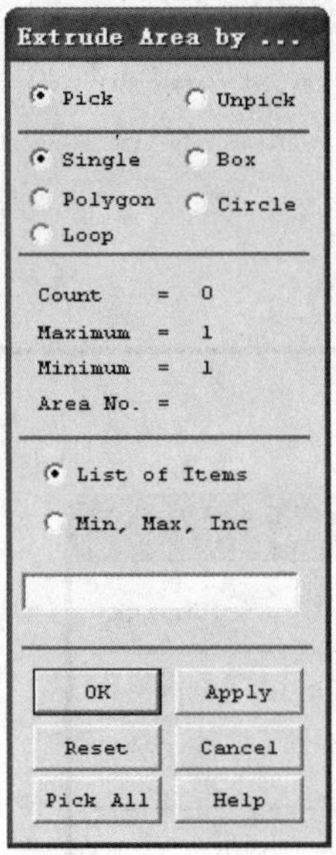

图 5-17 “Extrude Area by Offset”拾取框

4）单击 Pick All 按钮，出现“Extrude Areas by XYZ Offset”对话框。

5）在“offsets for extrusion”文本框中输入“0，0，10”。

6）单击 OK 按钮，如果出现警告信息，则忽略并关闭信息窗口。

7）执行 Utility Menu→PlotCtrls→Pan Zoom Rotate 命令。

8）单击 Iso 按钮并关闭该工具条。

9）单击 Toolbar 上的 SAVE_DB 按钮保存文件。

9. 指定分析类型和分析选项

1）执行 Main Menu→Solution→Analysis Type→New Analysis 命令，弹出如图 5-18 所示的对话框。

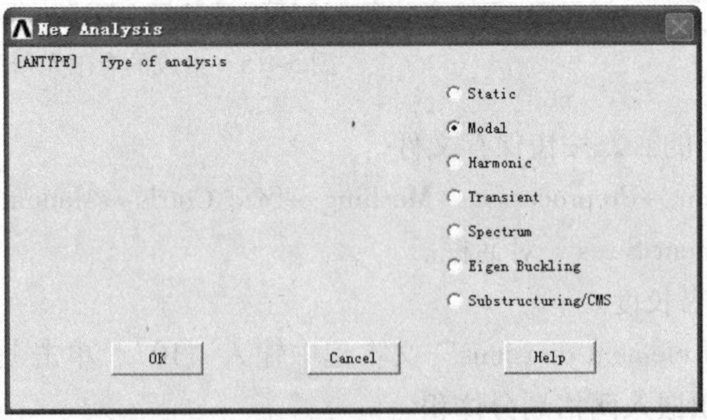

图 5-18 “New Analysis”对话框

2）选择“Modal”单选按钮并单击 OK 按钮。

3）执行 Main Menu→Solution→Analysis Type→Analysis Options 命令，弹出“Modal Analysis”对话框，如图 5-19 所示。

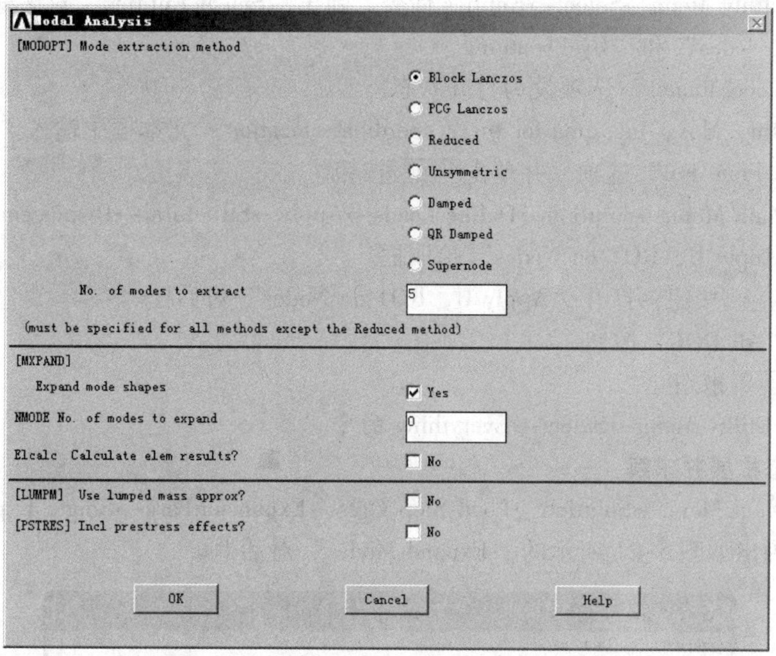

图 5-19 “Modal Analysis”对话框

4）选择“Block Lanczos”单选按钮。

5）在“No. of modes to extract”文本框中输入“5”。

6）单击按钮，出现如图 5-20 所示的“Block Lanczos Method”对话框。

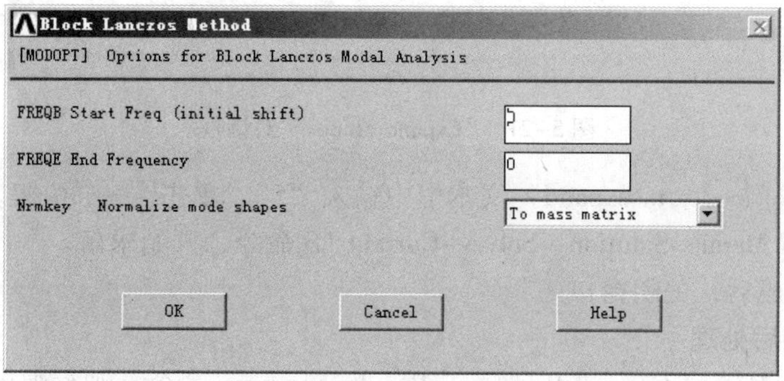

图 5-20 “Block Lanczos Method”窗口

7）使用默认设置并单击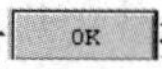按钮。

10. 取消 PLANE182 单元的选定

1）执行 Utility Menu→Select→Entities 命令，弹出“Select Entities”对话框。

2）选择“Elements”和“By Attributes”。

3）将“Elem type num”选项设为打开状态。

4）在“Min，Max，Inc. area for the element type number”文本框中输入“1”。

5）选中“Unselect”选项，并单击OK按钮。

11. 施加约束条件

1）执行 Utility Menu→Select→Entities 命令，弹出“Select Entities”对话框。

2）选择“Nodes”和“By Location”。

3）将“Z coordinates”选项设为打开状态。

4）在“Min，Max，Inc. area for the Z coordinate location”文本框中输入“0”。

5）选中“From Ful”选项，并单击OK按钮。

6）执行 Main Menu→Solution→Define Loads→Apply→Structural→Displacement→On Nodes 命令，弹出“Apply U，ROT on Nodes”拾取框。

7）单击Pick All按钮，打开“Apply U，ROT on Nodes”对话框。

8）单击“All DOF”按钮。

9）单击OK按钮。

10）执行 Utility Menu→Select→Everything 命令。

12. 将模态扩展并求解

1）执行 Main Menu→Solution→Load Step Opts→ExpansionPass→Single Expand→ Expand Modes 命令，弹出如图 5-21 所示的“Expand Modes”对话框。

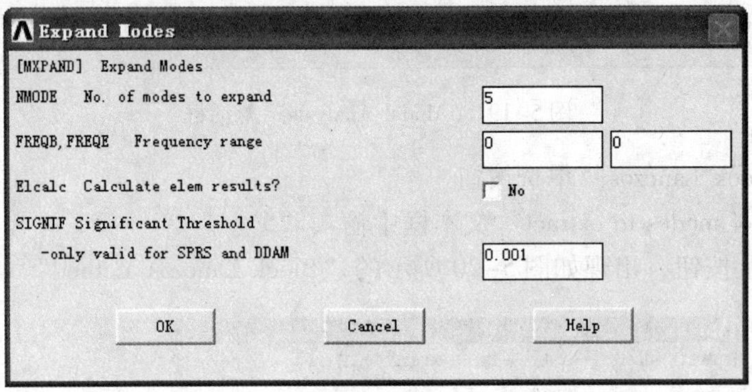

图 5-21 “Expand Modes”对话框

2）在“No. of modes to expand”文本框中输入“5”，单击OK按钮。

3）执行 Main Menu→Solution→Solve→Current LS 命令，开始求解。

4）当求解完成后，关闭窗口。

13. 进行结果后处理

1）执行 Main Menu→General Postproc→Results Summary 命令，观察弹出信息内容，然后关闭。

2）执行 Main Menu→General Postproc→Read Results→First Set 命令。

3）执行 Utility Menu→PlotCtrls→Animate→Mode Shape 命令，弹出如图 5-22 所示的“Animate Mode Shape”对话框。

4）单击OK按钮，观察显示动画。

5）执行 Main Menu→General Postproc→Read Results→Next Set 命令。

6）执行 Utility Menu→PlotCtrls→Animate→Mode Shape 命令。

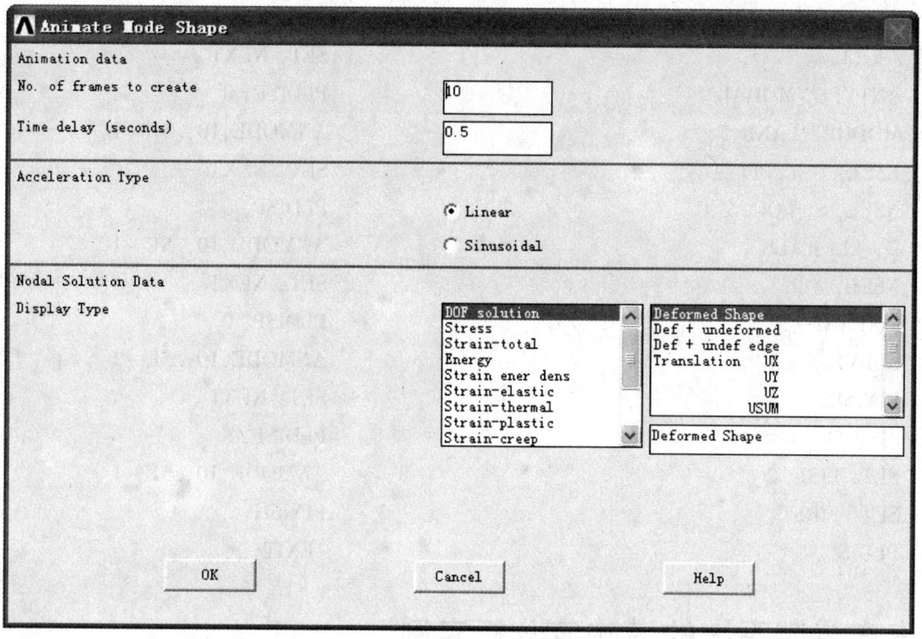

图 5-22 “Animate Mode Shape”对话框

7）单击 OK 按钮，观察显示动画。

8）重复 1）~3）观察剩余的 3 个模态。

14. 保存文件并退出 ANSYS

1）执行 Utility Menu→File→Save as 命令，保存为“Plane_resu. db”文件。

2）单击 Toolbar 上的 QUIT 按钮。

3）选择“Quit - No Save!”并单击 OK 按钮。

命令流

```
/FILNAM, MODAL
/TITLE, Airplane Wing Modal Analysis
/PREP7
ET,1, PLANE182
ET,2, SOLID185
MP, EX,1,3800
MP, DENS,1,1.033E-3
MP, NUXY,1,0.3
K,1
K,2,2
K,3,2.3,0.2
K,4,1.9,0.45
K,5,1,0.25
LSTR, 1,2
LSTR, 5,1
BSPLIN, 2,3,4,5,,,-1,,,-1,-0.25
FLST,2,3,4
FITEM,2,2
FITEM,2,3
FITEM,2,1
AL,P51X
ESIZE,.25
AMESH, 1
ESIZE,,10
TYPE, 2
VEXT,ALL,,,,,10
/VIEW,,1,1,1
/ANG, 1
/REP
EPLOT
```

```
FINISH
/SOLU
ANTYPE, MODAL
MODOPT,LANB,5
ESEL, U,TYPE, ,1
NSEL, S, LOC, Z,0
D, ALL, ALL
NSEL, ALL
MXPAND, 5
SOLVE
FINISH
/POST1
SET, LIST, 2
SET, FIRST
PLDISP, 0
ANMODE,10,.5E-1
SET, NEXT
PLDISP, 0
ANMODE,10,.5E-1
SET, NEXT
PLDISP, 0
ANMODE,10,.5E-1
SET, NEXT
PLDISP, 0
ANMODE,10,.5E-1
SET, NEXT
PLDISP,0
ANMODE,10,.5E-1
FINISH
/EXIT
```

5.3 汽车悬架系统的谐响应分析实例

悬架是车架与车桥之间的一切传力连接装置的总称，它的功用是把路面作用于车轮上的力和力矩都通过悬架传递到车架上，以保证汽车的正常行驶。汽车在行驶的过程中，由于路面不会绝对的平坦，路面作用于车轮的垂直反力往往是冲击性的，这种冲击力如果达到很大的值，就会影响驾驶员和乘客的乘坐舒适性，同时车身的姿态会受影响，操作稳定性也会直接受到影响，甚至使行驶速度受到影响。本实例运用 ANSYS 谐响应分析的功能研究路面对汽车悬架激励的特性。

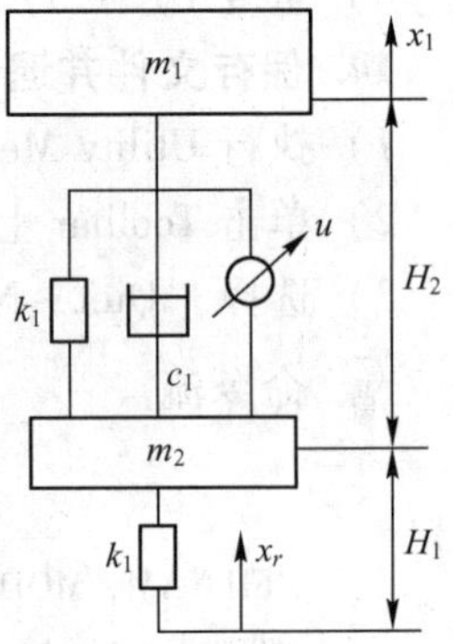

图 5-23　汽车 1/4 悬架模型简图

问题描述

1. 模型的基本参数

如图 5-23 所示，本实例所选用的为 1/4 悬架模型。选用的悬架模型参数如下：簧载质量 m_1 为 500 kg，非簧载质量 m_2 为 60 kg，悬架减振器弹簧刚度 k_1 为 30 000 N/m，阻尼系数 c_1 为 2 000 N · s/m，轮胎等效刚度 k_2 为 300 000 N/m，H_1 为 0.18 m，H_2 为 0.22 m。

2. 单元的选择及材料常数

本实例使用 MASS21 单元模拟簧载质量和非簧载质量；使用弹簧阻尼单元 COMBINEl4 模拟悬架和轮胎。

3. 边界条件

悬架的唯一载荷为路面的不平度激励，本实例假设路面不平度激励为正弦载荷幅值 0.006 m，初始相位角为 0，计算频率从 0 ~ 50 Hz。悬架系统只有一个竖直方向的自由度，通过设置单元关键字来保证这一点。

GUI 操作步骤

1. 定义文件名

执行 Utility Menu→ File → Change Jobname 命令，操作后弹出一个对话框，在输入栏中输入 Suspensionr，单击 OK 按钮。

2. 定义单元和属性

（1）定义单元

执行 Main Menu→Preprocessor→Element Type→Add/Edit/Delete 命令，弹出“Element Types”对话框，如图 5-24 所示。单击 Add... 按钮，弹出如图 5-25 所示“Library of Element Types”对话框，在左边选择 MASS 选项，然后在右边选择三维 mass 21 单元，单击 Apply 按钮；继续在对话框左边选择 Combination，然后在右边选择 Sping - damperl2 单元，单击 OK 按钮。

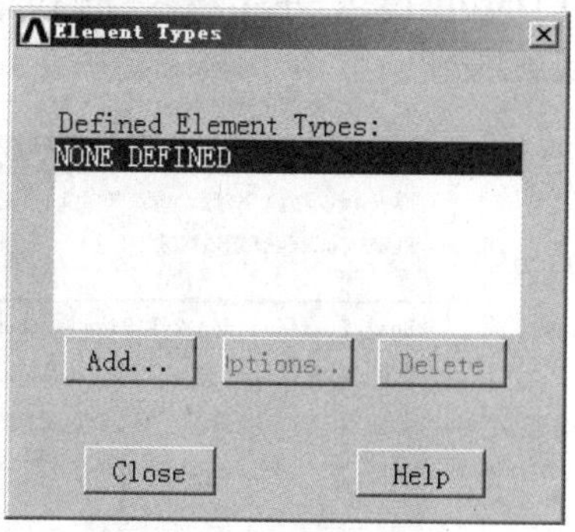

图 5-24 “Element Types”对话框

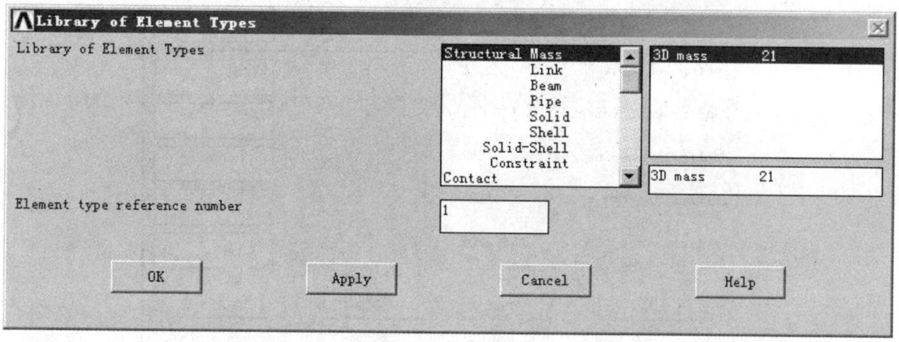

图 5-25 “Library of Element Types”对话框

（2）定义单元属性

在“Element Types”对话框中选择 MASS21，单击 Options... 按钮，弹出“MASS21 elemen type options”对话框，设置关键字 K3 为二维 w/o rot iner（含义是质量单元 21 为二维平面单元且不包含转动自由度），单击 OK 按钮；在“Element Types”对话框中选择“COMBINl4”，单击 Options... 按钮，弹出“COMBINl4 elemen type options”对话框，设置关键字 K2 为 Longitude UY DOF（弹簧阻尼单元 14 为一维单元且只有 UY 一个自由度），单击 OK 按钮，然后单击 Close 按钮。

（3）定义实常数

执行 Main Menu → Preprocessor → Real Constants → Add/Edit/Delete 命令，弹出“Real Constant”对话框。单击 Add... 按钮，弹出“Element Type for Real Constant”对话框。选择“MASS21”选项，单击 OK 按钮，弹出如图 5-26 所示的“Real Constant Set Number 1，for MASS21”对话框。在对话框中输入 MASS = 500，单击 OK 按钮；继续单击 Add... 按钮，在弹出对话框中选择“MASS21”，单击 OK 按钮，在对话框中输入 MASS = 60，单击 OK 按钮；继续单击 Add... 按钮，在弹出对话框中选择“COMBIN14”，单击 OK 按钮，弹出如图 5-27 所示的“Real Constant Set Number 3，for COMBIN14”对话框，在对话框中输入 K =

30000，CV1 = 2000，单击 OK 按钮；继续单击 Add... 按钮，在弹出的对话框中选择“COMBIN14”，单击 OK 按钮，在对话框中输入 K 为 300 000，单击 OK 按钮，然后单击 Close 按钮。

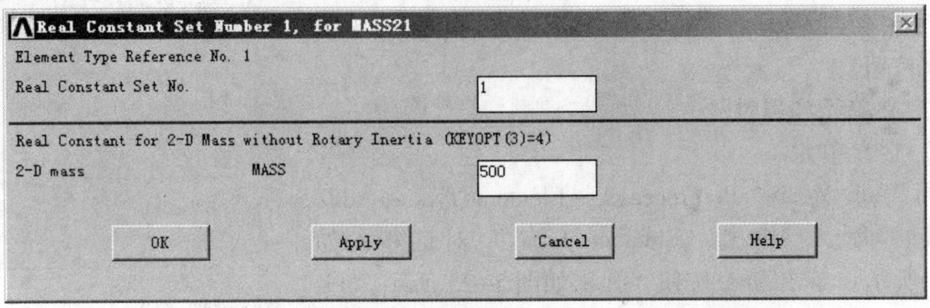

图 5-26 “Real Constant Set Number 1，for MASS21”对话框

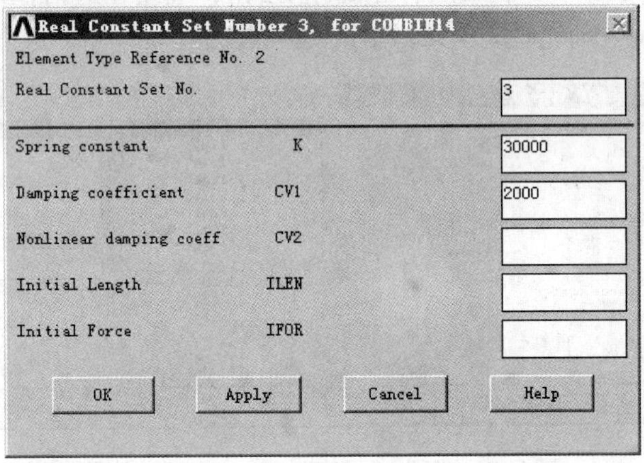

图 5-27 “Real Constant Set Number 3，for COMBIN14”对话框

3. 建立有限元模型

（1）定义节点

执行 Main Menu → Preprocessor → Modeling → Create → Nodes → In Active CS 命令，弹出的如图 5-28 所示的“Create Nodes in Active Coordinate System”对话框，输入 NODE = 1，X = 0，Y = 0，单击 Apply 按钮；继续输入 NODE = 2，X = 0，Y = 0. 18，单击 Apply 按钮；继续输入 NODE = 3，X = 0，Y = 0. 4，单击 OK 按钮。生成结果如图 5-29 所示。

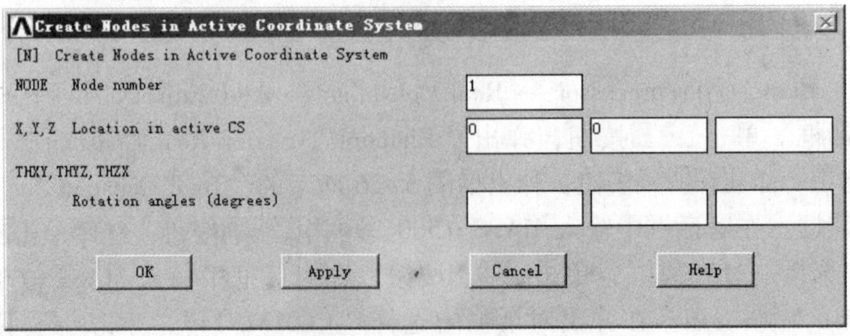

图 5-28 “Create Nodes in Active Coordinate System”对话框

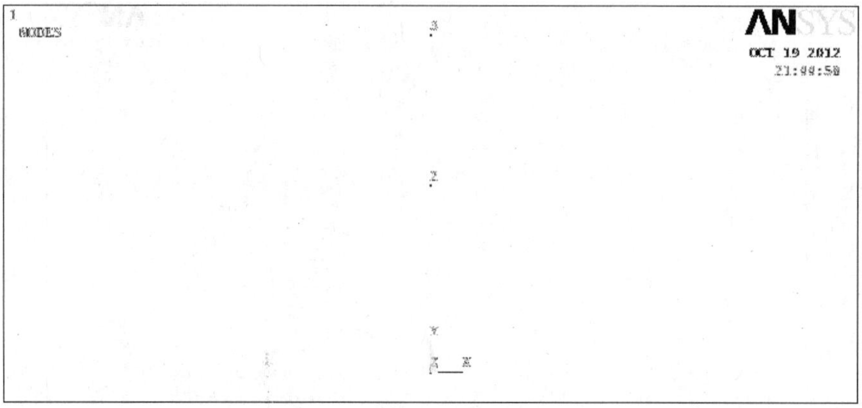

图 5-29　生成结果

（2）建立轮胎单元

1）设置单元属性。执行 Main Menu → Preprocessor → Modeling → Create → Elements → Elem Attributes 命令，弹出如图 5-30 所示对话框，在 TYPE 下拉列表框中，选择 COMBIN14，在 REAL 下拉列表框中选择 4，其他保持默认值，单击 OK 按钮。

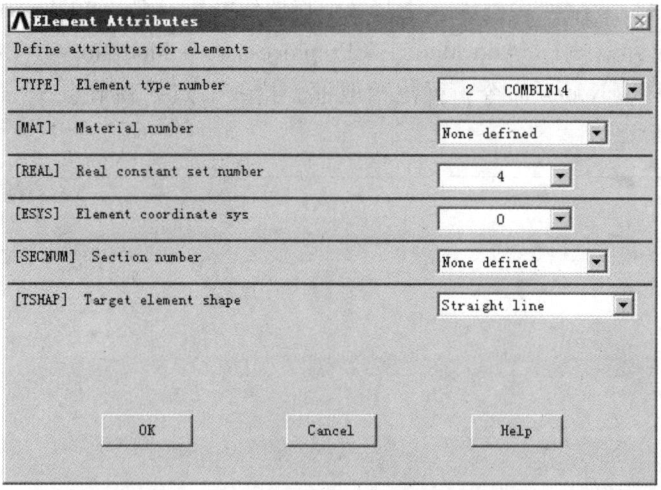

图 5-30　"Element Attributes" 对话框

2）建立轮胎单元。执行 Main Menu → Preprocessor → Modeling → Create → Elements → Auto Numbered → Thru Nodes 命令，弹出拾取框，拾取节点 1 和节点 2，单击 OK 按钮。生成结果如图 5-31 所示。

（3）建立非簧载质量单元

1）设置单元属性。执行 Main Menu → Preprocessor → Modeling → Create → Elements → Elem Attributes 命令，弹出 "Element Attributes" 对话框。在 TYPE 下拉列表框中，选择 MASS21，在 REAL 下拉列表框中，选择 2，其他保持默认值，单击 OK 按钮。

2）建立非簧载质量单元。执行 Main Menu → Preprocessor → Modeling → Create → Elements → Auto Numbered → Thru Nodes 命令，弹出拾取框，拾取节点 2，单击 OK 按钮。

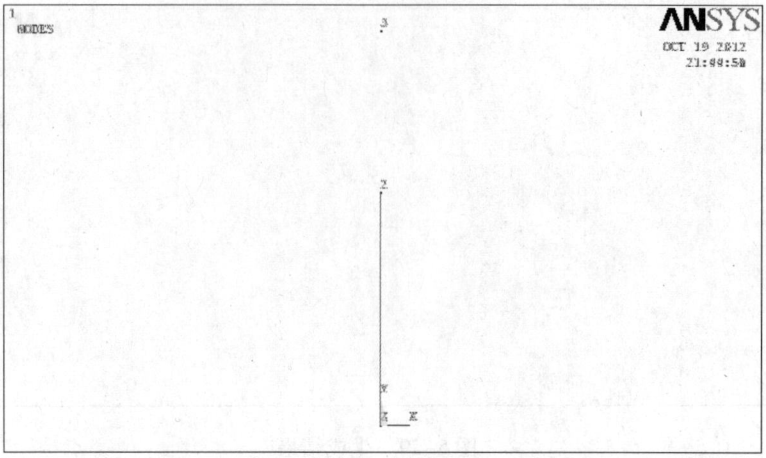

图 5-31　生成结果

（4）建立悬架单元

1）设置单元属性。执行 Main Menu → Preprocessor → Modeling → Create → Elements → Elem Attributes 命令，弹出“Element Attributes”对话框。在 TYPE 下拉列表框中，选择 COMBIN14，在 REAL 下拉列表框中，选择 3，其他保持默认值，单击 OK 按钮。

2）建立悬架单元。执行 Main Menu → Preprocessor → Modeling → Create → Elements → Auto Numbered → Thru Nodes 命令，弹出拾取框，拾取节点 2 和节点 3，单击 OK 按钮。生成结果如图 5-32 所示。

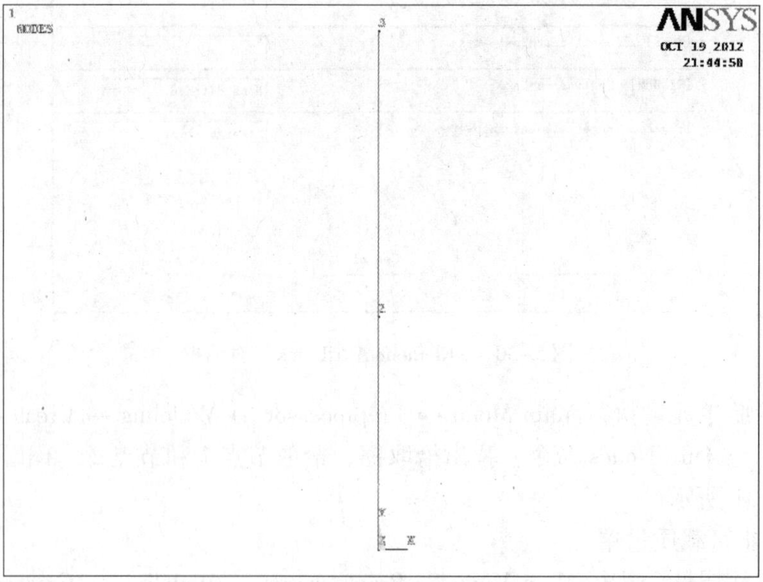

图 5-32　生成结果

（5）建立簧载质量单元

1）设置单元属性。执行 Main Menu → Preprocessor → Modeling → Create → Elements → Elem Attributes 命令，弹出“Element Attributes”对话框。在 TYPE 下拉列表框中，选择

MASS21，在 REAL 下拉列表框中，选择 1，其他保持默认值，单击 OK 按钮。

2）建立非簧载质量单元。执行 Main Menu → Preprocessor → Modeling → Create → Elements → Auto Numbered → Thru Nodes 命令，弹出拾取框，拾取节点 3，单击 OK 按钮。

4. 设置求解条件

（1）展开求解菜单

执行 Main Menu → Solution → Unabridged Menu 命令。

（2）定义求解类型

执行 Main Menu → Solution → Analysis Type → New Analysis 命令，弹出如图 5-33 所示"New Analysis"对话框。选中 Harmonic 单选按钮，即进行谐响应问题求解。

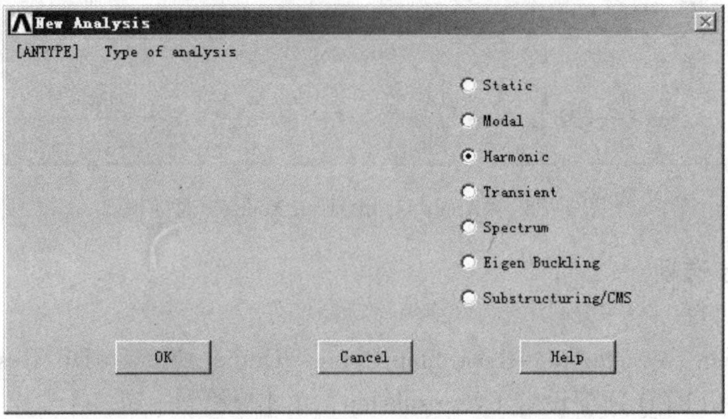

图 5-33 "New Analysis"对话框

（3）设置谐响应分析选项

执行 Main Menu I Solution → Analysis Type → Analysis Options 命令，弹出如图 5-34 所示"Harmonic Analysis"对话框，在 HROPT 下拉列表框中设置求解方法为完全法 Full，其他选项保持默认设置，单击 OK 按钮，保持弹出对话框的默认设置，单击 OK 按钮。

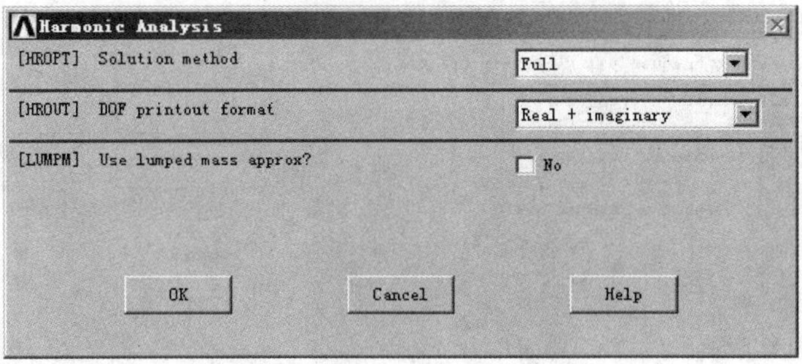

图 5-34 "Harmonic Analysis"对话框

5. 定义边界条件

执行 Main Menu → Preprocessor → Loads → Define Loads → App → Structural → Displacement → On Nodes 命令，弹出拾取框，拾取节点 1，单击 OK 按钮，弹出如图 5-35 所示"Apply U，ROT on Nodes"对话框。设置 Lab2 为 UY，即约束竖直方向的自由度，设置 VALUE 为 0.006，即载荷的实部为 0.006，设置 VALUE2 为 0，即载荷的虚部为 0，这样可

以保证载荷的初始相位角为0。

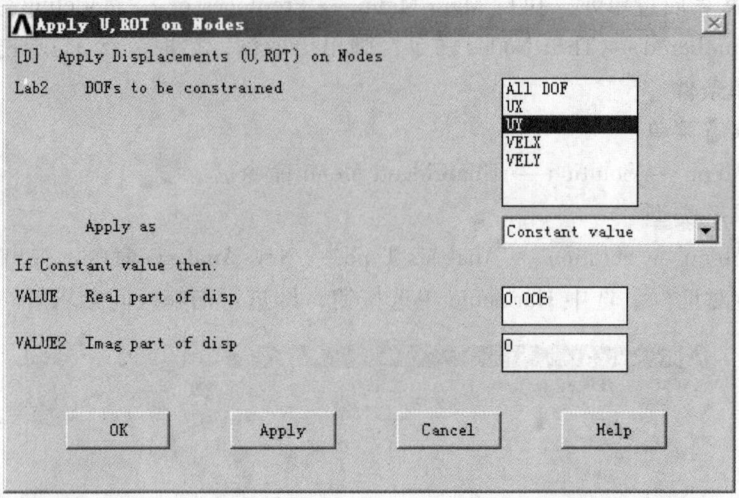

图 5-35 "Apply U, ROT on Nodes" 对话框

6. 定义载荷步选项

（1）定义输出每一个子步

执行 Main Menu → Solution → Load Step Opts → Output Ctrls → DB/Results File 命令，在弹出的对话框中的 FREQ 选项设置 Every substep，单击按钮。

（2）定义求解频率范围

执行 Main Menu I Solution → Load Step Opts → Time/Frequenc → Freq and Substps 命令，弹出如图 5-36 所示 "Harmonic Frequency and Substep Options" 对话框。在对话框中的 HARFQR 文本框中输入 0 和 50，在 NSUBST 文本框中输入 500，即求解频率从 0～50 Hz 每隔 0.1 Hz 求解一次，KBC 选项中选择 Ramped，单击按钮。

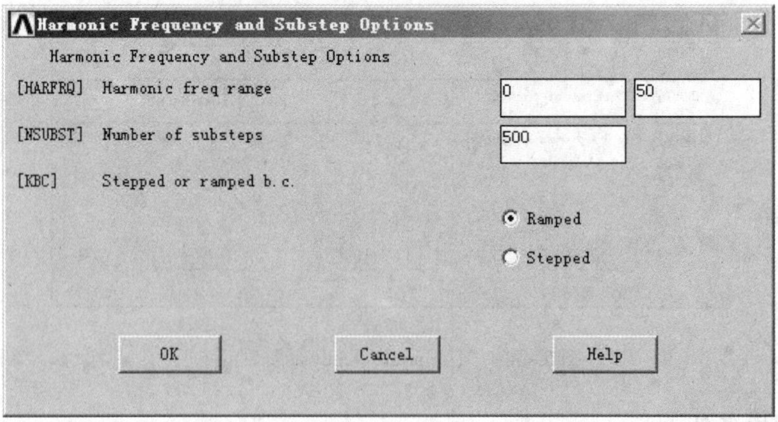

图 5-36 "Harmonic Frequency and Substep Options" 对话框

7. 进行求解

执行 Main Menu → Solution → Current LS 命令，弹出求解对话框，单击按钮，然

后单击 Yes 按钮。

8. 后处理

（1）进入时间历程后处理器，打开时间历程变量观察器

执行 Main Menu → TimeHist PostPro 命令。

（2）观察节点 2 的 UY 随频率的变化规律

1）设置图的输出格式。执行 Utility Menu → PlotCtrls → Style → Graphs → Modify Axes 命令，弹出如图 5-37 所示 “Axes Modifications for Graph Plots” 对话框。在 “X - axis label” 文本框中输入 “Frequency”，在 “Y - axis label” 文本框中输入 “Amplitude”，在 “Axis number size face” 文本框中输入 “1.9” 来设置图中坐标轴的字体，单击 OK 按钮。

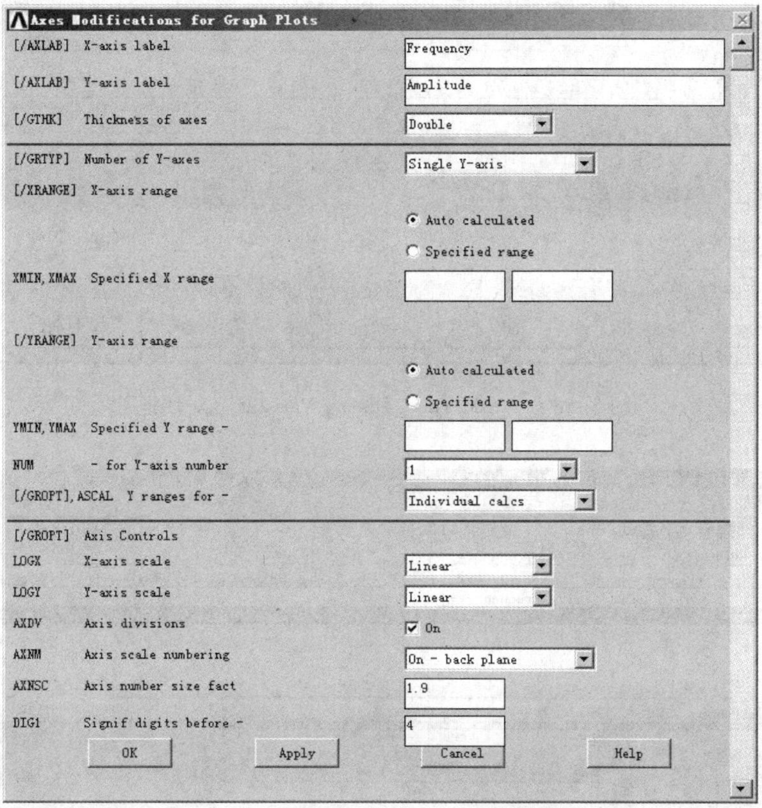

图 5-37 “Axes Modifications for Graph Plots” 对话框

2）单击时间历程变量观察器中的按钮，弹出如图 5-38 所示 “Add Time - History Variable” 对话框。在 “Result Item” 列表中选择 DOF Solution → Y - Component of displacement，在 “Result Item Properties” 选项中的 “Variable Name” 文本框中输入 NODE2，单击 OK 按钮，弹出拾取框，拾取节点 2，单击 OK 按钮。

3）选择如图 5-39 所示时间历程变量观察器中变量列表中的 NODE2，然后单击按钮，则可观察到其幅值和频率的关系，生成结果如图 5-40 所示。

（3）观察节点 3 的 UY 随频率的变化规律

1）单击时间历程变量观察器中的按钮，弹出如图 5-38 所示对话框。在 “Result Item” 列表中选择 DOF Solution → Y - Component of displacement，在 “Result Item Properties”

选项的“Variable Name”文本框中输入 NODE3，单击 OK 按钮，弹出拾取框，拾取节点 3，单击 OK 按钮。

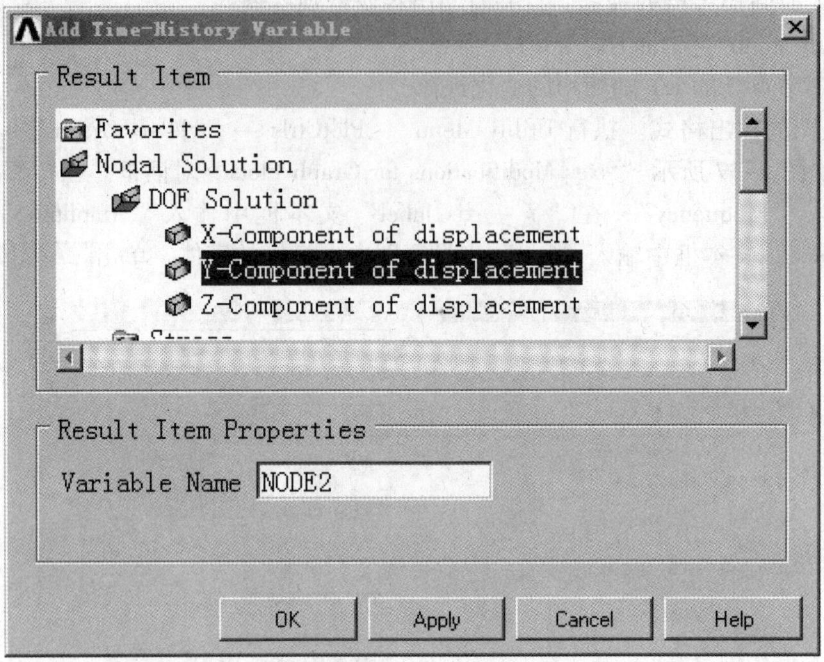

图 5-38 “Add Time-History Variable”对话框

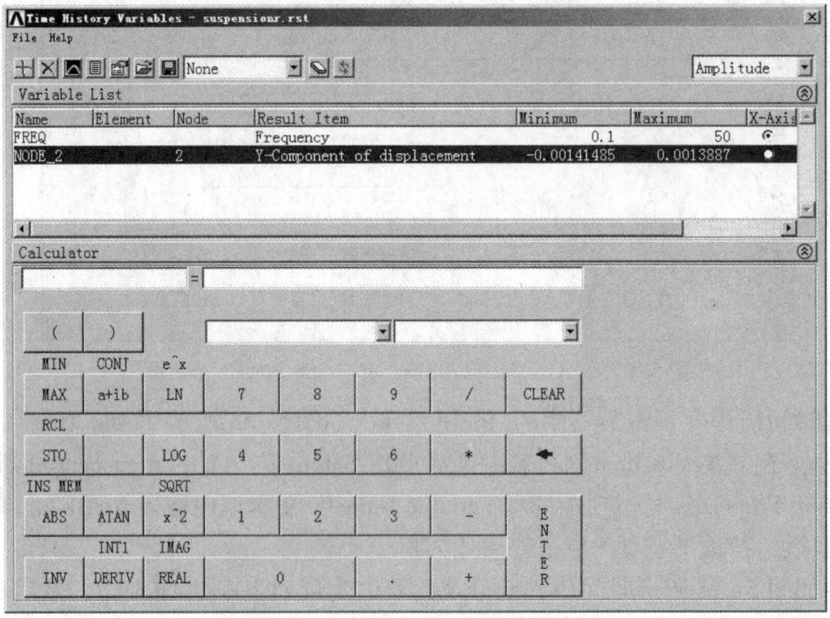

图 5-39 “Time History Variables”对话框

2）选择时间历程变量观察器中变量列表中的 NODE3，然后单击按钮，则可观察到其幅值和频率的关系，生成结果如图 5-41 所示。

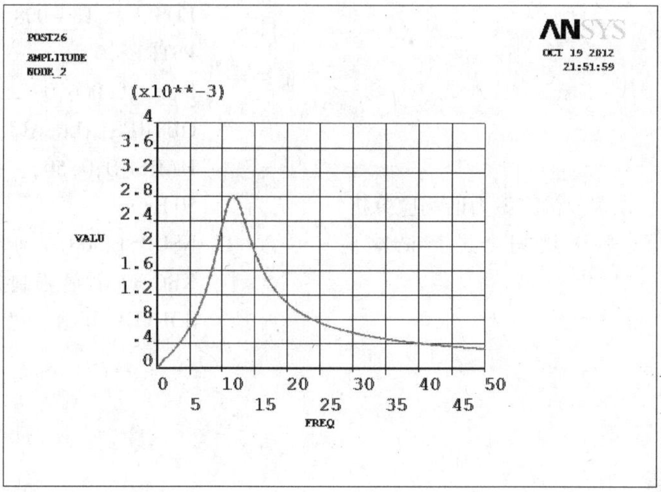

图 5-40　节点 2 的 Y 方向位移与频率关系

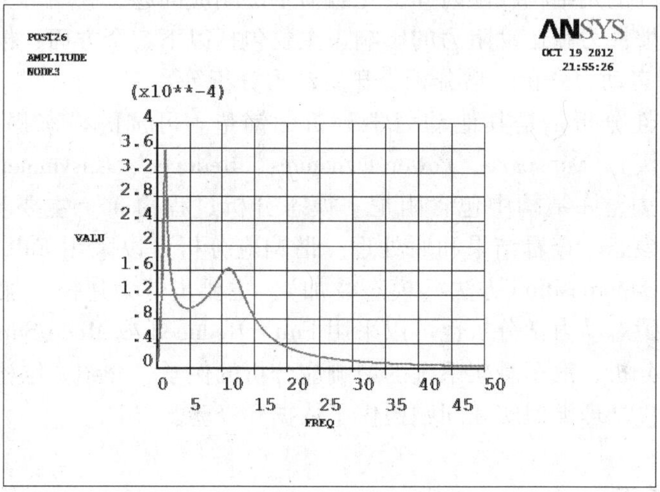

图 5-41　节点 3 的 Y 方向位移与频率关系

命令流

```
/FILNAME,Suspensionr,0
/PREP7
ET,1,MASS21！定义 1 号单元
ET,2,COMBIN14 ！ 定义 2 号单元
KEYOPT,1,3,4 ！ 定义 1 号单元的关键字
！ 设置实常数
R,1,500,
R,2,60,
R,3,30000,2000, , , , ,
R,4,300000, , , , , ,
N,1,0,0,0！ 定义 1 号节点
N,2,0,0.18,0 ！ 定义 2 号节点
N,3,0,0.4,0 ！ 定义 3 号节点
TYPE,2 ！ 设置单元类型号为 2
REAL,4 ！ 设置实常数为 4
E,1,2  ！ 定义单元
TYPE,1
REAL,2
E,2
TYPE,2
REAL,3
```

```
E,2,3
TYPE,1
REAL,1
E,3
/SOL
ANTYPE,3! 设置分析类型为谐响应分析
HROPT,FULL ! 采用完全进行谐响应分析
HROUT,ON
LUMPM,0
EQSLV, ,1e-008,
PSTRES,0
D,1, ,0.006,0, , ,UY, , , , ,
OUTRES,ALL,ALL,! 设置输出所有子步
HARFRQ,0,50,! 设置强制频率从 0 到 50 Hz
NSUBST,500,  ! 设置求解子步为 500
KBC,1! 设置强制振幅为恒定振幅
SOLVE! 开始求解
```

5.4 本章小结

结构动力学研究的是结构在随时间变化载荷下的响应问题，它与静力分析的主要区别是动力分析需要考虑惯性力和运动阻力的影响，主要包括以下 5 个方面：模态分析、谐波分析（谐响应分析）、瞬态动力分析、谱分析、显式动力分析等。

模态分析是线性分析，是其他动力学分析的铺垫。可选的模态提取方法有 7 种，即 Block Lanczos（默认）、Subspace、Power Dynamics、Reduced、Unsymmetric、Damped 及 QR damped，后两种方法允许结构中包含阻尼。模态分析过程由 4 个主要步骤组成，即建模、加载和求解、扩展模态、查看结果和后处理。谐响应分析可以采用 Full 方法（完全）、Reduced 方法、Mode Superposition 方法（模态叠加），主要步骤为建模、加载和求解，以及查看结果和后处理。瞬态动力学分析也可以采用 Full、Reduced 或 Mode Superposition 方法。

通过机翼模态分析、汽车悬架系统的谐响应分析的例子，介绍了结构动力学分析的操作步骤与技巧，为解决处理类似实际问题提供了依据和经验。

5.5 思考与练习

1. 概念题

1）模态分析、谐波分析（谐响应分析）与瞬态动力分析各有哪些特点与应用?

2）模态分析、谐波分析（谐响应分析）与瞬态动力分析各有哪些步骤?

3）模态分析、谐波分析（谐响应分析）与瞬态动力分析各有哪些求解方法?

2. 计算操作题

（1）圆柱齿轮模态分析

对如图 5-42 所示的一个简化的齿轮模型进行模态分析，要求确定齿轮的低阶固有频率，然后扩展模态，求出各阶模态的相对应力值、相对应变值和相对位移值等。

另外，齿轮的齿根部分是该处圆周的 2/3，齿端部分是该处圆周的 2/7，齿轮数是 24，齿顶与齿根看做圆弧，齿面看做直线，齿轮厚度为 0.2 m。弹性模量为 2×10^{11} Pa，泊松比为 0.3，密度为 7.8×10^{3} N/m^{3}。

（2）弹簧振子问题分析

如图5-43 所示的振动系统中，在质量块 m_1上作用一谐振力 $F_1\sin\omega t$，试确定每一个质量块的振动。弹簧的长度可以任意选择，并且只是用来确定弹簧的方向。沿着弹簧的方向，在质量块上选择两个主自由度。频率的范围从 0 ~7.5 Hz，其解间隔值为 7.5/30 =0.25 Hz。

问题中材料性质的参数如下。

质量：$m_1 = m_2 = 0.5$ lb。

刚度系数：$k_1 = k_2 = k_c = 200$ lb/in。

施加载荷：$F_1 = 200$ lbf。

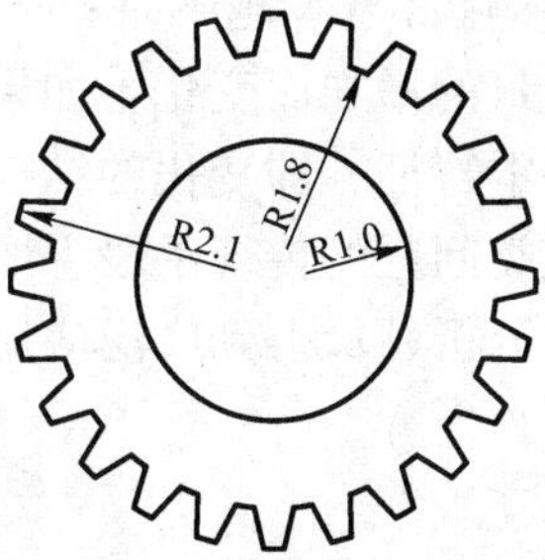

图5-42　简化的齿轮模型简图

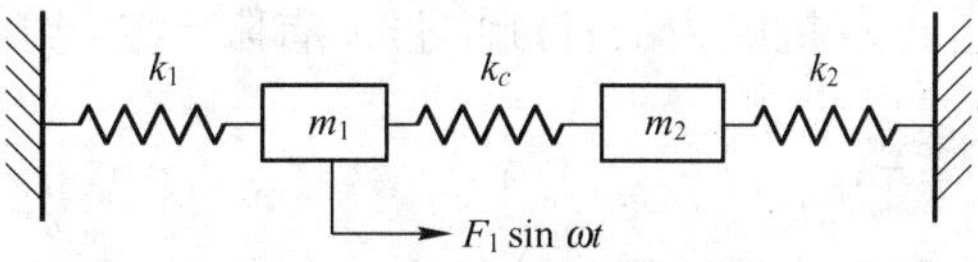

图5-43　弹簧振子简图

（3）梁结构的瞬态完全法分析

确定一个梁结构的瞬态分析，即在如图5-44 所示的系统中板件表面施加均匀压力时结构的响应。板中间有集中质量（相当于静止的电动机）。材料是 A3 钢，相关参数：弹性模量为 2×10^{11} N/m^2，泊松比为0.3，密度为 7.8×10^3 kg/m^3，板壳厚度为 0.02 m。梁几何特性的截面面积为 2×10^{-4} m^2，惯性矩为 2×10^{-8} m^4。板长度为2 m，宽度为1 m，高度为1 m，质量元 $m = 100$ kg。

载荷随时间变化的曲线如图5-45 所示，研究结构的瞬态动力响应。

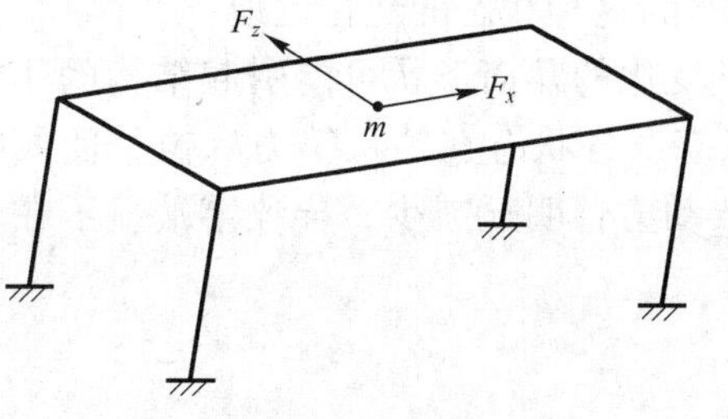

图5-44　梁板的结构简图

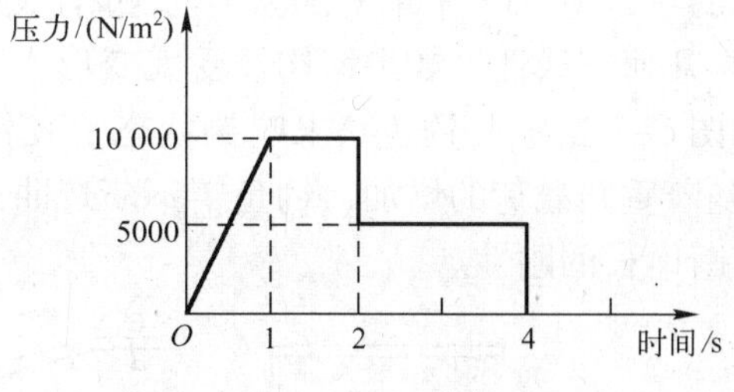

图5-45　梁板的结构简图

第 6 章　非线性分析

在日常生活中，经常会遇到非线性结构。例如，用订书机订书，金属订书针将弯曲成一个不同的形状；在一个木架上放置重物，随着时间的迁移它将越来越下垂；向卡车上装货时，它的轮胎和其下路面之间接触，轮胎形状将随货物重量的增加而变化。如果画出它们的载荷-变形曲线，则可发现它们都显示了非线性结构的基本特征，即变化的结构刚性。引起非线性的因素诸多，工程和结构分析中随处可见。处理该类问题的传统手段主要依赖实验与经验，随着计算机能力的日渐增强，有限元法已在非线性分析领域得到广泛应用。

本章重点

- 区分各种非线性问题的特点
- 掌握各种非线性问题 ANSYS 分析步骤

6.1　基本概念

1. 非线性行为的原因

引起非线性结构的原因很多，可分为如下 3 种主要类型。

1）状态变化（包括接触）。许多普通结构表现出一种与状态相关的非线性行为。例如，一根能拉伸的电缆可能是松散或绷紧的；轴承套可能是接触或不接触的；冻土可能是冻结的或融化的等，ANSYS 中单元的激活与关闭选项用来为这种状态的变化建模。

2）几何非线性。如果结构经受大变形，则其变化的几何形状可能引起结构的非线性响应。如图 6-1 所示（钓鱼竿未咬钩状态、咬钩状态及各状态在钓鱼竿力-位移曲线中的位置），随着垂向载荷的增加，钓鱼竿不断弯曲以致动力臂明显减少，导致竿端显示在较高载荷下不断增长的刚性。

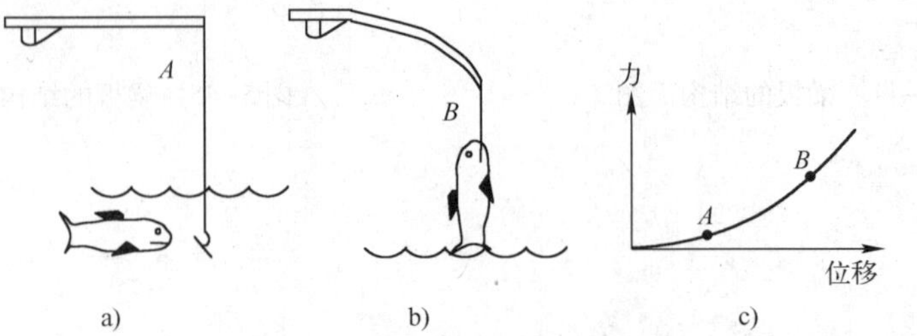

图 6-1　钓鱼竿的几何非线性

a）未咬钩状态　b）咬钩状态　c）钓鱼竿力-位移变化曲线

3）材料非线性。非线性应力-应变关系是非线性产生的常见原因，许多因素可影响材料的应力-应变性质，包括加载历史（如在弹塑性响应状况下）、环境状况（如温度），以及加载的时间总量（如在蠕变响应状况下）。

2. 平衡迭代

一种近似的非线性求解是将载荷分为一系列的载荷增量，可以在多个载荷步内或在一个载荷步的多个子步内施加载荷增量。完成每个载荷增量的求解后，在继续下一个载荷增量之前，程序调整刚度矩阵以反映结构刚度的非线性变化。遗憾的是，纯粹的增量不可避免地随着每个载荷增量积累误差，从而导致结果最终失去平衡，如图 6-2a 所示。

ANSYS 通过使用牛顿－拉普森平衡迭代克服了这种困难，它迫使在每个载荷增量的末端解达到平衡收敛（在某个容限范围内）。图 6-2b 描述了在单自由度非线性分析中牛顿－拉普森平衡迭代的使用。在每次求解前，NR 方法估算出残差矢量，这个矢量是回复力（对应于单元应力的载荷）和所加载荷的差值，然后使用非平衡载荷进行线性求解，且核查收敛性。如果不满足收敛准则，则重新估算非平衡载荷，并修改刚度矩阵获得新解，持续这种迭代过程直到问题收敛。

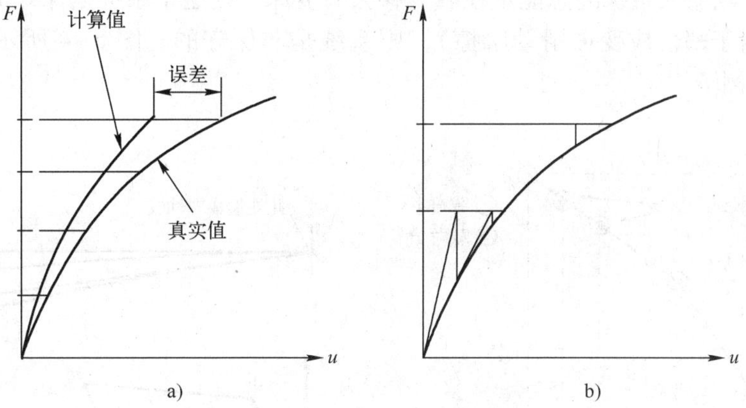

图 6-2　纯粹增量近似与牛顿－拉普森近似的关系

a）纯粹增量式解　b）牛顿－拉普森迭代求解（两个载荷增量）

ANSYS 提供了一系列命令来增强问题的收敛性，如自适应下降、线性搜索、自动载荷步、二分法等。如果不能得到收敛，那么程序或继续计算下一个载荷或终止。对某些物理意义上不稳定系统的非线性静态分析，如果只使用 NR 方法，正切刚度矩阵可能变为降秩矩阵，从而导致严重的收敛问题。这样的情况包括独立实体从固定表面分离的静态接触分析，结构或完全崩溃或者突然变成另一个稳定形状的非线性弯曲问题。对这样的情况，可以激活另外一种迭代方法，即弧长方法帮助稳定求解。该方法导致 NR 平衡迭代沿一段弧收敛，从而即使当正切刚度矩阵的倾斜为零或负值时，也往往阻止发散。

3. 非线性求解的组织级别

非线性求解分为载荷步、子步和平衡迭代 3 个操作级别。

1）顶层级别由在一定时间范围内明确定义的载荷步组成，假定载荷在载荷步内是线性变化的。

2）在每个载荷子步内为了逐步加载，可以控制程序执行多次求解（子步或时间步）。载荷步、子步及时间关系如图 6-3 所示。

3）在每个子步内程序将进行一系列的平衡迭代以获得收敛的解。

4. 收敛容限

当对平衡迭代确定收敛容限时，必须回答如下问题。

1）基于载荷、变形确定收敛容限，还是联立二者确定收敛容限?

2）既然径向偏移（以弧度度量）比对应的平移小，那么是否需要为这些不同的项目建立不同的收敛准则?

在确定收敛准则时，ANSYS 提供一系列选择，用户可以将收敛检查建立在力、力矩、位移、转动或这些项目的任意组合上。另外，每个项目可以有不同的收敛容限值。对多自由度问题，同样也有收敛准则的选择问题。

在确定收敛准则时，以力为基础的收敛提供了收敛的绝对量度，而以位移为基础的收敛仅提供了表观收敛的相对量度。因此，如果需要总是使用以力或力矩为基础的收敛容限，则可以增加以位移或转动为基础的收敛检查，但是通常不单独使用它们。

5. 保守行为与非保守行为：过程依赖性

如果通过外载输入系统的总能量在载荷移去时复原，则这个系统是保守的；如果能量被系统消耗（如由于塑性应变或滑动摩擦），则系统是非保守的。图 6-4 所示为一个非保守（守恒）系统的例子。

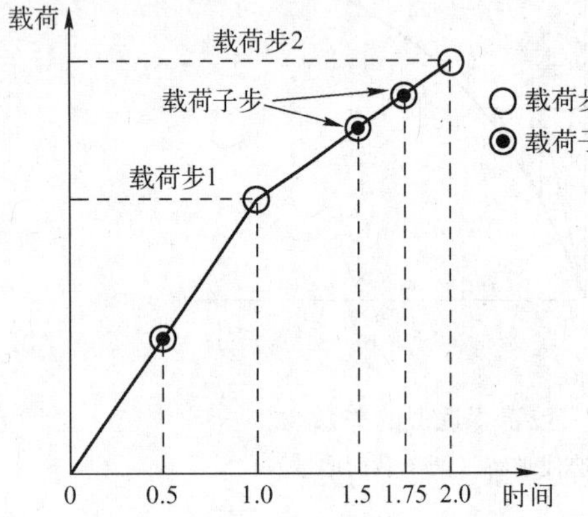

图 6-3　载荷步、子步及时间关系图

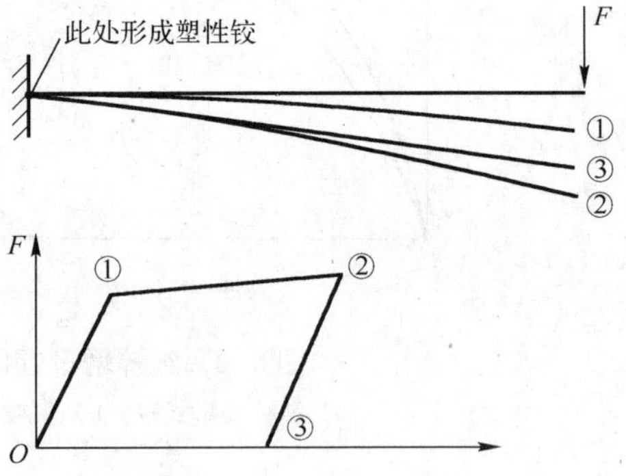

图 6-4　非保守系统的例子

一个保守系统的分析与过程无关，通常可以任何顺序和任何数目的增量加载而不影响最终结果；相反一个非保守系统的分析与过程相关，必须紧紧跟随系统的实际加载历史，以获得精确的结果，如果对于给定的载荷范围，则可以有多个解是有效的（如在突然转变分析中），这样的分析也可能与过程相关。过程相关问题通常要求缓慢加载，即使用多个子步到最终的载荷值。

6. 子步

使用多个子步时，需要考虑精度和代价之间的平衡。更多的子步骤，即小的时间步通常导致较好的精度，但以增多运行时间为代价。ANSYS 提供两种方法控制子步数，一是通过指定实际的子步数或时间步长；二是自动时间步长，基于结构的特性和系统的响应调查时间步长。

7. 自动时间分步

如果预料的结构行为将从线性到非线性变化，则需要在系统响应的非线性部分期间变化时间步长。在这种情况下，可以激活自动时间分步以随着需要调整时间步长，获得精度和代价之间的良好平衡。同样，如果不确信是否收敛，则需要使用自动时间分步激活 ANSYS 的二分特点。

二分法提供了一种对收敛失败自动矫正的方法。无论何时，只要平衡迭代收敛失败，二分法将把时间步长分为两半，然后从最后收敛的子步自动重启动。如果二分的时间步再次收敛失败，二分法将再次分割时间步长后重启动并持续这一过程，直到获得收敛或到达指定的最小时间步长。

8. 载荷和位移方向

当结构经历大变形时应考虑到载荷将发生的变化。在许多情况下，无论结构如何变形，施加在系统中的载荷保持恒定的方向。而在另一些情况下，力将改变方向并随着单元方向的改变而变化。

ANSYS 对这两种情况均可建模，并依赖于施加的载荷类型。加速度和集中力将忽略其单元方向的改变而保持最初方向，表面载荷作用在变形单元表面的法向且可用来模拟跟随力。图 6-5 所示为变形前后的载荷方向。

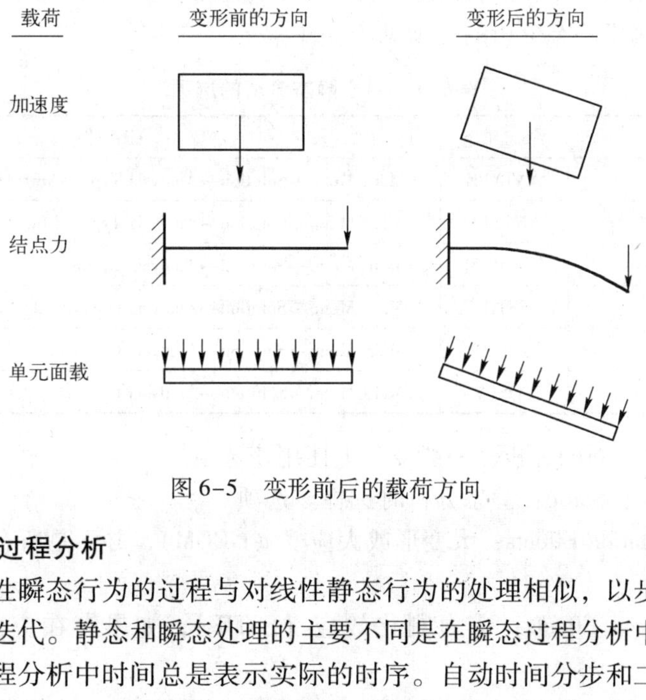

图 6-5　变形前后的载荷方向

9. 非线性瞬态过程分析

用于分析非线性瞬态行为的过程与对线性静态行为的处理相似，以步进增量加载，程序在每步中进行平衡迭代。静态和瞬态处理的主要不同是在瞬态过程分析中要激活时间积分效应，因此在瞬态过程分析中时间总是表示实际的时序。自动时间分步和二分特点同样也适用于瞬态过程分析。

6.2 非线性分析的过程与步骤

尽管非线性分析比线性分析更加复杂，但处理基本相同，只是在非线形分析的适当过程中添加了需要的非线形特性。非线性静态分析是静态分析的一种特殊形式，同静态分析一样，处理流程主要由建模、加载求解和查看结果 3 个主要步骤组成。

6.2.1 建模

建模步骤对线性和非线性分析都是必需的，尽管非线性分析在该步骤中可能包括特殊的单元或非线性材料性质。如果模型中包含大应变效应，则应力－应变数据必须依据真实应力和真实（或对数）应变表示。

6.2.2 加载求解

在加载求解步骤中定义分析类型和选项，指定载荷步选项，开始有限元求解。非线性求解经常要求多个载荷增量且总是需要平衡迭代，它不同于线性求解，处理过程如下。

1. 进入 ANSYS 求解器

GUI：Main Menu→Solution。
命令：/Solution。

2. 定义分析类型及分析选项

分析类型和分析选项在第一个载荷步后，即执行第一个 SOLVE 命令后不能被改变。

ANSYS 提供的用于静态分析的选项见表 6-1。

表 6-1 用于静态分析的选项

选　　项	命　　令	GUI 路径
New Analysis	ANTYPE	Main Menu→Solution→Analysis Type→New Analysis→Restart
Analysis Type：Static	ANTYPE	Main Menu→Solution→Analysis Type→New Analysis→Static
Large Deformation Effects	NLGEOM	Main Menu→Solution→Analysis Options
Stress Stiffening Effects	SSTIF	Main Menu→Solution→Analysis Options
Newton－Raphson Option	NROPT	Main Menu→Solution→Analysis Options
Equation Solver	EQSLV	Main Menu→Solution→Analysis Options

1）New Analysis：新的分析，一般情况下使用该选项。

2）Analysis Type：Static：静态分析时选择该选项。

3）Large Deformation Effects：大变形或大应变（GEOM），并不是所有的非线性分析均将产生大变形。

4）Stress Stiffening Effects：应力刚化效应（SSTIF），如果存在应力刚化效应，则选择 ON。

5）Newton－Raphson Option：牛顿－拉普森选项（NROPT）：仅在非线性分析中使用该选项，该选项指定在求解期间修改一次正切矩阵的间隔时间。可以指定如下值中的一个。

- 程序选择（NROPT，ANTO）：程序基于模型中存在的非线性种类选择使用这些选项之一。在需要时牛顿－拉普森方法将自动激活自适应下降。
- 全（NROPT，FNLL）：程序使用完全牛顿－拉普森方法处理，即每进行一次平衡迭代，则修改刚度矩阵一次。如果自适应下降关闭，则每次平衡迭代都使用正切刚度矩阵。编者不建议关闭自适应下降，但是有时这样做可能更有效：如果自适应下降打开（默认），只要迭代保持稳定，即只要残余项减小且没有负主对角线出现，程序将仅使用正切刚度阵。如果在一次迭代中探测到发散倾向，则抛弃发散的迭代且重新开始求解，应用正切和正割刚度矩阵的加权组合。在迭代回到收敛模式时，程序将重新开始使用正切刚度矩阵。对复杂的非线性问题，自适应下降通常将提高程序获得收敛的能力。

- 修正的（NROPT，MODl）：程序使用修正的牛顿－拉普森方法，即正切刚度矩阵在每个子步中都被修正，在一个子步的平衡迭代期间矩阵不被改变。这个选项不适用于大变形分析，自适应下降不可用。
- 初始刚度（NROPT，INIT）：程序在每次平衡迭代中都使用初始刚度矩阵这一选项，比完全选项似乎较不易发散，但它经常要求更多次的迭代来得到收敛。它不适用于大变形分析，自适应下降不可用。

6）Equation Solver：方程求解器，对于非线性分析，使用前面的求解器（默认）。

3. 在模型上加载

在大变型分析中惯性力和点载荷将保持恒定的方向，但表面力将跟随结构而变化。

4. 指定载荷步选项

这些选项可以在任何载荷步中改变，如下选项对非线性静态分析是可用的。

1）普通选项。

- Time（TIME）：ANSYS 借助在每个载荷步末端给定的 TIME 参数识别出载荷步和子步。使用该命令定义受某些实际物理量（如先后时间和施加的压力等）限制的 TIME 值。程序通过该选项来指定载荷步的末端时间。在没有指定 TIME 值时，程序将依据默认自动地对每个载荷步按 1.0 增加 TIME（在第一个载荷步的末端以 TIME = 1.0 开始）。
- 时间步数目（NSUBST）和时间步长（DELTIM）：非线性分析要求在每个载荷步内有多个子步（或时间步，两个术语等效），从而 ANSYS 可以逐渐施加所给定的载荷，以得到精确的解。NSUBST 和 DELTIM 命令获得同样效果（给定载荷步的起始，最小及最大步长）。NSNBST 定义在一个载荷步内将使用的子步数，而 DELTIM 明确地定义时间步长。如果自动时间步长关闭，那么起始子步长用于整个载荷步。默认为每个载荷步有一个子步。
- 渐进式或阶跃式的加载：在与应变率无关材料行为的非线性静态分析中通常不需要指定这个选项，因为依据默认，载荷将为阶跃式的载荷（KBC，1）。
- 自动时间分步（AUTOTS）：允许程序确定子步间载荷增量的大小和决定在求解期间增加或减小子步长。默认为 OFF（关闭）。用户可用 AUTOTS 命令打开自动时间步长和二分法。通过激活自动时间步长，可以让程序决定在每个载荷步内使用多少个时间步。在一个时间步的求解完成后，下一个时间步长的大小基于 4 种因素预计，即在最近过去的时间步中使用的平衡迭代数（更多次的迭代成为时间步长减小的原因）、对非线性单元状态改变预测（状态改变临近时减小时间步长）、塑性应变增加的大小和蠕变增加的大小。

2）非线性选项。程序将连续进行平衡迭代直到满足收敛准则或允许平衡迭代的最大数（NEQIT），可以用默认收敛准则或自定义收敛准则。

- 收敛准则（CNVTOL）：依据默认，程序将以 VALUE，TOLER 的值对力（或力矩）进行收敛检查。VALUE 默认是在所加载荷（或所加位移，牛顿 - 拉普森回复力）的 SRSS 和 MINREF（默认为 1.0）中较大者。TOLER 默认是 0.001，用户应总是使用力收敛检查。可以添加位移（或转动）收敛检查，对于位移，程序将收敛检查建立在当前（i）和前面（$i-1$）次迭代之间的位移改变上。

- 用户收敛准则：用户可定义收敛准则替代默认值。使用严格的收敛准则将提高结果的精度，但以更多次的平衡迭代为代价。如果需要严格（加放松）的准则，应改变 TOLER 两个数量级。一般地应继续使用 VALUE 的默认值，即通过调整 TOLER，而不是 VALUL 改变收敛准则。应确保 MINREF = 1.0 的默认值在分析范围内有意义。
- 在单一和多 DOF 系统中检查收敛：要在单自由度（DOP）系统中检查收敛，对这个 DOF 计算出不平衡力，然后对照给定的收敛准则（VALUE * TOLER）参看该值。同样也可以对单一 DOF 的位移（和旋度）收敛进行类似的检查，然而在多 DOF 系统中，可能使用不同的比较方法。

ANSYS 提供 3 种不同的矢量规范用于收敛核查，即无限规范在模型中的每个 DOF 处重复单一 DOF 核查、LI 规范将收敛准则同所有 DOFS 的不平衡力（力矩）的绝对值的总和相对照和 L2 规范使用所有 DOFS 不平衡力（或力矩）的二次方总和的二次方根进行收敛检查。

- NEQIT（平衡迭代的最大次数）：使用该选项限制每个子步中进行的最大平衡迭代次数，默认为 25。如果在这个平衡迭代次数之内不能满足收敛准则，则自动步长打开（AUTOTS），分析将尝试使用二分法。如果二分法不可能，则依据在 NCNV 命令中发出的指示，分析将或终止或进行下一个载荷步。
- NCNV（求解终止选项）：该选项处理 5 种不同的终止准则，即如果位移过大，则建立一个用于终止分析和程序执行的准则、限制累积迭代次数设置、限制整个时间设置、限制整个 CPU 时间设置，以及弧长选项（ARCLEN）。如果结构的载荷 - 位移曲线的斜度将为 0 或负值，则可以使用弧长方法来帮助稳定数值求解。
- PRED（时间步长预测 - 纠正选项）：对于每个子步的第一次平衡迭代可以激活和 DOF 求解有关的预测，这个特点加速收敛。如果非线性响应是相对平滑的，则特别有用，而在包含大转动或粘弹的分析中它并不是非常有用。
- 线搜索选项（LNSRCH）：对自适应下降的替代。激活后，无论何时发现硬化响应，这个收敛提高工具用程序计算的比例因子（0 ~ 1 的值）乘以计算出的位移增量。因为线搜索算法是对自适应下降选项（NROPT）进行的替代，所以如果线搜索选项打开，自适应下降不被自动激活，不建议同时激活线搜索和自适应下降。存在强迫位移时，直到迭代中至少有一次具有一个线搜索值运算才会收敛。ANSYS 调节整个 DU 矢量，包括强迫位移值，否则除了强迫 DOF 处一个小的位移值将随处发生。直到迭代中的某一次具有 1 的线搜索值，ANSYS 才施加全部位移值。
- 蠕变准则（CRPLIM，CRCR）：如果结构表现蠕变行为，则可以指定蠕变准则用于自动时间步调整。如果自动时间步长（AUTOTS）关闭，则这个蠕变准无效，程序将对所有单元计算蠕应变增量（在最近时间步中蠕变的变化）对弹性应变的比值。如果最大比值比判据大，则程序减小下一个时间步长；否则程序可能增加下一个时间步长。同样程序将把自动时间步长建立在平衡迭代次数上，即将发生的单元状态改变及塑性应变增量的基础上。时间步长将被调整到对应这些项目中的任何一个所计算出的最小值。如果比值高于0.25的稳定界限且时间增量不能减小，则解可能发散且分析将由于错误信息而终止，这个问题可以通过使最小时间步长足够小来避免（DELTIM，NSUBST）。

- 激活和取消选项：在ANSYS/Mechanical和ANSYS/LS－DYNA产品中，可以取消和激活单元来模拟材料的消去和添加。程序通过用一个非常小的数（由ESTIF命令设置）乘以它的刚度从总质量矩阵消去其质量而“取消”一个单元。对无活性单元的单元载荷（压力、热通量、热应变等）同样地设置为零。需要在前处理中定义所有可能的单元，而不可能在SOLUTION中产生新的单元。

分析后期产生的那些单元，在第1个载荷步前应被取消，然后在适当的载荷步开始时被重新激活。单元被重激活后它们具有零应变状态，并且（如果NLGEOM，ON）修改其几何特性（开头长度和面积等）与现偏移位置相适应。

另一种在求解期间影响单元行为的方法是改变其材料性质参考号，这个选项允许在载荷步间改变一个单元的材料性质。EKILL适用于大多数单元类型。MPCHG适用于所有单元类型。

3）输出控制选项。

- OUTPR（打印输出）：指定输出文件中包括所需的结果数据。
- OUTRES（结果文件输出）：控制结果文件中的数据，OUTPR和OUTRES控制写入结果到这些文件的频率。
- ERESX（结果外推）：依据默认复制一个单元的积分点应力和弹性应变结果到结点，而替代外推它们。如果在单元中存在非线性（塑性、蠕变及膨胀），积分点非线性变化总是被复制到结点。

默认在非线性分析中只有最后一个子步被写入结果文件。要写入所有子步，设置OUTRES中的FREQ域为ALL。默认只有1 000个结果集（子步）可写入结果文件。如果超过（基于OUTRES指定），程序将由于错误而终止。使用/CONFIG，NRES命令增加这个数值。

4）保存基本数据的备份副本为另一个文件。

GUI：Utility Menu→File→Save As。
命令：SAVE。

5）开始求解计算。

GUI：Main Menu→Solution→Solve→Current LS。
命令：SOLVE。

如果需要定义多个载荷步，则对每个载荷步重复步骤3）～6）。

6）退出SOLUTION处理器。

GUI：关闭Solution菜单。
命令：FINISH。

6.2.3 查看结果

来自非线性静态分析的结果主要由位移、应力、应变和反作用力组成，可以用POST1通用后处理器、POST26时间历程后处理器查看这些结果。

1. 用POST1查看结果

用POST1一次仅可以读取一个子步且来自该子步的结果已写入Jobname.rst文件中。用

POST1 查看结果，数据库中的模型必须与用于求解计算的模型相同，Jobname. rst 文件必须可用。

1）检查 Jobname. out 文件是否在所有的子步分析都收敛，如果不收敛，则可能不需后处理而确定收敛失败的原因；否则继续进行后处理。

2）进入 POST1。如果用于求解的模型现在不在数据中，则执行 RESUME。

3）读取需要的载荷步和子步结果，可以依据载荷步和子步号或时间识别，然而不能依据时间识别出弧长结果。

GUI：Main Menu→General Postproc→Read Results→Load step。
命令：SET。

可使用 SUBSET 或 APPEND 命令只对选出的部分模型读取或合并结果数据，也可以通过 INRES 命令限制从结果文件到基本数据被写的数据总量，用 ETABLE 命令对选出的单元进行后处理。

如果指定了一个没有结果可用的 Time 值，则 ANSYS 将进行线性内插计算该 Time 处的结果。在非线分析中这种线性内插通常将导致某些精度损失（见图 6-6），因此对于非线性分析，通常应在一个精确地对应于要求子步的 Time 处进行后处理。

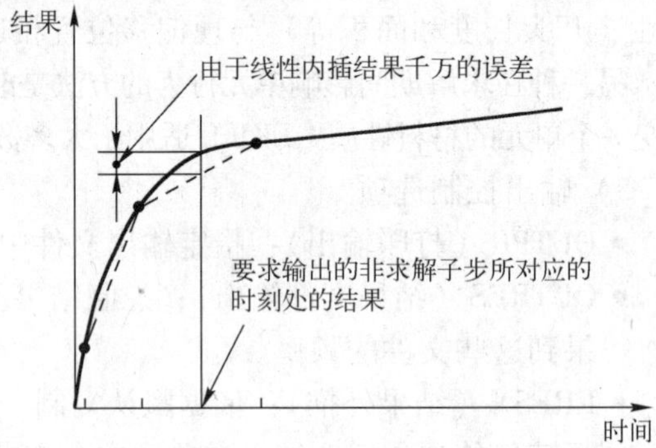

图 6-6　线性内插引起某些误差的结果

4）显示结果。

● 显示已变形的形状。

GUI：Main Menu→General Postproc→Plot Results→Deformed Shapes。
命令：PLDISP。

在大变形分析中，一般优先使用真实比例显示（IDSCALE，，1）。

● 显示应力、应变或任何其他可用项目的等值线。

GUI：Main Menu→General Postproc→Plot Results→Contour Plot→Nodal Solu 或 Element Solu。
命令：PLNSOL 或 PLESOL。

如果邻接单元具有不同材料行为（可能由于塑性或多线性弹性的材料性质、不同的材料类型或邻近单元的死活属性不同而产生），应注意避免结果中的结点应力平均错误。同样可以绘制单元表数据和线单元数据的等值线。

GUI：Main Menu→General Postproc→Element Table→Plot Element Table。
Main Menu→General Postproc→ Plot Results→Contour Plot→Line Elem Res。
命令：PLETAB 和 PLLS。

使用 PLETAB 命令（GUI：Main Menu →General Postproc→Element Table→Plot Element Table）绘制单元表数据的等值线，用 PLLS 命令（GUI：Main Menu→General Postproc→Plot Results→Line elem Res）绘制线单元数据的等值线。

● 列表。

GUI:Main Menu→General Postproc→Plot Results→Nodal Solution。

Main Menu→General Postproc→List Results→Element Solution。

Main Menu→General Postproc→List Results→Reaction Solution。

命令:PRNSOL(结点结果)、PRESOL(结果)、PRRSOL(反作用力数据)、PRETAB、PRITER(子步总计数据)、NSORT 和 ESORT(列表数据前对其排序)。

许多其他后处理函数在路径上映射结果，记录和参量列表等在 POSTl 中可用。对于非线性分析，载荷工况组合通常无效。

2. 用 POST26 查看结果

可以使用 POST26 和时间 - 历程后处理器查看非线性结构的载荷，即历程响应。使用 POST26 比较一个 ANSYS 变量对另一个变量的关系，例如可以用图形表示某一结点处的位移与对应所加载荷的关系或列出该结点处的塑性应变和对应 Time 值间的关系。典型的 POST26 后处理可以遵循如下步骤。

1） 根据 Jobname. OUT 文件检查是否在所有要求的载荷步内分析都收敛，不应将设计决策建立在非收敛结果的基础上。

2） 如果解是收敛的，则进入 POST26。如果现有模型不在数据库内，则执行 RESUME 命令。

GUI:Main Menu→TimeHist Postpro。

命令:POST26。

3） 定义在后处理期间使用的变量。

GUI:Main Menu→TuneHist Postproc→Define Variables。

命令:NSOL、ESOL 和 RFORCL。

4） 图形或列表显示变量。

GUI:Main Menu→TimeHist Postprac→Graph Variables。

Main Menu→TimeHist Postproc→List Variables。

MainMenu→TimeHist Postproc→List Extremes。

命令:PLVAR(图形表示变量)、PRVAR 和 EXTREM(列表变量)。

许多其他后处理函数可用于 POST26。

3. 终止运行重新启动

可以通过产生一个 abort 文件（Jobname. abt）停止一个非线性分析，一旦求解成功完成，或收敛失败，程序也将停止分析。如果一个分析在终止前已成功完成一次或多次迭代，则可以多次重新启动它。

6.3 装载时矿石对车厢的冲击非线性分析实例

问题描述

为了研究装载时矿石对矿用载重车车厢的冲击作用，可以建立如图 6-7 所示的简化模型。

由于冲击只作用于车厢底板，所以忽略车厢其他部分，车厢悬挂系统用弹簧模拟。现用有限元法分析矿石以一定速度 v 撞击时车厢的应力、应变和变形，以研究车厢的强度和刚度特性。

材料弹性模量为 2×10^{11} Pa，密度为 7 800 kg/m^3，泊松比为 0.3，屈服强度为 240.0×10^6 Pa，剪切模量为 2×10^8 Pa。

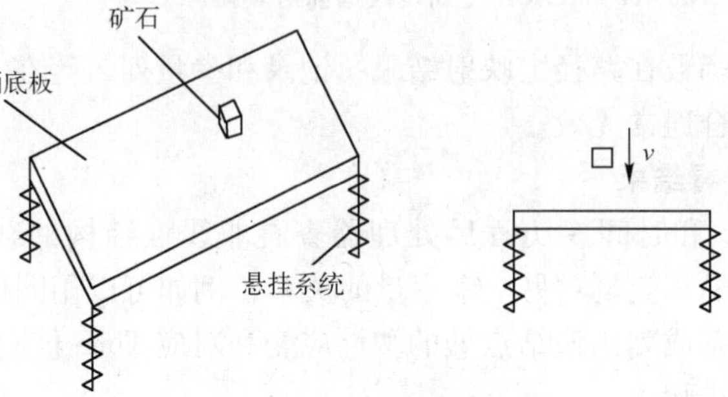

图 6-7　矿石 - 车厢的简化模型

操作步骤（GUI 方式）

1）改变任务名：执行 Utility Menu→File→Change Jobname 命令，弹出“Change Jobname”对话框，在“[/FILNAM]”文本框中输入“Impact”，单击 OK 按钮。

2）选择单元类型：执行 Main Menu→Preprocessor→Element Type→Add/Edit/Delete 命令，弹出如图 6-8 所示的“Element Types”对话框，单击 Add... 按钮，弹出如图 6-9 所示的“Library of Element Types”对话框，在左侧列表中选择“Structural Solid”，在右侧列表中选择“Brick 8node185”，单击 Apply 按钮；再在左侧列表中选择“Structural Shell”，在右侧列表中选择“3D 4 Node 182”，单击 Apply 按钮；再在左侧列表中选择“Combination”，在右侧列表中选择“Spring - damper 14”，单击 Apply 按钮；再在左侧列表中选择“Contact”，在右侧列表中选择“4 nd surf 173”，单击 Apply 按钮；再在左侧列表中选择“Contact”，在右侧列表中选择“3D target 170”，单击 OK 按钮；单击如图 6-8 所示对话框中的 Close 按钮。

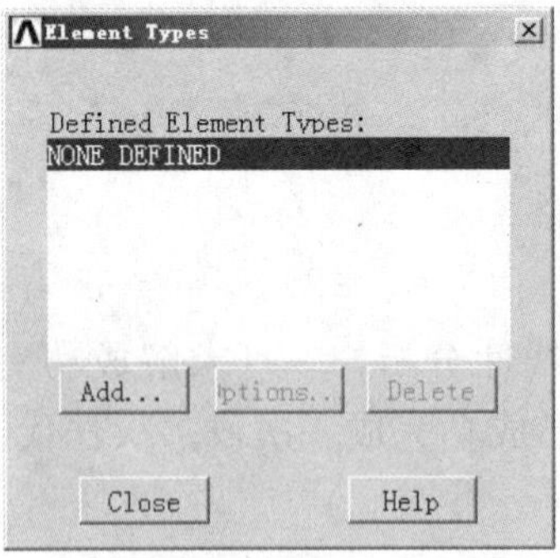

图 6-8　“Element Types”对话框

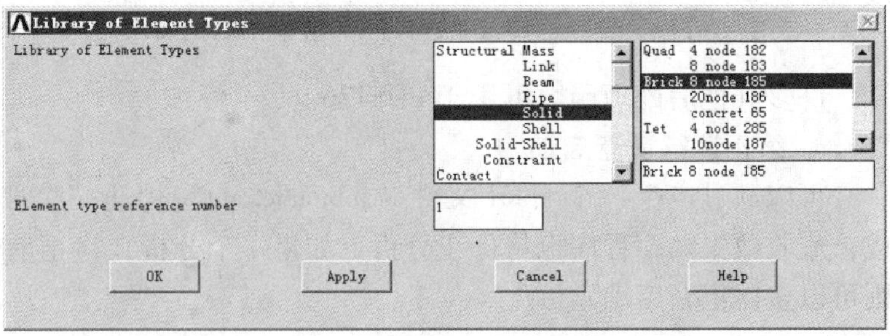

图 6-9　“Library of Element Types”对话框

3）定义材料模型：执行 Main Menu→Preprocessor→Material Props→Material Models 命令，弹出如图 6-10 所示的“Define Material Model Behavior”对话框，在右侧列表中依次选择“Structural”、“Linear”、“Elastic”、“Isotropic”，弹出如图 6-11 所示的“Linear Isotropic Properties for Material Number 1”对话框，在“EX”文本框中输入 2e11（弹性模量），在

"PRXY" 文本框中输入 0.3（泊松比），单击 OK 按钮。

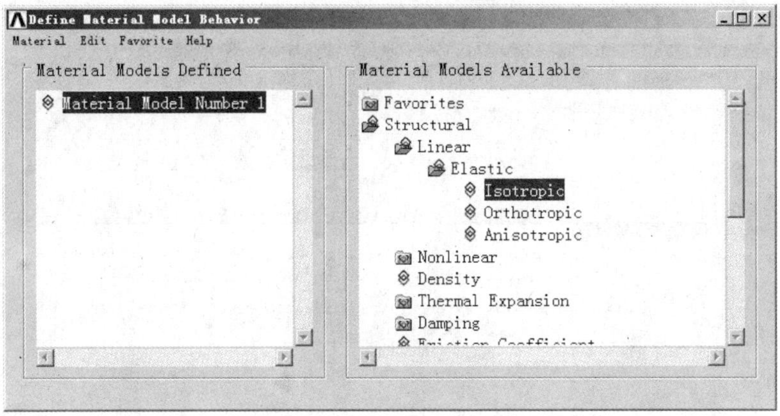

图 6-10 "Define Material Model Behavior" 窗口

再在"Define Material Model Behavior" 窗口的右侧列表中依次选择"Structural"、"Nonlinear"、"Inelastic"、"Rate Independent"、"Kinematic Hardening Plasticity"、"Mises Plasticity"、"Bilinear"，弹出如图 6-12 所示的"Bilinear Kinematic Hardening for Material Number 1" 对话框，在"Yield Stss" 文本框中输入 240e6（屈服极限），在"Tang Mods" 文本框中输入 2e8（切线模量），单击 OK 按钮。

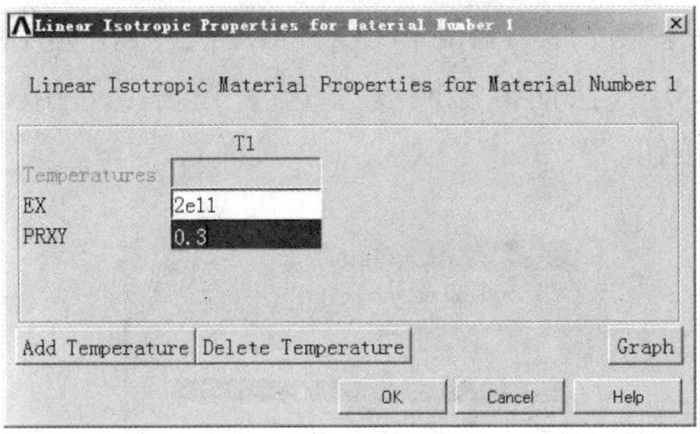

图 6-11 "Linear Isotropic Propenties for Material Number 1" 对话框

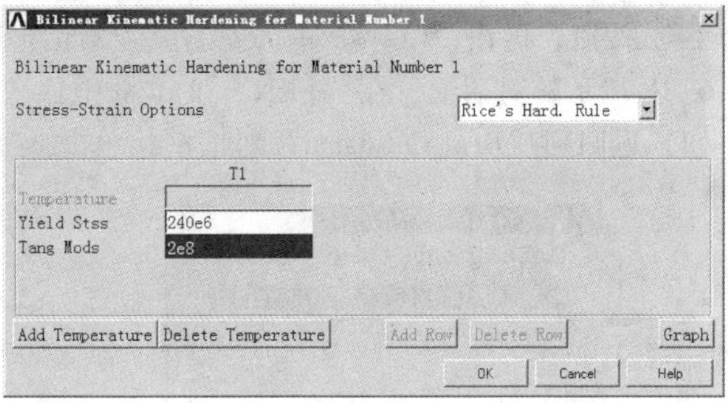

图 6-12 "Bilinear Kinematic Hardening for Material Number 1" 对话框

再在"Define Material Model Behavior" 窗口的右侧列表中依次选择"Structural"、"Density"，弹出如图 6-13 所示的"Density for Material Number 1" 对话框，在"DENS" 文本框中输入 7 800（密度），单击 OK 按钮；然后关闭"Define Material Model Behavior" 对话框。

4）定义壳单元的截面：执行 Main Menu→Preprocessor→Sections→Shell→Lay-up→Add/Edit 命令，弹出如图 6-14 所示的

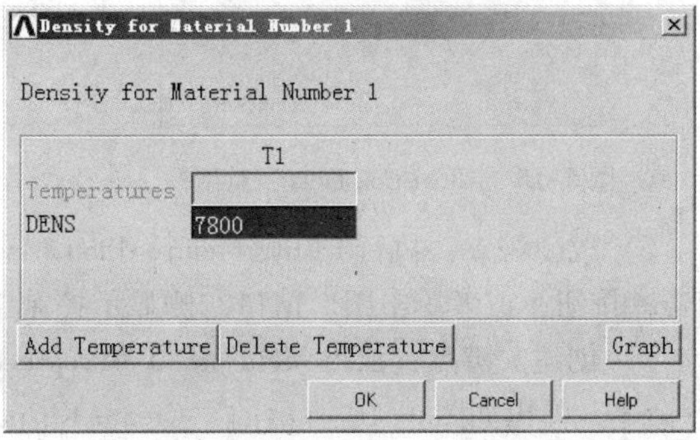

图 6-13 "Define Material Model Behavior" 对话框

“Create and Modify Shell Sections”对话框，在“Thickness”文本框中输入0.06（壳厚度），单击OK按钮。

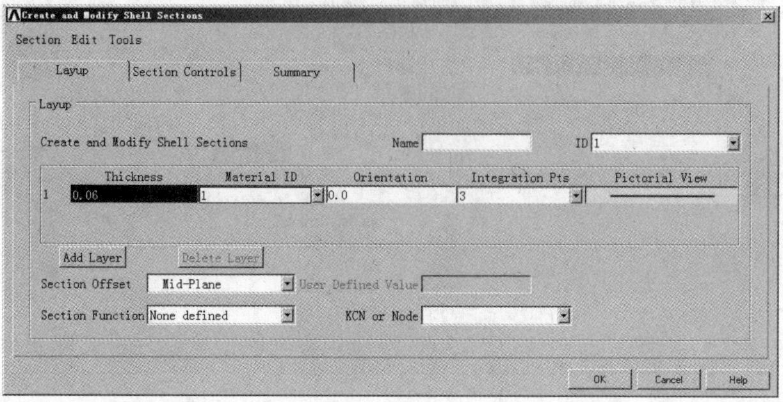

图6-14 “Create and Modify Shell Sections”对话框

5）定义实常数：执行Main Menu→Preprocessor→Real Constants→Add/Edit/Delete命令，弹出如图6-15所示的“Real Constants”对话框，单击Add...按钮，弹出如图6-16所示的“Choose element type”对话框，在列表中选择“Type 3 COMBIN14”，单击OK按钮，弹出如图6-17所示的“Real Constant Set Number 1, for COMBIN14”对话框，在“K”文本框中输入100 000（弹簧刚度），单击OK按钮；返回到“Real Constants”对话框，再次单击Add...按钮，再在“Choose element type”对话框列表中选择“Type 4 CONTAl73”，弹出如图6-18所示的对话框，在“FKN”文本框中输入0.01（法向接触刚度因子），单击OK按钮，返回到“Real Constants”对话框，单击Close按钮。

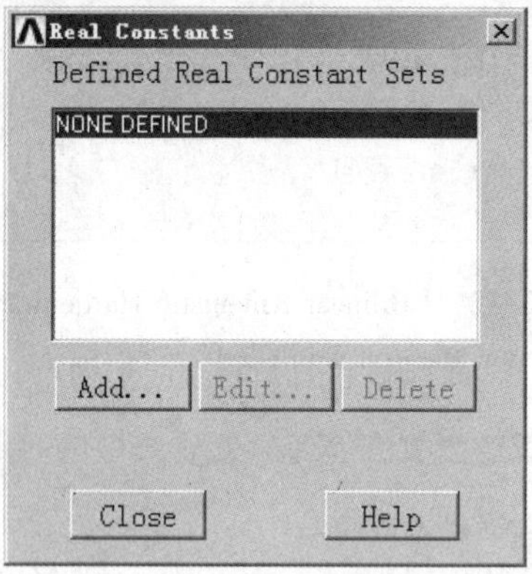

图6-15 “Real Constants”对话框

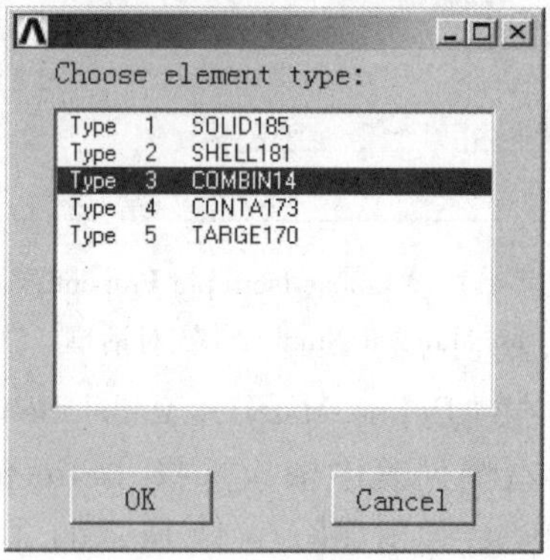

图6-16 “Choose element type”对话框

6）改变视点：执行Utility Menu→PlotCtrls→Pan Zoom Rotate命令，在弹出的对话框中，单击按钮，或者单击图形窗口右侧显示控制工具条上的按钮。

7）创建关键点：执行Main Menu→Preprocessor→Modeling→Create→Keypoints→In Active CS命令，弹出如图6-19所示的“Create Keypoints in Active Coordinate System”对话框，在“NPT”文本框中输入1，在“X，Y，Z”文本框中分别输入-0.8，0，-1.5，单击Apply按钮；在“NPT”文本框中输入2，在“X，Y，Z”文本框中分别输入-0.8，0，1.5，单

击 Apply 按钮；在“NPT”文本框中输入3，在“X，Y，Z”文本框中分别输入0.8，0，1.5，单击 Apply 按钮；在“NPT”文本框中输入4，在“X，Y，Z”文本框中分别输入0.8，0，-1.5，单击 OK 按钮。

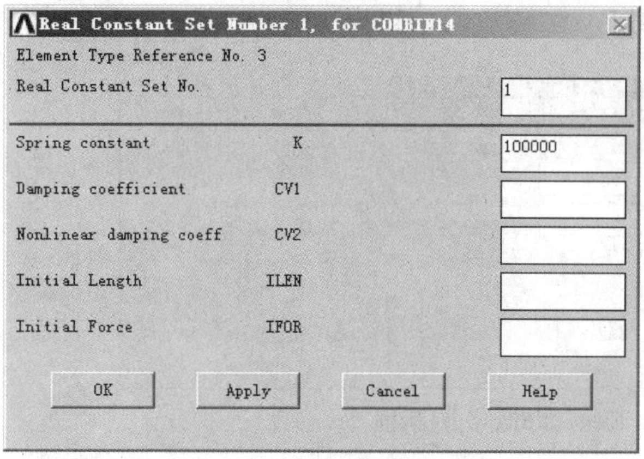

图6-17 “Real Constant Set Number 1，for COMBIN14”对话框

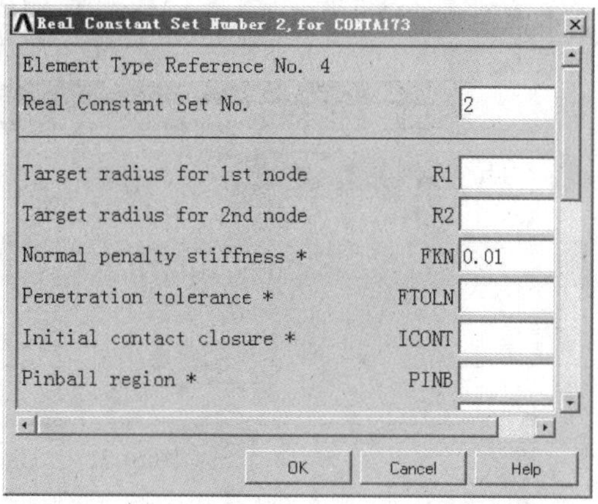

图6-18 “Real Constant Set Number 2，for CONTAI73”对话框

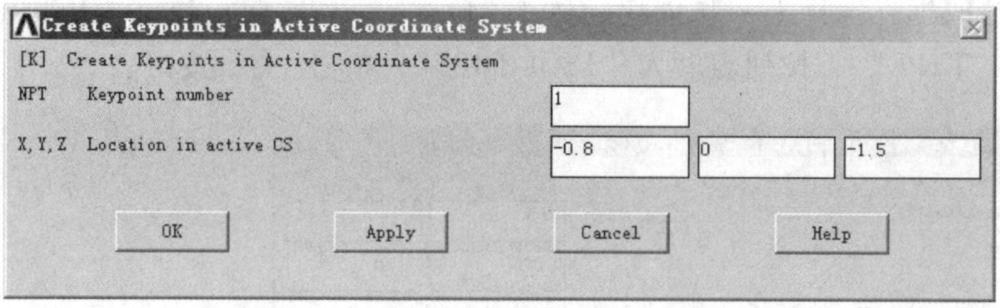

图6-19 “Create Keypoints in Active Coordinate System”对话框

8）由关键点创建面：执行 Main Menu→Preprocessor→Modeling→Create→Areas→Arbitrary→Through KPs 命令，弹出拾取框，依次拾取上一步创建的关键点1，2，3，4，单击 OK 按钮。

9）对面划分单元：执行 Main Menu→Preprocessor→Meshing→Mesh Tool 命令，弹出如图6-20所示的“MeshTool”对话框。选择“Element Attributes”的下拉列表框为“Areas”，单击下拉列表框后面的 Set 按钮，弹出拾取框，选择上一步创建的面1，单击 OK 按钮，弹出“Areas Attributes”对话框，选择“TYPE”下拉列表框为“2 SHELL181”，选择“SECT”下拉列表框为“1”，单击 OK 按钮。

单击“Size Controls”选项组中“Global”后面的 Set 按钮，弹出如图6-21所示的“Global Element Sizes”对话框，在“SIZE”文本框中输入0.08，单击“OK”按钮；在“MeshTool”对话框的“Mesh”下拉列表框，选择单元形状为“Quad”（四边形），选择划分单元的方法为“Mapped”（映射），单击“Mesh”按钮，弹出拾取框，拾取面1，单击 OK 按钮。

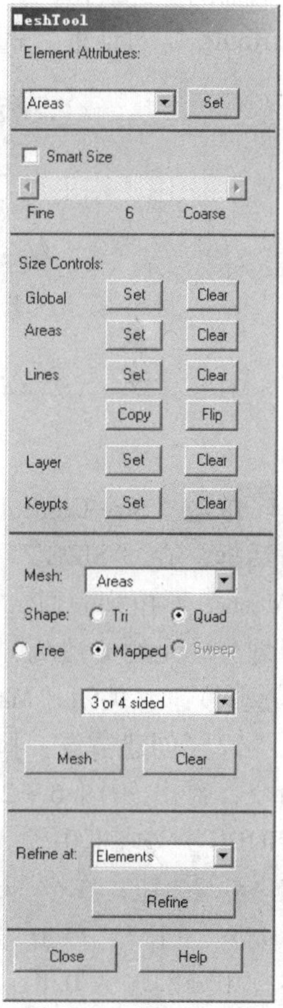

图6-20 “MeshTool”对话框

10）创建块：执行 Main Menu→Preprocessor→Modeling→Create→Volumes→Block→By Dimension 命令，弹出如图 6-22 所示的“Create Block by Dimensions”对话框，在“X1，X2”文本框中分别输入 -0.1，0.1，在“Y1，Y2”文本框中分别输入 0.001，0.201，在“Z1，Z2”文本框中分别输入 -0.1，0.1，单击 OK 按钮。

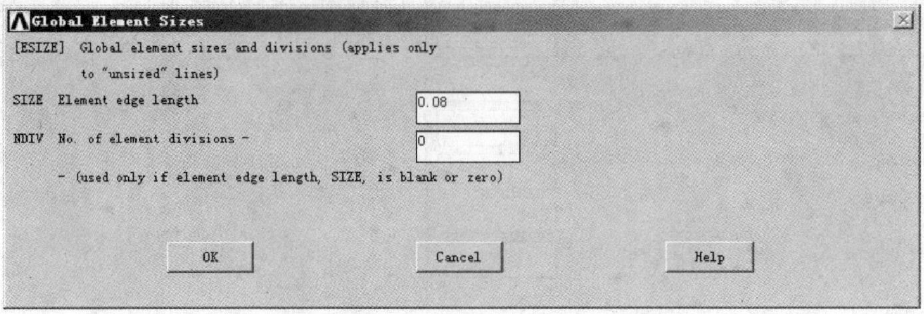

图 6-21 “Global Element Sizes”对话框

11）对体划分单元：执行 Main Menu→Preprocessor→Meshing→Mesh Tool 命令，弹出“MeshTool”对话框，选择“Element Attributes”下拉列表框为“Volumes”，单击下拉列表框后面的 Set 按钮，弹出拾取框，选择上一步创建的体 1，单击 OK 按钮，弹出“Volume Attributes”对话框，选择“TYPE”下拉列表框为“1SOLID185”，单击 OK 按钮。

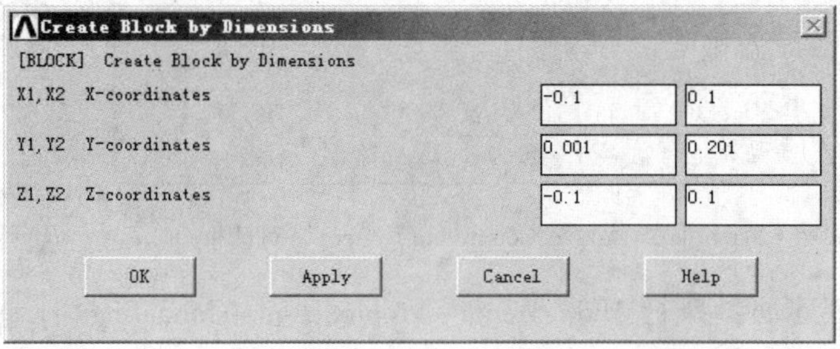

图 6-22 “Create Block by Dimensions”对话框

单击“Size Controls”选项组中“Global”后面的 Set 按钮，弹出“Global Element Sizes”对话框，在“SIZE”文本框中输入 0.05，单击 OK 按钮；在“MeshTool”对话框的“Mesh”下拉列表框，选择实体类型为“Volumes”，选择单元形状为“Hex”（六面体），选择划分单元的方法为“Mapped”（映射），单击 Mesh 按钮，弹出拾取框，拾取体 1，单击 OK 按钮，关闭“MeshTool”对话框。

12）创建节点：执行 Main Menu→Preprocessor→Modeling→Create→Nodes→In Active CS 命令，弹出如图 6-23 所示的“Create Nodes in Active Coordinate System”对话框，在“NODE”文本框中输入 950，在“X，Y，Z”文本框中分别输入 -0.8，-0.5，-1.5，单击 Apply 按钮；在“NODE”文本框中输入 951，在“X，Y，Z”文本框中分别输入 0.8，-0.5，-1.5，单击“Apply”按钮；在“NODE”文本框中输入 952，在“X，Y，Z”文本框中分别输入 0.8，-0.5，1.5，单击“Apply”按钮；在“NODE”文本框中输入 953，在“X，Y，Z”文本框中分别输入 0.8，-0.5，1.5，单击 OK 按钮。

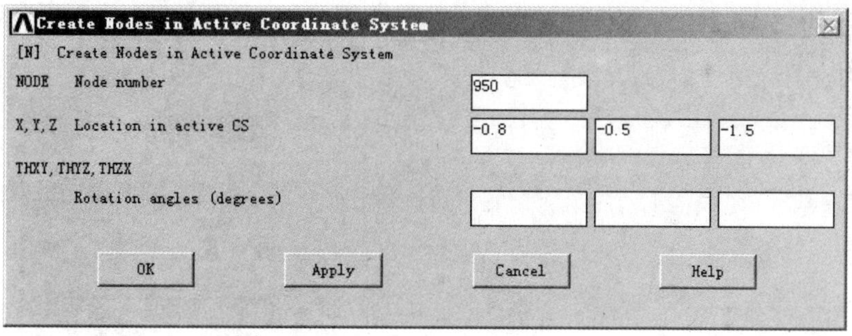

图 6-23 “Create Nodes in Active Coordinate System” 对话框

13）为下面所创建单元指定属性：执行 Main Menu→Preprocessor→Modeling→Create→Elements→Elem Attributes 命令，弹出如图 6-24 所示的“Element Attributes”对话框，选择“TYPE”下拉列表框为“3 COMBIN14”，选择“REAL”下拉列表框为“1”，单击 OK 按钮。

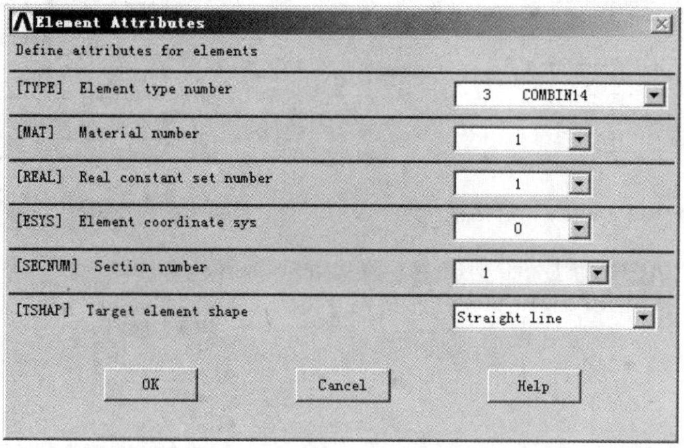

图 6-24 “Element Attributes” 对话框

14）显示节点号：执行 Utility Menu→PlotCtrls→Numbering 命令，在弹出的“Plot Numbering Controls”对话框中将 Node Numbers（节点号）打开，单击 OK 按钮。

15）创建弹簧单元：执行 Main Menu→Preprocessor→Modeling→Create→Elements→Auto Numbered→Thru Nodes 命令，弹出拾取框，拾取节点 1 和 950，单击 Apply 按钮，于是在节点 1 和 950 之间创建了一个弹簧单元，重复以上过程，在节点 60 和 951、40 和 952、2 和 953 之间分别创建单元，最后关闭拾取框。

16）选择弹簧单元的固定端节点：执行 Utility Menu→Select→Entities 命令，弹出如图 6-25 所示的“Select Entities”对话框，在各下拉列表框、文本框、单选按钮中依次选择或输入“Nodes”、“By Num/Pick”、“From Full”，单击 Apply 按钮，弹出如图 6-26 所示的“Select nodes”拾取框，选择“Min，Max，Inc”单选按钮，在文本框中输入 950，953，1，单击 OK 按钮。

17）在弹簧固定端节点上施加约束：执行 Main Menu→Preprocessor→Loads→Define Loads→Apply→Structural→Displacement→On Nodes 命令，弹出拾取框，单击 Pick All 按钮，弹出

如图 6-27 所示的“Apply U，ROT on Nodes”对话框，在“Lab2”列表中选择“All DOF”，单击 OK 按钮。

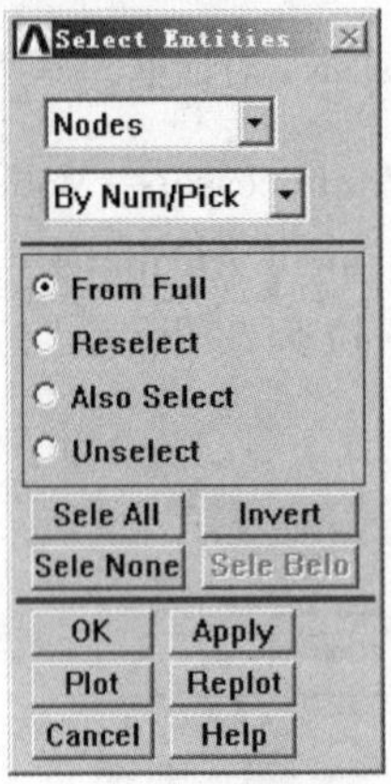

图 6-25 “Select Entities”对话框

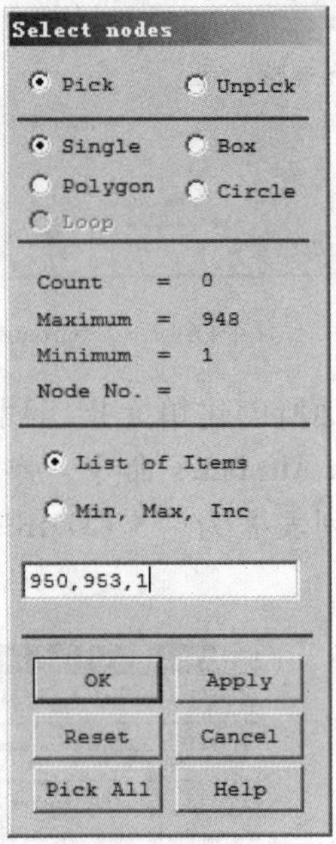

图 6-26 “Select nodes”拾取框

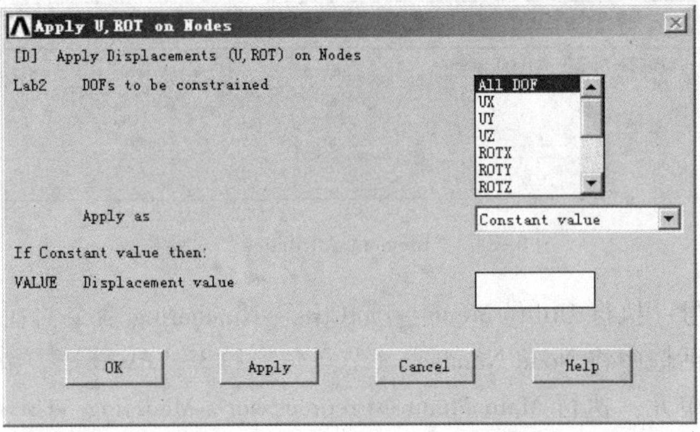

图 6-27 “Apply U，ROT on Nodes”对话框

18）选择所有：执行 Utility Menu→Select→Everything 命令。以下在矿石底面和车厢底面之间创建接触对。

19）选择车厢底面上的接触节点：激活“Select Entities”对话框，在各下拉列表框、文本框、单选按钮中依次选择或输入“Nodes”、“By Location”、“Y coordinates”、“0”、“From Full”，单击 Apply 按钮；再在各下拉列表框、文本框、单选按钮中依次选择或输入“Nodes”、“By Location”、“X coordinates”、“-0.3，0.3”、“Reselect”，单击 Apply 按钮；再在各下拉列表框、文本框、单选按钮中依次选择或输入“Nodes”、“By Location”、“Z coordinates”、“-0.3，0.3”、“Reselect”，单击 Apply 按钮。

20）为下面所创建单元指定属性：执行 Main Menu→Preprocessor→Modeling→Create→Elements→Elem Attributes 命令，弹出“Element Attributes”对话框，选择“TYPE”下拉列表框为“5 TARGE170”，选择“REAL”下拉列表框为“2”，单击 OK 按钮。

21）创建目标单元：执行 Main Menu→Preprocessor→Modeling→Create→Elements→Surf/Contact→Surf to Surf 命令，单击弹出对话框中的 OK 按钮，单击随后弹出的拾取框中的 Pick All 按钮。

22）选择矿石底面上的节点：激活“Select Entities”对话框，在各下拉列表框、文本框、单选按钮中依次选择或输入“Areas”、“By Num/Pick”、“From Full”，单击 Apply 按钮，弹出拾取框，在文本框中输入 4，单击 OK 按钮；再在各下拉列表框、文本框、单选按钮中依次选择或输入“Nodes”、“Attached to”、“Areas，all”、“From Full”，单击 Apply 按钮。

23）为下面所创建单元指定属性：执行 Main Menu→Preprocessor→Modeling→Create→Elements→Elem Attributes 命令，弹出“Element Attributes”对话框，选择“TYPE”下拉列表框为“4 CONTA173”，选择“REAL”下拉列表框为“2”，单击 OK 按钮。

24）创建接触单元：执行 Main Menu→Preprocessor→Modeling→Create→Elements→Surf/Contact→Surf to Surf 命令，单击弹出对话框中的 OK 按钮，单击随后弹出的拾取框中的 Pick All 按钮。

25）选择所有：执行 Utility Menu→Select→Everything 命令。

26）指定分析类型：执行 Main Menu→Solution→Analysis Type→New Analysis 命令，弹出如图 6-28 所示的对话框，选择“Type of Analysis”为“Transient”，单击 OK 按钮，在随后弹出的“Transient Analysis”对话框中，单击 OK 按钮。

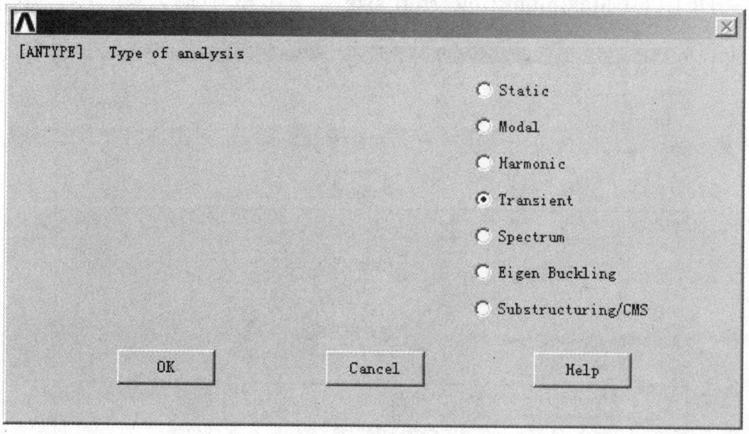

图 6-28 “Type of Analysis”对话框

27）施加重力加速度：执行 Main Menu→Solution→Define Loads→Apply→Structural→Inertia→Gravity→Global 命令，弹出如图 6-29 所示的“Apply（Gravitational）Acceleration”对话框，在“ACELY”文本框中输入 9.8，单击 OK 按钮。

28）选择矿石上的所有节点：激活“Select Entities”对话框，选择最上方下拉列表框为“Volumes”，单击 Sele Belo 按钮。

29）为矿石节点施加初始速度：执行 Main Menu→Solution→Define Loads→Apply→Initial Conditions→Define 命令，弹出拾取框，单击按钮，弹出如图 6-30 所示的“Define Initial Conditions”对话框，选择“Lab”下拉列表框为“UY”，在“VALUE2”文本框中输入 -8，单击按钮。

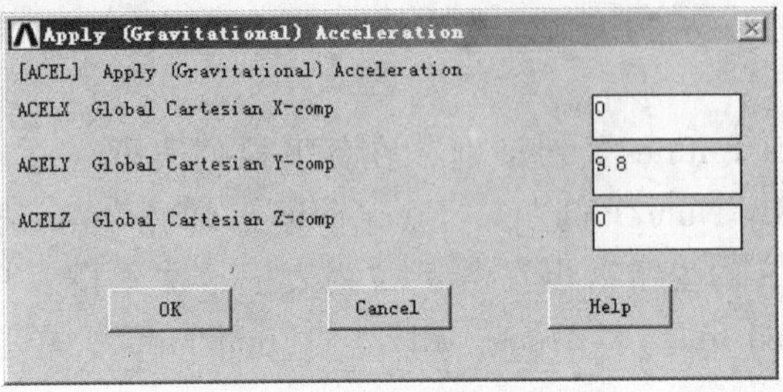

图 6-29 “Apply（Gravitational）Acceleration”对话框

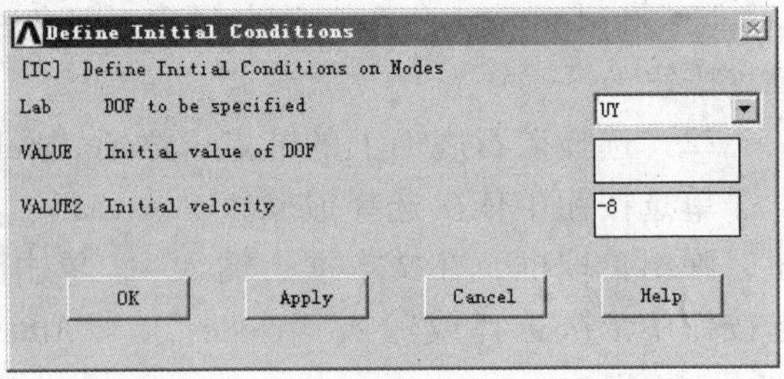

图 6-30 “Define Initial Conditions”对话框

30）为矿石节点施加约束：执行 Main Menu→Solution→Define Loads→Apply→Structural→Displacement→On Nodes 命令，弹出拾取框，单击按钮，弹出“Apply U，ROT on Nodes”对话框，在“Lab2”列表中选择“UX”、“UZ”，单击按钮。

31）选择所有：执行 Utility Menu→Select→Everything 命令。

32）确定载荷步时间和时间步长：执行 Main Menu→Solution→Load Step Opts→Time - Time Step 命令，弹出如图 6-31 所示的“Time and Time Step Options”对话框，在“TIME”文本框中输入 0.0013，在“DELTIM Time step size”文本框中输入 2.5e-5，选择“KBC”为“Stepped”，选择“AUTOTS”为“ON”，在“DELTIM Minimum time step size”文本框中输入 1e-6，在“DELTIM Maximum time step size”文本框中输入 4e-5，单击按钮。

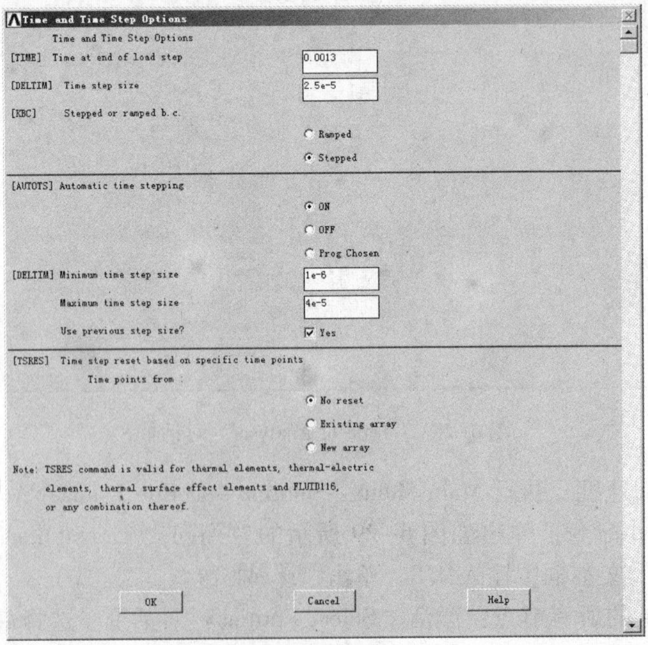

图 6-31 “Time and Time Step Options”对话框

提示：如果该菜单项未显示在界面上，可以执行 Main Menu→Solution→Unabridged Menu 命令，以显示 Main Menu→Solution 下的所有菜单项。

33）激活线性搜索：执行 Main Menu→Solution→Load Step Opts→Nonlinear→Line Search 命令，弹出如图 6-32 所示的“Line Search”对话框，将线性搜索打开，单击 OK 按钮。

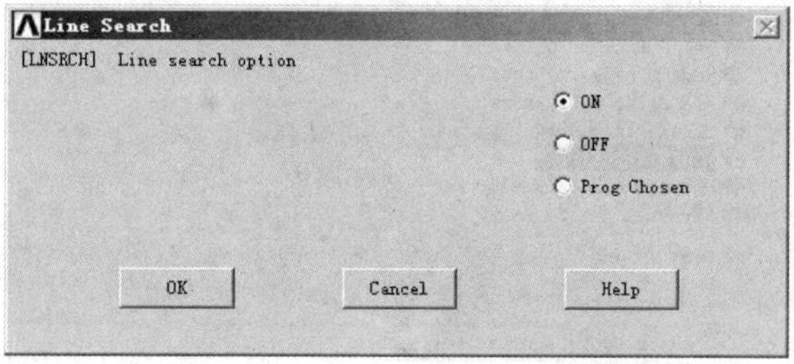

图 6-32　“Line Search”对话框

34）确定数据库结果文件中所包含的内容：执行 Main Menu→Solution→Load Step Opts→Output Ctrls→DB/Results File 命令，在弹出的如图 6-33 所示对话框中选择“Item”下拉列表框为“All items”，选中“Every substep”，单击 OK 按钮。

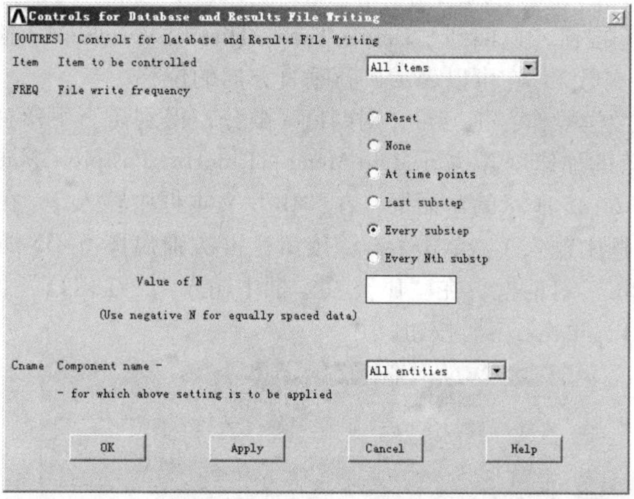

图 6-33　“Controls for Database and Results File Writing”对话框

35）求解：执行 Main Menu→Solution→Solve→Current LS 命令，单击“Solve Current Load Step”对话框中的 OK 按钮，当出现“Solution is done!”提示时，求解结束，从下一步开始，查看结果。

36）关闭节点号：执行 Utility Menu→PlotCtrls→Numbering 命令，在弹出的“Plot Numbering Controls”对话框中将节点号关闭，单击 OK 按钮。

37）查看结果，用等高线显示 von Mises 应力：执行 Main Menu→General Postproc→Plot Results→Contour Plot→Nodal Solu 命令，弹出如图 6-34 所示的对话框，在列表中依次选择“Nodal Solution→Stress→von Mises Stress”，单击 OK 按钮。

38）定义变量：执行 Main Menu→TimeHist Postpro→Define Variables 命令，弹出“Define Time-History Variables”对话框，单击 Add... 按钮，弹出“Add Time-Distory Variable”对话框，选择“Type of Variable”为“Nodal DOF result”，单击 OK 按钮，弹出拾取框，拾取

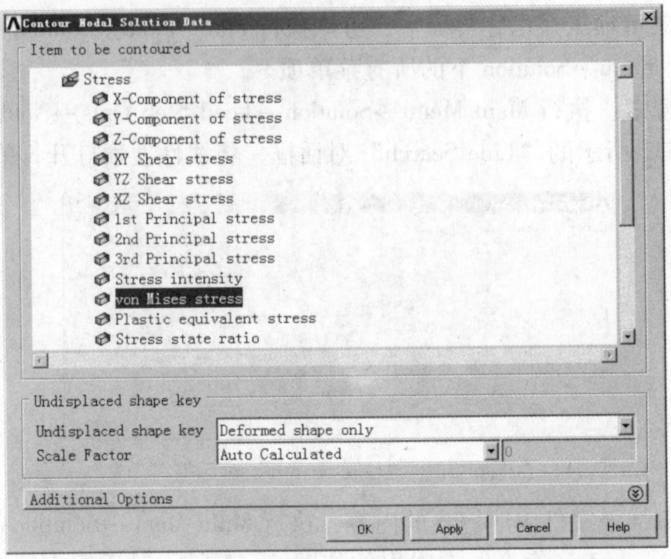

图 6-34 “Contour Nodal Solution Data” 对话框

矿石上的节点 880，单击 OK 按钮，弹出 “Define Noldal Data” 对话框，在右侧列表中选择 “UY”，单击 OK 按钮，返回到 “Define Time – History Variables” 对话框，单击 Close 按钮。于是定义了一个变量 2，它可以表示矿石垂直方向的位移。

39）对变量进行数学操作：把变量 2 对时间 t 微分，得到矿石下落速度；把速度对时间 t 微分，得到矿石下落的加速度。执行 Main Menu→TimeHist Postpro→Math Operations→Derivative 命令，弹出如图 6-35 所示的对话框，在 “IR” 文本框中输入 3，在 “IY” 文本框中输入 2，在 “IX” 文本框中输入 1，单击 Apply 按钮；再次弹出图 6-35 所示的 “Derivative of Time – History Variables” 对话框，在 “IR” 文本框中输入 4，在 “IY” 文本框中输入 3，在 “IX” 文本框中输入 1，单击 OK 按钮。

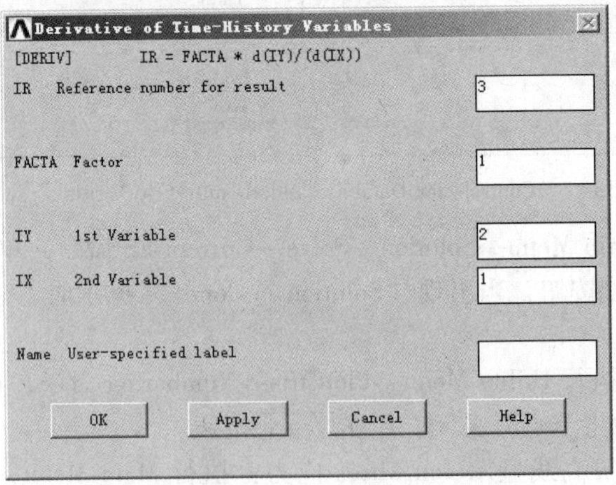

图 6-35 “Derivative of Time – History Variables” 对话框

经过以上操作，得到两个新的变量 3 和 4。变量 3 是矿石下落的速度，变量 4 是矿石下落的加速度。

40）用曲线图显示位移、速度和加速度：执行 Main Menu→TimeHist Postpro→Graph Variables 命令，在弹出对话框的“NVARl”文本框中输入 2，单击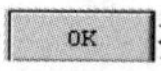按钮，结果如图 6-36 所示。再重复执行两次以上命令，在弹出对话框的“NVARl”文本框中分别输入 3 和 4，单击按钮。结果如图 6-37 和图 6-38 所示。

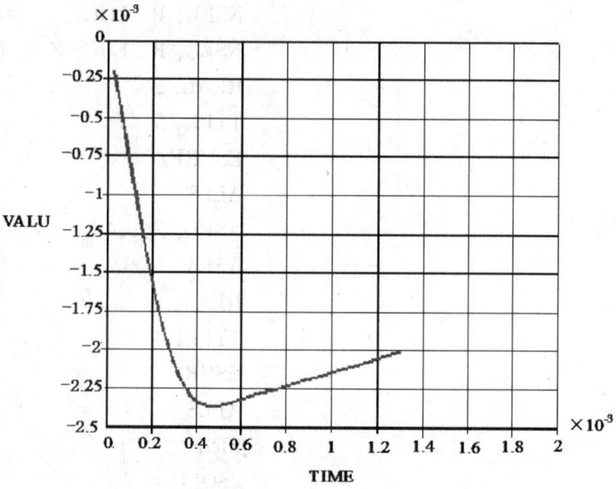

图 6-36　矿石位移

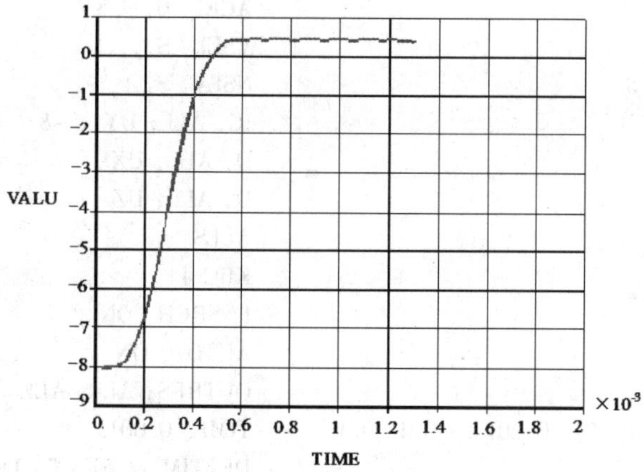

图 6-37　矿石速度

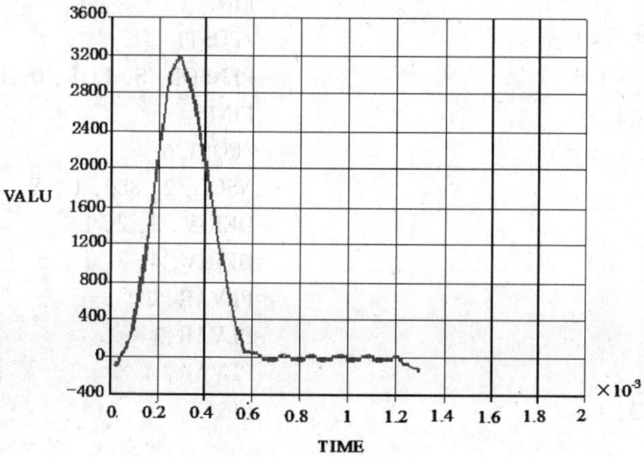

图 6-38　矿石加速度

命令流

```
/CLEAR
/FILNAM, EXAMPLE26
/PREP7
ET, 1, SOLID185
ET, 2, SHELL181
ET, 3, COMBIN14
ET, 4, CONTA173
ET, 5, TARGE170
MP, EX, 1, 2E11
MP, NUXY, 1, 0.3
MP, DENS, 1, 7800
TB, BKIN, 1, 1
TBTEMP, 0
TBDATA,,240E6,2E8
SECTYPE,1,SHELL
SECDATA,0.06
R, 1, 100000
R, 2,,,0.01
/VIEW, 1, 1, 1, 1
K, 1, -0.8, 0, -1.5
K, 2, -0.8, 0, 1.5
K, 3, 0.8, 0, 1.5
K, 4, 0.8, 0, -1.5
A, 1, 2, 3, 4
TYPE, 2
SECN,1
ESIZE, 0.08
AMESH, 1
BLOCK, -0.1, 0.1, 0.001, 0.201, -0.1, 0.1
TYPE, 1
ESIZE, 0.05
VMESH, 1
N,950, -0.8, -0.5, -1.5
N,951, 0.8, -0.5, -1.5
N, 952, 0.8, -0.5, 1.5
N, 953, -0.8, -0.5, 1.5
TYPE, 3
REAL, 1
E, 1, 950
E, 60, 951
E, 40, 952
E, 2, 953
NSEL, S,,, 950, 953, 1
D, ALL, ALL
ALLSEL
NSEL, S, LOC, Y, 0
NSEL, R, LOC, X, -0.3, 0.3
NSEL, R, LOC, Z, -0.3, 0.3
REAL, 2
TYPE, 5
ESURF
ALLS
ASEL, S,,,4
NSLA, S, 1
REAL, 2
TYPE, 4
ESURF
ALLS
FINI
/SOLU
ANTYPE, TRANS
ACEL, 0, 9.8
VSEL, S,,,1
NSLV, S, 1
IC, ALL, UY,, -8
D, ALL, UX
D, ALL, UZ
ALLS
KBC,1
LNSRCH, ON
AUTOT, ON
OUTRES, ALL, ALL
TIME, 0.0013
DELTIM, 2.5E-5, 1E-6, 4E-5
SOLVE
FINI
/POST1
PLNSOL, S, EQV, 0, 1.0
FINI
/POST26
NSOL, 2, 880, U, Y
DERIV, 3, 2, 1
DERIV, 4, 3, 1
PLVAR, 2
PLVAR,3
PLVAR, 4
FINI
```

6.4 圆盘塑性变形分析实例

问题描述

本实例完成一个圆盘在周期载荷作用下的塑性分析，一个周边简支的圆盘如图 6-39 所示。在其中心受到一个冲杆的周期作用，由于冲杆假定是刚性的，所以在建模时不考虑冲杆，而耦合圆盘上和冲杆接触的结点的 Y 方向上的位移。由于模型和载荷都是轴对称的，所以用轴对称模型计算。求解通过 4 个载荷步实现。

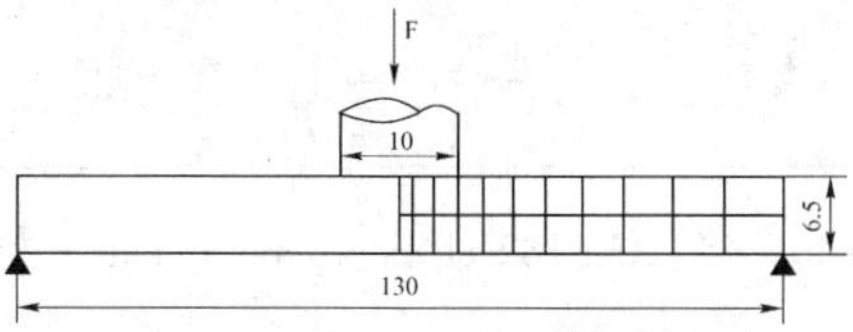

图 6-39　圆盘加载简图

材料弹性模量为 70 000 MP，泊松比为 0.325，塑性时的应力 - 应变关系见表 6-2。

加载历史见表 6-3。

表 6-2　塑性时的应力 - 应变关系

0.0007857	55
0.00575	112
0.02925	172
0.1	241

表 6-3　加载历史

时间	载荷/N
0	0
1	-6000
2	750
3	-6000

操作步骤（GUI 方式）

1. 定义工作文件名及工作标题

1）定义工作文件名：执行 Utility Menu→File→Change Jobname 命令，弹出“Change Jobname”对话框。输入“Kinematic”，选择“New log and error files”复选框，单击 OK 按钮。

2）定义工作标题：执行 Utility Menu→File→Change Title 命令，弹出“Change Title”对话框。输入“The analysis of Kinematic hardending”，单击 OK 按钮。

3）关闭坐标符号的显示：执行 Utility Menu→PlotCtrls→Window Controls→Window Options 命令，弹出“Window Options”对话框。在“Location of triad”下拉列表框中选择“No Shown”选项，单击 OK 按钮。

2. 定义单元类型

1）定义单元类型：执行 Main Menu→Preprocessor→Element Type→All/Edit/Delete 命令，弹出“Element Types”对话框。单击 Add... 按钮，弹出“Library of Element Types”对话框。在左右列表框中分别选择“Structural Solid”和“Quad 4node 182”选项，单击 OK 按钮。

2）设置单元选项：在“Element Types”对话框中单击 Options... 按钮，弹出“PLANE182 element type options”对话框，如图 6-40 所示。在“Element behavior”下拉列表框中选择“Axisymmetric”选项，单击 OK 按钮，单击“Element Types”对话框中的 Close 按钮。

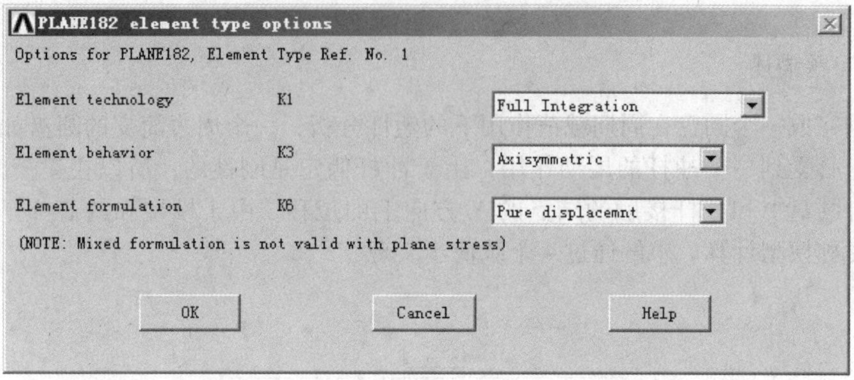

图 6-40 “PLANE182 element type options”对话框

3. 定义材料属性

1）定义线弹性材料属性：执行 Main Menu→Preprocessor→Material Props→Material Models 命令，弹出“Define Material Model Behavior”窗口。双击“Material Models Available”列表框中的“Structural→Linear→Elastic→Isotropic”选项，弹出“Linear Isotropic Properties for Material Number 1”对话框。在“EX”和“PRXY”文本框中分别输入“7.0E10”及“0.325”，单击 OK 按钮。

2）定义和填充多线性随动强化数据表：双击“Define Material Model Behavior”窗口中“Material Models Available”列表框中的“Structural→Nonlinear→Inelastic→Rate Independent→Kinematic Hardening Plasticity→Mises Plasticity→Multilinear (General)”选项，弹出如图 6-41 所示的“Multilinear Kinematic Hardening for Material Number 1”对话框。连续 3 次单击 Add Point 按钮，将应力应变对应关系输入相应的文本框中。单击 Graph 按钮可绘制应力应变关系图，单击 OK 按钮。执行 Material→Exit 命令，完成材料属性设置。

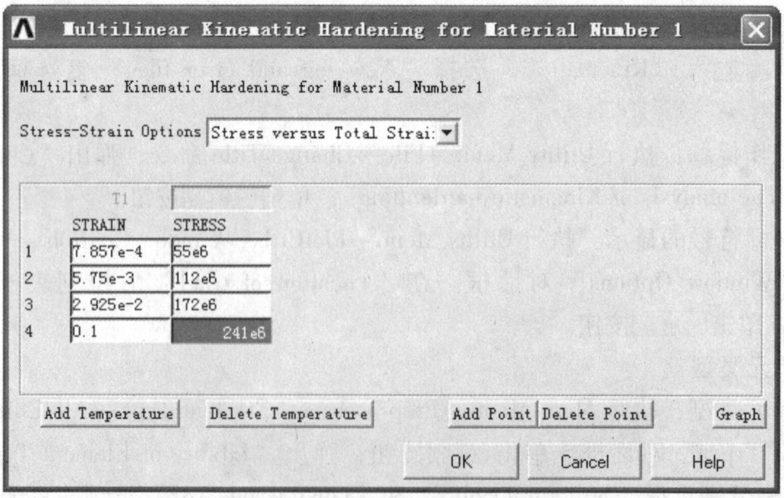

图 6-41 “Multilinear Kinematic Hardening for Material Number 1”对话框

4. 建立几何模型

1）生成矩形面：执行 Main Menu→Preprocessor→Modeling→Create→Areas→Rectangle→By Dimensions 命令，弹出如图 6-42 所示的 "Create Rectangle by Dimensions" 对话框。在 "X - coordinates" 文本框中输入 "0，0.05"，在 "Y - coordinates" 文本框中输入 "0，0.065"，单击 Apply 按钮。在 "X - coordinates" 文本框中输入 "0.05，0.65"，在 "Y - coordinates" 文本框中输入 "0，0.065"，单击 OK 按钮。

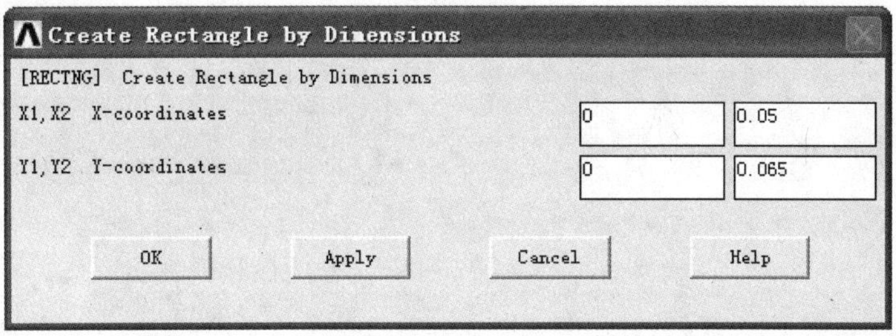

图 6-42 "Create Rectangle by Dimensions" 对话框

2）打开面编号控制：执行 Utility Menu→PlotCtrls→Numbering 命令，弹出 "Plot Numbering Controls" 对话框。选择 "Area numbers" 复选框，在 "Numbering shown with" 下拉列表框中选择 "Colors&numbers" 选项，单击 OK 按钮。

3）面显示操作：执行 Utility Menu→Plot→Areas 命令，结果如图 6-43 所示。

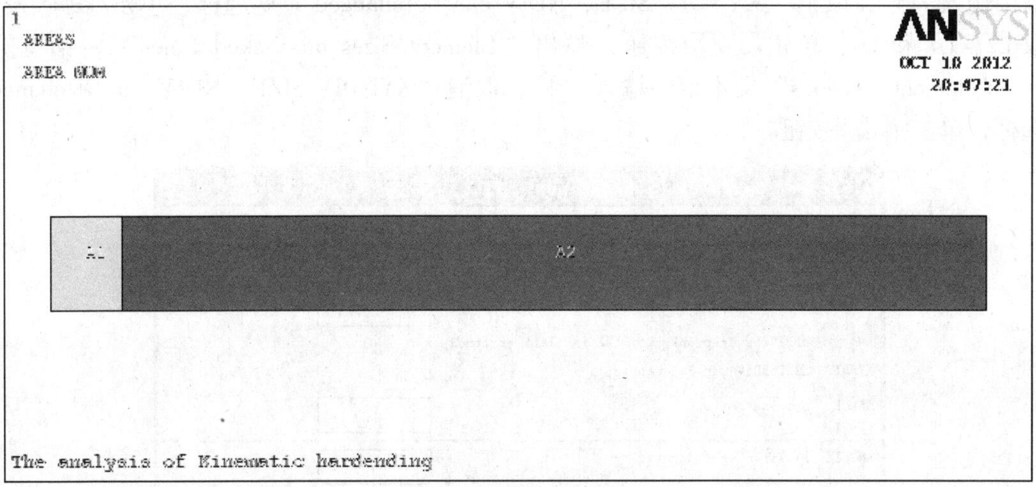

图 6-43 两个矩形面的结果

4）保存数据：单击 ANSYS Toolbar 中的 SAVE_DB 按钮。

5. 生成有限元模型

1）布尔操作：执行 Main Menu→Preprocessor→Modefing→Operate→Booleans→Glue→Areas 命令，弹出拾取框。拾取 A1 和 A2，单击 OK 按钮。

2）打开线编号控制：执行 Utility Menu→PlotCtrls→Numbering 命令，弹出 "Plot Numbering Controls" 对话框。选择 "Line numbers" 复选框，在 "Numbering shown with" 下拉列表框中选择 "Colors&numbers" 选项，单击 OK 按钮。

3）线显示操作：执行 Utility Menu→Plot→Lines 命令，结果如图 6-44 所示。

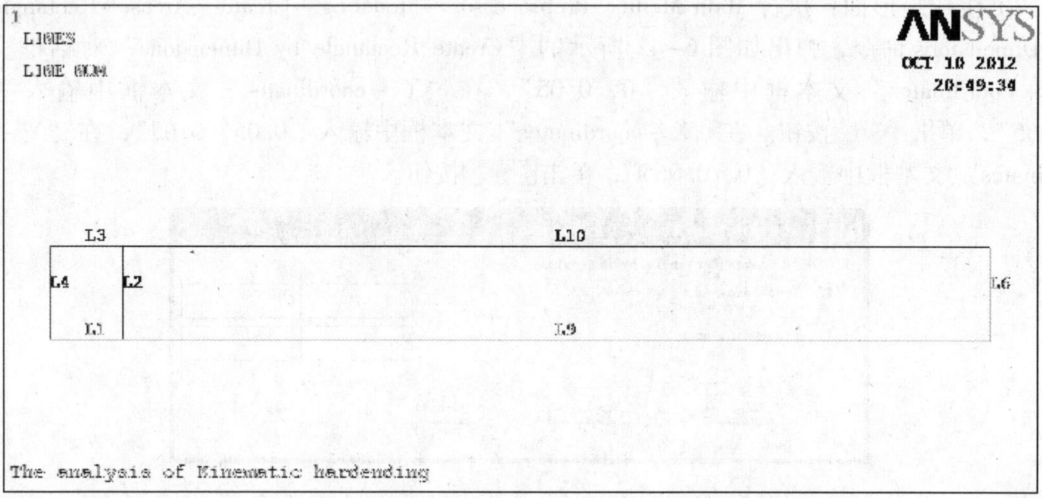

图 6-44　线操作后生成结果

4）单元尺寸控制（均匀段）：执行 Main Menu→Preprocessor→Meshing→Size Cntrls→ManualSize→Lines→Picked Lines 命令，弹出拾取框。拾取 L1 和 L3，单击 OK 按钮，弹出“Element Sizes on Picked Lines”对话框，如图 6-45 所示。在“No. of element divisions”文本框中输入“3”，取消“KYNDIV SIZE，NDIV can be changed”复选框，单击 Apply 按钮。拾取 L2，L4 和 L6，单击 OK 按钮，弹出“Element Sizes on Picked Lines”对话框。在“No. of element divisions”文本框中输入“4”，取消“KYNDIV SIZE，NDIV can be changed”复选框，单击 Apply 按钮。

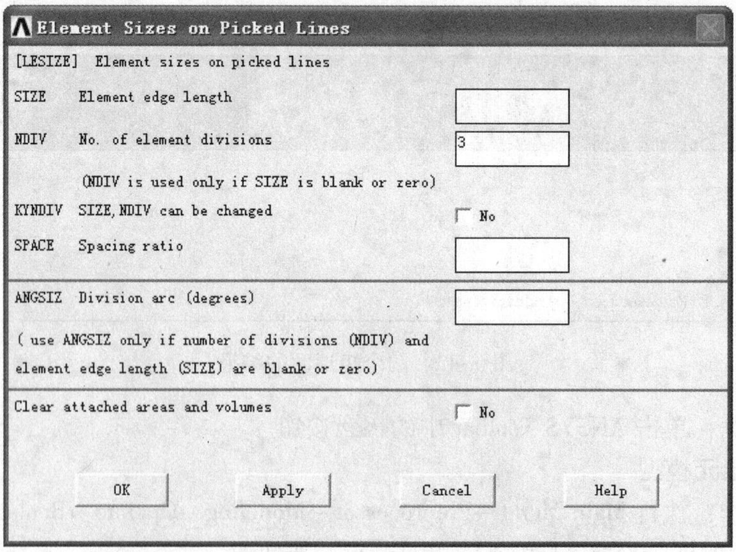

图 6-45　“Element Sizes on Picked Lines”对话框

5）单元尺寸控制（非均匀段）：拾取编号为 L9 和 L10 的线条，弹出“Element Sizes on Picked Lines”对话框。在“No. of element divisions”和“SPACE”文本框中分别输入“20”

及“2”，取消“KYNDIV SIZE，NDIV can be changed”复选框，单击按钮。

6）网格划分：执行 Main Menu→Preprocessor→Meshing→Mesh→Areas→Mapped→3or 4 sided 命令，弹出拾取框。单击按钮，显示的网格如图 6-46 所示。

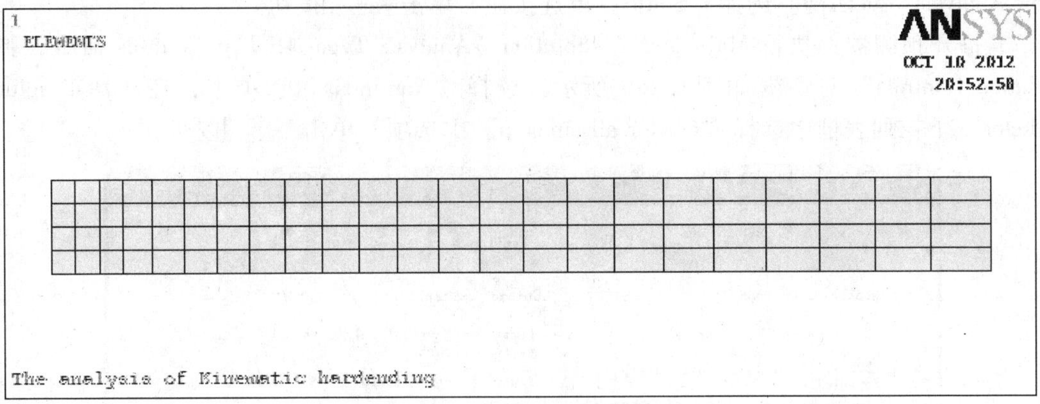

图 6-46　显示的网格

7）设置耦合：执行 Main Menu→Preprocessor→Coupling/Ceqn→Couple DOFs 命令，弹出拾取框。选择节点 9，然后依次选择节点 11、10 和 5。单击按钮，弹出“Define Coupled DOFs”对话框，如图 6-47 所示。在“Set reference number”文本框中输入 1，在“Degree of freedom label”下拉列表框中选择“UY”选项，单击按钮。这样全部耦合顶部节点的 Y 向位移，显示结果如图 6-48 所示。

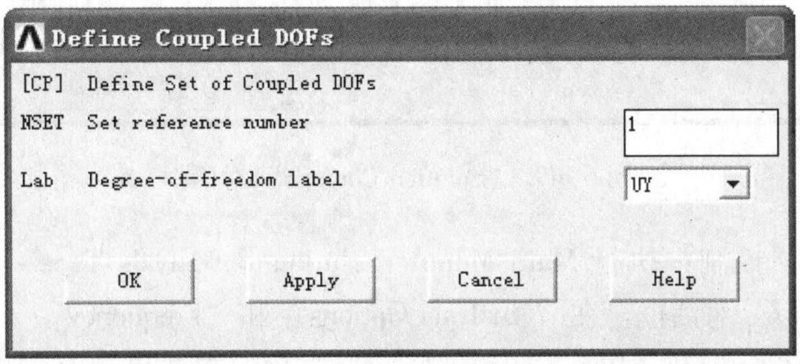

图 6-47　“Define Coupled DOFs”对话框

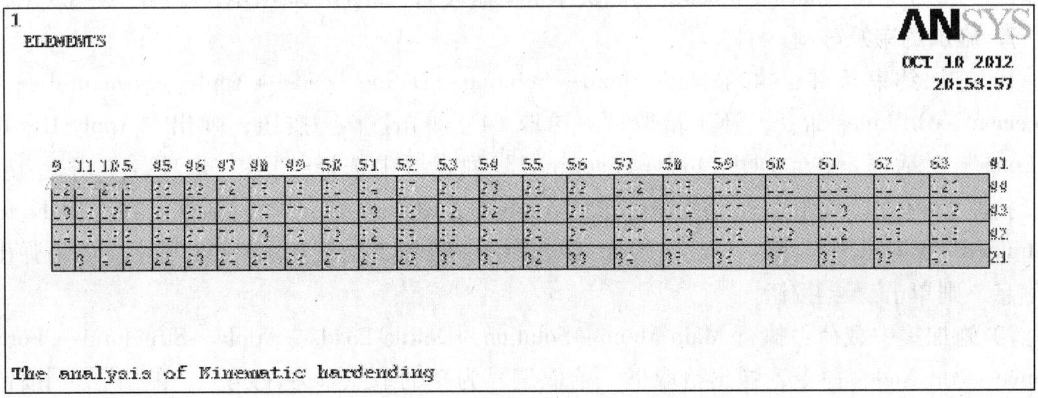

图 6-48　耦合后的显示结果

8）保存数据：单击 ANSYS Toolbar 中的SAVE_DB按钮。

6. 定义分析类型和设置选项

1）定义分析类型：执行 Main Menu→Solution→Analysis Type→New Analysis 命令，弹出“New Analysis”对话框。选择“Static”单选按钮，单击OK按钮。

2）打开预测器：执行 Main Menu→Solution→Analysis Type→Sol'n Controls 命令，弹出“Solution Controls”对话框如图 6-49 所示。选择“Nonlinear”选项卡，在“DOF solution predictor”下拉列表框中选择“On for all substep”中选项，单击OK按钮。

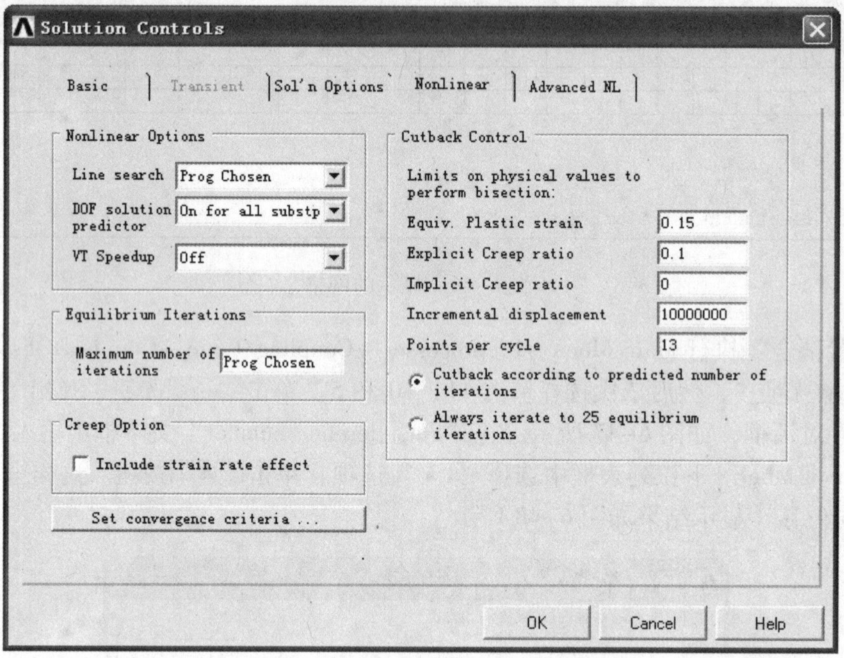

图 6-49 “Solution Controls”对话框

3）设置求解选项控制：执行 Main Menu→Solution→Analysis Type→Sol'n Controls 命令，弹出“Solution Controls”对话框。在“Analysis Options”和“Frequency”下拉列表框中分别选择“Large Displacement Static”及“Write every substep”选项，在“Time at end of load step”文本框中输“le -6”，在“Number of substeps”文本框中输入 1，如图 6-50 所示，单击OK按钮。

7. 施加约束及载荷

1）施加约束条件：执行 Main Menu→Solution→Define Loads→Apply→Structural→ Displacement→On Lines 命令，弹出拾取框。拾取 L4，单击OK按钮，弹出“Apply U，ROT on Lines”对话框。在“DOFs to be contrained”列表框中选择“UX”选项，单击Apply按钮。拾取 Ll 和 L9，单击OK按钮弹出“Apply U，ROT on Lines”对话框。在“DOFs to be contrained”列表框中选择“UY”选项，单击OK按钮，结果如图 6-51 所示。如果弹出警告信息，则单击Close按钮。

2）施加集中载荷：执行 Main Menu→Solution→Define Loads→Apply→Structural→ Force / Moment→On Nodes 命令，弹出拾取框。拾取编号为 9 的节点（左上角），单击OK按钮弹出“Apply F/M on Nodes”对话框，如图 6-52 所示。在“Direction of force/mom”下拉列表

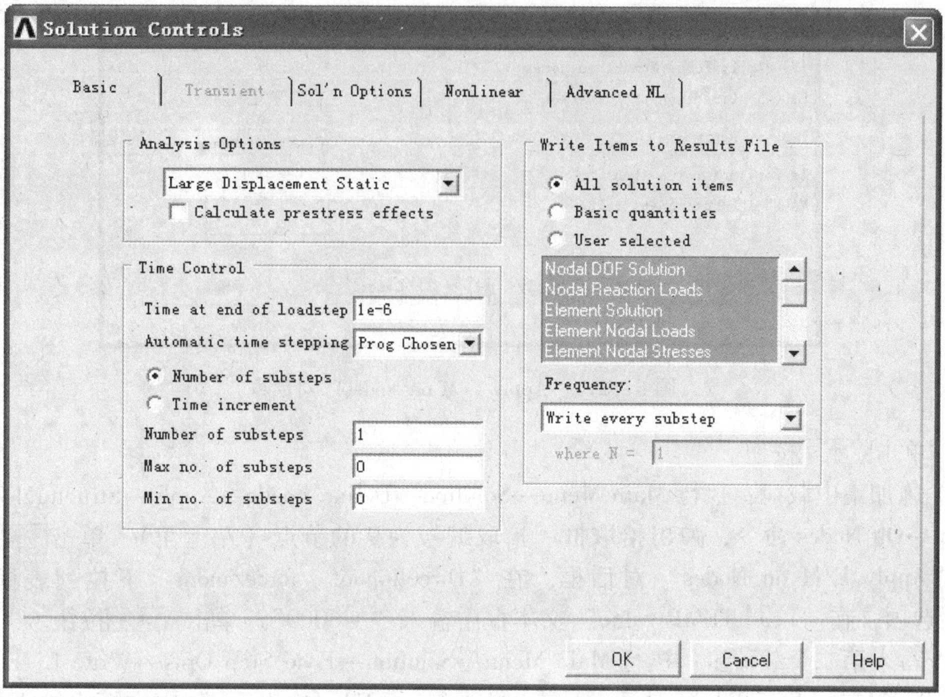

图 6-50 “Solution Controls” 对话框

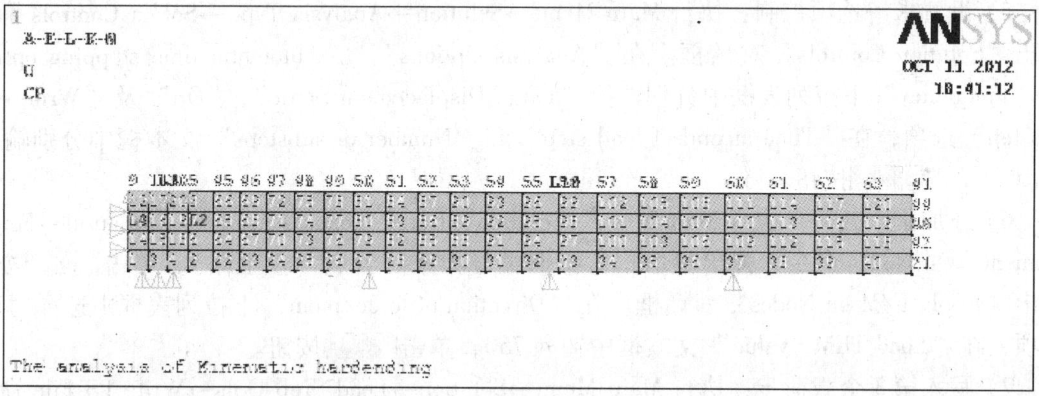

图 6-51 施加约束后的模型

框中选择“FY”选项，单击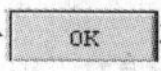按钮。

8. 载荷步选项控制及求解运算

1）写入第一个载荷步：执行 Main Menu→Solution→Load Step Opts→Write LS File 命令，弹出“Write Load Step File”对话框。在“Load step file number n”文本框中输入 1，单击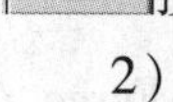按钮。

2）设置求解选项控制：执行 Main Menu→Solution→Analysis Type→Sol' n Controls 命令，弹出“Solution Controls”对话框。在“Analysis Options”，“Automatic time stepping option”和“Frequency”下拉列表框中分别选择“Large Displacement Static”，“On”及“Write every substep”选项，在“Time at end of load step”和“Number of substeps”文本框中分别输入 1

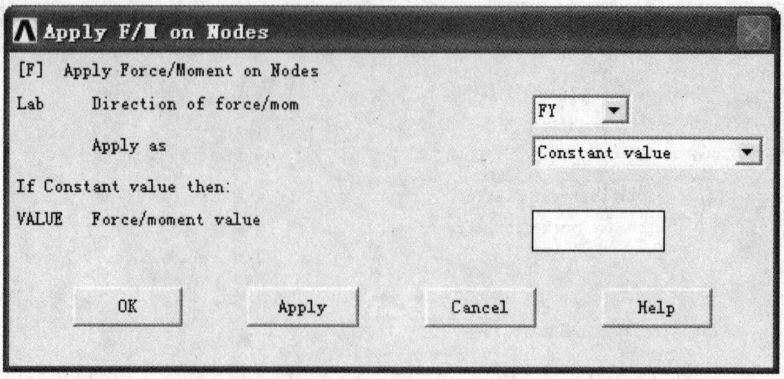

图 6-52 “Apply F/M on Nodes” 对话框

及 10，单击 OK 按钮。

3）施加集中载荷：执行 Main Menu→Solution→Define Loads→Apply→Structural→ Force/Moment→On Nodes 命令，弹出拾取框。拾取编号为 9 的节点（左上角），单击 OK 按钮，弹出“Apply F/M on Nodes”对话框。在“Direction of force/mom”下拉列表框中选择“FY”选项，在“Load TEMP value”文本框中输入“-6000”，单击 OK 按钮。

4）写入第二个载荷步：执行 Main Menu→Solution→Load Step Opts→Write LS File 命令，弹出“Write Load Step File”对话框。在“Load Step File number n”文本框中输入 2，单击 OK 按钮。

5）设置求解选项控制：执行 Main Menu→Solution→Analysis Type→Sol'n Controls 命令，弹出“Solution Controls”对话框。在“Analysis Options”，“Automatic time stepping option”和“Frequency”下拉列表框中分别选择“Large Displacement Static”，“On”及“Write every substep”选项，在“Time at end of load step”和“Number of substeps”文本框中分别输入 2 及 10，单击 OK 按钮。

6）施加集中载荷：执行 Main Menu→Solution→Define Loads→Apply→ Structural→Force / Moment→On Nodes 命令，弹出拾取框。拾取编号为 9 的节点（左上角），单击 OK 按钮，弹出“Apply F/M on Nodes”对话框。在“Direction of force/mom”下拉列表框中选择“FY”选项，在“Load TEMP value”文本框中输入 750，单击 OK 按钮。

7）写入第 3 个载荷步：执行 Main Menu→Solution→Load Srep Opts→Write LS File 命令，弹出“Write Load Step File”对话框。在“Load Step File numbern”文本框中输入 3，单击 OK 按钮。

8）设置求解选项控制：执行 Main Menu→Solution→Analysis Type→Sol'n Controls 命令，弹出“Solution Controls”对话框。在“Analysis Options，Automatic time stepping option”和“Frequency ”下拉列表框中分别选择“Large Displacement Static”，“On”及“Write every substep”选项，在“Time at end of load step”和“Number of substeps”文本框中分别输入 3 及 10，单击 OK 按钮。

9）施加集中载荷：执行 Main Menu→Solution→Define Loads→Apply Structural→Force / Moment→On Nodes 命令，弹出拾取框。拾取编号为 9 的节点（左上角），单击 OK 按钮，弹出“Apply F/M on Nodes”对话框。在“Direction of force/mom”下拉列表框中选择“FY”选项，在“Load TEMP value”文本框中输入“-6000”，单击 OK 按钮。

10）写入第4个载荷步：执行 Main Menu→Solution→Load Step Opts→Write LS File 命令，弹出“Solution Controls”对话框。在“Load Step File number n”文本框中输入4，单击 OK 按钮。

11）保存数据：单击 ANSYS Toolbar 中的 SAVE_DB 按钮。

12）求解问题：执行 Main Menu→Solution→Solve→From LS Files 命令，弹出如图6-53所示的“Solve Load Step Files”对话框。在“LSMIN”和“LSMAX”文本框中分别输入1及4，单击 OK 按钮开始求解。求解完毕弹出“Solution is done”对话框，单击 Close 按钮。

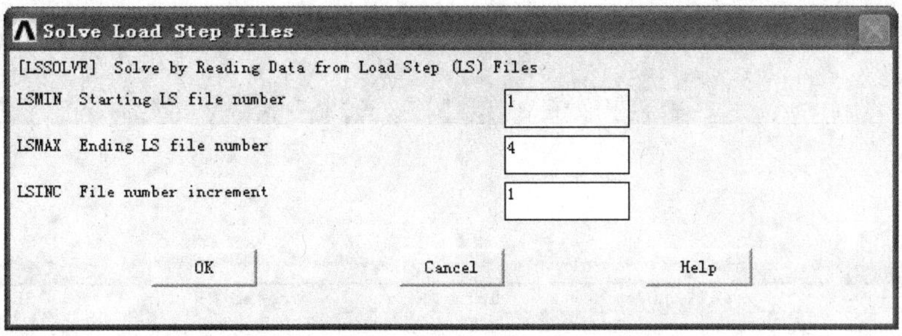

图6-53 “Solve Load Step Files”对话框

9. 通用后处理

1）总位移的显示：执行 Main Menu→General Postproc→Plot Results→Contour Plot→Nodal Solution 命令，弹出“Contour Nodal Solution Data”对话框，如图6-54所示。在“Item to be contoured”左右列表框中选择“DOF solution”和“Displacement vector sum”选项，并选择“Deformed shape with undeformed edge”选项。单击 OK 按钮，结果如图6-55所示。

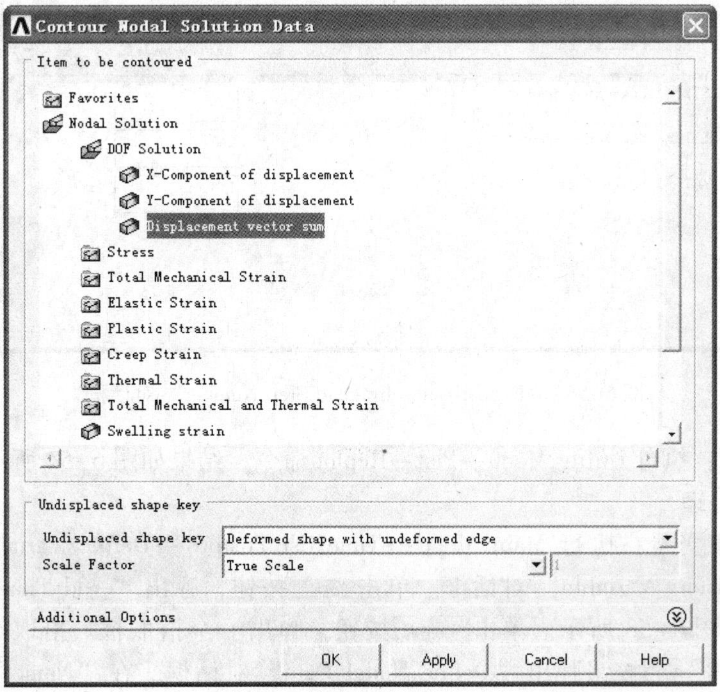

图6-54 “Contour Nodal Solution Data”对话框

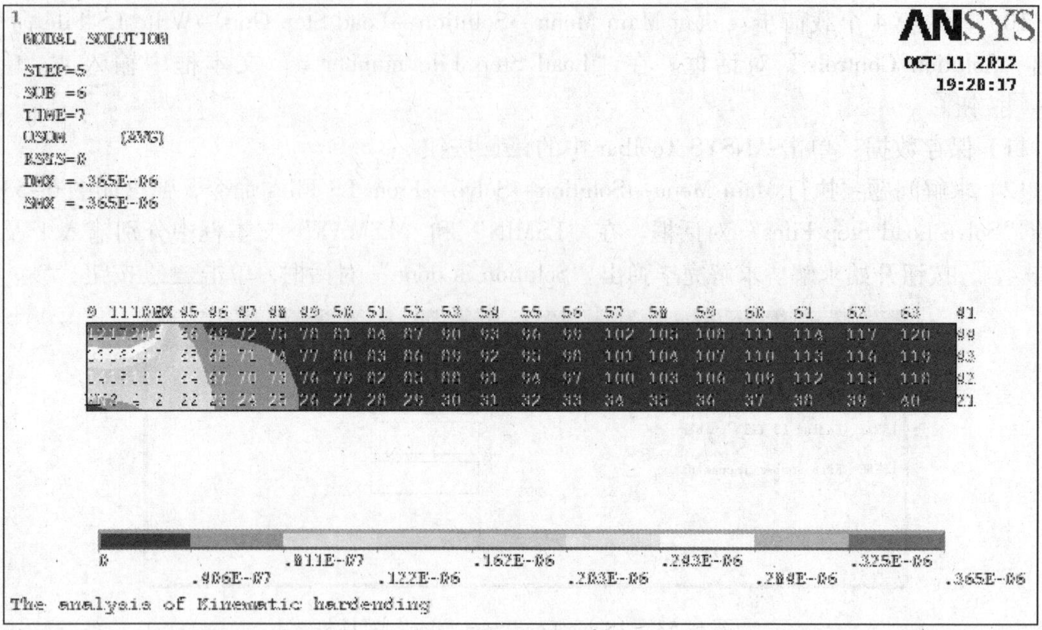

图 6-55　总位移云图的结果

2）读入第三个载荷步：执行 Main Menu→General Postproc→Read Results→By Load Step 命令，弹出“Read Results by Load Step Number”对话框，如图 6-56 所示。在“LSTEP”文本框中输入 3，单击 OK 按钮。

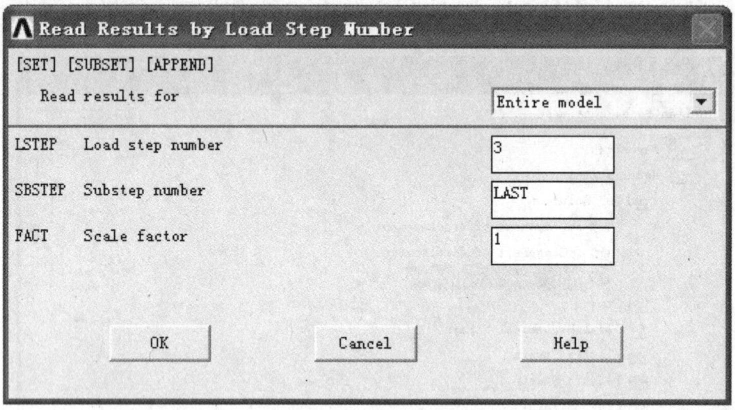

图 6-56　“Read Results by Load Step Number”对话框

3）重新显示：执行 Utility Menu→Plot→Replot 命令，结果如图 6-57 所示。

10. 时域后处理

1）定义位移变量：执行 Main Menu→TimeHist Postpro→Define Variables 命令，弹出“Define Time - History Variable”对话框。单击 Add... 按钮，弹出“Add Time - History Variable”对话框，如图 6-58 所示。单击 OK 按钮，弹出一个拾取框。拾取编号为 9 的节点（加载处），单击 OK 按钮弹出“Define Nodal Data”对话框。在“Name”文本框中输入“UY9”，在“Item，Comp data item”右列表框中选择“UY”选项，单击 OK 按钮。

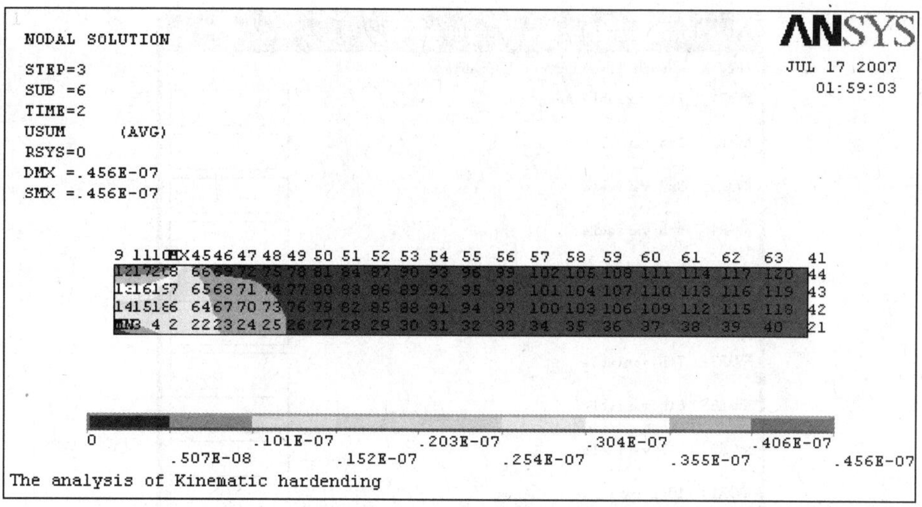

图 6-57　载荷步的位移云图

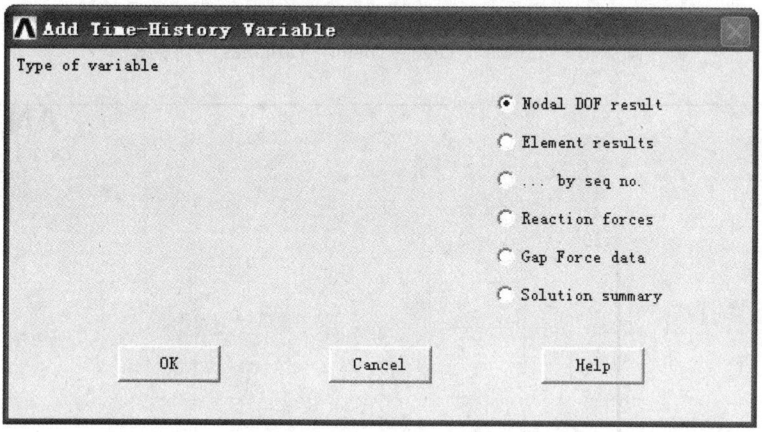

图 6-58　“Add Time - History Variable” 对话框

2）定义反作用力变量：单击“Define Time - History Variable”对话框中的 Add... 按钮，弹出“Add Time - History Variable”对话框。选择“Reaction forces”单选按钮，单击 OK 按钮弹出一个拾取框。拾取编号为 1 的节点（原点位置），单击 OK 按钮，弹出“Define Nodal Data”对话框。在“Name”文本框中输入 FY1，在“Item，Comp data item”右列表框中选择“FY”选项。单击 OK 按钮，单击 Close 按钮关闭“Define Time - History Variable”对话框。

3）绘制位移时程图：执行 Main Menu→TimeHist Postpro→Graph Variables 命令，弹出“Graph Time - History Variables”对话框，如图 6-59 所示。在“1st variable tograph”文本框中输入 2，单击 OK 按钮，结果如图 6-60 所示。

4）绘制反作用力时程图：执行 Main Menu→TimeHist Postpro→Graph Variables 命令，弹出“Graph Time - History Variables”对话框。在“1st variable to graph”文本框中输入 3，单击 OK 按钮，结果如图 6-61 所示。

5）定义坐标标题：执行 Utility Menu→PlotCtrls→Style→Graphs→Modify Axes 命令，弹出“Axes Modifications for Graph Plots”对话框。在“X - axis Label”和“Y - axis Label”文本

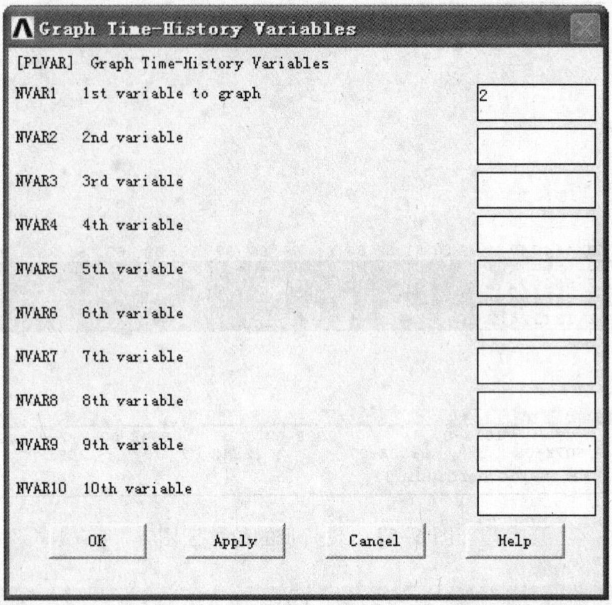

图 6-59 “Graph Time - History Variables” 对话框

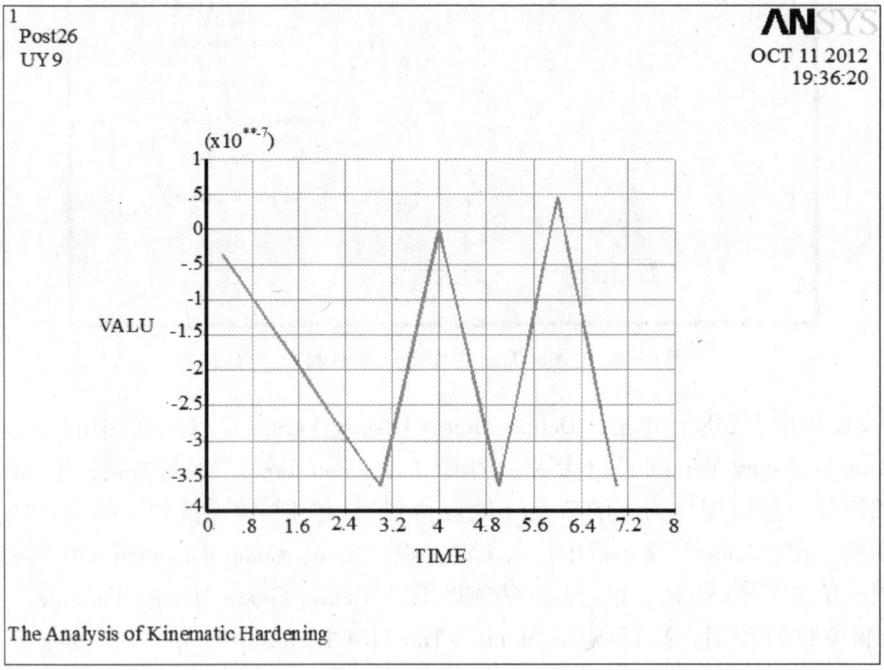

图 6-60 位移时间结果

框中分别输入 Deformation（m）及 Force（N），单击 OK 按钮。

6）设置 X 轴坐标为节点 9 的 Y 向位移：执行 Main Menu→TimeHist Postpro→Settings→Graph 命令，弹出“Graph Setting”对话框。选择“Single Variable”单选按钮并在其文本框中输入 2，单击 OK 按钮。

7）显示载荷与载荷作用点径向位移关系图：执行 Main Menu→TimeHist Postpro→Graph

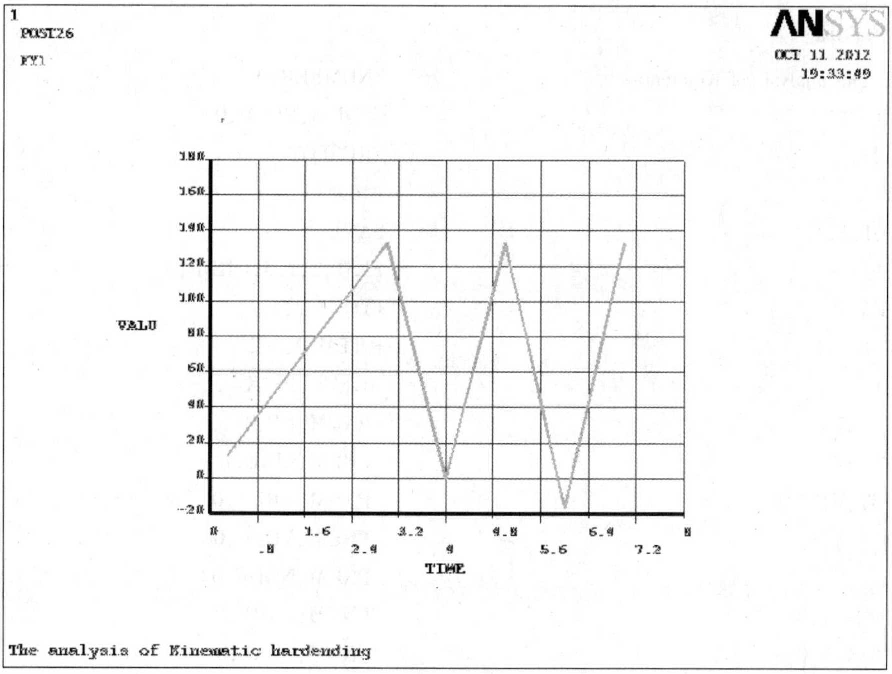

图 6-61　反作用力 - 时间结果

Variable 命令，弹出“Graph Time - History Variable”对话框。在“1st Variable to Graph”文本框中输入 3，单击 OK 按钮，结果如图 6-62 所示。

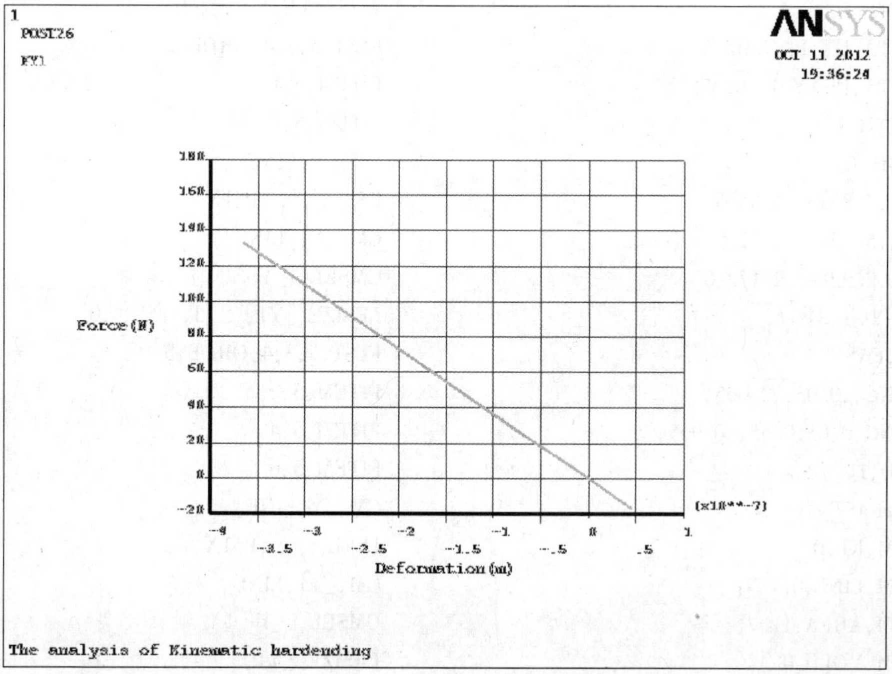

图 6-62　反力 - 位移关系结果

命令流

```
/TITLE,The analysis of Kinematic
/TRIAD,OFF
/REPLOT
WPSTYLE,,,,,,,,1
/VIEW,1,1,1,1
/ANG,1
/REP,FAST
/VIEW,1,,,1
/ANG,1
/REP,FAST
/REP,FAST
/REPLOT,RESIZE
/PREP7
et,1,42
KEYOPT,1,1,0
KEYOPT,1,2,0
KEYOPT,1,3,1
KEYOPT,1,5,0
KEYOPT,1,6,0
MPTEMP,,,,,,,,
MPTEMP,1,0
MPDATA,EX,1,,7e10
MPDATA,PRXY,1,,0.325
TB,KINH,1,1,4,0
TBTEMP,0
TBPT,,7.857e-4,55e6
TBPT,,5.75e-3,112e6
TBPT,,2.925e-2,172e6
TBPT,,0.1,241e6
/REP,FAST
RECTNG,,0.05,,0.065,
RECTNG,0.05,0.65,,0.065,
/AUTO,1
/REP,FAST
/PNUM,KP,0
/PNUM,LINE,0
/PNUM,AREA,1
/PNUM,VOLU,0
/PNUM,NODE,0
/PNUM,TABN,0
/PNUM,SVAL,0
/NUMBER,0
/PNUM,ELEM,0
/REPLOT
APLOT
SAVE
FLST,2,2,5,ORDE,2
FITEM,2,1
FITEM,2,-2
AGLUE,P51X
/PNUM,KP,0
/PNUM,LINE,1
/PNUM,AREA,0
/PNUM,VOLU,0
/PNUM,NODE,0
/PNUM,TABN,0
/PNUM,SVAL,0
/NUMBER,0
/PNUM,ELEM,0
/REPLOT
LPLOT
WPSTYLE,,,,,,,,0
FLST,5,2,4,ORDE,2
FITEM,5,1
FITEM,5,3
CM,_Y,LINE
LSEL, , , ,P51X
CM,_Y1,LINE
CMSEL,,_Y
LESIZE,_Y1, , ,3, , , , ,0
FLST,5,3,4,ORDE,3
FITEM,5,2
FITEM,5,4
FITEM,5,6
CM,_Y,LINE
LSEL, , , ,P51X
CM,_Y1,LINE
CMSEL,,_Y
LESIZE,_Y1, , ,4, , , , ,0
FLST,5,2,4,ORDE,2
FITEM,5,9
FITEM,5,-10
```

```
CM,_Y,LINE
LSEL, , , ,P51X
CM,_Y1,LINE
CMSEL,,_Y
LESIZE,_Y1, , ,20,2, , , ,0
FLST,5,2,5,ORDE,2
FITEM,5,1
FITEM,5,3
CM,_Y,AREA
ASEL, , , ,P51X
CM,_Y1,AREA
CHKMSH,'AREA'
CMSEL,S,_Y
MSHKEY,1
AMESH,_Y1
MSHKEY,0
CMDELE,_Y
CMDELE,_Y1
CMDELE,_Y2
/PNUM,KP,0
/PNUM,LINE,1
/PNUM,AREA,0
/PNUM,VOLU,0
/PNUM,NODE,1
/PNUM,TABN,0
/PNUM,SVAL,0
/NUMBER,0
/PNUM,ELEM,0
/REPLOT
FLST,4,4,1,ORDE,3
FITEM,4,5
FITEM,4,9
FITEM,4,-11
CP,1,UY,P51X
SAVE
FINISH
/SOL
ANTYPE,0
CUTCONTROL,CRPLIMITexp,0.1,0
CUTCONTROL,DSPLIMIT,10000000
CUTCONTROL,PLSLIMIT,0.15
PRED,ON,,ON
ANTYPE,0
NLGEOM,1
NSUBST,1,0,0
OUTRES,ERASE
OUTRES,ALL,ALL
TIME,1e-6
SAVE
FINISH
/SOLU
FLST,2,1,4,ORDE,1
FITEM,2,4
DL,P51X, ,UX,
FLST,2,2,4,ORDE,2
FITEM,2,1
FITEM,2,9
DL,P51X, ,UY,
GPLOT
FLST,2,1,1,ORDE,1
FITEM,2,9
F,P51X,FY,
FLST,2,1,1,ORDE,1
FITEM,2,9
F,P51X,FY,
EPLOT
/REP,FAST
GPLOT
/REP,FAST
FLST,2,1,1,ORDE,1
FITEM,2,9
/REP,FAST
/PNUM,KP,0
/PNUM,LINE,0
/PNUM,AREA,0
/PNUM,VOLU,0
/PNUM,NODE,1
/PNUM,TABN,0
/PNUM,SVAL,0
/NUMBER,0
/PNUM,ELEM,0
/REPLOT
/REP,FAST
SAVE
/REPLOT,RESIZE
ANTYPE,0
```

```
CUTCONTROL,CRPLIMITexp,0.1,0
CUTCONTROL,DSPLIMIT,10000000
CUTCONTROL,PLSLIMIT,0.15
LSWRITE,1,
NSUBST,10,0,0
AUTOTS,1
TIME,1
FLST,2,1,1,ORDE,1
FITEM,2,9
F,P51X,FY,-6000
LSWRITE,2,
TIME,2
FLST,2,1,1,ORDE,1
FITEM,2,9
F,P51X,FY,750
LSWRITE,3,
TIME,3
FLST,2,1,1,ORDE,1
FITEM,2,9
F,P51X,FY,-6000
LSWRITE,4,
SAVE
/STATUS,SOLU
SOLVE
LSSOLVE,1,4,1,
FINISH
/POST1
/EFACET,1
PLNSOL, U,SUM, 2,1.0
SET,3,LAST,1,
SET,3,LAST,1,
FINISH
```

6.5 销与销孔接触分析实例

问题描述

以一个插销拔拉过程的分析为例，介绍面－面接触分析的方法。如图 6-63 所示的插销装配在插座中，计算插销拔拉过程中插销和插座体内的应力分布及接触压力大小。相关几何参数如下。

插销：半径 $r_1=0.5$ cm，长度 $L_1=2.5$ cm。插座：宽度 $W=4$ cm，高度 $H=4$ cm，厚度 $=1$ cm，插孔半径 $r_2=0.49$ cm。插销和插座材料：弹性模量 $E=3.6\times10^7$ N/cm^2，泊松比为 0.3。

由于插孔的半径比插销的半径要小，所以在插销装配到插座时，插销和插座内都会产生装配预应力。要分析拔拉过程的应力分析，首先要得到预应力的分布，所以本题分两个载荷步求解：第一个载荷步计算预应力，第二个载荷步计算拔拉过程的应力分布。

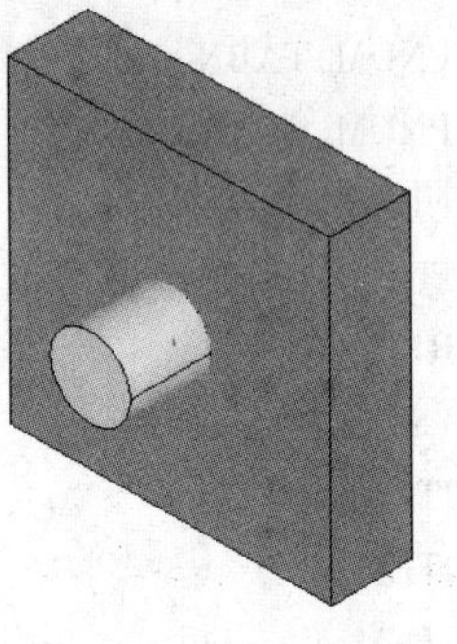

图 6-63　插销装配在插座中

操作步骤（GUI 方式）

1. 定义工作文件名和工作标题

1）定义工作文件名：执行 Utility Menu→File→Change Jobname 命令，在弹出的“Change Jobname”对话框中输入 Pin and Pin Hole，选择“New log and error files”复选框，单击 OK 按钮。

2）定义工作标题：执行 Utility Menu→File→Change Title 命令，在弹出的“Change Title”对话框中输入 The Contact Analysis of Pin and Pin Hole，单击 OK 按钮。

3）重新显示：执行 Utility Menu→Plot→Replot 命令。

2. 定义单元类型及材料属性

1）定义单元类型：执行 Main Menu→Preprocessor→Element Type→Add/Edit/Delete 命令，弹出“Element Types”对话框，单击 Add... 按钮，弹出“Library of Element Types”对话框。在左右列表框中分别选择“Structural Solid”和“Brick8node185”选项，单击 OK 按钮。

2）定义材料属性：执行 Main Menu→Preprocessor→Material Props→Material Models 命令，弹出的“Define Material Model Behavior”窗口。双击 Structural→Linear→Elastic→ Isotropic，弹出“Linear Isotropic Material Properties for Material Number 1”对话框。在“EX”和“PRXY”文本框中分别输入 36e6 及 0.3，单击 OK 按钮，执行 Material →Exit 命令。

3. 建立几何模型

1）生成插座：执行 Main Menu→Preprocessor→Modeling→Create→Volumes→Block→By Dimensions 命令，弹出“Create Block by Dimension”对话框，输入参数 X1 = Y1 = −2，X2 = Y2 = 2，Z1 = 2.5，Z2 = 3.5，单击 OK 按钮。

2）改变视图角度：打开“Pan – Zoom – Rotate”工具栏：执行 Utility Menu→PlotCtrls→Pan Zoom Rotate 命令，单击 Iso 按钮，或单击视图控制区的按钮得到等视图。

3）生成圆柱体：执行 Main Menu→Preprocessor→Modeling→Create→Volumes→Cylinder→By Dimensions 命令，弹出“Create Cylinder by Dimension”对话框，输入参数 RADl = 0.49，Zl = 2.5，Z2 = 3.5，单击 OK 按钮。

4）生成插孔：执行 Main Menu→Preprocessor→Modeling→Operate→Booleans→Subtract→Volumes 命令，弹出拾取框，拾取编号为 V1 的长方体，单击 OK 按钮，然后拾取编号为 V2 的圆柱体，单击 OK 按钮，得到带插孔的插座，生成结果如图 6-64 所示。

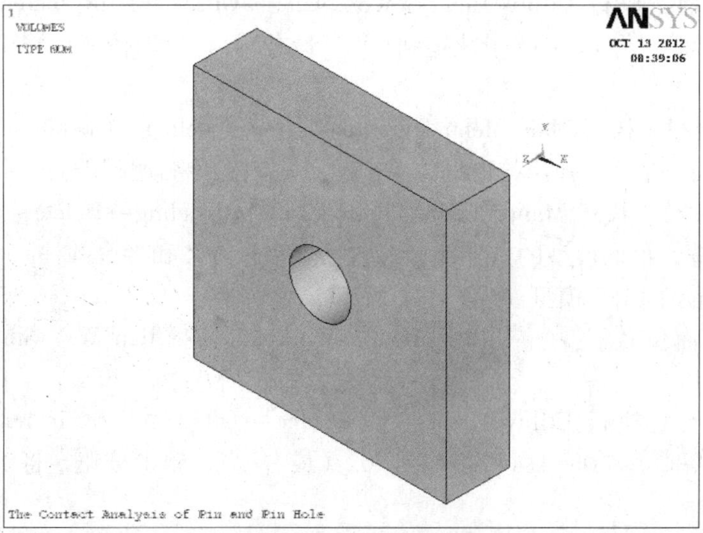

图 6-64 生成插孔

5）生成插销：执行 Main Menu→Preprocessor→Modeling→Create→Volumes→Cylinder→By Dimensions 命令，弹出“Create Cylinder by Dimension”对话框，输入参数 RADl = 0.5，Z1 = 2，Z2 = 4.5。单击 OK 按钮建立一个圆柱体。

6）打开体积编号：执行 Utility Menu→PlotCtrls→Numbering 命令，弹出“Plot Numbering Control”对话框，选中“Volume numbers”复选框，单击 OK 按钮。得到插销和插座的图形以不同的颜色显示，如图 6-65 所示。

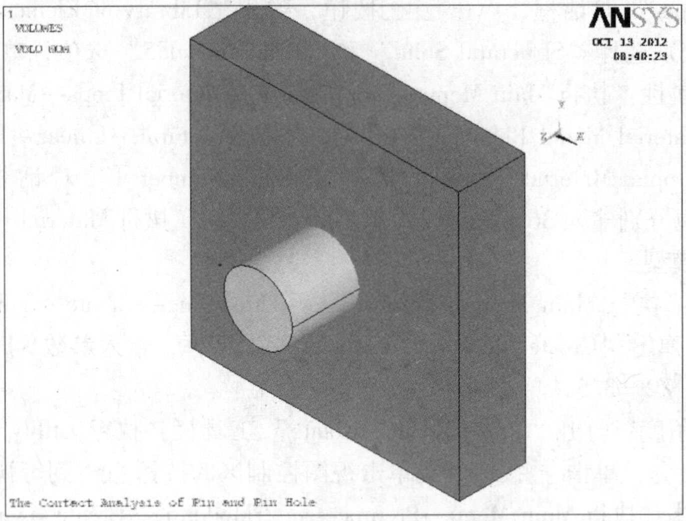

图 6-65　打开体积序号显示

7）切分模型的 1/4：由于问题的对称条件，只需要完整插销和插座模型的 1/4 来进行分析。设置工作平面，以备切分模型。执行 Utility Menu→Workplane→WP Setting 命令，弹出“WP Setting”对话框，选择“Catesian”和“Grid and Triad”单选按钮，单击 OK 按钮。显示工作平面，执行 Utility Menu→Workplane→Display Working Plane 命令。

旋转工作平面，执行 Utility Menu→Workplane→Offset WP by increments 命令，弹出“Offset WP”对话框：将 Degrees 滑块拖到 90°（最右端），单击按钮，将工作平面绕 Y 轴正方向旋转 90°。

切分模型的 1/2。执行 Main Menu→Preprocessor→Modeling→Operate→Booleans→ Divide →Volu by workplane 命令，弹出拾取框，单击 Pick All 按钮，将模型切分成对称的两部分。

删除模型的 1/2。执行 Main Menu→Preprocessor→Modeling→Delete→Volume and Below 命令，弹出拾取框，拾取模型的右半部分（包括半个长方体和半个圆柱），单击 OK 按钮，得到如图 6-66 所示的 1/2 模型。

还原工作平面位置。执行 Utility Menu→Workplane→Allign WP with→Global Catesian 命令。

旋转工作平面。执行 Utility Menu→Workplane→Offset WP by increments 命令，弹出“Offset WP”对话框，将 Degrees 滑块拖到 90°（最右端），单击按钮，将工作平面绕 X 轴正方向旋转 90°。

切分模型的 1/4。执行 Main Menu→Preprocessor→Modeling→Operate→Booleans→ Divide→Volu by workplane 命令，弹出拾取框，单击 Pick All 按钮，再将模型切分成对称的两部分。

删除模型的 1/4。执行 Main Menu→Preprocessor→Modeling→Delete→Volume and Below 命令，弹出拾取框，拾取模型的上半部分（包括一个 1/4 长方体和一个 1/4 圆柱），单击 OK 按钮，得到如图 6-67 所示的 1/4 模型。

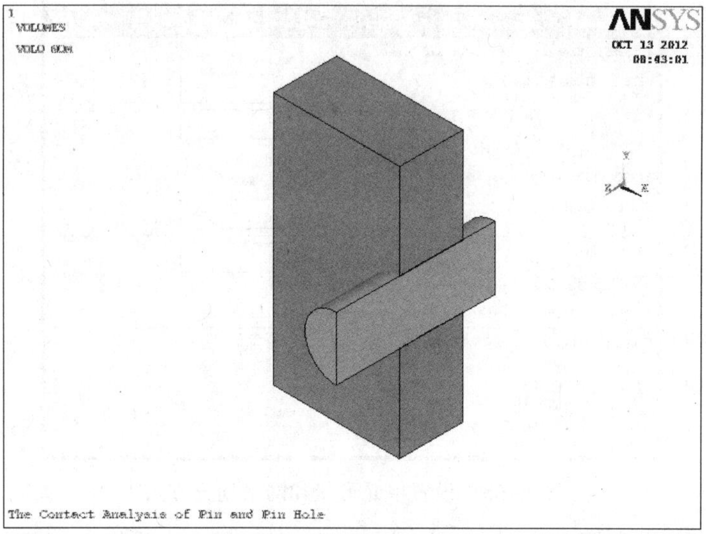

图 6-66　1/2 模型

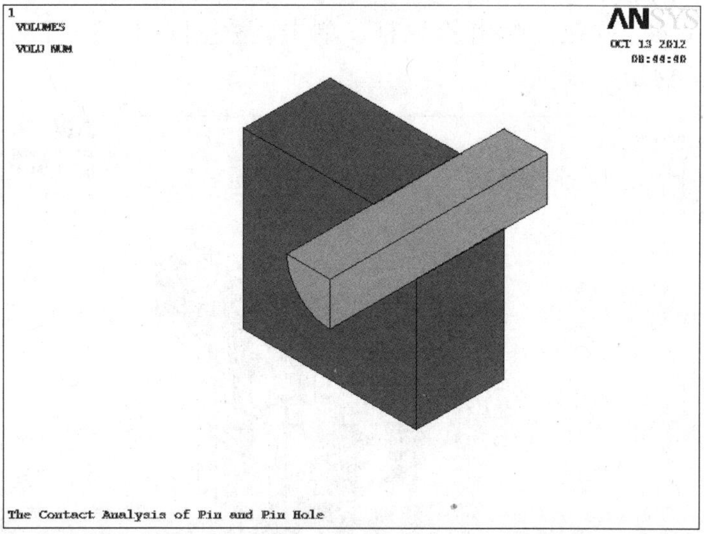

图 6-67　1/4 模型

8）保存几何模型：单击工具条中的 SAVE_DB 按钮，保存几何模型。

4. 划分有限元网格

1）执行 Main Menu→Preprocessor→Meshing→MeshTool 命令，打开“MeshTool”对话框。

2）设置插销单元网格密度：在“MeshTool”对话框的“Size Control”选项组中单击 Lines→Set 按钮，弹出拾取框，拾取插销前端的水平和垂直直线，单击 OK 按钮，弹出图 6-68 所示“Element Size of Picked Lines”对话框；输入 NDIV = 3，取消复选框“SIZE, NDIV can be changed”，单击 OK 按钮确定。

3）设置插座单元网格密度：在“MeshTool”对话框的“Size Control”选项组中单击 Lines→Set 按钮，弹出拾取框，拾取插座前端的曲线，单击 OK 按钮，弹出“Element Size of Picked Lines”对话框，输入 NDIV = 4，取消复选框“SIZE, NDIV can be changed”的选择，单击 OK 按钮确定。

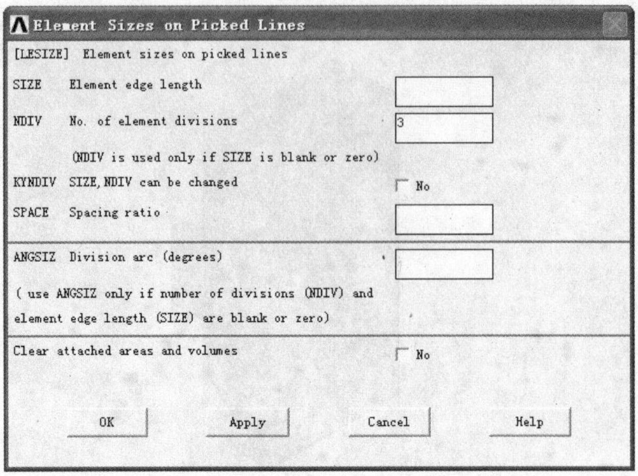

图6-68　设置单元形状和网格划分方法

4）设置单元形状和网格划分方法：在“MeshTool”对话框的“Mesh”列表中选择“Volumes”选项，单击“Hex/Wedge”和“Sweep”单选按钮，选择“Auto Src/Trg”选项。

5）单击“Sweep”按钮，弹出拾取框，单击 Pick All 按钮，进行网格划分，得到如图6-69所示的单元模型。

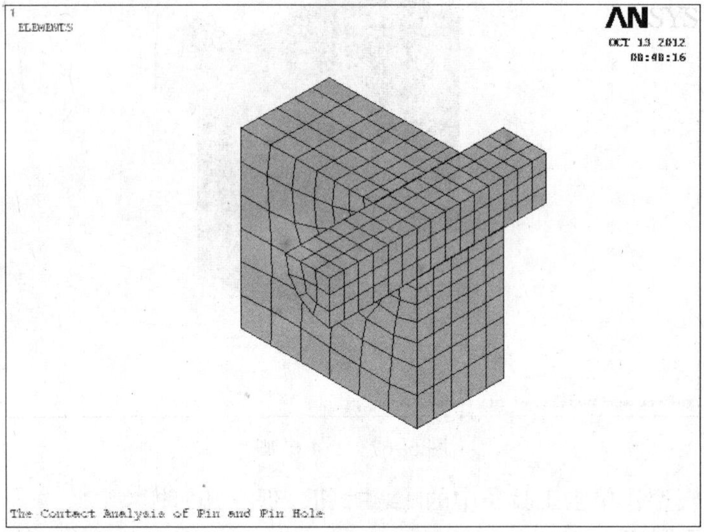

图6-69　单元模型

6）单击 Close 按钮，关闭“MeshTool”对话框。

7）执行 Utility Menu→PlotCtrls→Style→Size and Shape 命令，弹出如图 6-70 所示“Size and Shape”对话框，在“Facets/element edge”下拉列表框中选择“2 facets/edge”选项，单击 OK 按钮。

5. 建立接触单元

1）执行 Main Menu→Modeling→Create→Contact pair 命令，弹出“Contact Manager”对话框，如图 6-71 所示。

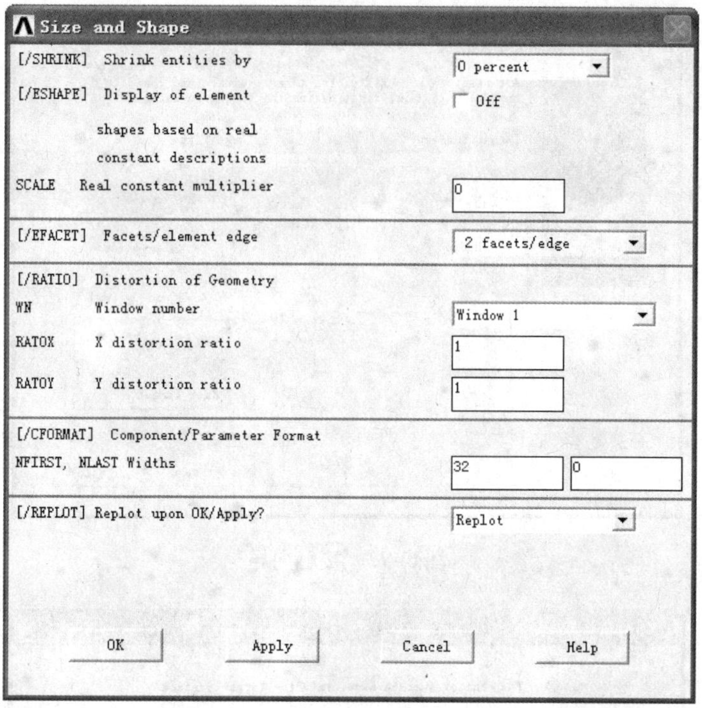

图 6-70 “Size and Shape” 对话框

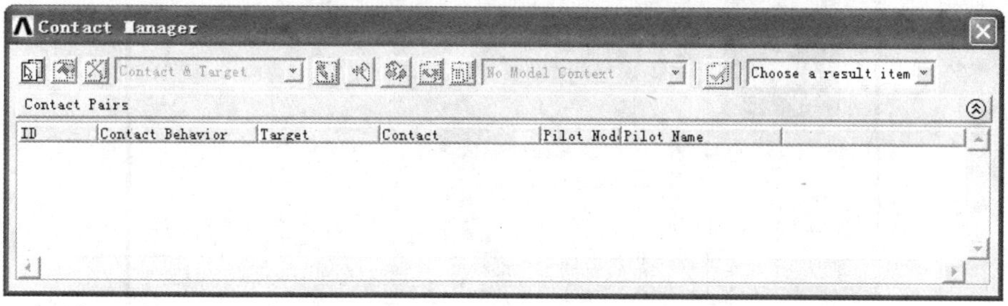

图 6-71 “Contact Manager” 对话框

2）单击最左边的按钮，启动 “Contact Wizard”（接触向导），如图 6-72 所示。

3）在 “Target Surface” 选项组中选择 “Areas” 选项，在 “Target Type” 选项组中选择 “Flexible” 选项，单击 Pick Target 按钮，弹出拾取框，拾取插座上与插销接触的曲面，单击 OK 按钮。

4）单击 Next > 按钮，接触向导如图 6-73 所示，要求定义接触面。

5）在 “Contact Surface” 选项组中选择 “Areas” 选项，在 “Contact element type” 选项组中选择 “Surface - to - Surface” 选项。单击 Pick Contact 按钮，弹出拾取框，拾取插销上与插座接触的曲面，单击 OK 按钮。

6）在接触向导中单击 Next > 按钮，弹出如图 6-74 所示的界面，如图所示进行设置，选中 “Include initial penetration” 复选框，在 “Friction” 选项组中将 “Material ID” 的值设置为 1，“Coefficient of Friction” 的值设置为 0.2。

7）单击 Create 按钮，如图 6-75 所示提示接触单元已经生成，单击 Finish 按钮关闭。

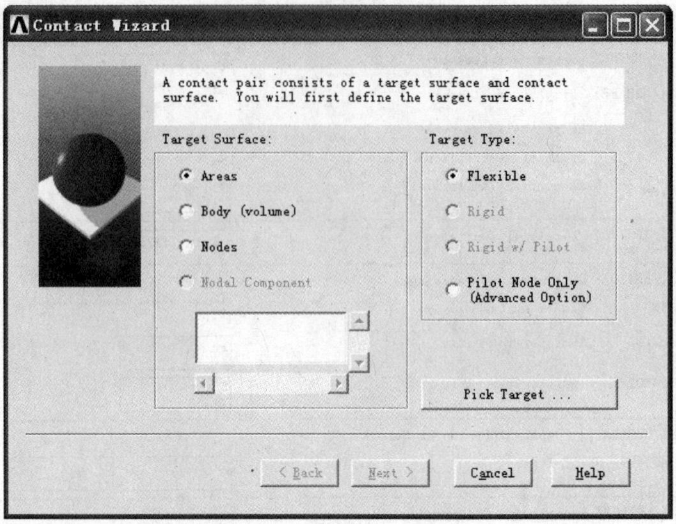

图 6-72　接触向导

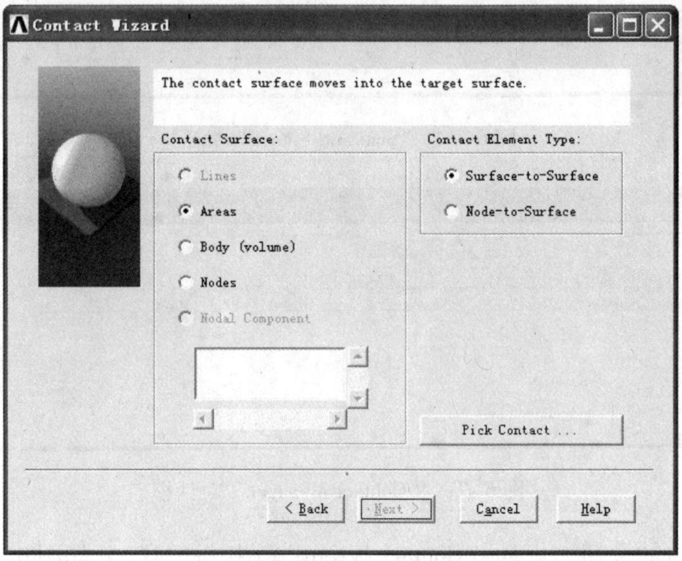

图 6-73　定义接触面

8）关闭“Contact Manager”对话框。生成接触对如图 6-76 所示。

6. 定义位移约束

1）执行 Utility Menu→Plot→Areas 命令，重新绘制面积。

2）在面上施加对称约束：执行 Main menu→Solution→Define Loads→Apply→ Structural→Displacement→Symmetric B. C. →On Areas 命令，弹出拾取框，拾取插座和插销被切分出来的 4 个面，如图 6-77 所示，单击 OK 按钮确定。

3）执行 Main Menu→Solution→Define Loads→Apply→Structural→Displacement→On Areas 命令，弹出拾取框，拾取插座的左侧面，单击 OK 按钮，弹出“Apply U，ROT on Areas”对话框，固定该面的所有自由度。

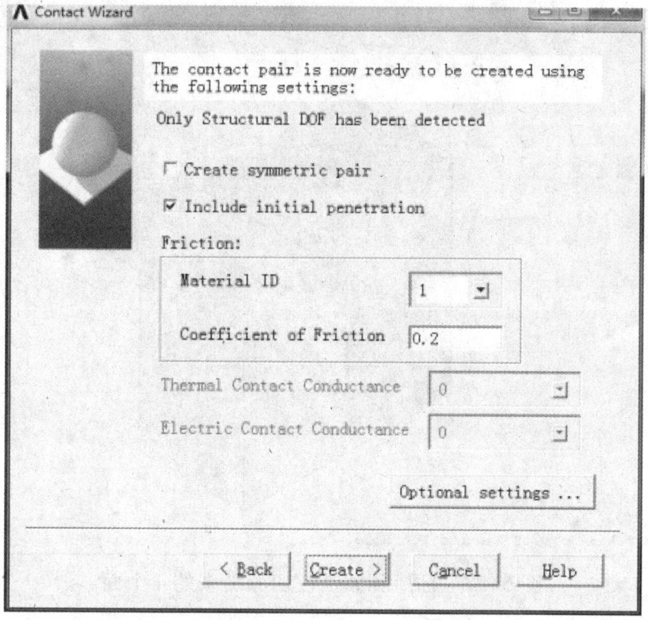

图 6-74　设置摩擦系数

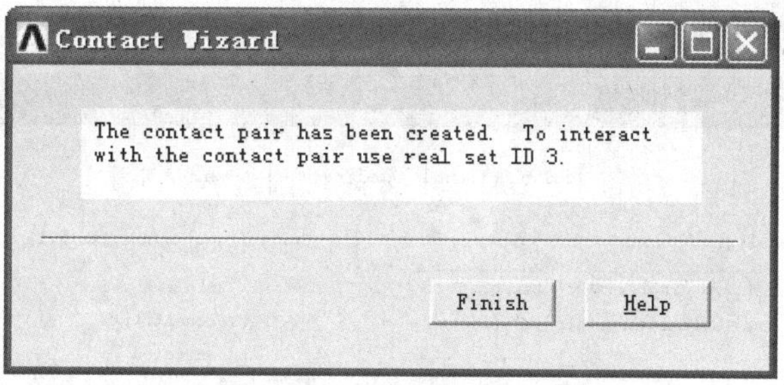

图 6-75　提示接触单元已经生成

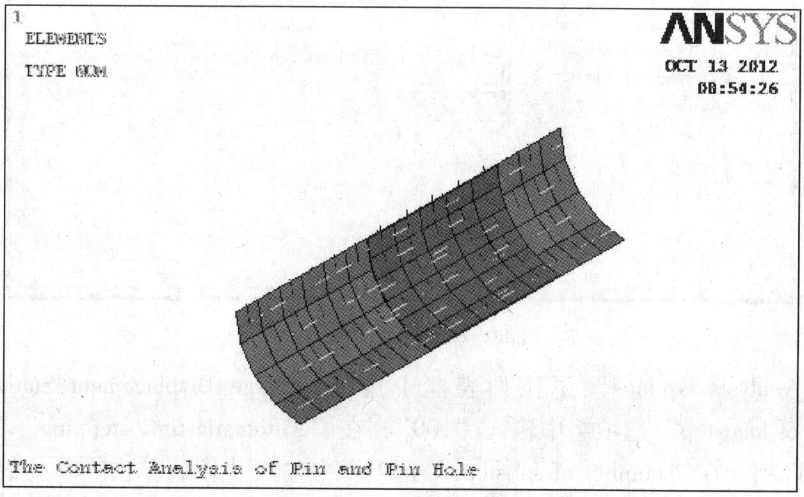

图 6-76　生成效果图

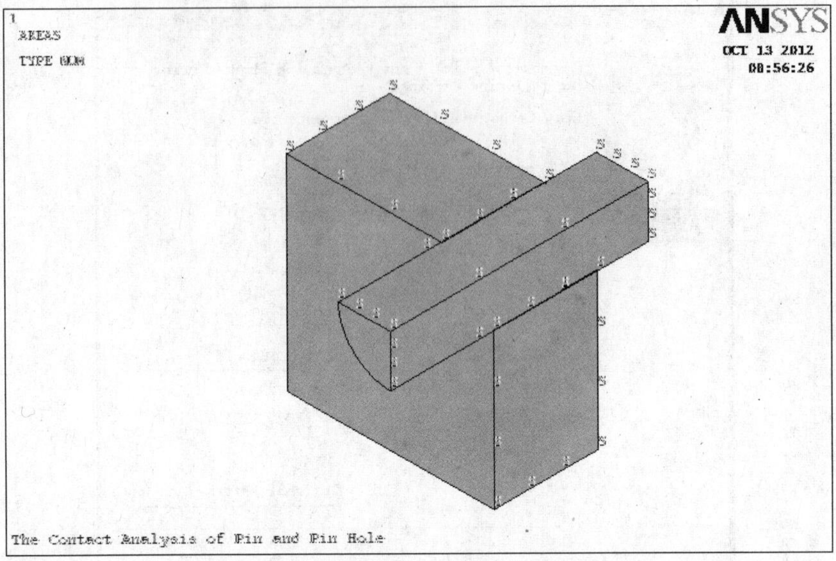

图 6-77　插座和插销被切分出来的 4 个面

7. 求解装配预应力

1）设置求解选项：执行 Main Menu→Solution→Analysis Type→Sol's Control 命令，弹出如图 6-78 所示的“Solution Controls”对话框。

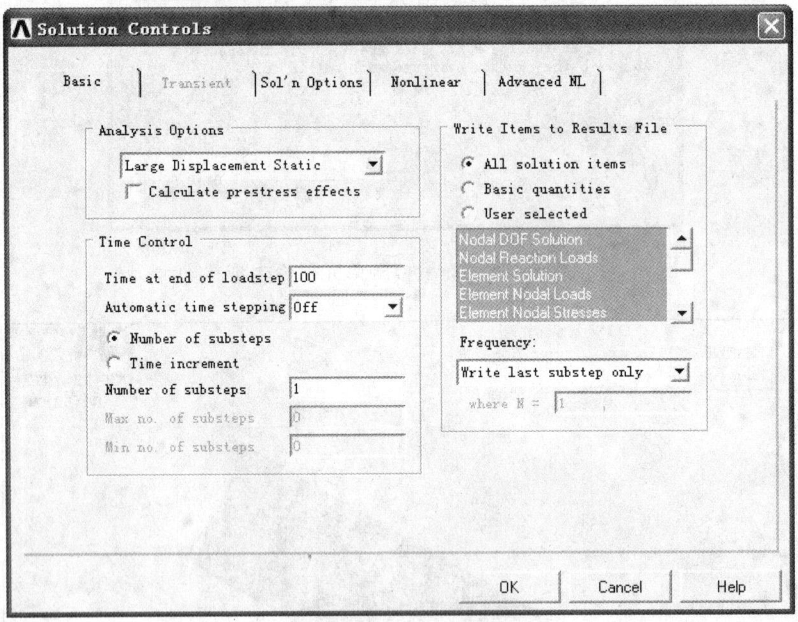

图 6-78　设置求解选项

2）在“Analysis Options”下拉列表框中选择“Large Displacement Static”选项，在“Time at end of loadstep”选项组中输入“100”，在“Automatic time stepping”下拉列表框中选择“Off”选项，在“number of substeps”选项组中输入“1”，单击 OK 按钮确定。

3）求解：执行 Main menu→Solution→Solve→Current LS 命令。

4）绘制装配应力图：执行 Main Menu→General Postproc→Plot Results→Contour Plot→

Nodal Solut 命令，在弹出的对话框中选择 Stress→von Mises stress，单击 OK 按钮，得到如图 6-79 所示的 Mises 应力分布图。

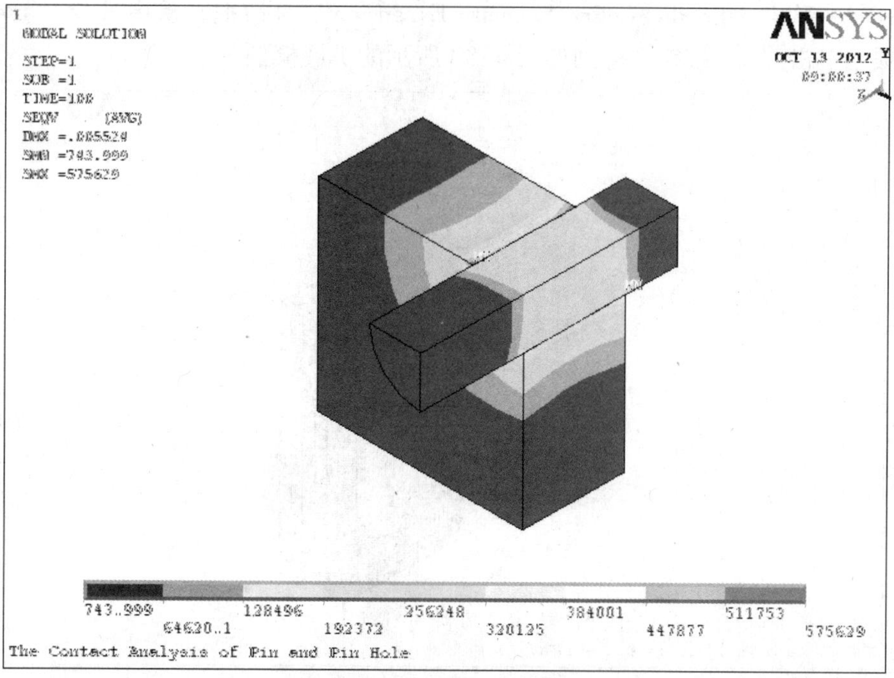

图 6-79　Mises 应力分布图

8. 求解拔拉过程

1）执行 Utility Menu→Plot→Areas 命令，重新绘制面积。

2）执行 Utility Menu→Select→Entities 命令，弹出“Select Entities”对话框，在选择对象列表中选择“Nodes”，在选择方式列表中选择“By Location”，选中“Z Coordinates”单选按钮，在“Min，Max”文本框中输入 Z 坐标为 4.5，选中“From Full”单选按钮，最后单击 Apply 按钮确定，选取位于 Z = 4.5 处的所有节点。

3）执行 Main Menu→Solution→Define Loads→Apply→Structural→Displacement→On Nodes 命令，弹出“Apply U，ROT on Nodes”拾取框，单击 Pick All 按钮，弹出“Apply U，ROT on Nodes”对话框，在“DOFs to be constrained”列表中选择“UZ”，在“Displacement value”文本框中输入 1.7，单击 OK 按钮。

4）执行 Utility Menu→Select→Everything 命令，重新选择所有单元和节点。

5）设置求解选项：执行 Main Menu→Solution→Analysis Type→Sol's Control 命令，弹出“Solution controls”对话框。

6）在“Analysis Options”下拉列表框中选择“Large Displacement Static”选项，在“Time at end of loadstep”文本框中输入 200，在“Automatic time stepping”下拉列表框中选择“On”选项，在“number of substeps”文本框中输入 100，在“Max no. of substeps”文本框中输入“10000”，在“Min no. of substeps”文本框中输入 10，在“Frequency”下拉列表框中选择“Write every Nth substep”，单击 OK 按钮确定。

7）求解：执行 Main Menu→Solution→Solve→Current LS 命令。

9. 结果后处理

1）扩展模型：执行 Utility Menu→Plot Ctrls→Style→Symmetry Expansion→Priodic/Cclinc Smmetry 命令，弹出“Priodic/Cclinc Smmetry Expansion”对话框，从中选择“1/4 Dihedral Sym”选项，单击 OK 按钮。得到如图6-80所示的扩展模型。

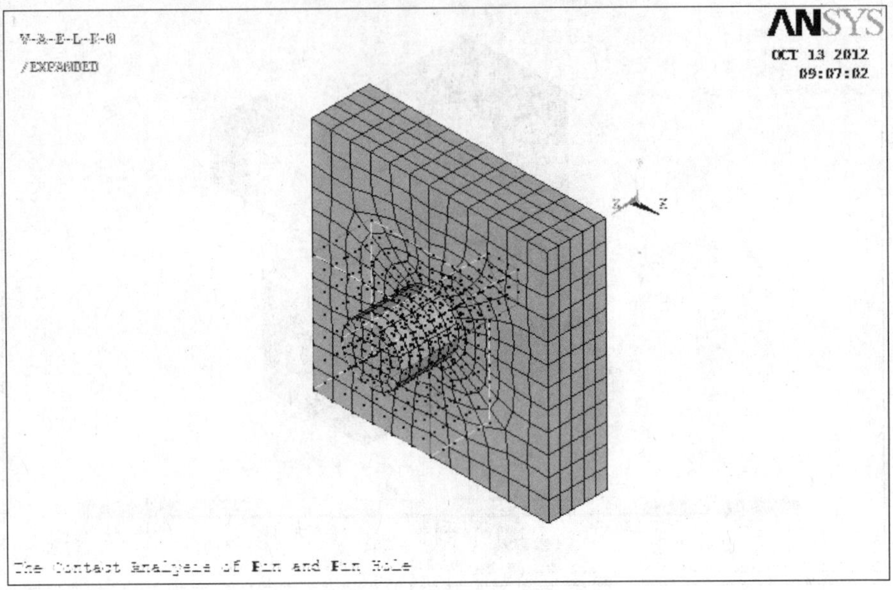

图6-80 扩展模型

2）执行 Main Menu→General Postproc→Read Results→By time/frequency 命令，弹出“Read Results by time or frequency”对话框，在“TIME”文本框中输入120，单击 OK 按钮，读入 TIME＝120 时刻的计算结果。

3）选择插销中与插座接触的单元：执行 Utility Menu→Select→Entities 命令，弹出“Select Entities”对话框，在选择对象列表中选择“Elements”，在选择方式列表中选择“By Element name”，在“Element Name”文本框中输入174，选中“From Full”单选按钮，最后单击 OK 按钮确定，选择插销中与插座接触的单元。

4）执行 Utility Menu→Plot→Elements 命令，重绘单元，如图6-81所示。

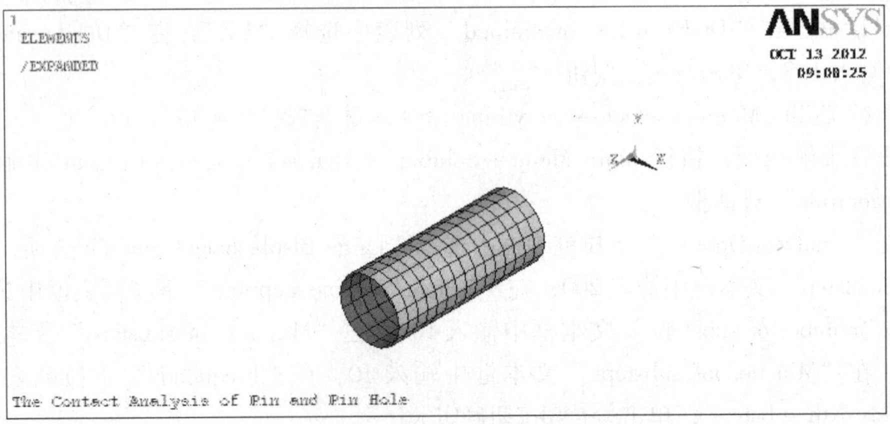

图6-81 插销中与插座接触的单元

5）绘制接触压力：执行 Main Menu→General Postproc→Plot Results→Contour Plot→Nodal Solution 命令，在弹出的对话框中选择 Contact→Pressure PRES，单击 OK 按钮，得到如图 6-82 所示的接触压力分布图。

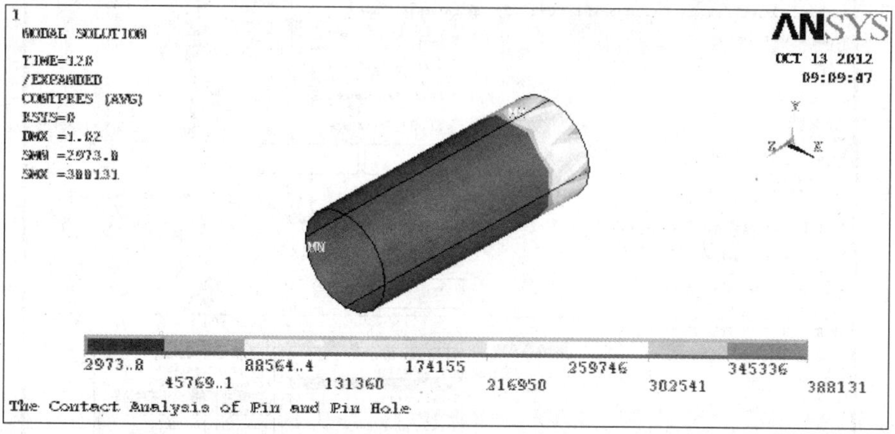

图 6-82　接触应力分布图

6）执行 Utility Menu→Select→Everything 命令，重新选择所有单元和节点。

7）读入载荷步 2 结果：执行 Main Menu→General Postproc→Read Results→By LoadStep 命令，弹出“Read Results by Load Step number”对话框，在“LSTEP”文本框中输入 2，单击 OK 按钮，读入载荷步 2 计算结果。

8）绘制等效应力分布：执行 Main Menu→General Postproc→Plot Results→Contour Plot→Nodal Solution 命令，在弹出的对话框中选择 Stress→von Mises SEQV，单击 OK 按钮，得到如图 6-83 所示的 Mises 应力分布图。

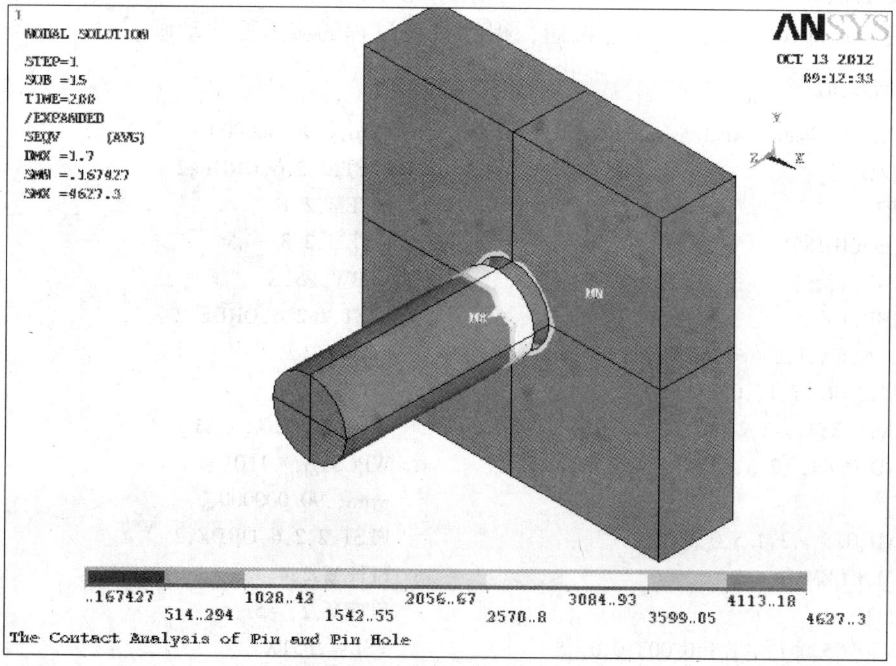

图 6-83　Mises 应力分布

9）绘制拔拉过程的应变变化动画：执行 Utility Menu→PlotCtrls→Animate→Over Results 命令，弹出如图 6-84 所示的“Animate Over Results”对话框。

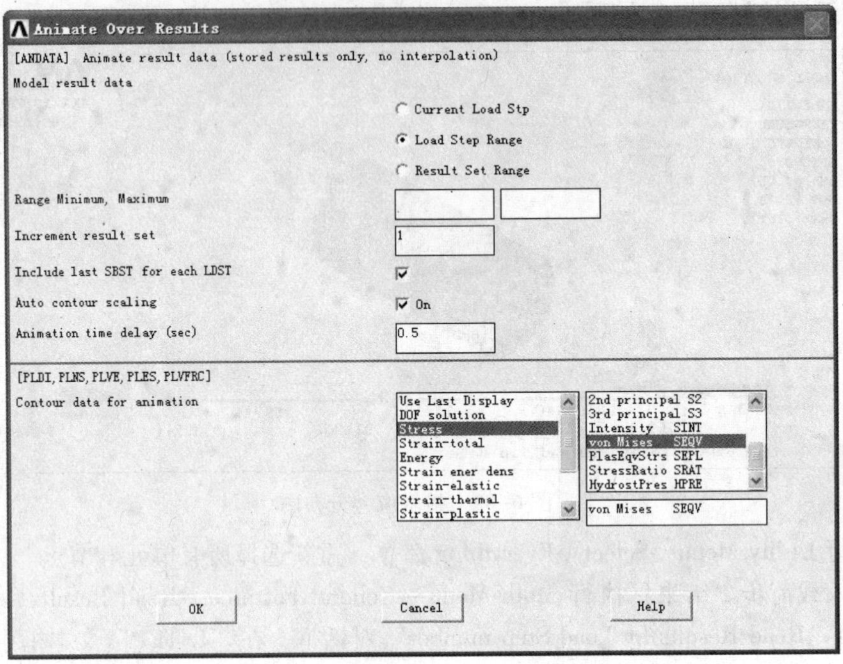

图 6-84　绘制拔拉过程中的应变动画

10）在“Model result data”选项组中选择“Load step range”选项，在“range Minimum”文本框和“Maximum”文本框中分别输入 1 和 2，选择“Include last SBST for each LDST”复选框和“Auto contour Scaling”复选框，在“Contour data for animation”列表中选择 Stress→von Mises，单击 OK 按钮，得到拔拉过程的应力变化动画。

命令流

```
/TITLE,The Contact Analysis of Pin and Pin Hole
/REPLOT
/PREP7
ET,1,SOLID185
MPTEMP,,,,,,,,
MPTEMP,1,0
MPDATA,EX,1,,36e6
MPDATA,PRXY,1,,0.3
BLOCK,-2,2,-2,2,2.5,3.5,
CYLIND,0.49,,2.5,3.5,0,360,
VSBV,     1,     2
CYLIND,0.5,,2,4.5,0,360,
/PNUM,ELEM,0
/REPLOT
wpstyle,0.05,0.1,-1,1,0.003,0,0,,5
WPSTYLE,,,,,,,,1
wpro,,,90.000000
FLST,2,2,6,ORDE,2
FITEM,2,1
FITEM,2,3
VSBW,P51X
FLST,2,2,6,ORDE,2
FITEM,2,2
FITEM,2,6
VDELE,P51X,,,1
WPCSYS,-1,0
wpro,,90.000000,
FLST,2,2,6,ORDE,2
FITEM,2,4
FITEM,2,-5
VSBW,P51X
FLST,2,2,6,ORDE,2
```

```
FITEM,2,2
FITEM,2,6
VDELE,P51X, , ,1
SAVE
FLST,5,2,4,ORDE,2
FITEM,5,4
FITEM,5, -5
CM,_Y,LINE
LSEL, , , ,P51X
CM,_Y1,LINE
CMSEL,,_Y
LESIZE,_Y1, , ,3, , , , ,0
FLST,5,1,4,ORDE,1
FITEM,5,29
CM,_Y,LINE
LSEL, , , ,P51X
CM,_Y1,LINE
CMSEL,,_Y
FLST,5,2,6,ORDE,2
FITEM,5,1
FITEM,5,3
CM,_Y,VOLU
VSEL, , , ,P51X
CM,_Y1,VOLU
CHKMSH,'VOLU '
CMSEL,S,_Y
VSWEEP,_Y1
CMDELE,_Y
CMDELE,_Y1
CMDELE,_Y2
MP,MU,1,0.2
MAT,1
R,3
REAL,3
ET,2,170
ET,3,174
KEYOPT,3,9,0
KEYOPT,3,10,2
R,3,
RMORE,
RMORE,,0
RMORE,0
! Generate the target surface
ASEL,S,,,24
CM,_TARGET,AREA
TYPE,2
NSLA,S,1
ESLN,S,0
ESLL,U
ESEL,U,ENAME,,188,189
NSLE,A,CT2
ESURF
CMSEL,S,_ELEMCM
! Generate the contact surface
ASEL,S,,,20
CM,_CONTACT,AREA
TYPE,3
NSLA,S,1
ESLN,S,0
NSLE,A,CT2 !CZMESH patch (fsk qt -40109 8/2008)
ESURF
ALLSEL
ESEL,ALL
ESEL,S,TYPE,,2
ESEL,A,TYPE,,3
ESEL,R,REAL,,3
/PSYMB,ESYS,1
/PNUM,TYPE,1
/NUM,1
EPLOT
ESEL,ALL
ESEL,S,TYPE,,2
ESEL,A,TYPE,,3
ESEL,R,REAL,,3
/GRES,cwz,gsav
CMDEL,_TARGET
CMDEL,_CONTACT
/COM, CONTACT PAIR CREATION - END
/MREP,EPLOT
APLOT
FINISH
/SOL
FLST,2,4,5,ORDE,4
FITEM,2,3
FITEM,2,-4
FITEM,2,10
FITEM,2,26
DA,P51X,SYMM
FLST,2,1,5,ORDE,1
FITEM,2,9
```

```
! *
/GO
DA,P51X,ALL,
ANTYPE,0
NLGEOM,1
NSUBST,1,0,0
AUTOTS,0
TIME,100
/STATUS,SOLU
SOLVE
/DIST,1,1.08222638492,1
/REP,FAST
FINISH
/POST1
! *
/EFACET,1
PLNSOL, S,EQV, 0,1.0
/VIEW,1,1,1,1
/ANG,1
/REP,FAST
WPSTYLE,,,,,,,,0
APLOT
NSEL,S,LOC,Z,4.5
NPLOT
FINISH
/SOL
FLST,2,14,1,ORDE,4
FITEM,2,46
FITEM,2,-49
FITEM,2,91
FITEM,2,-100
/GO
D,P51X, ,1.7, , , ,UZ, , , , ,
ALLSEL,ALL
GPLOT
APLOT
NSUBST,100,10000,10
OUTRES,ERASE
OUTRES,ALL,1
AUTOTS,1
TIME,200
/STATUS,SOLU
SOLVE
/DIST,1,1.08222638492,1
/REP,FAST
/EXPAND,4,POLAR,HALF,,90
/REPLOT
/EXPAND,4,POLAR,HALF,,90
/REPLOT
SET, , ,1, ,180, ,
222638492,1
/REP,FAST
SET, , ,1, ,200, ,
/EFACET,1
PLNSOL, S,EQV, 0,1.0
PLDI, ,
ANMODE,10,0.5, ,0
SAVE
FINISH
! /EXIT,NOSAV
```

6.6 本章小结

引起非线性结构的原因很多，主要有状态变化（包括接触）、几何非线性、材料非线性3种类型。

本章介绍了非线性问题求解的平衡迭代方法、组织级别、收敛容限及自动时间分步等问题。尽管非线性分析比线性分析更加复杂，但处理基本相同，只是在非线形分析的适当过程中添加了需要的非线性特性。非线性静态分析是静态分析的一种特殊形式，同任何静态分析一样，处理流程主要由建模、加载求解和查看结果3个主要步骤组成。

通过装载时矿石对车厢的冲击非线性分析、圆盘塑性变形分析、销与销孔接触分析的实例，介绍了非线性分析的操作步骤与技巧，为解决处理类似实际问题提供了依据和经验。

6.7 思考与练习

1. 概念题

1）ANSYS 非线性分析的特点与步骤有哪些？

2）非线性结构的特点有哪些？

3）纯粹增量式解和牛顿-拉普森方法求解有何区别？

4）载荷步和子步的区别是什么？

5）ANSYS 控制子步数的方法有哪些？

2. 计算操作题

（1）圆盘的大应变分析

如图 6-85 所示为两块钢板压一个圆盘，对此作非线性分析。由于上下两块钢板的刚度比圆盘的刚度大得多，钢板与圆盘壁面之间的和摩擦足够大。因此，在建模时只建立圆盘的模型。材料性质如下：弹性模量为 1000 MPa，泊松比为 0.35；屈服强度为 1 MPa；剪切模量为 2.99 MPa。

（2）圆柱壳的非线性屈曲分析

本实例将用弧长分析法进行一个圆柱壳（见图 6-86）的非线性屈曲分析。一个对边简支圆柱壳的中心作用一个垂直的集中载荷，目的是分析当载荷大小为 1000 N 时 A 和 B 两点的垂直位移。已知材料弹性模量为 3.1×10^{9} Pa，泊松比为 0.3。

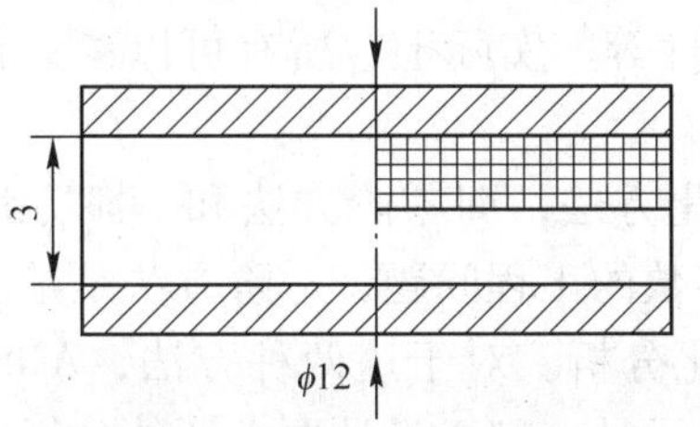

图 6-85　圆盘大应变简图

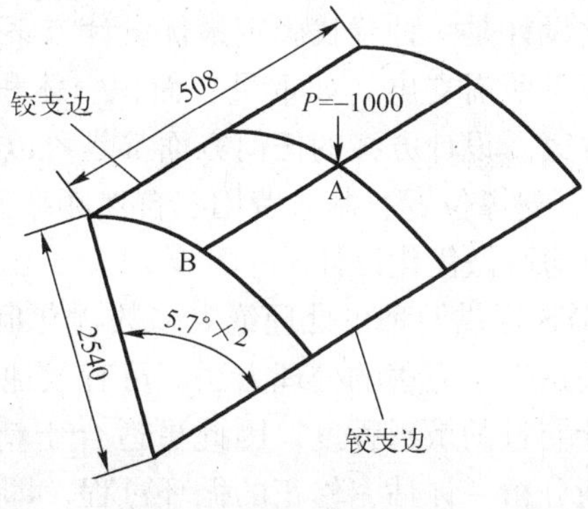

图 6-86　简支圆柱壳简图

（3）屈曲分析问题

如图 6-87 所示，确定一个受到轴向加载两端铰压杆的临界屈曲载荷。此杆的长度为 L，截面高度为 h，截面面积为 A。由于对称性，可以只对杆的上端进行建模，则上半部分的边界条件变成一端自由，另一端固支。为了描述屈曲状态，在 X 轴方向取 10 个主自由度，杆的惯性矩为 $I = Ah^2/12 = 0.0052083\text{in}^4$。材料的详细参数如下所示（为英制单位）：弹性模量为 $30\text{e}10^6$psi，细杆长度为 200in，截面面积为 0.25 in^2，截面高度为 0.5in，施加载荷为1 lbf，$L = 100$in。

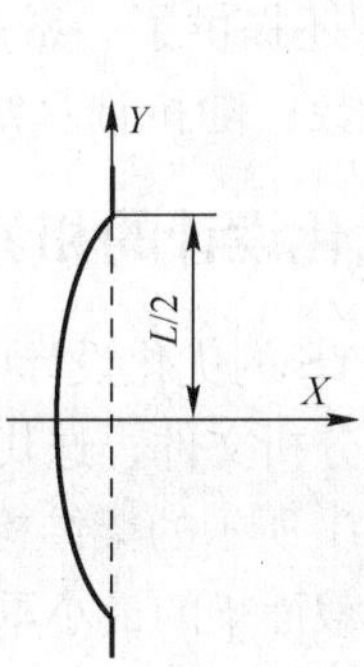

图 6-87　两端铰支压杆屈曲分析模型

第7章　优化设计

前面介绍了 ANSYS 在结构静力学、动力学及非线性问题中的应用，其实还有一个重要的应用面向就是优化设计。随着优化技术研究的深入，算法越来越成熟，应用面向和领域也越来越广，优化技术显得越来越重要。

其实每个设计问题几乎都可以具体为一个优化设计问题，本章仅涉及结构优化设计和拓扑优化设计。优化设计是计算机辅助工程（CAE）的一项重要内容，所有可以参数化的 ANSYS 选项均可做优化设计。

本章重点

- 用 ANSYS 进行结构轻量化优化分析的步骤
- 用 ANSYS 进行结构拓扑优化分析的步骤

7.1　结构优化设计

优化设计是一种寻找确定最优设计方案的技术，最优设计指一种方案可以满足所有设计要求，而且所需支出（如重量、面积、体积、应力及费用等）最小，最优设计方案即最有效率的方案。设计方案的任何方面都是可以优化的，如尺寸（如厚度）、形状（如过渡圆角的大小）、支撑位置、制造费用、自然频率和材料特性等。实际上，所有可以参数化的 ANSYS 选项均可做优化设计。

ANSYS 提供两种可处理绝大多数优化问题的优化方法，即零阶方法和一阶方法。其中零阶方法是一个完善的处理方法，可有效地处理大多数的工程问题；一阶方法是基于目标函数对设计变量的敏感程度，因此更适合于精确的优化分析。对于这两种方法，ANSYS 提供了一系列分析 - 评估 - 修正的循环过程，即分析初始设计，基于设计要求评估分析结果，然后修正设计。重复这一循环过程，直到所有的设计要求都满足为止。

ANSYS 还提供了一系列的优化工具以提高优化过程的效率，例如可以指定随机优化分析的迭代次数，随机计算结果的初始值可以作为优化过程的起点数值。

7.1.1　优化设计的相关概念

在 ANSYS 的优化设计中包括的基本定义有设计变量、状态变量、目标函数、合理和不合理的设计、分析文件、迭代、循环和设计序列等。如图 7-1 所示的梁结构，找出在以下约束条件下矩形截面梁的最小重量：总应力 σ 不超过 $\sigma_{\max}$（$\sigma \leqslant \sigma_{\max}$）；梁的变形 δ 不超过 $\delta_{\max}$（$\delta \leqslant \delta_{\max}$）；梁的高度 h 不超过 $h_{\max}$（$h \leqslant h_{\max}$）。

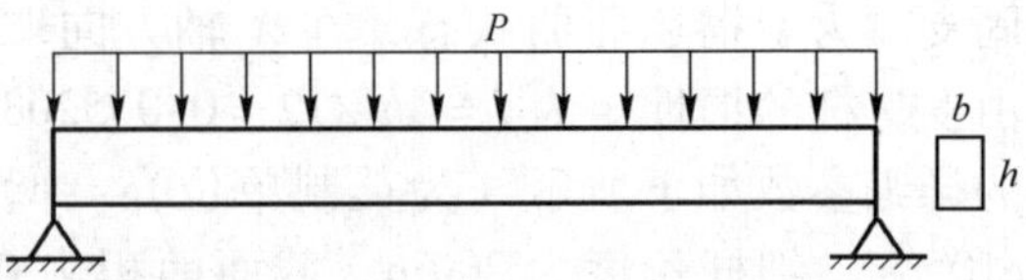

图 7-1　梁的优化设计示例

1. 设计变量（Design Variables）

设计变量（DVs）为自变量，往往是长度、厚度、直径或几何模型参数，且为一个独立的参数，优化结果是通过改变设计变量的数值实现的。每个设计变量都有上下限，它定义了设计变量的变化范围。在上述问题中，设计变量很显然为梁的宽度 b 和高度 h。b 和 h 都不可能为负值，因此其下限应为 b，$h>0$，而且 h 有上限 h_{max}。ANSYS 优化程序允许定义不超过 60 个设计变量。

2. 状态变量（State Variables）

状态变量（SVs）是约束设计的数值，如应力、温度、热流率、频率及变形等。它们是因变量，即设计变量的函数。可能有上下限或单方面的限制，即只有上限或下限，在上述梁问题中的两个状态变量为 σ（总应力）和 δ（梁的位移）。在 ANSYS 优化程序中可以定义不超过 100 个状态变量。

3. 目标函数（Objective Function）

目标函数是用户将要尽量减小的数值，它必须是设计变量的函数，即改变设计变量的数值将改变目标函数的数值。在上述问题中，梁的总重量应是目标函数。在 ANSYS 优化程序中，用户只能设置一个目标函数，其值必须为正。

设计变量、状态变量和目标函数总称为优化变量。在 ANSYS 优化中，这些变量由用户定义的参数指定。用户必须指定参数集中的设计变量、状态变量和目标函数。

4. 设计序列（Design Set）

设计序列指确定一个特定模型的参数的集合，一般由优化变量的数值确定，但所有模型（包括不是优化变量的）参数组成一个设计序列。

5. 合理的设计（Feasible Design）

一个合理的设计指满足所有给定的约束条件（设计变量和状态变量的约束）的设计。如果其中任意约束条件未被满足，则设计被认为不合理。而最优设计是既满足所有约束条件，又能得到最小目标函数值的设计。如果所有设计序列都不合理，那么最优设计最接近于合理设计，而不考虑目标函数的数值。

6. 分析文件（Analysis File）

分析文件是一个 ANSYS 的命令流输入文件，包括一个完整的分析过程（即前处理、求解和后处理）。它必须包含一个参数化的模型，即用参数定义模型并指出设计变量、状态变量和目标函数。由这个文件还可以自动生成优化循环文件（Jobname. loop），并在优化计算中循环处理。

7. 循环（Loop）

一次循环指一个分析周期（可以理解为执行一次分析文件），最后一次循环的输出保存在 Jobname. opo 文件中。

8. 优化迭代（Optimization iteration）

优化迭代是产生新的设计序列的一次或多次分析循环。一般来说，一次迭代等同于一次循环。对于一阶方法，一次迭代等同于多次循环。

优化数据库记录当前的优化环境，包括优化变量定义、参数、所有优化设置和设计序列集合。该数据库可以保存在 Jobname. opt 文件中，也可随时读入优化处理器中。

分析文件必须作为一个单独的实体存在，优化数据库不是 ANSYS 模型数据库的一部分。

7.1.2 优化设计的过程与步骤

ANSYS 优化设计可以通过批处理方式和 GUI 方式实现。优化设计通常包括以下步骤，这些步骤根据所用优化方法不同有细微差别。

1）生成循环所用的分析文件，其中必须包括整个分析的过程并满足以下条件。

- 参数化建立模型（PREP7）。
- 求解（SOLUTION）。
- 提取并指定状态变量和目标函数（POSTl/POST26）。

2）在 ANSYS 数据库中建立与分析文件中变量相对应的参数，该步骤不是必须的（BEGIN 或 OPT）。

3）进入 OPT 处理器指定分析文件。

4）指定优化变量。

5）选择优化工具或优化方法。

6）指定优化循环控制方式。

7）进行优化分析。

8）查看设计序列结果（OPT）和后处理（POSTl/POST26）。

1. 生成分析文件

生成分析文件是 ANSYS 优化设计过程中的关键部分，ANSYS 运用该文件构造循环文件进行循环分析。该文件中可包括 ANSYS 的任意分析类型（结构、热和电磁等，线性或非线性）。

ANSYS/LS－DYNA 的显式分析不能进行优化。

在分析文件中模型建立必须是参数化的（通常是优化变量为参数），结果也必须用参数提取（用于状态变量和目标函数），优化设计中只能使用数值参数。

用户的任务是建立分析文件并保证其正确性。分析文件应覆盖整个分析过程并且是简练的，不是必须的语句（如完成图形显示和列表功能的语句等）应省略。只有在交互过程中希望看到的显示（EPLODT 等）可包含在分析文件中或将其定位到一个显示文件中（/SHOW）。注意分析文件要多次执行，与优化分析本身无关的命令会不必要地耗费时间，降低循环效率。建立分析文件有如下两种方法。

1）用系统编辑器逐行输入。

2）交互式完成分析，将 ANSYS 的 LOG 文件作为基础建立分析文件。

用系统编辑器生成分析文件同生成其他分析时的批处理文件方法一样，使用户可以通过命令输入完全控制参数化定义并省去了删除多余命令的麻烦。如果对于 ANSYS 命令集不熟悉，这种方法很不方便，而第二种方法相对容易。但是在最后生成分析文件的过程中，ANSYS 的 LOG 文件要做较大修改才能适合循环分析。

不论采用哪种方法，分析文件需要包括的内容相同，建立分析文件的步骤如下。

1）参数化建立模型。用设计变量作为参数建立模型的工作在 PREP7 中完成。在给出的梁的例子中设计变量是 B（梁的宽度）和 H（梁的高度），因此单元的实参由 B 和 H 表示。

```
...
/PREP7                                   ! 初始化设计变量
B=2.0
```

```
H = 3.0
ET, 1, BEAM3                              ! 二维梁单元
AREA = B * H                              ! 梁的横截面面积
IZZ = (B * (H"3))/12                      ! 绕 Z 轴的转动惯量
R,1,AREA,IZZ,H                            ! 以设计变量表示的单元实参
! 模型的其他部分
MP,EX,1,30E6                              ! 弹性模量
N,1                                       ! 结点
N,11,120
FILL
E,1,2                                     ! 单元
EGEN,10,1,-1
FINISH                                    ! 退出 PREP7
…
```

前面提到，可以优化设计的任何方面的唯一要求就是将其参数化。

设计变量（如 *B* 和 *H*）可程序的任何部分初始化，一般是在 PREP7 中定义。这些变量的初值只是在设计计算开始时用到，在优化循环过程中会被改变。

如果用 GUI 模式完成输入，则可能遇到直接拾取操作。有些拾取操作不允许参数化输入。因此，应避免在定义设计变量、状态变量和目标函数时使用这些操作，应用可以参数化的操作代替。

2）求解。求解器用于定义分析类型和分析选项、施加载荷、指定载荷步，并完成有限元计算。分析中用到的数据都要指定凝聚法分析中的主自由度、非线性分析中的收敛准则及谐波分析中的频率范围等。载荷和边界条件也可作为设计变量。

在梁的例子中，SOLUTION 部分的输入大致如下：

```
…
/SOLU
ANTYPE,STATIC                             ! 静力分析(默认)
D,1,UX,0,11,10,UY                         ! UX = UY = 0,梁两端结点固定
SFBEAM,ALL,1,PRES,100                     ! 施加压力
SOLVE
FINISH                                    ! 退出 SOLUTION
```

该步骤不仅限于一次分析过程，如可在热分析后进行应力分析（在热应力计算中）。

3）参数化提取结果。本步骤用 * GET 命令（Utility Menu→Parameters→Get Scalar Data）提取结果并赋值给相应的参数，这些参数一般为状态变量和目标函数。通常使用 POSTl 完成本步骤的操作，特别是涉及数据的存储、加减或其他操作。

在梁的例题中，梁的总重量是目标函数。因为重量与体积成比例（假定密度均匀），那么减小总体积相当于减小总重量，所以可以选择总体积为目标函数。在此例中状态变量选择为总应力和位移，这些参数可以用如下方法定义：

```
…
/POSTl
SET,…
```

```
NSORT,U,Y                                 ! 以 UY 为基准对结点排序
 * GET,DMAX,SORT,MAX                      ! 参数 DMAX = 最大位移
! 线单元的推导数值由 ETABLE 得出
ETABLE,VOLU,VOLU                          ! VOLU = 每个单元的体积
ETABLE,SMAX_I,NMISC,1                     ! SMAX_I = 每个单元 I 结点处应力的最大值
ETABLE,SMAX_J,NMISC,3                     ! SMAX_J = 每个单元 J 结点处应力的最大值
SSUM                                      ! 将单元表中每列的数据相加
 * GET,VOLUME,SSUM,ITEM,VOLU              ! 参数 VOLUME = 总体积
ESORT,ETAB,SMAX_I,1                       ! 按照单元 SMAX_I 的绝对值大小排序
 * GET,SMAXI,SORT,MAX                     ! 参数 SMAXI = SMAX_J 的最大值
ESORT,ETAB,SMAXj,1                        ! 按照单元 SMAXJ 的绝对值大小排序
 * GET,SMAXJ,SORT,MAX                     ! 参数 SMAXJ = SMAXJ 的最大值
SMAX = SMAXIISM XJ                        ! 参数 SMAX = 最大应力值
FINISH
…
```

4）准备分析文件。如果是用系统编辑器编辑的批处理文件，则简单存盘进入步骤 2）即可。如果用交互方式建模，则必须在交互环境下数据库命令流文件或程序命令流文件生成分析文件。

数据库命令流文件可以通过 LGWRITE 命令（Utility Menu→File→Write DB Log File）生成 LGWRITE 将数据库内部包含生成当前模型所有命令的命令流写到 Jobname. lgw 文件中。

程序命令流 Jobname. log 文件包含交互方式下用户输入的所有命令。如果用 Jobneme. log 作为分析文件，则必须用系统编辑器删除文件中所有不必要的命令。因为交互方式下所有操作都记录在 log 文件中，所以编辑比较烦琐。而如果分析在多个过程中完成，则必须将多个 log 文件合并编辑生成为一个完整的分析文件。

2. 建立优化过程中的参数

建立分析文件后即可开始优化分析。如果在操作系统中建立的分析文件，则重新进入 ANSYS；如果在交互方式下优化，最好（不是必须）从分析文件中建立参数到 ANSYS 数据库中（在批处理方式下除外）。如此处理的好处是初始参数值可能作为一阶方法的起点，而且对于各种优化过程，可以在 GUI 下操作数据库中的参数，便于定义优化变量。建立数据库参数可选择如下任意一种方法。

1）读入与分析文件相联的数据库文件（Jobname. db），可以在 ANSYS 中建立整个模型的数据库。读入数据库文件可以采用如下方法。

GUI：Utility Menu→File→Resume Jobname. db。
Utility Menu→File→Resume from。
命令：RESUME。

2）将分析文件直接读入 ANSYS 后分析，这样将重新建立整个数据库，但对于大模型要耗费大量的机时。读入分析文件可以选择如下方法之一。

GUI：Utility Menu→File→Read Input from。
命令：/INPUT。

3）仅从用 PARSAV 命令或由 Utility Menu→Parameters→Save Parameters 保存的参数文件

中读参数到 ANSYS 中，读入参数可以选择如下方法之一。

GUI：Utility Menu→Parameters→Restore Parameters。

命令：PARRES。

4）重新定义分析文件中存在的参数，前提是知道分析文件中定义的参数，可以选择如下方法之一。

GUI：Utility Menu→Parameters→Scalar Parameters。

命令：* SET or" = "。

选择上述一种方式后用 OPVAR 命令（Main Menu→Design Opt→Design Variables）指定优化变量。

在优化过程中 ANSYS 数据库不一定要同分析文件一致，优化循环过程中分析文件自动读入模型。

3. 进入 OPT 处理器指定分析文件

以下步骤由 OPT 处理器完成。在进入优化处理器时，ANSYS 数据库中的所有参数自动作为设计序列 1，这些参数值假定是一个设计序列。进入优化处理器可以用如下方式。

GUI：Main Menu→Design Opt。

命令：/OPT。

在交互方式下必须指定分析文件名，该文件用于生成优化循环文件 Jobname. loop。分析文件名无默认值，因此必须输入。指定分析文件的方法如下。

GUI：Main Menu→Design Opt→Assign。

命令：OPANL。

批处理方式下分析文件通常是批命令流的第一部分，从文件的第一行到命令/OPT 第一次出现，默认分析文件名是 Jobname. bat（这是一个临时文件，是批处理输入文件的复件），因此在批处理方式下通常不用指定分析文件名。如果出于某种考虑将批文件分为两部分分别用于分析和整体优化分析，则必须在进入优化处理器后指定分析文件（OPANL）。

在分析文件中，/PREP7 和/OPT 命令必须出现在行的第一个非零字符处（即不允许有诸如 $ 等符号出现在这些命令行中），这一点在生成优化循环文件时很关键。

4. 指定优化变量

要求用户指定哪些参数是设计变量、状态变量或目标函数，允许不超过 60 个设计变量和 100 个状态变量，但只能有一个目标函数。指定优化变量可以用如下方法。

GUI：Main Menu→Design Opt→Design Variables。

Main Menu→Design Opt→State Variables。

Main Menu→Design Opt→Objective。

命令：OPVAR。

设计变量和状态变量可定义最大值和最小值，目标函数不需要给定范围，每个变量都有一个可由用户输入或程序计算得出的公差值。

如果用 OPVAR 命令定义的参数名不存在，则 ANSYS 数据库中将自动定义这个参数并将初始值设为零。

用户可以在任意时间通过重新定义参数的方法改变已定义的参数或删除一个优化变量（OPVAR，Name，DEL），删除操作并未实际删除这个参数，而不将其继续作为优化变量。

5. 选择优化工具或优化方法

ANSYS 提供一些优化工具和方法，默认是单次循环。指定后续优化的工具和方法用如下命令。

GUI：Main Menu→Design Opt→Method→Tool。

命令：OPTYPE。

因为求最小值不一定是优化的最终目标，所以目标函数在使用优化工具时可以不指定。但是必须要指定设计变量。下面是可用的优化工具。

1）单步运行。实现一次循环并求出一个 FEA 解。可通过多个单次循环，每次求解前设置不同的设计变量研究目标函数与设计变量的变化关系。

2）随机搜索法。多次循环，每次循环设计变量随机变化，用户可指定最大循环次数和期望合理解的数目。该工具主要用来研究整个设计空间并为以后的优化分析提供合理解。

等步长搜索法：以一个参考设计序列为起点，该工具生成多个设计序列，它按照单一步长在每次计算后在变化范围内改变设计变量。对于目标函数和状态变量的整体变化评估可以用该工具实现。

3）乘子计算法。它是一个统计工具，用来生成由各种设计变量极限值组合的设计序列。这种技术与称之为经验设计的技术相关。后者用二阶的整体和部分因子分析，主要目标是计算目标函数和状态变量的关系和相互影响。

4）最优梯度法。为用户指定的参考设计序列，该工具计算目标函数和状态变量对设计变量的梯度，可以确定局部的设计敏感性。

用户提供的优化工具可用外部过程（USEROP）替代 ANSYS 优化工具，也可通过 USEROP 过程将自己的方法和工具补充到 ANSYS 中。

6. 指定优化循环控制方式

每种优化方法和工具都有相应的循环控制参数，如最大迭代次数等。所有这些控制参数的设置都在同一个路径下，即 Main Menu→Design Opt→Method/Tool。

如下设置控制参数的命令。

1）设置零阶方法的控制参数：OPSUBP 和 OPEQN。

2）设置一阶方法的控制参数：OPFRST。

3）设置随机搜索法的控制参数：OPRAND。

4）设置等步长搜索法的控制参数：OPSWEEP。

5）设置乘子计算法的控制参数：OPFACT。

6）设置最优梯度法的控制参数：OPGRAD。

7）设置用户优化工具的控制参数：OPUSER。

程序还提供了多个总体控制设置优化过程中数据的存储方法。

1）指定保存优化数据的文件名（默认为 Jobname. opt）。

GUI：Main Menu→Design Opt→Controls。

命令：OPDATA。

2）用如下方法激活详细的结果输出。

GUI：Main Menu→Design Opt→Controls。
命令：OPPRNT。

3）确定是否保存最佳设计系列的数据（默认由数据库和结果文件保存）。

GUI：Main Menu→Design Opt→Controls。
命令：OPKEEP。

用户还可以控制多个循环特性，包括分析文件在循环中如何读取。可以从第一行（默认）或从第一个/PREP7 出现的位置开始读取。设置为优化变量的参数可忽略（默认）或在循环中处理，而且用户可以指定循环中保存的变量类型，如数值变量或数组变量。这个功能可在循环中控制参数数值（包括设计和非设计变量），用如下方法设置这些循环控制特性。

GUI：Main Menu→Design Opt→Controls。
命令：OPLOOP。

OPLOOP 命令中的 Parms 变量指定在循环中保存的参数。在循环中一般不设置保存数值或数组变量的选项；除非数组变量在分析文件外定义，而在循环中需要保存的情况。

7. 优化分析

设置所有控制选项后用如下方法开始优化分析。

GUI：Main Menu→Design Opt→Run。
命令：OPEXE。

执行 OPEXE 时，优化循环文件（Jobname. LOOP）根据分析文件生成，这个循环文件对用户透明并在分析循环中使用。循环在收敛、中断（不收敛，但达到最大循环次数或最大不合理解数），以及分析完成时终止。

如果循环由于模型问题（如网格划分问题、非线性求解不收敛或与设计变量数值冲突等）中断，优化处理器将进行下一次循环。如果在交互方式下，则显示一个警告信息并询问继续或结束循环；在批处理方式下，循环将自动继续。NCNV 命令（Main Menu→Solution→Nonlinear→ Criteria to Stop）控制非线性分析，在优化循环中将被忽略。中断循环的设计序列是可以保存的，但参数数据有可能非常大，不符合实际情况。

所有优化变量和其他参数在每次迭代后将保存在优化数据文件（Jobname. OPT）中。最多可保存 130 组这样的序列。已保存 130 个序列后，其中数据最不好的序列将被删除。

对于上述梁的例子，优化部分的输入大致如下。

```
/OPT                              ! 进入优化处理器
OPANL,…                           ! 分析文件名(批处理方式不需要)
! 指定优化变量
OPVAR,B,DV,.5,16.5                ! B 和 H 为设计变量
OPVAR,H,DV,.5,8
OPVAR,DMAX,SV,-0.1,0              ! DMAX 和 SMAX 为状态变量
OPVAR,SMAX,SV,0,20000
! 指定优化类型和控制
```

```
OPTYPE,SUBP                    ! 零阶方法
OPSUBP,30                      ! 最大迭代次数
OPEXE                          ! 开始优化循环
```

不同的优化过程可以系列完成，如在零阶方法的分析结束后执行等步长搜索。对最佳设计序列执行等步长搜索的命令如下。

```
OPTYPE,SWEEP          ! 扫描评估工具
OPSWEEP,BEST,5        ! 最佳设计序列每个设计变量 5 次评估
OPEXE                 ! 开始优化循环
```

8. 查看设计序列结果

优化循环结束后可以用本节介绍的命令或相应的 GUI 路径来查看设计序列，这些命令适用于任意优化方法和工具生成结果。

1）列出指定序列号的参数值，可选择列出所有参数值或只列出优化变量。

GUI：Main Menu→Design Opt→List。
命令：OPLIST。

2）用图形显示指定参数随序列号的变化可看出变量如何随迭代过程变化。

GUI：Main Menu→Design Opt→Graphs/Tables。
命令：PLVAROPT。

3）将图的 *X* 轴用序列号换成其他参数。

GUI：Main Menu→Design Opt→Graphs/Tables。
命令：XVAROPT。

对于 PLVAROPT 和 PRVAROPT 命令操作，设计序列自动按照 XVAROPT 参数以升序排列；对于等步长搜索，用 OPRSW 命令列出结果，用 OPLSW 命令图示结果：对于乘子工具，用 OPRFA 命令列出结果，用 OPLFA 命令图示结果；对于梯度工具，用 OPRGR 命令列出结果，用 OPLGR 命令图示结果。

在优化处理器中使用 STATUS 命令（Main Menu→Design Opt→Status）将得到关于当前优化任务的信息，如分析文件名、优化技术、设计序列数及优化变量等。用该命令可以方便地查看优化环境，并验证需要的设置是否全部输入优化处理器。

除查看优化数据，用户可能希望用 POSTl 或 POST26 对分析结果进行后处理。默认情况下，最后一个设计序列的结果保存在文件 Jobname. rst（或 rth 文件等，视分析类型而定）中。在循环运行前将“OPKEEP”选项设为 ON，最佳设计序列的数据也保存在数据库和结果文件中。最佳结果和最佳数据库分别保存在 Jobname. brs（brth 文件等）和 Jobname. db 文件中。

7.1.3 简支梁优化设计实例

问题描述

如图 7-2 所示的简支梁，梁的长度为 1m，在梁上施加均布载荷 $F=2000$ N。优化设计的目标是使得梁的总重量最小化，同时保证梁中的最大弯曲应力不超过 200 MPa，并且梁的

高度和宽度都不能小于 10 mm。已知梁的材料是钢，其弹性模量为 2×10^{11} Pa，泊松比为 0.3。梁截面的初始值可取：$W=H=0.02$ m。材料密度为 7800 kg/m^3。

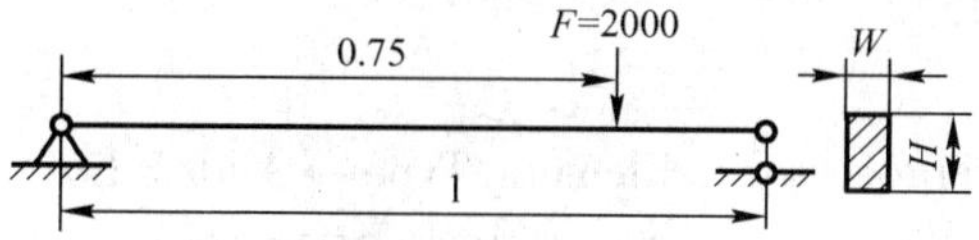

图 7-2　简支梁

问题分析

本例将展示在 ANSYS 中进行结构优化设计的方法和步骤。优化设计中必须采用参数变量来定义几何模型。优化设计中的变量有 3 种类型：设计变量、状态变量和目标变量，用户必须定义这些变量的合适取值范围和收敛准则。同时，该实例还将介绍 Hardpoint（强制点）的用法。

GUI 操作步骤

1. 定义分析标题并设置分析范围

执行 Utility Menu→File→Change Title 命令，可修改分析标题为“optimization”。执行 Utility Menu→File→Change Jobname 命令，可修改工作文件名为“optimization”。执行 Main Menu→Preferences 命令，弹出“Preferences for GUI Filtering”对话框，选择“Structural”复选框，单击 OK 按钮。

2. 定义几何变量并初始化

执行 Utility Menu→Parameters→Scalar Parameters 命令，弹出“Scalar Parameters”对话框如图 7-3 所示。在“Selection”文本框中输入 w=0.02，单击 Accept 按钮。输入 h=0.02，单击 Accept 按钮。最后单击 Close 按钮关闭“Scalar Parameters”对话框。

需要注意的是，ANSYS 中定义的变量都不能赋值为负数。

3. 建立关键点

执行 Main Menu→Preprocessor→Modeling→Create→Keypoints→In Active CS 命令，弹出如图 7-4所示“Create Keypoints in Active Coordinate System”对话框，在“Keypoint number”文本框中输入 1，单击 Apply 按钮；然后在“Keypoint number”文本框中输入 2，“Location in active CS”文本框中输入 1，0，0，单击 OK 按钮。

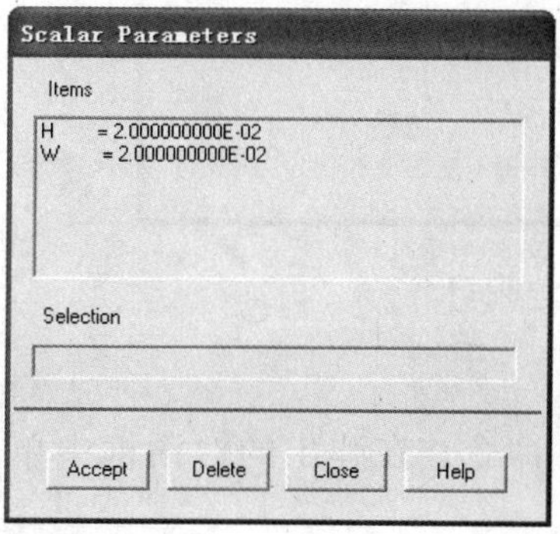

图 7-3　“Scalar Parameters”对话框

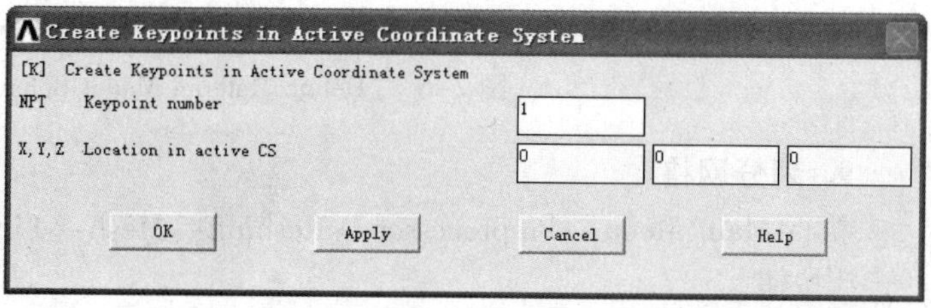

图 7-4　“Create Keypoints in Active Coordinate System”对话框

4. 建立直线

执行 Main Menu→Preprocessor→Modeling→Create→Lines→Lines→Straight Line 命令，在关键点 1 和 2 之间建立直线。

5. 定义单元类型

执行 Main Menu→Preprocessor→Element Type→Add/Edit/Delete 命令，定义单元 Structural Beam→2 node 188（BEAM188）。

6. 定义单元常数

执行 Main Menu→Preprocessor→Sections→Beam→Common Sections 命令，在弹出的对话框中，按图 7-5 所示设置。

7. 定义材料属性

执行 Main Menu→Preprocessor→Material Props→Material Models 命令，在弹出如图 7-6 所示的 “Define Material Model Behavior” 窗口中，选择 “Structural→Linear→ Elastic→Isotropic”，弹出对话框如图 7-7 所示，输入如下钢的材料属性：弹性模量 EX = 2e11、泊松比 PRXY = 0.3。选择 “Structural→Density”，弹出 “Density for Material Number 1” 对话框，在 “DENS” 文本框中输入 7800。

8. 定义网格大小

执行 Main Menu→Preprocessor→Meshing→Size Cntrls→ManualSize→Lines→All Lines 命令，指定单元边长 0.1m。

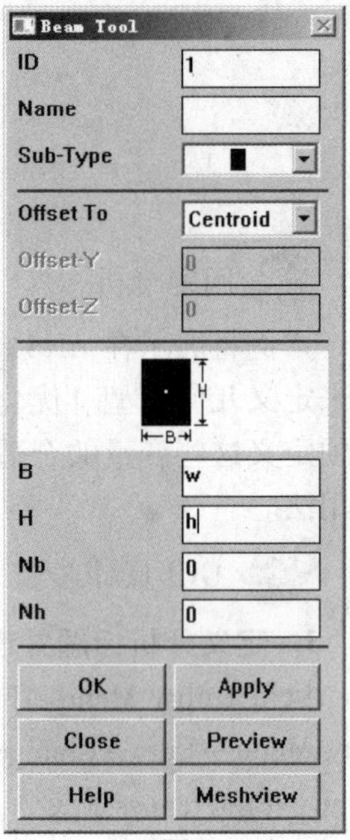

图 7-5 “Beam Tool” 对话框

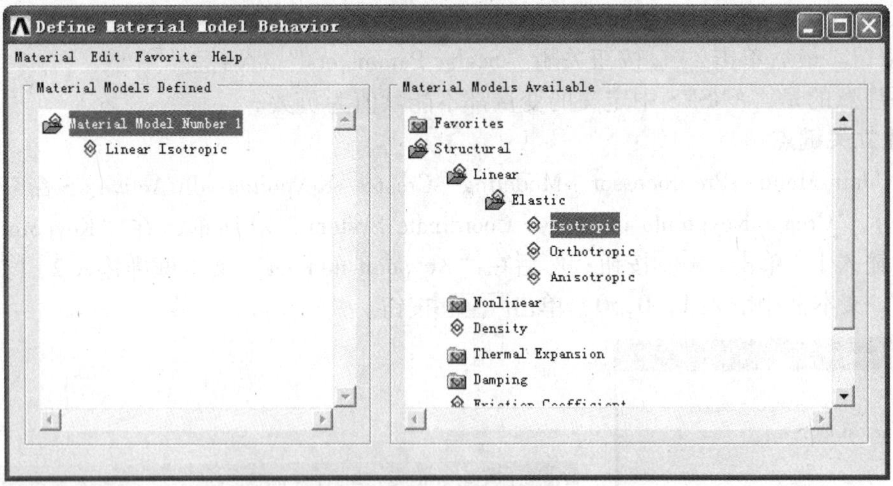

图 7-6 “Define Material Model Behavior” 窗口

9. 划分网格

执行 Main Menu→Preprocessor→Meshing→Mesh→Lines 命令，在弹出的对话框中单击 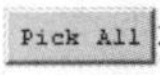

按钮。

10. 定义分析类型

执行 Main Menu→Solution→Analysis Type→New Analysis 命令，选择 “Static” 选项。

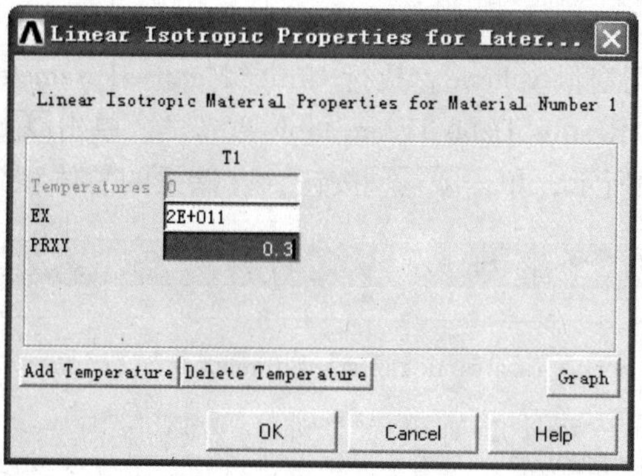

图7-7 “Linear Isotropic Properties for Material Number 1”对话框

11. 施加位移约束

执行 Main Menu→Solution→Define Loads→Apply→Structural→Displacement→On Keypoints 命令，约束关键点 1 和 2 的 UX、UY、UZ、RotX 及 RotZ 的自由度。

12. 施加均布载荷

执行 Main Menu→Solution→Define Loads→Apply→Structural→Pressure→On Beams 命令，在梁上施加均布载荷 VALI = 2000N。

13. 求解

执行 Main Menu→Solution→Solve→Current LS 命令。

14. 定义梁的体积变量

1）执行 Main Menu→General PostProc→Element Table→Define Table 命令，弹出“Element Table Data”对话框，单击 Add... 按钮，弹出如图 7-8 所示对话框。

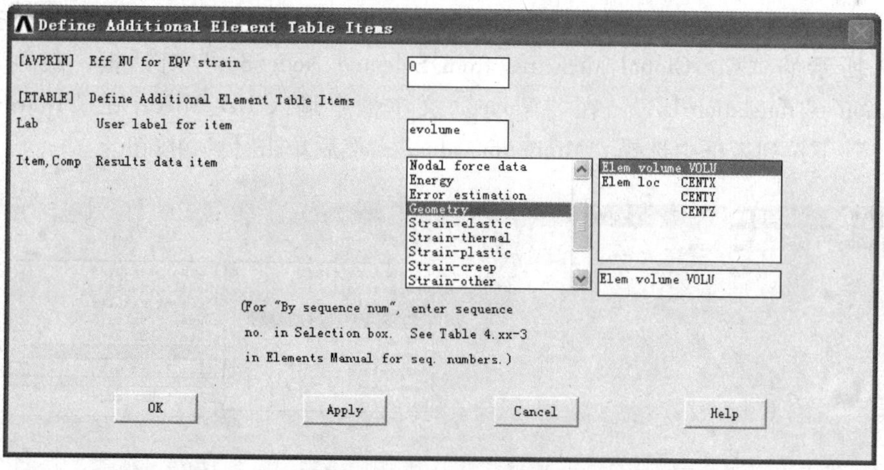

图 7-8 定义单元体积变量

2）按照图 7-8 填写对话框，单击 OK 按钮。注意定义的 EVOLUME 是每个单元的体积列表，要得到整个梁的总体积，必须把 EVOLUME 列表的所有值相加。

3）执行 Main Menu→General PostProc→Element Table→Sum of each item 命令，在弹出的对话框中单击 OK 按钮，这时候将弹出图 7-9 所示“SSUM Command”窗口，其中显示

EVOLUME 列表的所有值相加和是（0.4e－3）m^3。执行 File→Close 命令关闭该窗口。

4）存储梁的总体积到变量 volume。执行 Utility Menu→Parameters→Get Scalar Data 命令，在弹出的对话框中选择“Results Data→Elem table sums”，单击 OK 按钮，弹出如图 7-10 所示对话框，其设置如图所示，单击 OK 按钮，存储梁的总体积到变量 volume。

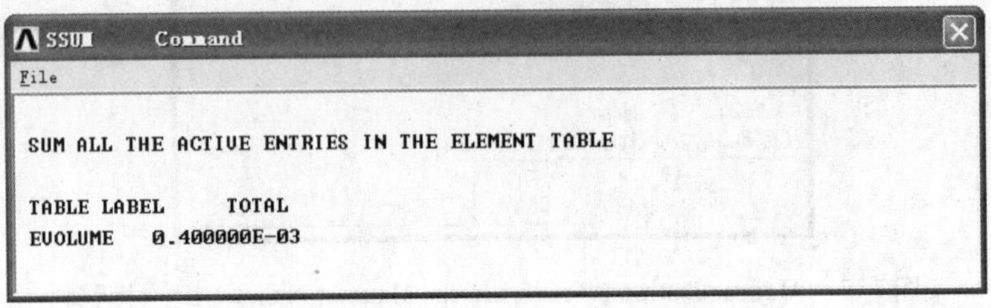

图 7-9 “SSUM Command”窗口

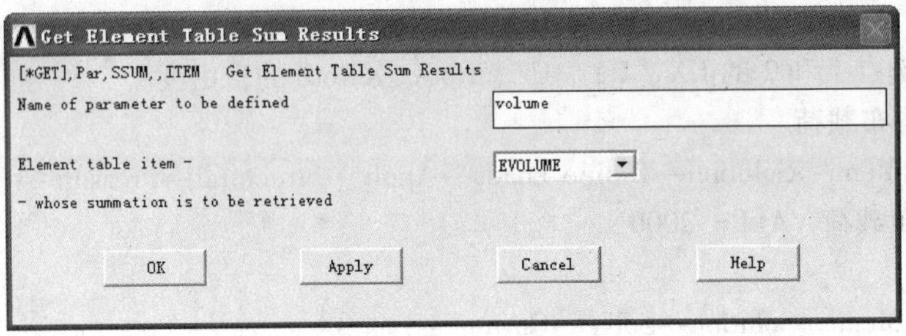

图 7-10 存储梁的总体积到变量 volume

15. 提取梁的挠度最大值

执行 Utility Menu→Parameters→Get Scalar Data 命令，弹出如图 7-11 所示的“Get Scalar Data”对话框，在左侧列表中选择“Results data→Global measures”，单击 OK 按钮，弹出如图 7-12 所示的“Get Global Measures from Selected Node Set”对话框，在列表中选择“DOF solution→Translation UZ”，在“Name”文本框中输入 UZ_MIN，在“Retrieve max or min value?”下拉列表框中选择“Minimum value”，然后单击 OK 按钮。

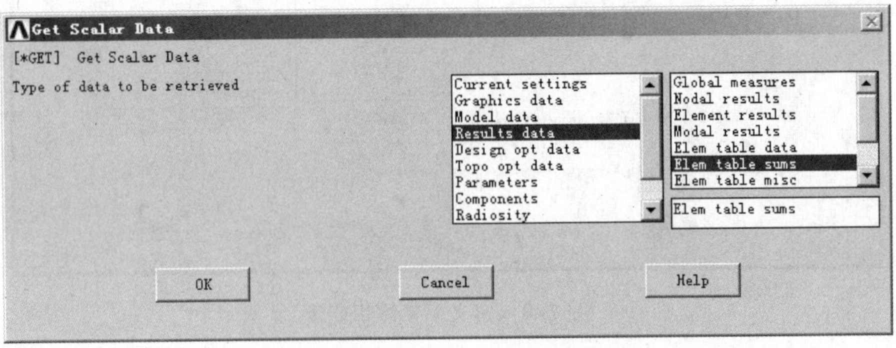

图 7-11 “Get Scalar Data”对话框

16. 获得梁的挠度最大值

执行 Utility Menu→Parameters→Scalar Parameters 命令，弹出“Scalar Parameters”对话

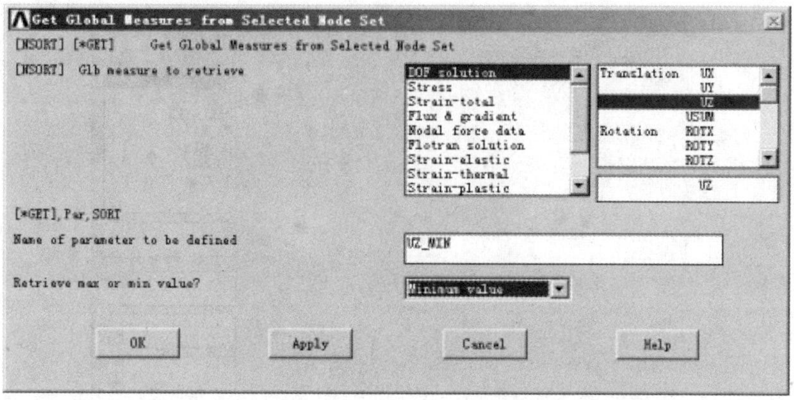

图 7-12 “Get Global Measures from Selected Node Set”对话框

框，在“Selection”文本框中输入 UZ_MAX = ABS(UZ_MIN)，单击 Accept 按钮，然后单击 Close 按钮。

17. 生成优化分析文件

执行 Utility Menu→File→Write DB log file 命令，弹出“Write Database Log”对话框，选择保存文件夹为 ANSYS 当前工作文件夹，在“Write Data base Log to”文本框中输入优化分析文件名为 optimization. 1gw，单击 OK 按钮。

18. 进入优化处理器并指定分析文件

执行 Main Menu→Design Opt→Analysis File→Assign 命令，弹出如图 7-13 所示的“Assign Analysis File”对话框，在“OPANL”文本框中输入 optimization. lgw，或者单击 Accept 按钮在文件列表中选择分析文件 optimization. lgw，然后单击 OK 按钮。

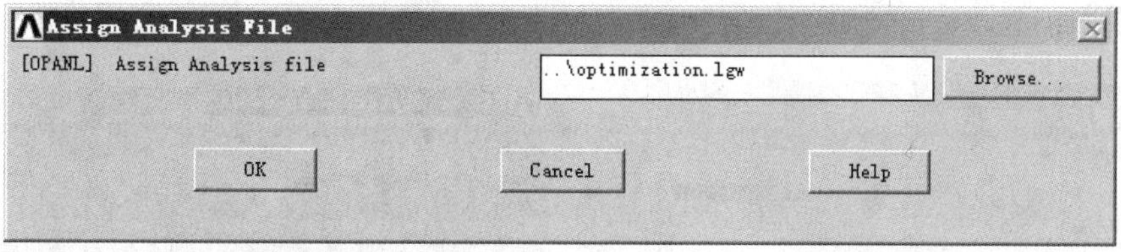

图 7-13 “Assign Analysis File”对话框

19. 定义优化设计变量

执行 Main Menu→Design Opt→Design Variables 命令，弹出“Design Variables”对话框，单击 Add... 按钮，弹出如图 7-14 所示的“Define a Design Variable”对话框，在“NAME”列表中选择 W，在“MIN”文本框中输入 0.05，在“MAX”文本框中输入 0.1，在“TOLER”文本框中输入 0.001，单击 Apply 按钮；再次弹出如图 7-14 所示的“Define a Design Variable”对话框，在“NAME”列表中选择 H，在“MIN”文本框中输入 0.05，在“MAX”文本框中输入 0.1，在“TOLER”文本框中输入 0.001，单击 OK 按钮，最后关闭“Design Variables”对话框。

合理选择设计变量的最小值、最大值和公差，对减少计算容量，得到最优解有十分重要的影响。

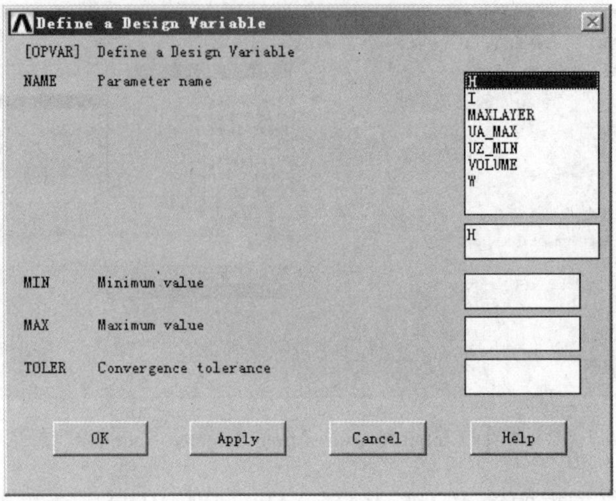

图 7-14 “Define a Design Variable”对话框

20. 定义状态变量

执行 Main Menu→Design Opt→State Variables 命令，弹出“State Variables”对话框，单击 Add... 按钮，弹出如图 7-15 所示的“Define a State Variable”对话框，在“NAME”列表中选择 UA_MAX，在“MIN”文本框中输入 0，在“MAX”文本框中输入 2E－4，在“TOLER”文本框中输入 1E－5，单击 OK 按钮，然后关闭“State Variables”对话框。

21. 指定总体积为目标函数

执行 Main Menu→Design Opt→Objective 命令，弹出如图 7-16 所示的“Define Objective Function”对话框，在“NAME”列表中选择 VOLUME，在“TOLER”文本框中输入 1E－5，单击 OK 按钮。

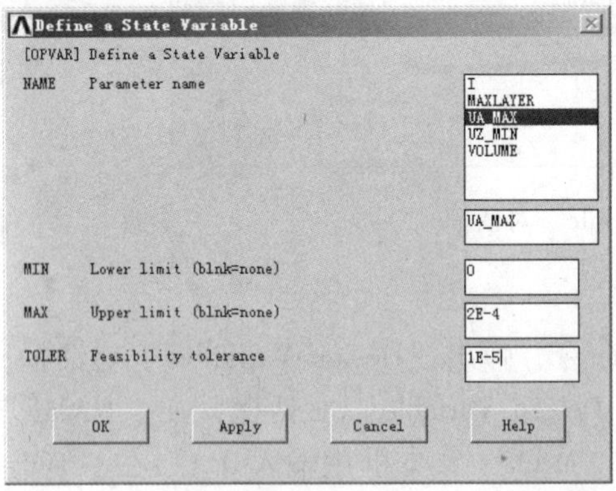

图 7-15 “Define a State Variable”对话框

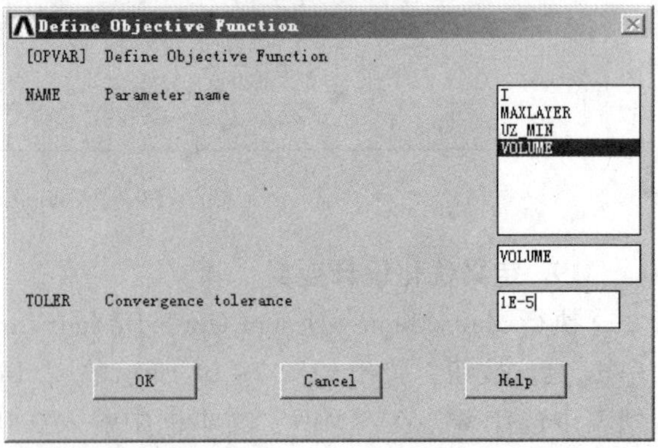

图 7-16 “Define Objective Function”对话框

22. 存储优化数据库

执行 Main Menu→Design Opt→Opt Database→Save 命令，弹出如图 7-17 所示的“Save Optimization Data”对话框，在“Filename”文本框中输入 optimization. OPT，单击 OK 按钮。

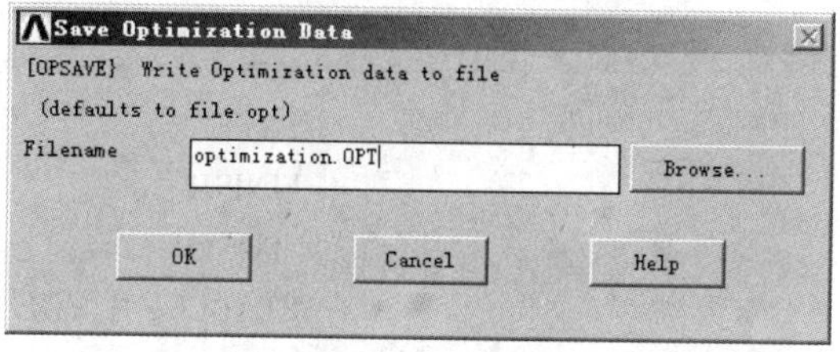

图 7-17 “Save Optimization Data” 对话框

23. 指定优化方法

执行 Main Menu→Design Opt→Method/Tool 命令，在所弹出对话框中，选择优化方法为 First - Order，单击 OK 按钮，接着弹出如图 7-18 所示的 “Controls for First - order Optimization” 对话框，在 “NITR” 文本框中输入 50，单击 OK 按钮。

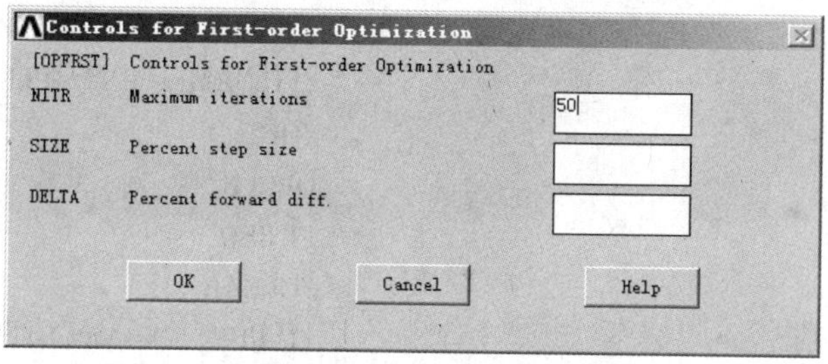

图 7-18 “Controls for First - order Optimization” 对话框

24. 运行优化程序

执行 Main Menu→Design Opt→Run 命令，单击所弹出 “Begin Execution of Run” 对话框中的 OK 按钮，开始优化运算。

25. 列表显示所得到的所有设计方案

执行 Main Menu→Design Opt→Design Sets→List 命令，在弹出的 “List Design Sets” 对话框中选择 All Sets，单击 OK 按钮。结果如图 7-19 所示（部分），可以看出，SET27 为最优解，$W=50.517\text{mm}$，$H=52.683\text{mm}$，最小体积为 $2.6614\text{x}10^{-3}\text{m}^3$。

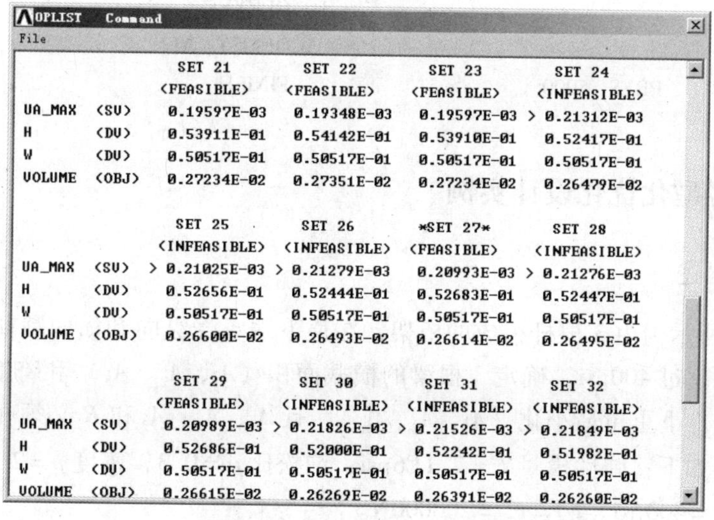
OPLIST Command
File

		SET 21 (FEASIBLE)	SET 22 (FEASIBLE)	SET 23 (FEASIBLE)	SET 24 (INFEASIBLE)
UA_MAX	(SV)	0.19597E-03	0.19348E-03	0.19597E-03	> 0.21312E-03
H	(DV)	0.53911E-01	0.54142E-01	0.53910E-01	0.52417E-01
W	(DV)	0.50517E-01	0.50517E-01	0.50517E-01	0.50517E-01
VOLUME	(OBJ)	0.27234E-02	0.27351E-02	0.27234E-02	0.26479E-02

		SET 25 (INFEASIBLE)	SET 26 (INFEASIBLE)	*SET 27* (FEASIBLE)	SET 28 (INFEASIBLE)
UA_MAX	(SV)	> 0.21025E-03	> 0.21279E-03	0.20993E-03	> 0.21276E-03
H	(DV)	0.52656E-01	0.52444E-01	0.52683E-01	0.52447E-01
W	(DV)	0.50517E-01	0.50517E-01	0.50517E-01	0.50517E-01
VOLUME	(OBJ)	0.26600E-02	0.26493E-02	0.26614E-02	0.26495E-02

		SET 29 (FEASIBLE)	SET 30 (INFEASIBLE)	SET 31 (INFEASIBLE)	SET 32 (INFEASIBLE)
UA_MAX	(SV)	0.20989E-03	> 0.21826E-03	> 0.21526E-03	> 0.21849E-03
H	(DV)	0.52686E-01	0.52000E-01	0.52242E-01	0.51982E-01
W	(DV)	0.50517E-01	0.50517E-01	0.50517E-01	0.50517E-01
VOLUME	(OBJ)	0.26615E-02	0.26269E-02	0.26391E-02	0.26260E-02

图 7-19 优化结果（部分）

命令流

```
! File:optimization
H=0.02
W=0.02
L=1
/PREP7
ET, 1, BEAM188
SECTYPE,1, BEAM, RECT
SECOFFSET, CENT
SECDATA,B,H
MP, EX, 1, 2E11
MP, NUXY, 1, 0.3
K, 1, 0, 0, 0
K, 2, L, 0, 0
LSTR, 1, 2
LESIZE, 1, , ,50
LMESH, 1
FINISH
/SOLU
DK, 1, UX
DK, 1, UY
DK, 1, UZ
DK, 1, ROTX
DK, 1, ROTZ
DK, 2, UX
DK, 2, UY
DK, 2, UZ
DK, 2, ROTX
DK, 2, ROTZ
SFBEAM, ALL, 1, PRES, 5000
SOLVE
SAVE
FINISH
/POST1
ETABLE, E_VOL, VOLU
SSUM
*GET, V_TOT, SSUM, ,ITEM, E_VOL
NSORT, U, Z
*GET, UZ_MIN, SORT, ,MIN
UZ_MAX=ABS(UZ_MIN)
FINISH
! File:EXAMPLE41_OPT.TXT
/FILNAME, EXAMPLE41
/OPT
OPCLR
FINISH
/CLEAR
/INPUT, EXAMPLE41, LGW
/OPT
OPANL, EXAMPLE41, LGW
OPVAR, B, DV, 0.05, 0.1, 0.001
OPVAR, H, DV, 0.05, 0.1, 0.001
OPVAR, UZ_MAX, SV, 0, 2E-4, 1E-5
OPVAR, V_TOT, OBJ, , ,1E-5
OPSAVE, EXAMPLE41, OPT
OPTYPE, FIRST
OPFRST, 30
OPEXEC
OPLIST, ALL
FINISH
```

7.1.4 桁架轻型化优化设计实例

问题描述

如图 7-20 所示为由 3 根杆组成的桁架，在最下端承受纵向和横向载荷，设计要求桁架的最大应力不能超过 400psi，确定 3 根梁的横截面积（A_1、A_2、A_3）和跨度 B，使设计在符合强度要求的条件下重量最小化（A_1、A_2、A_3），且 A_1、A_2、A_3 和 B 必须在指定范围内。已知梁的材料属性如下：弹性模量 $E=2.1E6$psi，泊松比 $\mu=0.3$，密度 $p=2.85E-41b/in^3$，最大许用应力 $\sigma_{max}=400$psi。$F_x=F_y=200000$N。

初始结构设计如下：$A1=A2=A3=1000$，且在 1 ~ 1000in^2 变化；$B=1000$，且在 400 ~

1000in 变化。

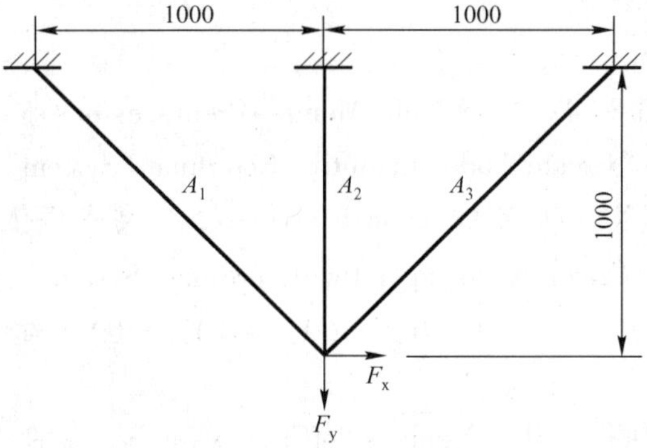

图 7-20　桁架结构示意图

GUI 操作步骤

1. 定义工作文件名及分析参数

1）定义工作文件名。执行 Utility Menu→File→Change Jobname 命令，弹出对话框，输入“Truss”，单击 OK 按钮。

2）定义工作标题。执行 Utility Menu→File→Change Title 命令，弹出“Change Title”对话框。输入 The Optimization Design of Truss Light，然后单击 OK 按钮。

3）定义参数初始值。执行 Utility Menu→Parameters→Scalar Parameters 命令，弹出“Scalar Parameters”对话框，在“Selection”文本框中输入 B = 1000，Al = 1000，A2 = 1000，A3 = 1000，单击 Accept 按钮后单击 Close 按钮。

2. 定义单元实常数及材料属性

1）定义单元类型 1。执行 Main Menu→Preprocessor→Element Type→Add/Edit/ Delete 命令，弹出“Element Types”对话框，单击 Add... 按钮，弹出“Library of Element Types”对话框，在左右列表框中分别选择“Structural Link”和“3D fint stn180”选项，单击 OK 按钮返回“Element Type”对话框，单击 Close 按钮关闭对话框。

2）定义单元实常数 1（左侧杆）、2（中间杆）和 3（右侧杆）。执行 Main Menu→Preprocessor→ Real Constants→Add/Edit/Delete 命令，弹出“Real Constants”对话框，单击 Add... 按钮，弹出“Element Type for Real Constants”对话框，选择列表窗中的“Type 1 LINK 180”，单击 OK 按钮，弹出“Real Constant Set Number l, for LINKI”对话框，设置下列选项：分别在“Real Constant Set No.”和“Cross - sectional area”文本框中输入 1 及 A1，单击 Apply 按钮；分别在“Real Constant Set No.”和“Cross - sectional area”文本框中输入 2 及 A2，单击 Apply 按钮；分别在“Real Constant Set No.”和“Cross - sectional area”文本框中输入 3 及 A3，单击，单击 OK 按钮返回“Real Constants”对话框，单击 Close 按钮关闭。

3）定义材料特性 1。执行 Main Menu→Preprocessor→Material Props→Material Models 命令，弹出“Define Material Model Behavior”窗口，连续双击选择 Structural→linear→Elastic→Isotropic，弹出“linear Isotropic Properties for Materi…”对话框，在值域“EX”处输入

"2.1E6"，在值域"PRXY"处输入0.3，单击 OK 按钮。选择 Material→Exit 命令，关闭"材料定义"对话框。

3. 建立几何模型

1）创建节点1、2、3和4。执行 Main Menu→Preprocessor→Modeling→ Create→Nodes→In Active CS 命令，弹出"Create Nodes in Active Coordinate System"对话框，在"Node number"文本框中输入1，"X，Y，Z Location h active CS"文本框依次输入 -B、0、0，单击 Apply 按钮，再次弹出"Create Nodes in Active Coordinate System"对话框，同理定义节点2、3和4，分别为（0，0，0）、（B，0，0）、（0，-1000，0）。在定义节点4后单击 OK 按钮。

2）打开节点编号。执行 Utility Menu→PlotCtrls→Numbering 命令，弹出"Plot Numbering Controls"对话框，选中"NODE Node numbers"，即设置为"On"，单击 OK 按钮关闭对话框。

3）创建左侧杆单元。设置默认单元属性：执行 Main Menu→Preprocessor→ Modeling→Create→Elements→ Elem Attributes 命令，弹出"Element Attributes"对话框，将"Element type number"设置为1，"Real constant set number"设置为1，单击 OK 按钮。

创建左侧杆单元：执行 Main Menu→Preprocessor→Modeling→Create→Elements→ Auto Numbered→Thru Nodes 命令，弹出拾取框，用鼠标选中节点1和4，单击 OK 按钮。

4）创建中间杆单元。设置默认单元属性：执行 Main Menu→Preprocessor→ Modeling→Create→Elements→Elem Attributes 命令，弹出"Element Attributes"对话框，将"Element type number"设置为1，"Real constant set number"设置为2，单击 OK 按钮。

创建中间杆单元：执行 Main Menu→Preprocessor→Modeling→Create→Elements→ Auto Numbered→Thru Nodes 命令，弹出拾取框，用鼠标选中节点2和4，单击 OK 按钮。

5）创建右侧杆单元。设置默认单元属性：执行 Main Menu→Preprocessor→Modeling→Create→ Elements→Elem Attributes 命令，弹出"Element Attributes"对话框，将"Element type number"设置为1，"Real constant set number"设置为3，单击 OK 按钮。

创建右侧杆单元：执行 Main Menu→Preprocessor→Modeling→Create→Elements→ Auto Numbered→Thru Nodes 命令，弹出拾取框，用鼠标选中节点3和4，单击 OK 按钮。

6）存储有限元分析模型。单击 ANSYS Toolbar 工具栏中的 SAVE_DB 按钮。

7）退出前处理器。选择 Main Menu→Finish 命令。

4. 执行参数化的分析求解

1）进入求解器，施加位移约束。执行 Main Menu→Preprocessor→Loads→Define Loads→Apply→Structural→Displacement→On Nodes 命令，弹出拾取框，用鼠标拾取节点1、2和3，然后单击 OK 按钮，弹出"Apply U，ROT On Nodes"对话框，选择"DOFs to be constrained"下拉列表框中的"All DOF"选项，然后单击 OK 按钮。

2）施加载荷。执行 Main Menu→Solution→Define Loads→Apply→Structural→Force/ Moment→On Nodes 命令，弹出拾取框，用鼠标选中节点4，然后单击 OK 按钮，弹出"Apply F/M on Nodes"对话框，将"Direction of force/mom"设置为"FX"，在"Force/Moment Value"文本框中输入200 000，单击 Apply 按钮。弹出拾取框，用鼠标选中节点4，然后单

击 OK 按钮，弹出“Apply F/M on Nodes”对话框，将“Direction of force/mom”设置为FY，在“Force/Moment Value”文本框中输入“-200000”，单击 OK 按钮关闭对话框。

3）执行求解。执行 Main Menu→Solution→Solve→Current LS 命令，弹出“Solve Current Load Step”对话框，单击 OK 按钮开始求解。求解完毕后，将出现信息框提示用户求解完毕。单击 Close 按钮关闭对话框。

5. 后处理并准备优化状态参数和目标参数

1）进入后处理器并定义单元表，记录每个单元的体积。执行 Main Menu→General Postproc→Element Table→Define Table 命令，弹出“Element Table Data”对话框，单击 Add... 按钮，弹出“Define Additional Elementary Table Items”对话框，如图 7-21 所示。在“User Label for item”文本框中输入“EVOL”。“Item，Comp Results data item”左侧列表选择“Geometry”，右侧列表选择“Elem Volume VOLU”。单击 OK 按钮关闭对话框并返回“Element Table Data”对话框，单击 Close 按钮关闭对话框。

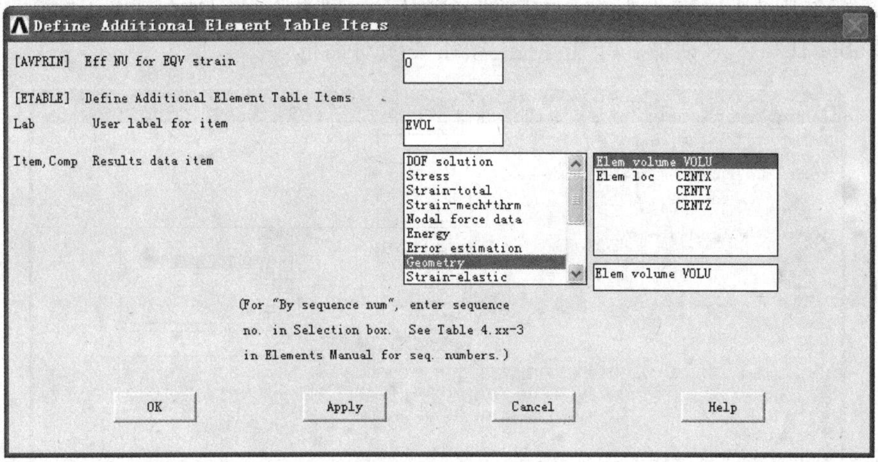

图 7-21 “Define Additional Element Table Items”对话框

2）求所有单元的体积之和。执行 Main Menu→General Postproc→Element Table→Sum of Each Item 命令，弹出“Tabular Sum of Each Element Table Item”对话框，单击 OK 按钮计算体积总和，并弹出如图 7-22 所示的“SSUM Command”窗口，显示总和为 0.382843E+07。选择“SSUM Command”窗口中的 File→Close 命令关闭该窗口。

图 7-22 单元体积之和

3）提取体积之和并赋给变量 VTOT。执行 Utility Menu→Parameters→Get Scalar Data 命

令，打开“Get Scalar Data”对话框，在“Type of Data to be Retrieved”左侧列表中选择“Results Data”，右侧列表中选择“Elem table Sums”，单击 OK 按钮弹出“Get Element Table Sum Results”对话框，在“Name of Parameter to be Defined”文本框中输入 VTOT，单击 OK 按钮关闭对话框。

4）定义密度和重量参数。执行 Utility Menu→Parameters→Scalar Parameters 命令，打开“Scalar Parameters”对话框，在“Selection”文本框中输入 RHO = 2. 85E – 4 并单击 Accept 按钮；重复在“Selection”文本框中输入 WT = RHO * VTOT 并单击 Accept 按钮，总的重量 WT 计算后显示在列表中，大小为 1091. 10173。单击 Close 按钮关闭对话框。

5）定义轴向应力单元表。执行 Main Menu→General Postproc→Element Table→Define Table 命令，打开“Element Table Data”对话框，单击 Add... 按钮，打开“Define Additional Element Table Items”对话框，在“User Lable for Item”文本框中输入“SIG”，在“Item, Comp Results Data Item”左侧列表中选择“By sequence num”，右侧列表中选择“LS”，在右侧列表下边的文本框中 LS 后输入 1（表示序列号为 1），如图 7-23 所示，单击 OK 按钮返回“Element Table Data”对话框，单击 Close 按钮关闭对话框。

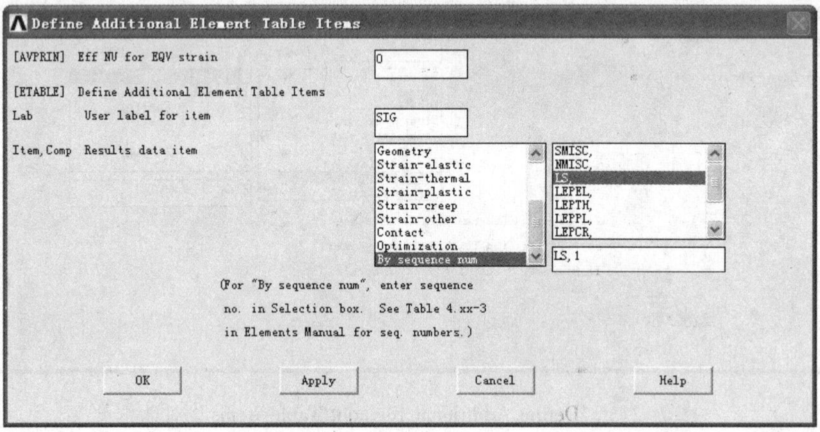

图 7-23 “Define Additional Element Table Items”对话框

6）提取单元轴向应力并赋给变量 SIG 1、SIG2 和 SIG3。执行 Utility Menu→Parameters→Get Scalar Data 命令，弹出“Get Scalar Data”对话框，在“Type of Data to be Retrieved”的左侧列表中选择“Results Data”，右侧列表中选择“Elem Table Data”，单击 OK 按钮，弹出“Get Element Table Data”对话框，在“Name of Parameter to be Defined”文本框中输入 SIG 1，在“Element Number N”文本框中输入 1，将“Elem Table Data to be Retrieved”设置为“SIG”，单击 Apply 按钮返回“Get Scalar Data”对话框。

在“Get Scalar Data”对话框中，在“Type of Data to be Retrieved”的左侧列表中选择“Results Data”，右侧列表中选择“Elem Table Data”，单击 OK 按钮，弹出“Get Element Table Data”对话框，在“Name of Parameter to be Defined”文本框中输入 SIG2，在“Element Number N”文本框中输入 2，将“Elem Table Data to be Retrieved”设置为“SIG”，单击 Apply 按钮返回“Get Scalar Data”对话框。

在“Get Scalar Data”对话框中，在“Type of Data to be Retrieved”的左侧列表中选择

"Results Data"，右侧列表中选择"Elem Table Data"，单击 OK 按钮，弹出"Get Element Table Data"对话框，在"Name of Parameter to be Defined"文本框中输入 SIG3，在"Element Number N"文本框中输入 3，将"Elem Table Data to be Retrieved"设置为"SIG"，单击 OK 按钮关闭对话框。

7）计算轴向应力的绝对值。执行 Utility Menu→Parameters→Scalar Parameters 命令，弹出"Scalar Parameters"对话框，在"Selection"文本框中分别输入下列命令行，每输入一行单击一次 Accept 按钮。

SIG1 = ABS（SIGl）

SIG2 = ABS（SIG2）

SIG3 = ABS（SIG3）

最后，单击 Close 按钮关闭对话框。

8）实体方式显示当前设计。执行 Utility Menu→PlotCtrls→Style→Size and Shape 命令，弹出"Size and Shape"对话框，选中"Display of element shapes based on real constant description"，即设置为"ON"，在"Real constant Multiplier"文本框中输入 1，单击 OK 按钮关闭对话框。

执行 Utility Menu→PlotCtrls→Pan，Zoom，Rotate 命令，弹出"Pan－Zoom－Rotate"对话框，单击 SAVE_DB 按钮显示三杆桁架的轴测图，单击 Close 按钮关闭对话框。

执行 Utility Menu→Plot→Elements 命令。

6. 根据前面的菜单操作过程 LOG 文件创建优化分析文件

生成优化分析文件。执行 Utility Menu→File→Write DB Log File 命令，弹出"Write Database Log"对话框，在"Write Database Log To"文本框中输入 truss. 1gw，指定存储路径，单击 OK 按钮关闭对话框。

7. 执行优化分析过程

1）进入优化处理器并指定分析文件。执行 Main Menu→Design Opt→Analysis File→Assign 命令，弹出"Assign Analysis File"对话框，单击 Browse 按钮，在系统中搜索文件"truss. 1gw"，单击 OK 按钮关闭对话框。

2）定义优化设计变量。执行 Main Menu→Design Opt→Design Variables 命令，弹出"Design Variables"对话框，单击 Add... 按钮，弹出"Define a Design Variable"对话框，设置下列选项："Parameter Name"列表中选择"B"，"Minimum Value"文本框中输入 400，"Maximum Value"文本框中输入 1000。

单击 Apply 按钮弹出"Define a Design Variable"对话框，设置下列选项："Parameter Name"列表中选择"A1"、"Minimum Value"文本框中输入 1、"Maximum Value"文本框中输入 1000。

单击 Apply 按钮弹出"Define a Design Variable"对话框，设置下列选项："Parameter Name"列表中选择"A2"、"Minimum Value"文本框中输入 1、"Maximum Value"文本框中输入 1000。

单击 Apply 按钮弹出"Define a Design Variable"对话框，设置下列选项："Parameter Name"列表中选择"A3"、"Minimum Value"文本框中输入 1、"Maximum Value"文本框中

输入1000。

单击 OK 按钮返回“Design Variables”对话框，单击 Close 按钮关闭对话框。

3）定义优化状态变量。执行 Main Menu→Design Opt→State Variables 命令，弹出“State Variables”对话框，单击 Add... 按钮弹出“Define a State Variable”对话框，设置下列选项：“Parameters Name”列表中选择“SIG 1”、“Lower Limit”空值、“Upper Limit”文本框输入400。

单击 Apply 按钮弹出“Define a State Variable”对话框，设置下列选项：“Parameters Name”列表中选择“SIG2”、“Lower Limit”空值、“Upper Limit”文本框输入400。

单击 Apply 按钮弹出“Define a State Variable”对话框，设置下列选项：“Parameters Name”列表中选择“SIG3”、“Lower Limit”空值、“Upper Limit”文本框输入400。

单击 OK 按钮返回“State Variables”对话框，单击 Close 按钮关闭对话框。

4）存储优化数据库。执行 Main Menu→Design Opt→Opt Database→Save 命令，弹出“Save Optimization Data”对话框，在“Filename”文本框中输入 trussvar. opt，单击 OK 按钮关闭对话框。

5）定义目标函数。执行 Main Menu→Design Opt→Objective 命令，弹出“Define Objective Function”对话框，在“Parameter Name”列表中选择“WT”，在“Convergence Tolerance”文本框中输入2，单击 OK 按钮关闭对话框。

6）设置优化计算总体控制选项。执行 Main Menu→Design Opt→Controls 命令，弹出“Specify run - time control”对话框，修改下列控制选项：“Read from”选项设置为“First/PREP7”，“Parameters used as DVs”选项设置为“To be processed”，“Parameters to be saved”选项设置为“Scalar & Array”，“Printout option”选项设置为“Detailed Summary”、“Save database + result”选项设置为“save”。单击 OK 按钮关闭对话框。

7）指定一阶优化方法。执行 Main Menu→Design Opt→Method/Tool 命令，弹出“Specify Optimization Method”对话框，在“Select Method/Tool”列表中选择“First - Order”，单击 OK 按钮弹出“Controls for First - Order Optimization”对话框，在“maximum iterations”选项中输入45，单击 OK 按钮关闭对话框。

8）执行优化分析。执行 Main Menu→Design Opt→Run 命令，弹出“Begin Execution Of Run”对话框，查看分析信息，单击 OK 按钮开始优化运算。求解过程要持续一段时间，直到优化循环结束。

8. 优化分析结果后处理。

1）列表显示最佳设计序列。执行 Main Menu→Design Opt→Design Sets→List 命令，弹出“List Design Set”对话框，在“List option”列表中选择“LAST set”，单击 OK 按钮弹出如图7-24所示的最优设计序列窗口，显示最优序列为15及其对应参数值。在查看优化参数值后，在对话框菜单中选择 File→Close 命令。

2）列表显示所有设计序列。执行 Main Menu→Design Opt→Design Sets→List 命令，弹出“List Design Set”对话框，在“List option”列表中选择“ALL set”，单击 OK 按钮弹出 OPLIST 命令窗口，其中带有 * 标志的是最优序列及其对应参数值。在查看优化参数值后，在对话框菜单中选择 File→Close 命令。

3）曲线显示重量 WT 与优化序列号之间的关系。执行 Utility Menu→PlotCtrls→Style→

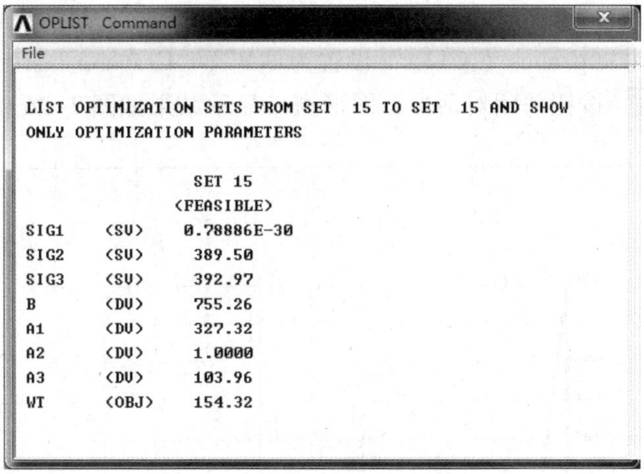

```
OPLIST Command
File

LIST OPTIMIZATION SETS FROM SET   15 TO SET   15 AND SHOW
ONLY OPTIMIZATION PARAMETERS

                    SET 15
                  (FEASIBLE)
SIG1     (SV)    0.78886E-30
SIG2     (SV)     389.50
SIG3     (SV)     392.97
B        (DV)     755.26
A1       (DV)     327.32
A2       (DV)     1.0000
A3       (DV)     103.96
WT       (OBJ)    154.32
```

图 7-24　最优设计序列窗口

Graphs→Modify Axes 命令，弹出“Axes Modifications for Graph Plots”对话框，在“X - Axis lable”文本框中输入 Iteration Number，在“Y - Axis lable”文本框中输入 Structure Weight，单击 OK 按钮关闭对话框。

执行 Main Menu→Design Opt→Design Sets→Graphs/Tables 命令，弹出“Graph/List Tables of Design Set Parameters”对话框，设置下列选项：“X - variable parameter”设置为“Set number”，“Y - variable params（<11）”设置为“WT”，“Graph or List Table”设置为“Graph PLVAR”。单击 OK 按钮关闭对话框，图形窗口显示结果如图 7-25 所示。

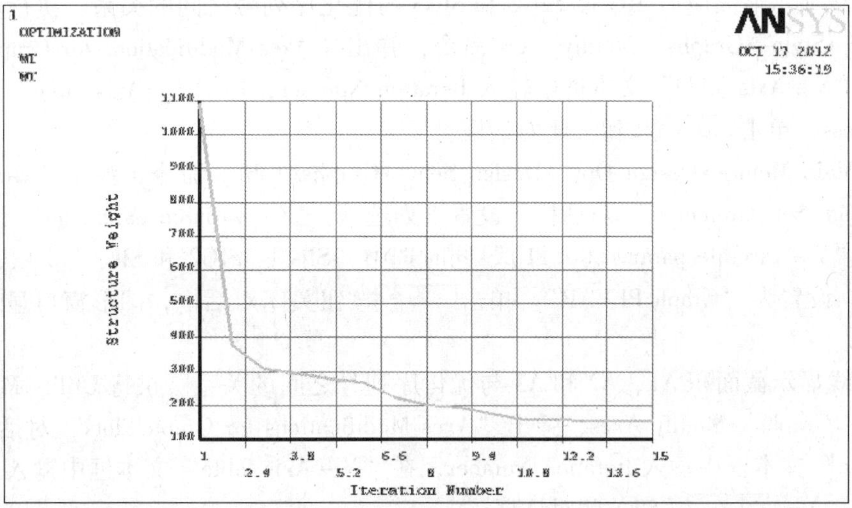

图 7-25　WT - Set number 关系曲线

4）曲线显示跨度 B 与优化序列号之间的关系。执行 Utility Menu→PlotCtrls→Style→Graphs→Modify Axes 命令，弹出“Axes Modifications for Graph Plots”对话框，在“X - Axis lable”文本框中输入 Iteration Number，在“Y - Axis lable”文本框中输入 Base Dimension，单击 OK 按钮关闭对话框。

执行 Main Menu→Design Opt→Design Sets→Graphs/Tables 命令，弹出“Graph/List Tables of Design Set Parameters”对话框，设置下列选项：“X - variable parameter”设置为“Set number”，“Y - variable params（<11）”设置为“B”，“Graph or List Table”设置为“Graph PLVAR”。单击 OK 按钮关闭对话框，图形窗口显示结果如图 7-26 所示。

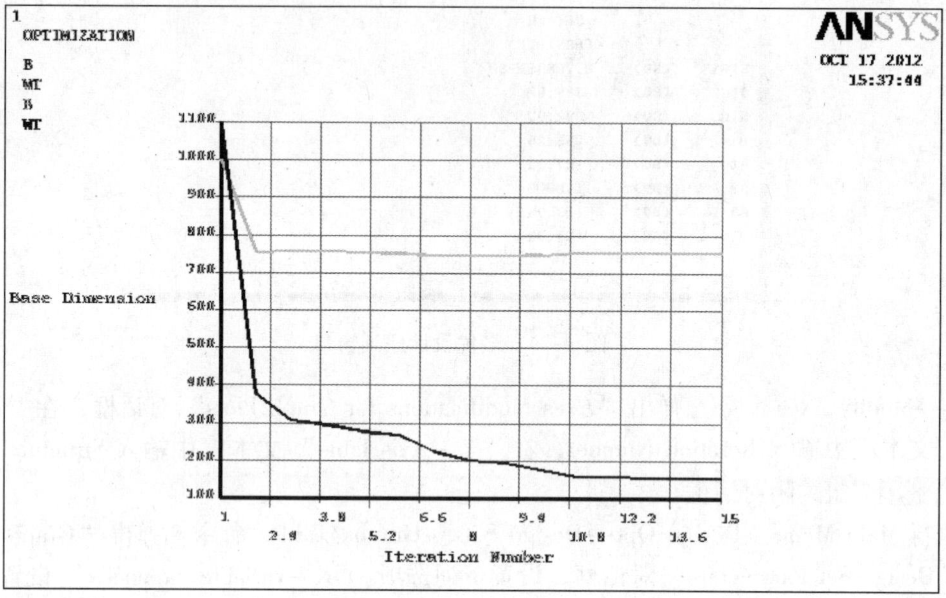

图 7-26　B-Set number 关系曲线

5）曲线显示最大应力 SIG 1、SIG2 和 SIG3 与优化序列号之间的关系。执行 Utility Menu→PlotCtrls→Style→Graphs→Modify Axes 命令，弹出“Axes Modifications for Graph Plots”对话框，在“X - Axis lable”文本框中输入 Iteration Number，在“Y - Axis lable”文本框中输入 Max Stress，单击 OK 按钮关闭对话框。

执行 Main Menu→Design Opt→Design Sets→Graphs/Tables 命令，弹出“Graph/List Tables of Design Set Parameters”对话框，设置下列选项：“X - variable parameter”设置为“Set number”，“Y - variable params（<11）”同时选中“SIG 1、SIG2 和 SIG3”3 项，“Graph or List Table”设置为“Graph PLVAR”。单击 OK 按钮关闭对话框，图形窗口显示结果如图 7-27 所示。

6）曲线显示截面积 A1、A2 和 A3 与优化序列号之间的关系。执行 Utility Menu→PlotCtrls→Style→Graphs→Modify Axes，弹出“Axes Modifications for Graph Plots”对话框，在“X - Axis lable”文本框中输入 Iteration Number，在“Y - Axis lable”文本框中输入 Cross - Sectional Area，单击 OK 按钮关闭对话框。

执行 Main Menu→Design Opt→Design Sets→Graphs/Tables 命令，弹出“Graph/List Tables of Design Set Parameters”对话框，设置下列选项：“X - variable parameter”设置为“Set number”、“Y - variable params（<11）”同时选中“A1、A2 和 A3”3 项。“Graph or List Table”设置为“Graph PLVAR”。单击 OK 按钮关闭对话框，图形窗口显示结果如图 7-28所示。

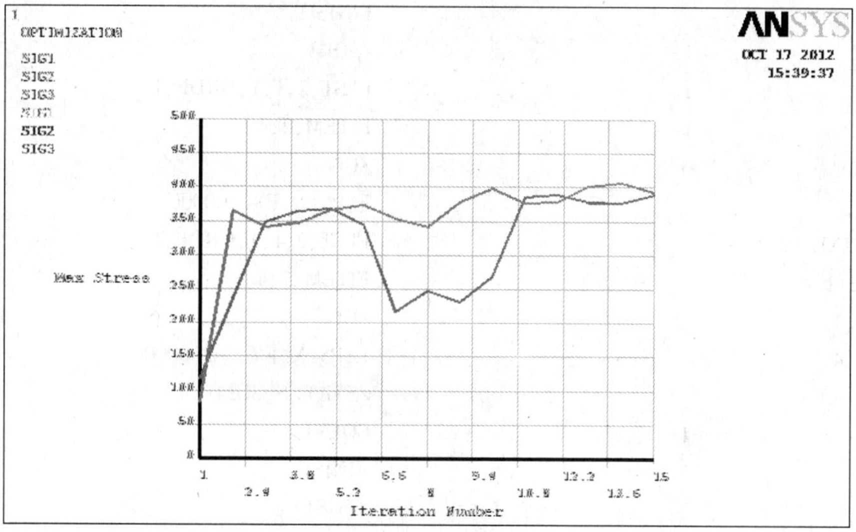

图 7-27　SIGl、SIG2 和 SIG3 - Set number 关系曲线

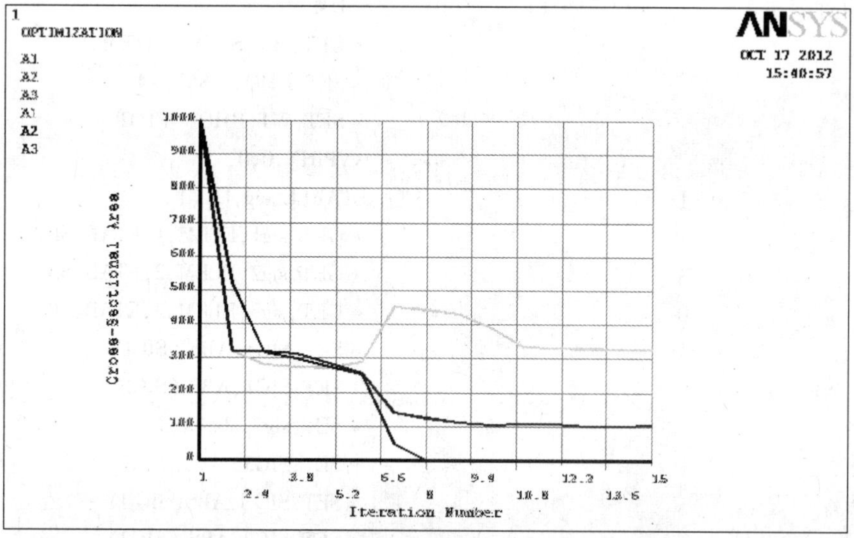

图 7-28　A1、A2 和 A3 - Set number 关系曲线

命令流

```
/BATCH
/TITLE,The Optimization Design of Truss Light
*SET,b,1000
*SET,a1,1000
*SET,a2,1000
*SET,a3,1000
/PREP7
et,1,1
r,1,a1
r,2,a2
r,3,a3
MPTEMP,,,,,,,,
MPTEMP,1,0
MPDATA,EX,1,,2.1e6
MPDATA,PRXY,1,,0.3
N,1,-b,,,,,
N,2,-b,,,,,
NDELE,            2
N,2,,,,,,,
N,3,b,,,,,
```

```
N,4,0,-1000,,,,,
TYPE,    1
MAT,     1
REAL,    1
ESYS,    0
SECNUM,
TSHAP,LINE
FLST,2,2,1
FITEM,2,1
FITEM,2,4
E,P51X
TYPE,    1
MAT,     1
REAL,    2
ESYS,    0
SECNUM,
TSHAP,LINE
FLST,2,2,1
FITEM,2,2
FITEM,2,4
E,P51X
TYPE,    1
MAT,     1
REAL,    3
ESYS,    0
SECNUM,
TSHAP,LINE
FLST,2,2,1
FITEM,2,3
FITEM,2,4
E,P51X
SAVE
FINISH
/SOLU
FINISH
/PREP7
FLST,2,3,1,ORDE,2
FITEM,2,1
FITEM,2,-3
/GO
D,P51X,,,,,,ALL,,,,,
FINISH
/POST1
FINISH
/SOL
FLST,2,1,1,ORDE,1
FITEM,2,4
/GO
F,P51X,FX,200000
FLST,2,1,1,ORDE,1
FITEM,2,4
/GO
F,P51X,FY,-200000
/STATUS,SOLU
SOLVE
FINISH
/POST1
AVPRIN,0,0,
ETABLE,evol,VOLU,
SSUM
*GET,vtot,SSUM,,ITEM,EVOL
*SET,RHO,2.85E-4
*SET,WT,RHO*VTOT
AVPRIN,0,0,
ETABLE,sig,LS, 1
*GET,sig1,ELEM,1,ETAB,SIG
*GET,sig2,ELEM,2,ETAB,SIG
*GET,sig3,ELEM,3,ETAB,SIG
*SET,SIG1,ABS (SIGl)
*SET,SIG1,ABS (SIGl)
*SET,sig1,abs(aig1)
*SET,SIG3      ,
*SET,SIG 1,ABS(SIG 1)
*SET,SIG2,ABS (SIG2)
*SET,SIG3,ABS (SIG3)
*SET,SIG3,ABS (SIG3)
/SHRINK,0
/ESHAPE,1
/EFACET,1
/RATIO,1,1,1
/CFORMAT,32,0
/REPLOT
/VIEW,1,1,1,1
/ANG,1
/REP,FAST
EPLOT
```

```
SAVE
FINISH
XVAROPT,''
PLVAROPT,A1,A2,A3
/REP,FAST
FINISH
! /EXIT,NOSAV
```

7.2 拓扑优化技术

结构设计的过程是功能设计、工作空间设计、拓扑优化设计、形状结构设计、形状及结构参数的优化设计。拓扑优化设计技术在结构设计中占有重要地位，这方面的研究及应用也越来越普遍。

7.2.1 拓扑优化介绍

结构的形状是可以优化的，对形状进行优化称为拓扑优化，有时也称为外形优化。拓扑优化的目标是寻找承受单载荷或多载荷物体的最佳材料分配方案。这种方案在拓扑优化中表现为“最大刚度”设计。

与传统的优化设计不同的是，拓扑优化不需要给出参数和优化变量的定义。目标函数、状态变量和设计变量都是预定义好的。用户只需要给出结构的参数（材料特性、模型、载荷等）和要省去材料的百分比。

拓扑优化的目标、目标函数是在满足结构约束情况下减少结构的变形能。减小结构的变形能相当于提高结构的刚度。这个技术是通过使用设计变量（小）给每个有限元的单元赋予内部伪密度来实现的。这些伪密度用 PLNSOL，TOPO 命令来绘出。

7.2.2 拓扑优化步骤

拓扑优化包括如下主要步骤：

- 定义拓扑优化问题。
- 选择单元类型。
- 指定要优化和不优化的区域。
- 定义和控制载荷工况。
- 定义和控制优化过程。
- 查看结果。

拓扑优化的细节具体如下。关于批处理方式和图形菜单方式不同的做法也同样提及。

1. 定义拓扑优化问题

定义拓扑优化问题同定义其他线性、弹性结构问题做法一样。用户需要定义材料特性（弹性模量和泊松比），选择合适的单元类型生成有限元模型，施加载荷和边界条件做单载荷步或多载荷步分析。

2. 选择单元类型

拓扑优化功能可以使用二维平面单元、三维块单元和壳单元。要使用这个功能，模型中只能有下列单元类型。

二维实体单元：SOLID2 和 SOLID82。

三维实体单元：SOLID92 和 SOLID95。

壳单元：SHELL93。

二维平面单元用于平面应力问题。

3. 指定要优化和不优化的区域

只有单元类型号为 1 的单元才能进行拓扑优化。可以使用这种限制控制模型优化和不优化的部分。例如，如果要保留接近圆孔部分或支架部分的材料，将这部分单元类型号指定为 2 或更大即可，用户可以使用 ANSYS 的选择和修改命令控制单元划分和类型号定义。

4. 定义和控制载荷工况

可以在单个载荷工况和多个载荷工况下进行拓扑优化。单载荷工况是最简便的。

要在几个独立的载荷工况中得到优化结果，必须用到写载荷工况和求解功能。在定义完每个载荷工况后，要用 LSWRITE 命令将数据写入文件，然后用 LSSOLVE 命令求解载荷工况的集合。

5. 定义和控制优化过程

拓扑优化过程包括两部分：定义优化参数和进行拓扑优化。用户可以用两种方式进行拓扑优化，控制并执行每一次迭代或自动进行多次迭代。

ANSYS 有 3 个命令定义和执行拓扑优化：TOPDEF，TOPEXE 和 TOPITER。TOPDE 命令定义要省去材料的百分比，要处理载荷工况的数目，收敛的公差；TOPEXE 命令执行一次优化迭代；TOPITER 命令执行多次优化迭代。

6. 定义优化参数

首先要定义优化参数。用户要定义省去材料的百分比，要处理载荷工况的数目，收敛的公差。

（1）执行单次迭代

定义好优化参数以后，可以执行一次迭代。迭代后用户可以查看收敛情况并绘出或列出当前的拓扑优化结果。可以继续做迭代直到满足要求为止。如果是在 GUI 方式下执行，则在“Topological Optimization”对话框（1TER 域）中选择一次迭代。

（2）自动执行多次迭代

在定义好优化参数以后，用户可以自动执行多次迭代。在迭代完成以后，可以查看收敛情况并绘出或列出当前拓扑形状。如果需要，则可以继续执行求解和迭代。TOPITER 命令实际是一个 ANSYS 的宏，可以复制和定制。

每次迭代执行一次 LSSOLVE 命令，一次 TOPEXE 命令和一次 PLNSOL，TOPO 显示命令。当收敛公差达到（用 TOPDEF 命令定义）或最大迭代次数（用 TOPITER 命令定义）达到时，优化迭代过程终止。

7. 查看结果

拓扑优化结束后，ANSYS 结果文件（Jobname. RST）将存储优化结果供通用后处理器使用。用户可以使用后面提到的后处理命令。要列出结点解和(或)绘出伪密度，使用 PRNSOL 和 PLNSOL 命令的 TOPO 变量。

7.2.3 梁结构拓扑优化实例

问题描述

在修建的道路上需要建造一座钢拱桥，该桥所在的空间位置如图 7-29 所示，长方形上面的左右两端点连接的是两侧路面，长方形下面的左右两端点是拱桥两个桥墩安装的位置点。钢桥材料的弹性模量为 2×10^{11} Pa，泊松比为 0.3。假设桥面上承受 100×10^{6} Pa 的均布压力载荷，即长方形的上边线承受 100×10^{6} Pa 均布压力载荷，要求在体积减小 70% 条件下寻找最合适的拱桥桥型。

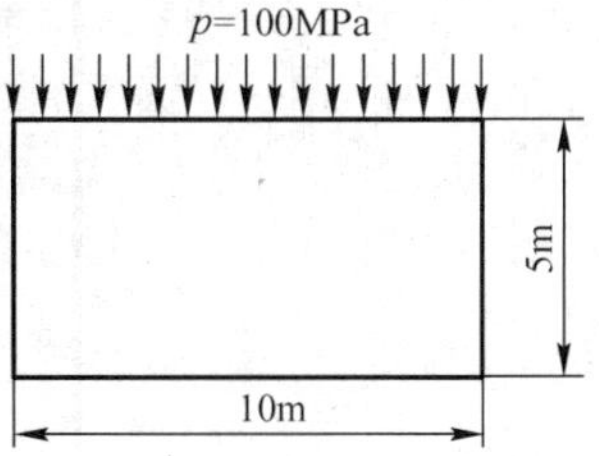

图 7-29　初始设定拱桥位置所在的空间形状

GUI 操作步骤

1. 定义工作文件名和工作标题

1）定义工作文件名：执行 Utility Menu→File→Change Jobname 命令，弹出 “Change Jobname” 对话框，输入 Topo – Archbridge，单击 OK 按钮。

2）定义工作标题：执行 Utility Menu→File→Change Title 命令，弹出 “Change Title” 对话框，在对话框中输入 Conceptual Design of a Bridge，然后单击 OK 按钮。

3）重新显示：执行 Utility Menu→Plot→Replot 命令。

2. 创建有限元几何模型

1）进入前处理器：执行 Main Menu→Preprocessor 命令。

定义单元类型 1（不进行拓扑优化区域）与 2（拓扑优化区域）：执行 Main Menu→Preprocessor→Element Type→Add/Edit/Delete 命令，弹出 “Element Types” 对话框，单击 Add... 按钮弹出 “Library of Element Types” 对话框，在右下角窗口输入 82，单击 Apply 按钮再次弹出 “Library of Element Types” 对话框，再次在右下角窗口输入 82，单击 OK 按钮返回 “Element Types” 对话框，单击 Close 按钮。

2）定义材料 1：执行 Main Menu→Preprocessor→Material Props→Material Models 命令，弹出 “Define Material Model Behavior” 窗口，在 “Material Models Available” 列表中连续双击选择 “Structural→linear→Elastic→Isotropic”，弹出 “linear Isotropic Properties for Material Number 1” 对话框，输入 EX = 2e11，PRXY = 0.3，单击 OK 按钮返回 “Define Material Model Behavior” 窗口，选择 Material→Exit 命令。

3）创建矩形面：执行 Main Menu→Preprocessor→Modeling→Create→Areas→ Rectangle→By Dimensions 命令，弹出 “Create Rectangle by Dimensions” 对话框，在 “X1” 和 “X2” 文本框中分别输入 0 和 10，“Y1” 和 “Y2” 文本框中分别输入 0 和 5，单击 OK 按钮。

3. 划分有限元网格

1）给面分配单元属性：执行 Main Menu→Preprocessor→Meshing→MeshTool 命令，弹出 “MeshTool” 对话框，在 “Element Attributes” 下拉列表框中选择 “Areas”，单击其后的 Set 按钮弹出 “Area Attributes” 拾取框如图 7-30 所示，单击 Pick All 按钮弹出 “Area Attributes” 属性分配对话框，“MAT”、“REAL”、“TYPE” 和 “ESYS” 分别选择 “1”、“None defined”、“1PLANE82” 和 “None defined”，单击 OK 按钮。

2）控制总体单元大小尺寸：单击 “MeshTool” 对话框中的 Size Controls→Global 后对应的 Set 按钮，弹出 “Global Element Sizes” 对话框，在 “Element edge length” 文本框中输入 0.3，单击 OK 按钮。

3）选择单元形状和网格划分器：在 “MeshTool” 对话框中的 “Mesh” 下拉列表框中选择 “Areas”，然后选择 “Shape” 项为 “Quad”（划分四边形单元）和 “Free”（使用自由网格划分器）。

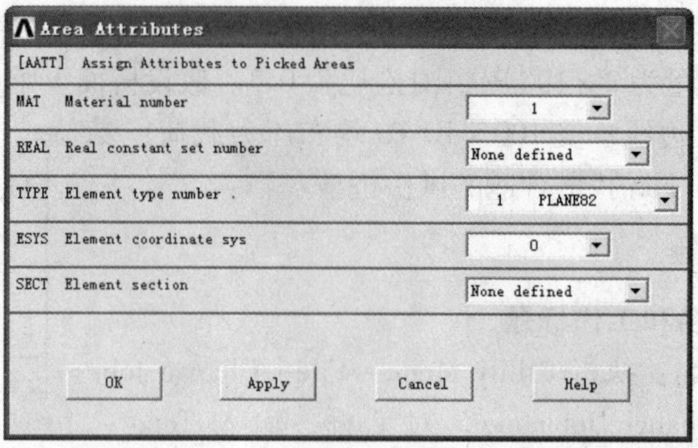

图 7-30 “Area Attributes” 对话框

4）执行网格划分：单击“MeshTool”对话框中的 Mesh 按钮弹出“Mesh Areas”拾取框，单击 Pick All 按钮执行网格划分操作。

4. 施加载荷

1）选择长方形顶层单元：将其单元属性修改为 2 号单元类型（即不进行拓扑优化的区域）。首先选择长方形顶部的节点，即坐标 $Y=5$ 的节点，执行 Utility Menu→Select→Entities 命令，弹出“Select Entities”对话框，参照如图 7-31 所示，从上到下逐项进行设置，然后单击 Apply 按钮；接着，选择出长方形顶部的顶层单元，即与顶部节点相连的单元，参照如图 7-32 所示，从上到下逐项设置“Select Entities”拾取框，然后单击 OK 按钮。

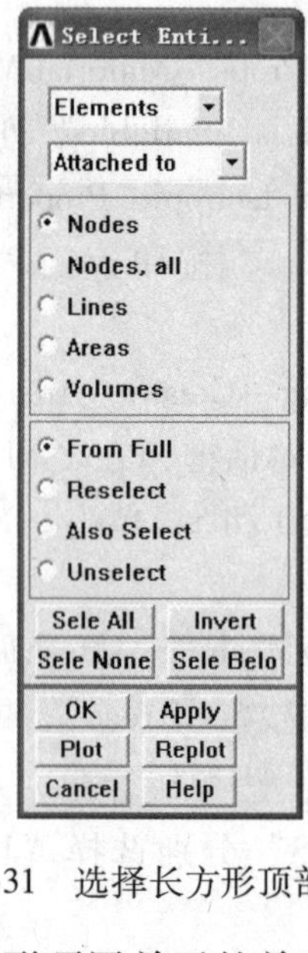

图 7-31 选择长方形顶部节点

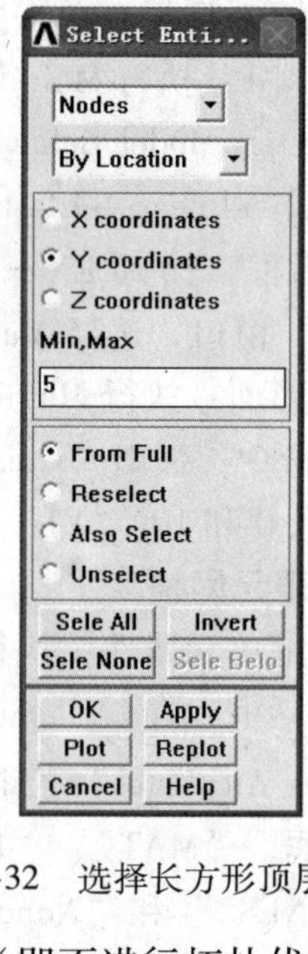

图 7-32 选择长方形顶层单元

2）将长方形顶层单元的单元属性修改为 2 号单元类型（即不进行拓扑优化的区域）。执行 Main Menu→Preprocessor→Modeling→Move/Modify→Elements→Modify Attrib 命令，弹出“Modify Elem Attrib”单元拾取框，单击 Pick All 按钮弹出“Modify Elem Attributes”对话框，将“Attributes to change”项设置为“Elem type TYPE”，在“New Attribute number”文本框输入 2，然后单击 OK 按钮。

3）选择所有模型：执行 Utility Menu→Select→Everything 命令，选择所有模型。

4）绘制线模型：执行 Utility Menu→Plot→Lines 命令。

5）固定长方形左下角关键点（左侧桥墩）：执行 Main Menu→Preprocessor→Loads→ Define Loads→Apply→Structural→Displacement→On Keypoints 命令，弹出“Apply U，ROT On KPs”拾取框，鼠标拾取长方形左下角关键点（编号为1），单击 OK 按钮，弹出“Apply U，ROT on KPs”对话框，在“DOFs to be constrained”列表框中选择“All DOF”，单击 OK 按钮。

6）固定长方形右下角关键点（右侧桥墩）：执行 Main Menu→Preprocessor→Loads→ Define Loads→Apply→Structural→Displacement→On Keypoints 命令，弹出“Apply U，ROT On KPs”拾取框，鼠标拾取长方形右下角关键点（编号为2），单击 OK 按钮，弹出“Apply U，ROT on KPs”对话框，在“DOFs to be constrained”列表框中选择“All DOF”，其他项默认，单击 OK 按钮。

7）在长方形上边线上施加100MPa压力载荷（桥面载荷）：执行 Main Menu→ Preprocessor→ Loads→Define Loads→Apply→Structural→Pressure→On Lines 命令，弹出“Apply PRES on Lines”拾取框，拾取长方形顶部直线（坐标 $Y=5$，编号为3），单击 OK 按钮，弹出“Apply PRES on Lines”对话框，在“VALUE Load PRES value”文本框中输入100E6，单击 OK 按钮。

8）显示模型上的载荷和边界条件，并用箭头方式显示压力：执行 Utility Menu→PlotCtrls →Symbols 命令，弹出“Symbols”对话框如图7-33所示，“Boundary condition symbol”项选择为“All Applied BCs”，“Surface Load Symbols”项设置为“Pressures”，“Show pres and convect as”设置为“Face outlines”，单击 OK 按钮。

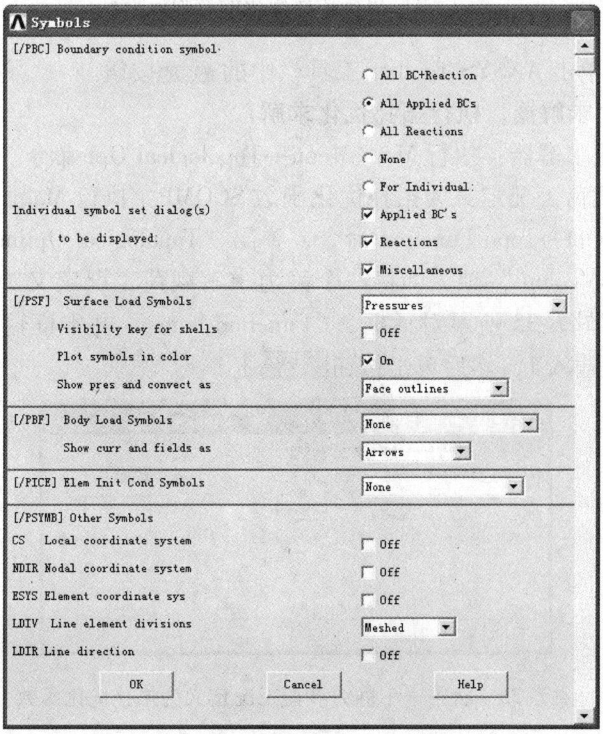

图7-33 “Symbols”对话框

9）将几何模型上的载荷转化到有限元模型上：执行 Main Menu→Preprocessor→Loads→Define Loads→Operate→Transfer to FE→A11 Solid Lds 命令，弹出“Transfer ALL Solid Model Loads to FE Model”对话框，单击 OK 按钮。

10）绘制单元有限元模型：执行 Utility Menu→Plot→Elements 命令，观察图形窗口中的有限元模型，注意检查载荷和边界条件是否正确，正确的状态如图 7-34 所示。

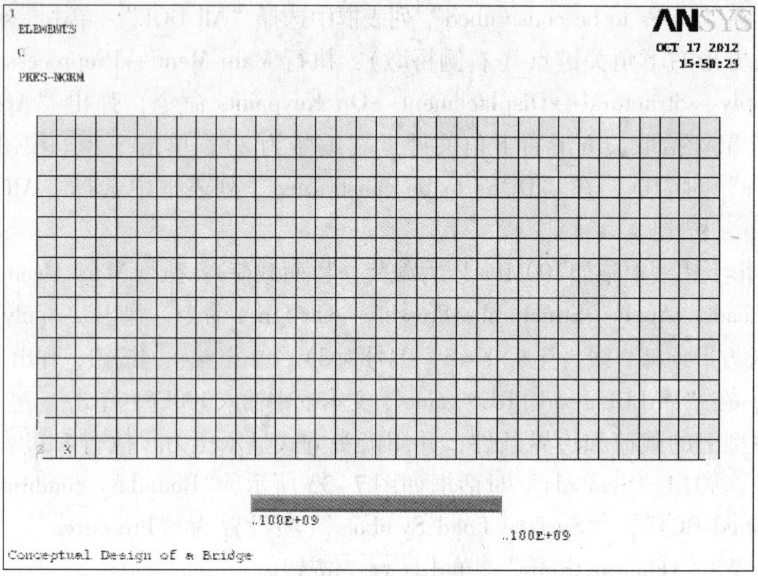

图 7-34　执行拓扑优化的有限元模型

11）存储模型：单击 ANSYS Toolbar 工具栏中的 SAVE_DB 按钮。

5. 进入拓扑优化求解器，执行拓扑优化求解

1）进入拓扑优化求解器：执行 Main Menu→Topological Opt 命令。

2）将静力求解载荷工况定义为拓扑优化函数 SCOMP：执行 Main Menu→Topological Opt→Set Up→Advanced Opt→Topo Function 命令，弹出“Topological Optimization Function”对话框，选择“1 Loadcase compl”项，即将一个静力求解载荷工况定义为拓扑优化函数，单击 OK 按钮，弹出如图 7-35 所示对话框，“Function name”文本框输入“SCOMP”，“Load case number”文本框输入 1，然后单击按钮 OK 。

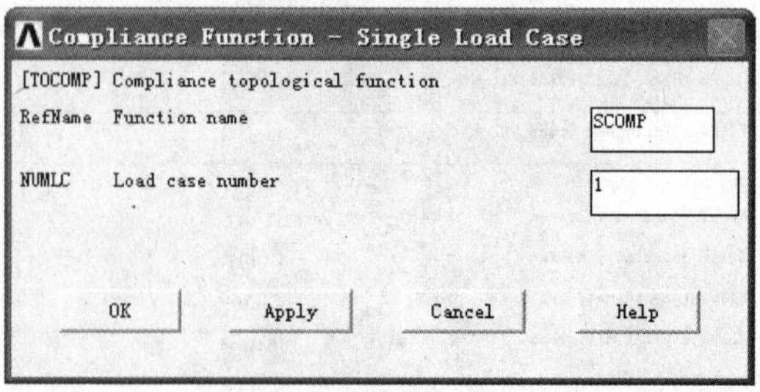

图 7-35　将第一个静力载荷工况定义为拓扑优化函数

3）将拓扑优化函数 SCOMP 定义为优化目标函数：执行 Main Menu→Topological Opt→Set Up→Advanced Opt→Topo Objective 命令，弹出“Objective for Topological Optimization”对话

框，在“Name of objective func”列表中选择“SCOMP”，单击 OK 按钮。

4）将体积函数 VOLUME 定义约束函数，要求缩减 70%：执行 Main Menu→Topological Opt→Set Up→Advanced Opt→Topo Constraints→By Percentage 命令，弹出“Constraint for Topological Opt By Percentage”对话框，在“Name of constraint func”列表中选择“VOLUME”，单击 OK 按钮，弹出“Constraint for Topological Opt By Percentage”对话框，在“Percentage volume reduct'n”文本框输入 70，单击 OK 按钮。

5）选用 OC 方法进行拓扑优化求解，定义优化收敛精度为 0.0001，并自动进行 30 次优化迭代计算：执行 Main Menu→Topological Opt→Run 命令，弹出“Run Topological Optimization”对话框，“Solution approach”项选择“Optimality”（即 Optimality Criteria：OC），“Convergence tolerance”文本框输入 0.0001（收敛精度准则值），自动执行多次迭代拓扑优化求解的“Number of iterations”文本框输入 30（优化循环迭代的总次数），“Plot density @ each iter”项设置为“Yes”，表示每次迭代刷新显示，最后单击 OK 按钮开始执行拓扑优化迭代求解，直至求解结束。

6. 拓扑优化结果后处理

1）设置显示两色等值图，两种颜色便于区分保留和去掉的区域：执行 Utility Menu→PlotCtrls→Style→Contours→Uniform Contours 命令，弹出“Uniform Contours”对话框，在“Number of contours”文本框输入 2，单击 OK 按钮。

2）关闭图形窗口中的 LEGEND 标注：执行 Utility Menu→PlotCtrls→Window Controls→Window Options 命令，弹出“Window Options”对话框，将“Display of legend”项设置为“Legend off”，单击 OK 按钮。

3）绘制节点伪密度：执行 Main Menu→Topological Opt→Plot Densities 命令，直接绘制节点伪密度分布图，如图 7-36 所示。

4）绘制单元伪密度：执行 Main Menu→Topological Opt→Plot Dens Unavg 命令，直接绘制单元伪密度分布图，如图 7-37 所示。

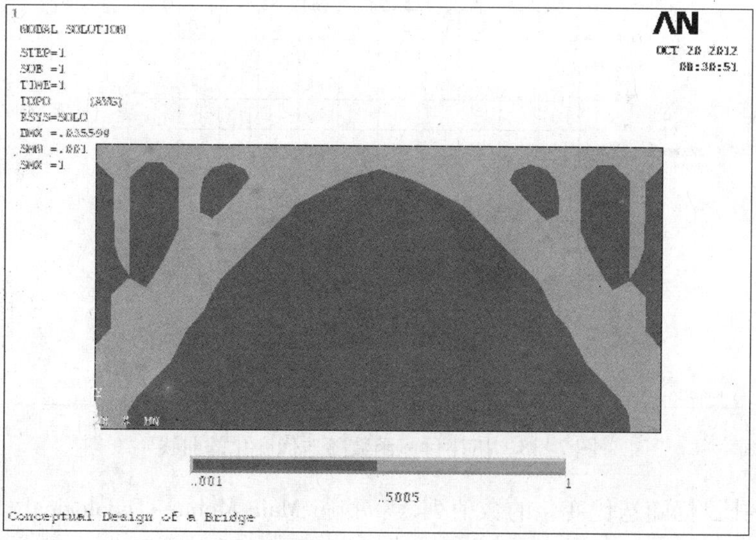

图 7-36　节点伪密度分布图

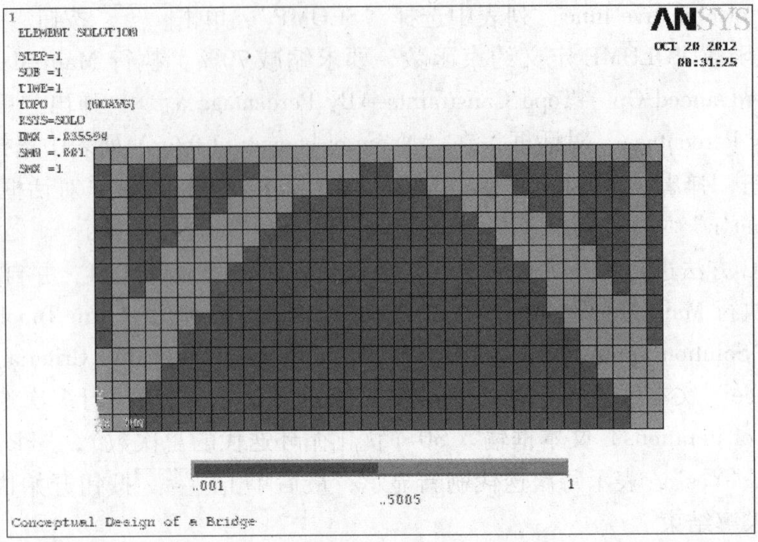

图 7-37　单元伪密度分布图

5）绘制拓扑目标函数随迭代变化的曲线：执行 Main Menu→Topological Opt→Graph History 命令，弹出“Graph Topological Optimization History”对话框，“Item to be graphed”项选择“Objective func”，单击 OK 按钮，结果如图 7-38 所示。

6）绘制拓扑约束 VOLUME 随迭代变化的曲线：执行 Main Menu→Topological Opt→Graph History 命令，弹出“Graph Topological Optimization History”对话框，“Item to be graphed”项选择“Constraint”，单击 OK 按钮，结果如图 7-39 所示。

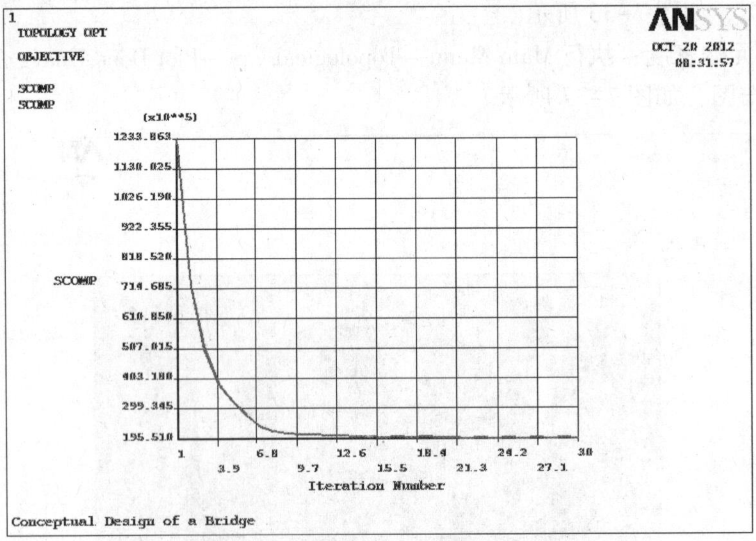

图 7-38　拓扑目标函数随迭代变化的曲线

7）列表拓扑目标随迭代变化的数值列表：执行 Main Menu→Topological Opt→Print History 命令，弹出“Print Topological Optimization History”对话框，“Item to be graphed”项选择“Objective”，单击 OK 按钮，结果如图 7-40 所示。

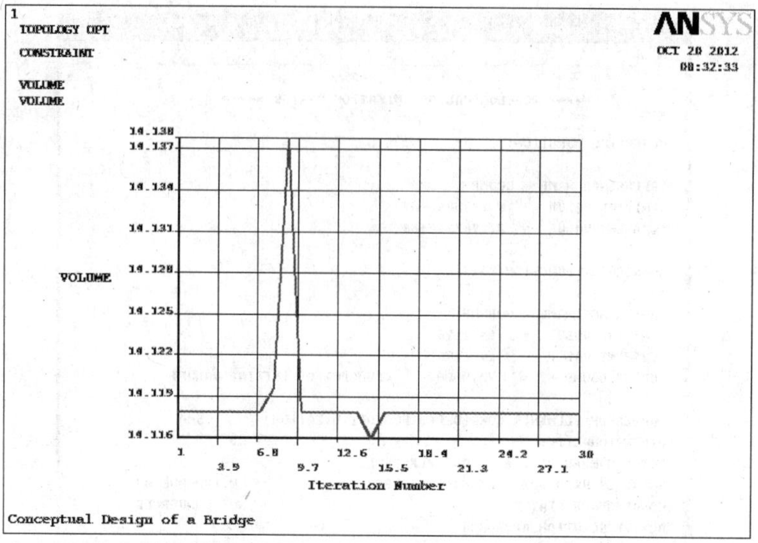

图 7-39　拓扑约束 VOLUME 随迭代变化的曲线

8）列表拓扑约束 VOLUME 随迭代变化的数值列表：执行 Main Menu→Topological Opt→Print History 命令，弹出“Print Topological Optimization History”对话框，“Item to be graphed”项选择“Constraint”，单击 OK 按钮，结果如图 7-41 所示。

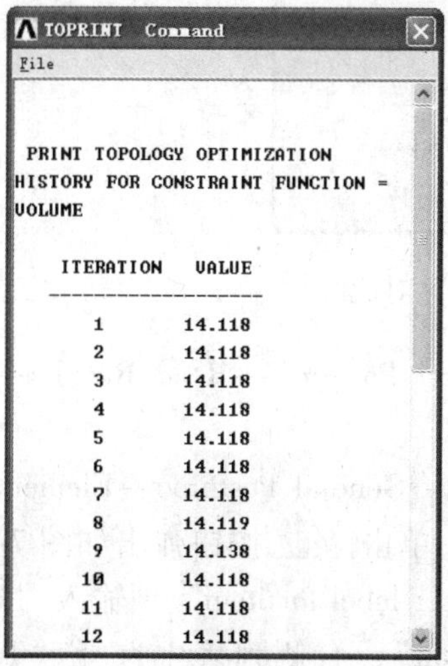

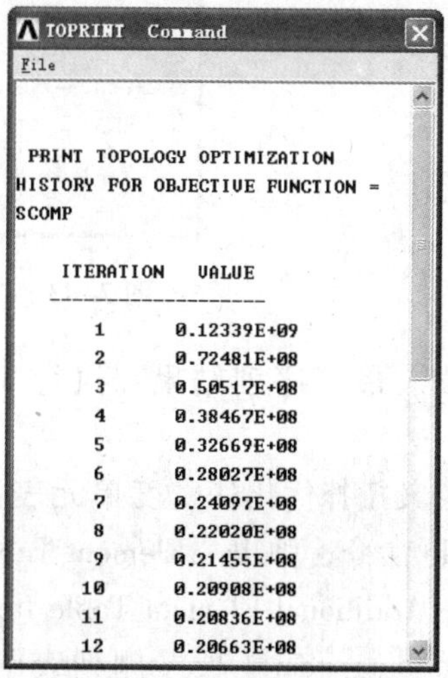

图 7-40　列表拓扑目标随迭代变化的数值　　图 7-41　列表拓扑约束 VOLUME 随迭代变化的数值

9）列表显示拓扑优化设置和求解结果信息：执行 Main Menu→Topological Opt→Status 命令，弹出如图 7-42 所示的“TOSTAT Command”对话框。

10）进入后处理器：执行 Main Menu→General Postproc 命令。

11）读入拓扑优化结果文件：执行 Main Menu→General Postproc→Data & File Opts 命令，弹出“Data and File Options”对话框如图 7-43 所示，“Results file to be read”项选择“Read single result file”，单击其对应输入框后边的按钮，查找并选中存储拓扑优化的结果文件“Topo - Archbridge. rst”，返回并单击 OK 按钮。

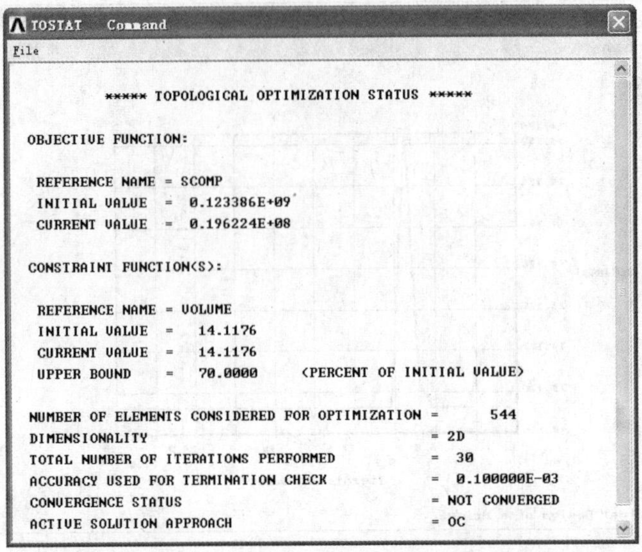

图 7-42　列表显示拓扑优化设置和结果信息

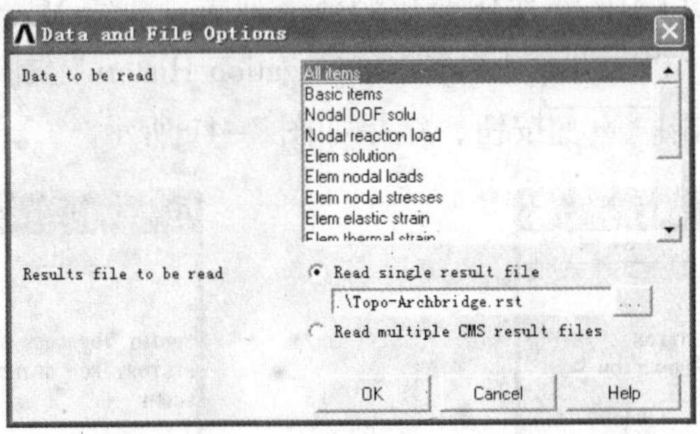

图 7-43　“Data and File Options”对话框

12）读入最后序列结果：执行 Main Menu→General Postproc→Read Results→Last Set 命令。

13）定义拓扑优化伪密度单元表：执行 Main Menu→General Postproc→Element Table→Define Table 命令，弹出“Element Table Data”对话框，单击 Add... 按钮弹出如图 7-44 所示的“Define Additional Element Table Items”对话框，“User label for item”项输入“EDENS”，在“Results data item”项左侧列表中选择“Optimization”，右侧列表中选择“Topological TOPO”，单击 OK 按钮返回“Element Table Data”对话框，单击 Close 按钮关闭该对话框。

14）选择伪密度为 0.8～1.0 的单元：执行 Utility Menu→Select→Entities 命令，弹出“Select Entities”拾取框，参照如图 7-45 所示从上到下逐项进行设置，然后单击 OK 按钮，弹出如图 7-46 所示的“Select Elements by Results”对话框，“Element table item”项设置为“EDENS”，“Range of values”的“VMIN”和“VMAX”文本框分别输入 0.8 和 1，单击 OK 按钮。

15）绘制选中的单元（拱桥的概念模型）：执行 Utility Menu→Plot→Elements 命令，结果如图 7-47 所示。

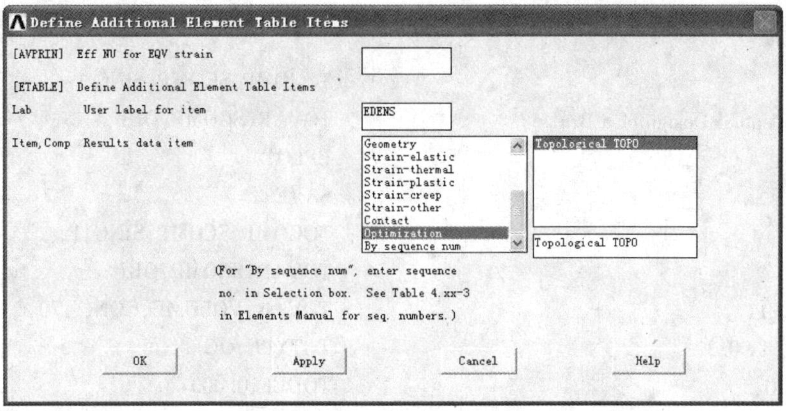

图 7-44 “Define Additional Element Table Items” 对话框

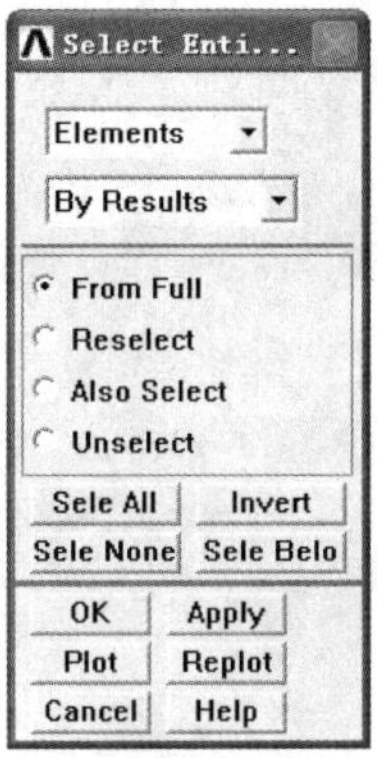

图 7-45 “Select Entities” 拾取框

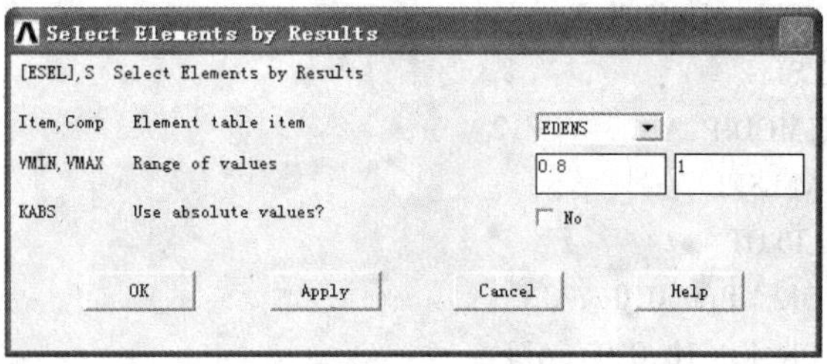

图 7-46 根据伪密度单元表选择单元

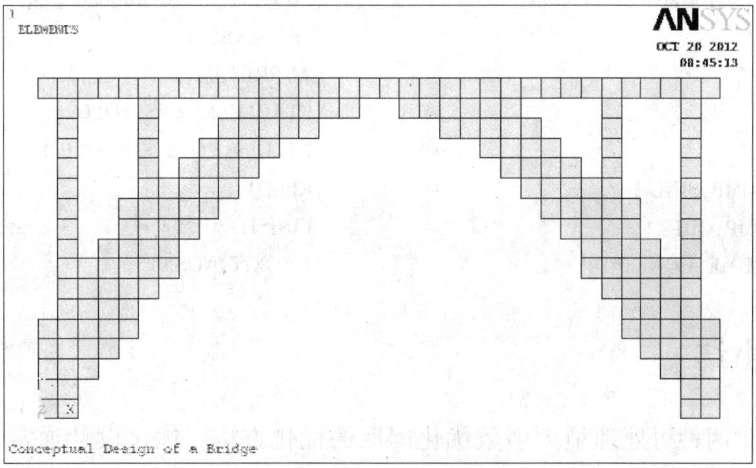

图 7-47 拱桥的概念模型

点评：该问题是基于静力求解问题的拓扑优化分析，要求桥面部分为长方形的顶部，即长方形的上表面单元必须保留，不参与拓扑优化迭代过程。所以，求解时必须选择出长方形顶层单元，指定为 2 号单元类型，其他指定为 1 号单元类型。这个问题是基于一个载荷工况进行拓扑优化，必须采用 OC 方法进行拓扑优化求解。

💡 命令流

```
/BATCH
/TITLE,Conceptual Design of a Bridge
/REPLOT
/PREP7
ET,1,82
ET,2,82
MP,EX,1,2E11
MP, NUXY, 1, 0.3
RECT,0,10,0,5
AATT,1,,1,0
ESIZE,0.3
MSHAPE,0,2D
MSHKEY,0
AMESH,1
NSEL,,LOC,Y,5
ESLN
EMODIP,ALL,TYPE,2
ALLSEL
LPLOT
DK,KP(0,0,0),ALL
DK,KP(10,0,0),ALL
LSEL,, LOC,Y,5
SFL,ALL,PRES,100E6
/PBC,ALL,,1
/PSF,PRES,,2
SBCTRAN
EPLOT
TOCOMP,SCOMP,SING 1
TOVAR,SCOMP,OBJ
TOVAR,VOLUME,CON,,70
TOCOMP,SCOMP,SING 1
TOVAR,SCOMP,OBJ
EPLOT
SAVE
TOCOMP,SCOMP,SING,1,
TOVAR,SCOMP,OBJ
TOVAR,VOLUME,CON, ,70,
TOTYPE,OC
TODEF,0.0001,
TOLOOP,30,1
/CONT,1,2,AUTO
/REPLOT
TOPLOT,1
TOPLOT,0
TOPLOT,1
TOGRAPH,OBJ
TOGRAPH,CON
TOPRINT,OBJ
TOPRINT,CON
TOSTAT
/POST1
INRES,ALL
FILE,'Topo - Archbridge','rst','. '
SET,LAST
AVPRIN,0, ,
ETABLE,EDENS,TOPO
ESEL,S,ETAB,EDENS,0.8,1, ,0
EPLOT
FINISH
! /EXIT,NOSAV
```

7.3 本章小结

ANSYS 提供两种可处理绝大多数优化问题的优化方法。优化设计通常包括以下步骤：① 生成循环所用的分析文件，其中必须包括整个分析的过程并满足以下条件；② 在 ANSYS 数据库中建立与分析文件中变量相对应的参数，该步骤不是必须的（BEGIN 或 OPT）；③ 进入 OPT 处理器指定分析文件；④ 指定优化变量；⑤ 选择优化工具或优化方法；⑥ 指定优化循环控制方式；⑦ 进行优化分析；⑧ 查看设计序列结果（OPT）和后处理（POST1/POST26）。

对形状进行优化称为拓扑优化，有时也称为外型优化。拓扑优化的目标是寻找承受单载荷或多载荷的物体的最佳材料分配方案。拓扑优化主要步骤是定义拓扑优化问题、选择单元类型、指定要优化和不优化的区域、定义和控制载荷工况、定义和控制优化过程、查看结果。

通过简支梁与桁架结构优化、梁结构拓扑优化等实例介绍了上述两类优化问题的解决方法。

7.4 思考与练习

1. 概念题

1）什么是优化设计？

2）优化设计的过程与步骤各有哪些？

3）拓扑优化的概念是什么？

2. 计算操作题

（1）桁架优化设计

如图 7-48 所示为一个由 3 杆组成的桁架结构，它承受纵向和横向载荷，载荷值 $F=200\,000$ lbf，求该桁架的最小重量。结构重量初始设计为 109.10 lb。默认允差（由程序计算）为初始重量的1%（11 lb）。为了便于收敛，一阶方法的优化分析中将目标函数的允差定为2.0。

已知桁架的材料特性为 $E=2.1\times10^6$psi，RHO $=2.85\times10^{-4}$lb/in^3（比重），最大许用应力为 =400psi。

分析中使用的几何特性为横截面面积，变化范围为 1 ~ 1000in^2（初始值为 1000），基本尺寸 B 变化范围为 400 ~ 1000in（初始值为 1000）。

根据分析问题的性质选择 3 杆的横截面积 A_1、A_2 及 A_3，及基本尺寸 B 为设计变量，状态变量为杆内的应力值，目标函数为桁架的最小重量。该问题的优化数学模型如下：

$$
\begin{cases}
\text{Min}[f(x)] \\
\{X\}^{\mathrm{T}}=[x_1 \quad x_2 \quad x_3 \quad x_4]^{\mathrm{T}}=[A_1 \quad A_2 \quad A_3 \quad B]^{\mathrm{T}} \\
s.t. \quad 1\leqslant A\leqslant 1000 \ i=1,2,3 \\
\qquad 400\leqslant B\leqslant 1000 \\
\qquad 0\leqslant \max(\sigma_j)\leqslant 400 \ j=1,2,3
\end{cases}
$$

（2）梁的拓扑优化设计

如图 7-49 所示承受两个载荷工况的梁，两端固定，距离左端 0.4m 处的部分用 2 号单元划分不进行优化，其余部分用 1 号单元划分进行拓扑优化，最后的形状要求单元 1 的部分体积减少 50%。梁的材料特性：弹性模量 $E=2.06$e11Pa，泊松比 $\nu=0.3$。

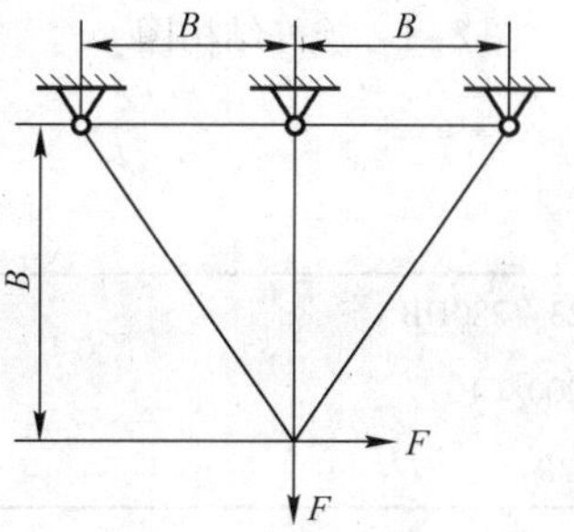

图 7-48　桁架的结构模型

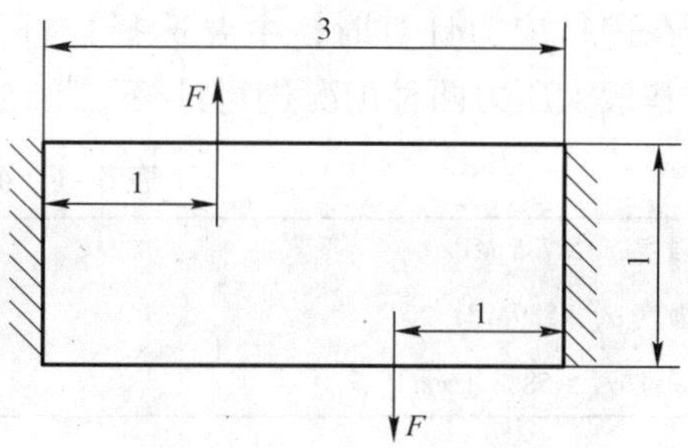

图 7-49　承受两个载荷工况的梁

第 8 章　ANSYS 分析综合实例

有限元分析技术已成为 CAE 方面权威的分析技术，ANSYS 作为有限元分析软件的代表，其应用非常广泛。前面介绍了有限元的基础理论及 ANSYS 的基本操作方法，有必要引入 ANSYS 在工程实践中的综合应用实例以对前面知识融会贯通。发动机是结构比较复杂的机电产品，其连杆和曲轴是主要运动部件，结构不规则，受力极为复杂，目前有限元技术已成为其设计和受力分析的最重要手段，本章针对某型三缸发动机，介绍应用 ANSYS 进行连杆优化设计和曲轴受力分析的方法。

本章重点

- 三缸发动机连杆优化设计
- 三缸发动机曲轴负荷分析

8.1　三缸发动机连杆优化设计

连杆的大体结构如图 8-1 所示，连杆杆身和连杆盖通过螺栓连接为一体，将连杆大头、连杆小头、杆身和连杆大头端盖作为整体分析，这种处理方法对除连杆螺栓以外的连杆各部位应力和变形是有效的；也要对结构细节进行合理简化处理。基于动力分析，连杆标定工况下，最大压力为 3.8895×10^4N，最大拉力为 6.4231×10^3N。

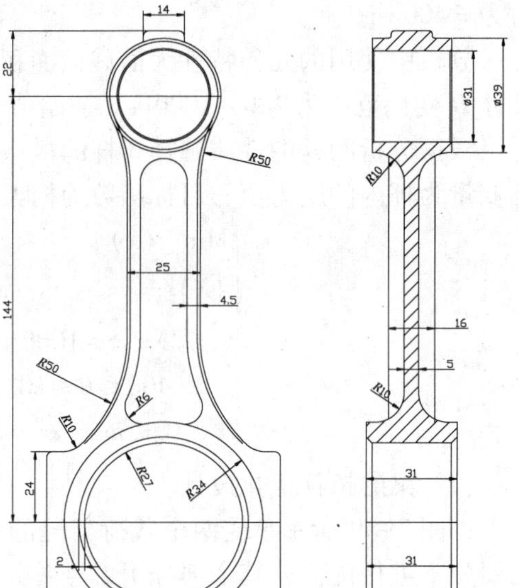

图 8-1　连杆结构图

利用连杆的对称性，采用二分之一模型进行优化分析，以减少计算时间。连杆材料为 40Cr，该材料的力学性能如表 8-1 所示。一般来说，连杆的损坏大都是拉压疲劳断裂所致。因此，在进行应力计算时，主要选择连杆受最大拉力和最大压力两种工况进行计算。

表 8-1　40Cr 的力学性能

抗拉强度 $\sigma_b \geqslant 735$ MPa	调质硬度　223 ~ 280HB
屈服强度 $\sigma_s \geqslant 539$MPa	弹性模量 $E = 200$/GPa
冲击韧性 $\sigma_K \geqslant 58.8$ J/cm^2	泊松比 $\mu = 0.30$

有限元模型中载荷的施加非常关键。通常设定拉压载荷沿轴线方向（连杆厚度）按二次抛物线规律分布；沿圆周方向按余弦分布作用于连杆孔内表面，根据孔径和间隙大小，接触角范围可取 120°~180°，根据经验本文取接触角为 $2\theta=120°$，在柱坐标下以面载荷施加到相应的受力面上。图 8-2 所示为连杆大小头内孔载荷分布，设连杆轴孔长度为 $2L$。具体计算方法如下。

(1) 沿连杆孔轴线方向

设压力载荷的分布函数方程为

$$q=az^2+bz+c$$

其中，$z=0$ 时，$q=q_{max}$；$z=\pm L$ 时，$q=0$。

代入得函数方程为

$$q=q_{max}\left(1-\frac{z^2}{L^2}\right)$$

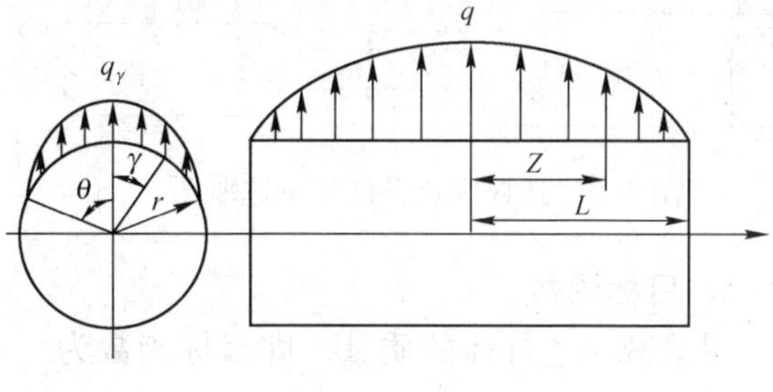

图 8-2　连杆大小头内孔载荷分布

a）周向分布　b）轴向分布

(2) 沿连杆孔圆周方向

设内孔表面压力为 q_γ，得

$$\begin{cases}q_\gamma=q\cos(K\gamma)\\ F_h=4\int_0^L\int_0^\theta q_\gamma \mathrm{d}s\mathrm{d}z\end{cases}$$

式中，$K=90°/\theta$；$\mathrm{d}s=r\mathrm{d}\gamma$；$\theta=120°/2$。

将数据代入，得

$$q_{max}=\frac{9F_h}{16rL}$$

得到曲轴轴颈表面的力密度函数为

$$q(z,\gamma)=\frac{9F_h}{16rL}\left(1-\frac{z^2}{L^2}\right)\cos\frac{3\gamma}{2}$$

按上式对曲柄销施加面载荷。在连杆的对称平面上施加对称位移约束，同时施加约束以消除沿连杆杆身轴线方向的刚体位移。利用上述模型对曲轴计算结果和试验台试验数据相比误差在 5% 以内。

8.1.1　连杆优化设计模型

1. 设计变量

设计变量应选取对零件整体质量影响较大，并能在一定程度上描述结构外形，且相互独立的尺寸参数。同时，还应注意变量选择的合理性，应以对内燃机整体参数及其他零件主要尺寸无影响并且工艺上实现相对容易为原则。连杆长度、连杆大小头厚度是实现工作原理的保证，不作变化。最后连杆优化设计变量选取如图 8-3 所示，连杆大小头外圆半径 R_2、R_1，大小头过渡圆角半径 R_4、R_3，连杆宽度 W，厚度 h，表示为

$$\boldsymbol{X}=(R_1\quad R_2\quad R_3\quad R_4\quad W\quad h)^{\mathrm{T}}$$

设计变量及初始值列于表 8-2。

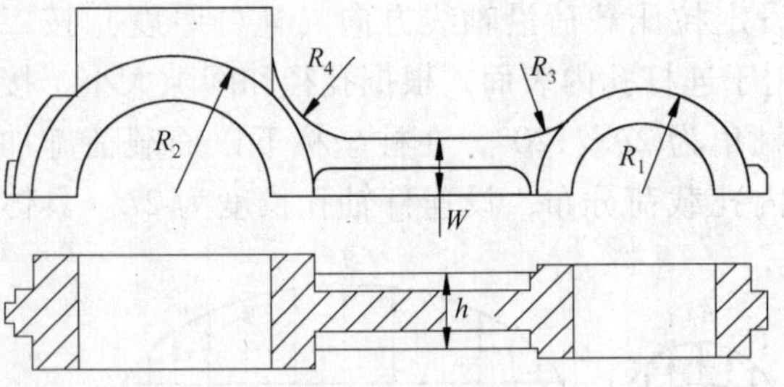

图 8-3　连杆优化设计变量选取图

表 8-2　设计变量及初始值

设计变量	设计尺寸位置	初始值/mm
R_1	小头外圆半径	19.5
R_2	大头外圆半径	34
R_3	小头过渡圆半径	50
R_4	大头过渡圆半径	50
W	杆身 1/2 宽度	11.5
h	杆身厚度	16

2. 目标函数

尽量减小连杆体的质量，即目标函数为

$$\min_{X \in R^n} f(X) = \sum_{i=1}^{n} m_i$$

式中，m_i为连杆体各单元质量；n 为单元数。

3. 约束条件

优化中除需要满足疲劳强度、刚度和稳定性等方面的性能约束外，还有与设计变量变动范围有关的一些边界约束条件。

（1）疲劳应力约束

$$\sigma_{max} \leqslant \sigma_{-1}/[n]$$

式中，σ_{-1}为疲劳应力极限，为 280MPa；[n] 为疲劳安全系数，取 1.5。

将连杆在拉伸工况下的等效应力视为单向拉伸应力，而将连杆最大压缩工况下的等效应力视为单向压缩状态应力。

其中，

$$\sigma_{max} = \frac{K_\sigma}{\varepsilon_\sigma \beta}\sigma_a + \psi_\sigma \sigma_m$$

式中，K_σ为油孔边缘应力集中系数，取值为 1；ε_σ为结构尺寸影响系数，取值为 1；β 为工艺系数，取值为 0.5；ψ_σ为角系数，取值为 0.2；σ_α为应力幅，单位为 MPa；σ_m为平均应力，单位为 MPa。

（2）稳定性约束

$$\sigma_x \leqslant \sigma_{cr}/[n]$$

式中，σ_{cr}为临界压应力，与连杆长度、截面尺寸和形状有关；[n] 为稳定安全因数，取 10；σ_x为连杆沿连杆传力方向的压应力。

其中，

$$\sigma_{cr} = \frac{\pi^2 EI}{(\mu_1 l)^2 A}$$

式中，E 为弹性模量，取值为 2×10^{11}；I 为横截面的惯性矩，随截面变化；μ_1为长度因数，取 2；l 为连杆长度，为固定值 0.145；A 为横截面面积，随截面变换。

（3）刚度变形约束

$$\begin{cases} \Delta r_{max} < T_1/2 \\ \Delta R_{max} < T_2/2 \end{cases}$$

式中，Δr_{max}为连杆小头内孔半径的最大变形量，分析计算中的变动量；ΔR_{max}为连杆大头内孔半径的最大变形量，分析计算中的变动量；T_1为活塞销与小头衬套的初始配合间隙，为0.120mm；T_2为连杆轴瓦与曲柄销的初始配合间隙，为0.120mm。

（4）设计变量约束

1）对大小头端壁厚的限制。

$$\begin{cases} R_1 > d \\ R_2 > D \end{cases}$$

式中，d为连杆小头；D为大头内孔半径。

2）设计变量X在一定范围内变动。

$18.5 \leqslant R_1 \leqslant 25.4; 30 \leqslant R_2 \leqslant 44.2; 35 \leqslant R_3 \leqslant 65; 35 \leqslant R_4 \leqslant 65; 8.5 \leqslant w \leqslant 14.5; 11 \leqslant h \leqslant 30$

此外，保证连杆结构的拓扑关系保持不变外，还对杆身凹槽的宽度、深度和大小头孔外圆的距离等尺寸进行了关联设置。

8.1.2 优化设计操作步骤

1. 定义标题和设置参数

1）定义工作文件名：执行Utility Menu→File→Change Jobname命令，弹出“Change Jobname”对话框如图8-4所示，输入“Rod”，选择“New log and error file”后的“Yes”复选框，单击 OK 按钮。

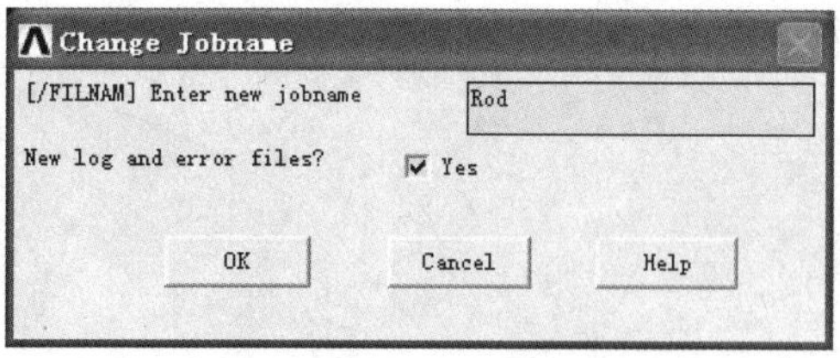

图8-4 “Change Jobname”对话框

2）定义工作标题：执行Utility Menu→File→Change Title命令，在弹出的“Change Title”对话框中输入“the analysis of rod”，单击 OK 按钮。

3）重新显示：执行Utility Menu→Plot→Replot命令。

4）关闭三角坐标符号：执行Utility Menu→Plotctrls→Window Controls→Window Options命令，弹出“Window Options”对话框，在“location of triad”下拉列表框中选择“Not Shown”选项，单击 OK 按钮。

5）显示工作平面：执行Utility Menu→WorkPlane→Display Working Plane命令。

6）输入参数：执行Utility Menu→Parameters→Scalar Parameters命令，弹出如图8-5所示的对话框。在“Selsetion”文本框中输入“w1 =0.0115”，单击 Accept 按钮，然后重复操作，输入以下数：r1 =0.0155，r2 =0.0195，r3 =0.027，r4 =0.034，r5 = w1 * 17/23，d1 =0.008，d2 =0.0135，d3 =0.0155，d4 = d1 * 5/16，d5 =0.010，r01 =0.05，r02 = 0.05，a =0.002，b =0.063，c =0.024，PI =3.1415926，angle1 = (ACOS((R01 + W1) / (R01 + R2))) * 180/PI，angle2 = (ASIN(C/R4)) * 180/3.1415926，cons1 = − sqrt((2 * R01 + R2 + W1) * (R2 − W1))，cons2 = r02 + w1 − sqrt(r02 * * 2 − (b − c) * * 2)，f1 = 3.8895E4，f2 =6.4231E3，cr = PI * * 2 * 2E11 * w1 * * 2/(3 * 0.145 * * 2 * 10)。单击 Close 按钮，关闭对话框。

7）保存数据：单击ANSYS Toolbar中的 Accept 按钮。

2. 实体建模

1）创建连杆小头的圆环：首先执行 Preprocessor→Modeling→Creat→Areas→Circle→By Dimensions 命令，填写如图 8-6 所示，单击OK按钮，然后依次输入“r2，r1，0，angle1+90”，然后单击OK按钮。图形如图 8-7 所示。

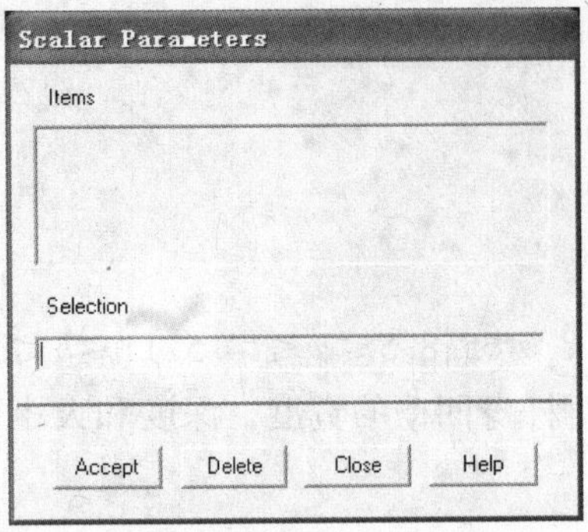

图 8-5 “Scalar Parameters”对话框

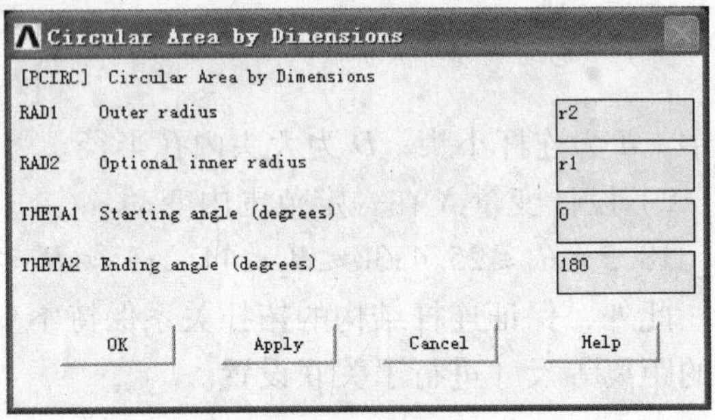

图 8-6 “Circular Area by Dimensions”对话框

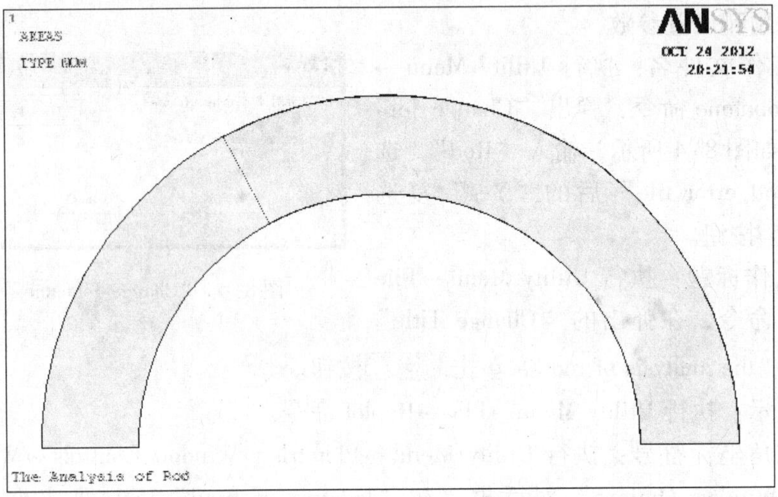

图 8-7 创建连杆小头圆环

2）建立关键点 100，101，200，201，202：执行 Preprocessor→Modeling→ Creat→Keypoints→In Active CS 命令，输入编号 100，坐标值“cons1，w1，0”，如图 8-8 所示。单击Apply按钮，然后重复输入“101，cons1，w1 + r01，0”；“200，－(r5 + r2 + a)，0，d4”；“201，－(r2 + a)，0，d4”；“202，－(r5 + r2 + a)，，r5，d4”；最后单击OK按钮。

3）建立圆弧：执行 Preprocessor→Modeling→Creat→Lines→Arcs→By End KPs&Rad 命令，弹出“Arc by KPs&Rad”拾取框。拾取关键点 100 和 6，单击OK按钮，选择关键点 101，单击OK按钮，出现“Arc by End KPs & Radius”对话框，如图 8-9 所示。在“RAD”文本框中填入 r01，单击OK按钮，重复操作，依次选择关键点 202，201，单击Apply按钮，选择关键点 200，单击Apply按钮，在“RAD”文本框中填入 r5，单击OK按钮。结果如图 8-10 所示。

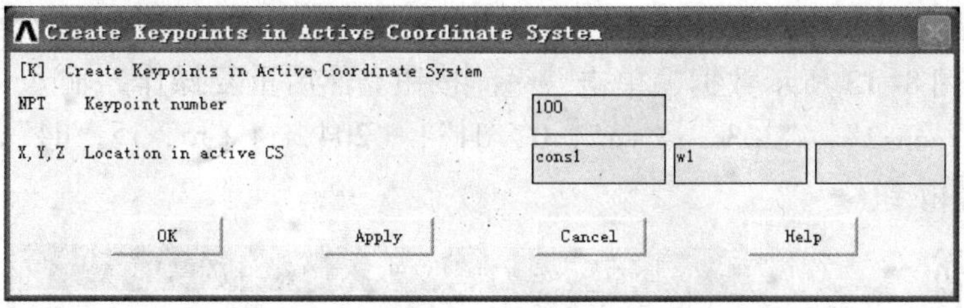

图 8-8 “Create Keypoints in Active Coordinate System” 对话框

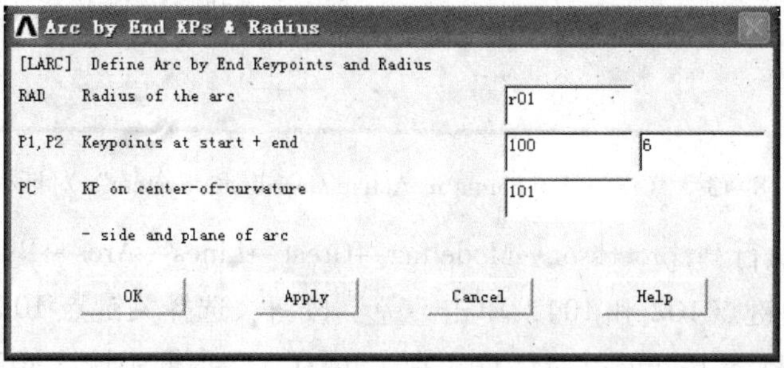

图 8-9 “Arc by End KPs & Radius” 对话框

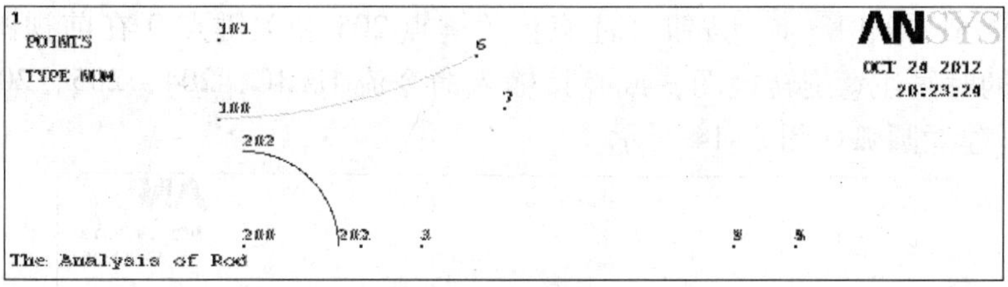

图 8-10 建立圆弧

4）平移坐标系至（-0.145，0，0）处，即连杆大头圆心处，操作如下：执行 WorkPlane→Offset WP to→XYZ Location + 命令，在文本处输入“-0.145”，单击 OK 按钮。

5）激活工作平面，执行 WorkPlane→Change Active CS to→Working Plane 命令。在此坐标系中建立圆环面，执行 Preprocessor→Modeling→Creat→Area→Circle→By Dimensions 命令，在对话框中输入如图 8-11 所示数据，单击 Apply 按钮。再次输入“r4，r3，90 - angle2，180”，单击 OK 按钮，建立模型如图 8-12 所示。

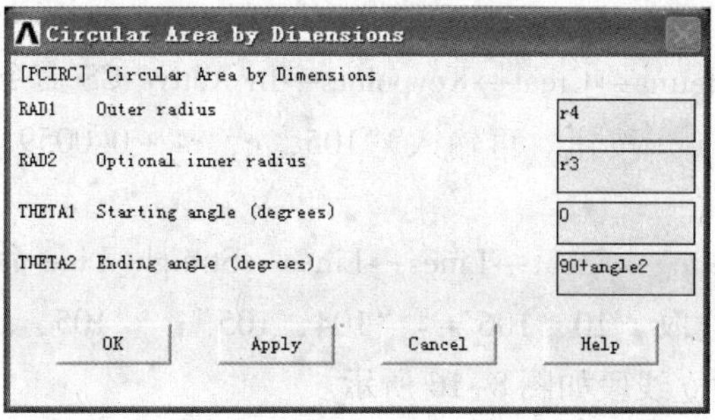

图 8-11 “Circular Area by Dimensions” 对话框

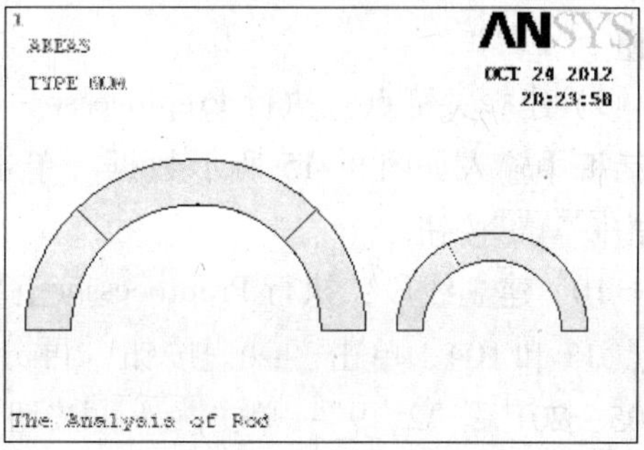

图 8-12 建立大头圆环面

6）建立关键点：执行 Preprocessor→Modeling→Creat→Keypoints→In Active CS 命令，在对话框中输入如图 8-13 所示数据，单击 Apply 按钮。然后重复操作，输入“103，b，w1 + r02”，“104，c，cons2”，“203，r4 + r5，0，d4”，“204，r4 + r5，r5，d4”，“205，r4，0，d4”，单击 OK 按钮。

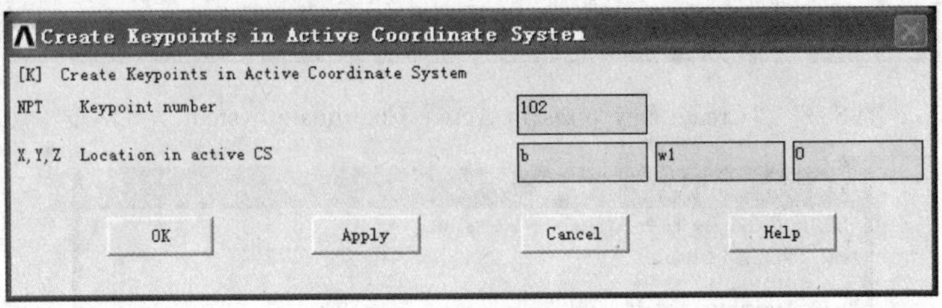

图 8-13 “Create Keypoints in Active Coordinate System” 对话框

7）建立圆弧：执行 Preprocessor→Modeling→Creat→Lines→Arcs→By End KPs&Rad 命令，弹出拾取框，选择关键点 102 和 104，单击 Apply 按钮；选择关键点 103，单击 Apply 按钮，弹出“Arc by End KPs & Radius”对话框，在“RAD”文本框中输入 r02，单击 Apply 按钮，然后重复拾取关键点 204 和 205，单击 Apply 按钮，拾取关键点 203，单击 Apply 按钮，在“RAD”中输入 r5，单击 OK 按钮（注意：关键点 205 和关键点 9 在前视图中是重合的，因此选关键点的时候注意旋转视图，或直接输入命令流 LARC，204，205，203，R5 来完成圆弧的建立）。建立圆弧如图 8-14 所示。

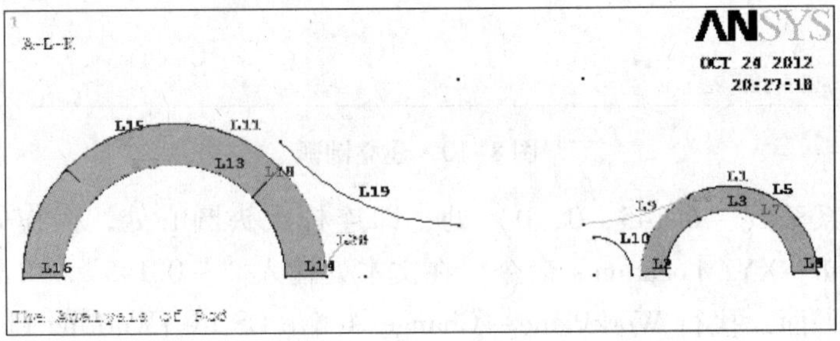

图 8-14 建立圆弧

8）连接线段：执行 Preprocessor→Modeling→Creat→Lines→Lines→Straight Line 命令，拾取编号为 202 和 204 的点，单击 Apply 按钮，再拾取编号为 100 和 102 的点，单击 OK 按钮。

9）建立关键点：执行 Preprocessor→Modeling→Creat→Keypoints→In Active CS 命令，在对话框中输入如图 8-15 所示数据。单击 Apply 按钮。再输入“105，c，r4 + 0.0059，0”，单击 OK 按钮。

10）建立线段：执行 Preprocessor→Modeling→Creat→Lines→Lines→Straight Line 命令拾取点 13 和 104，单击 Apply 按钮，再分别拾取“10，106”；“104，105”；“105，106”；“205，201”；“2，9”；单击 OK 按钮。建立线段如图 8-16 所示。

11）然后执行面叠加指令：Preprocessor→Modeling→Operate→Booleans→Overlap→Areas，弹出“Overlap Areas”拾取框，拾取面号为 1 和 2 的面，单击 Apply 按钮，再拾取 3 和 4，

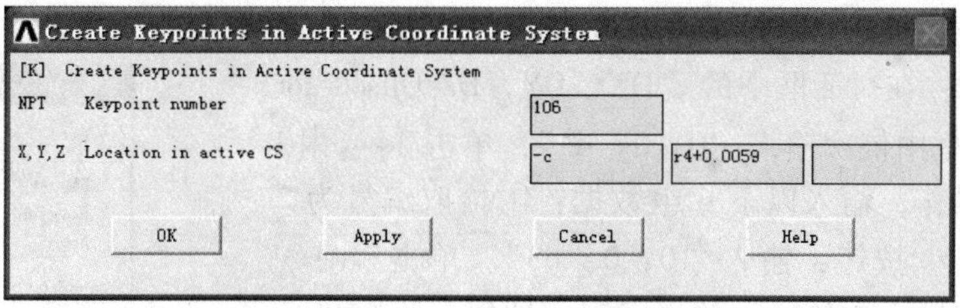

图 8-15 “Create Keypoints in Active Coordinate System” 对话框

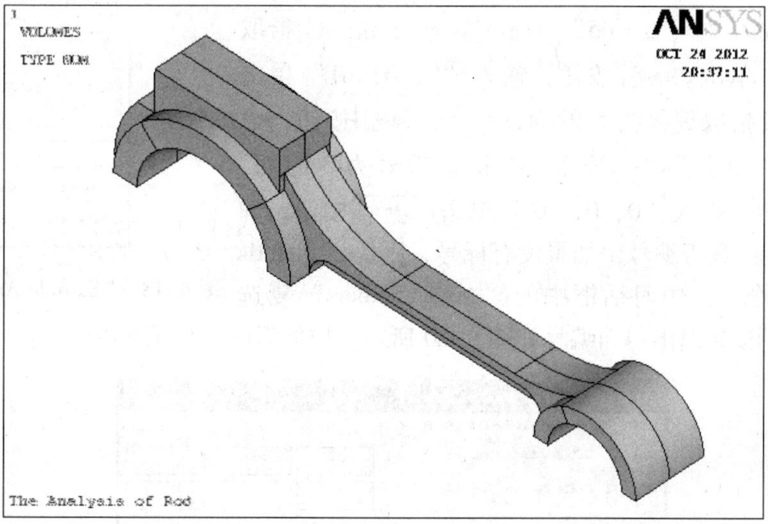

图 8-16 建立线段

单击 OK 按钮。

12）执行生成面指令：Preprocessor→Modeling→Creat→Areas→Arbitrary→By Lines，拾取 24，26，25，23，5 线，单击 Apply 按钮，再次拾取 23，19，22，9，29，28，8 线，单击 Apply 按钮，再次拾取 10，21，20，27，单击 OK 按钮。生成面如图 8-17 所示。单击 ANSYS Toolbar 中的 Accept 按钮，保存部件。

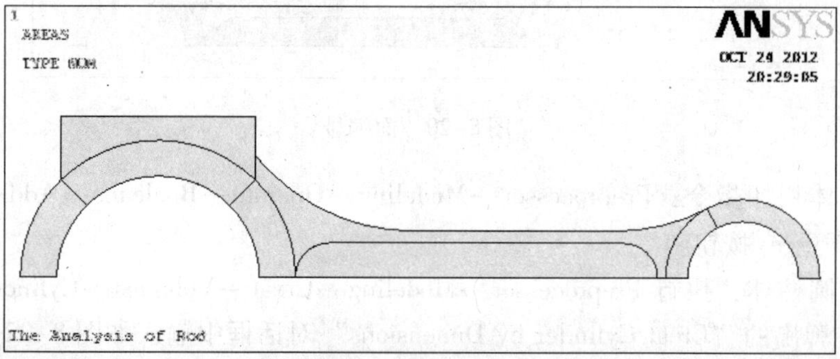

图 8-17 生成面

13）执行拉伸命令：Preprocessor→Modeling→Operate→Extrude→Areas→By XYZ Offset，弹出“Extrude Area by”拾取框如图 8-18 所示。在文本框内输入 1（即拾取了编号为 1 的

面），单击 Apply 按钮，出现如图 8-19 所示“Extrude Areas by XYZ Offset”对话框。

14）面编号：在对话框中的“DX，DY，DZ Offsets for extrusion”文本框中依次输入“0，0，d3”，单击 Apply 按钮，然后重复操作，输入以下 6 组数据：①拾取编号为 2 的面，单击 Apply 按钮，输入“0，0，d3”：单击 Apply 按钮。②拾取编号为 7 的面，单击 Apply 按钮，输入“0，0，d3”单击 Apply 按钮。③拾取编号为 3 的面，单击 Apply 按钮，输入“0，0，d5”单击 Apply 按钮。④拾取编号为 4 的面，单击 Apply 按钮，输入“0，0，d1”单击 Apply 按钮。⑤拾取编号为 5 的面，单击 Apply 按钮，输入“0，0，d2”单击 Apply 按钮。⑥拾取编号为 6 的面，单击 Apply 按钮，输入“0，0，d2”单击 OK 按钮。确认一下图形中的面是否编号，如果没有标号，则执行 Plotcrls→Numbering 命令，选中对话框中的“Area numbers”复选框，单击 OK 按钮退出。面编号如图 8-20 所示。拉伸后图形如图 8-21 所示。

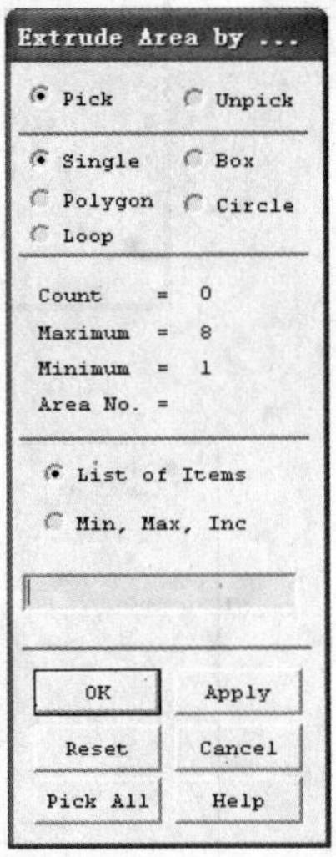

图 8-18 “Extrude Area by”拾取框

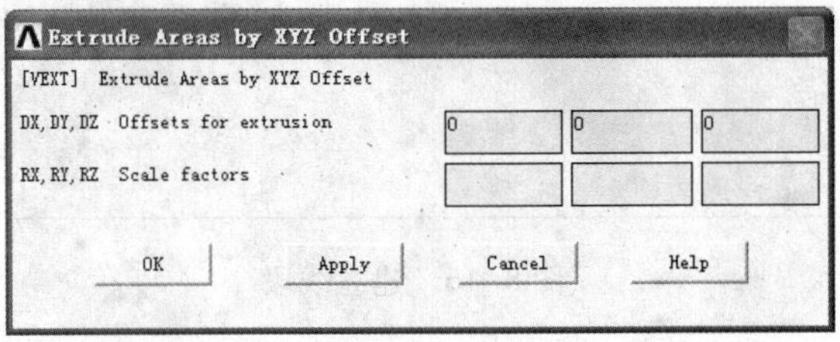

图 8-19 “Extrude Areas by XYZ Offset”对话框

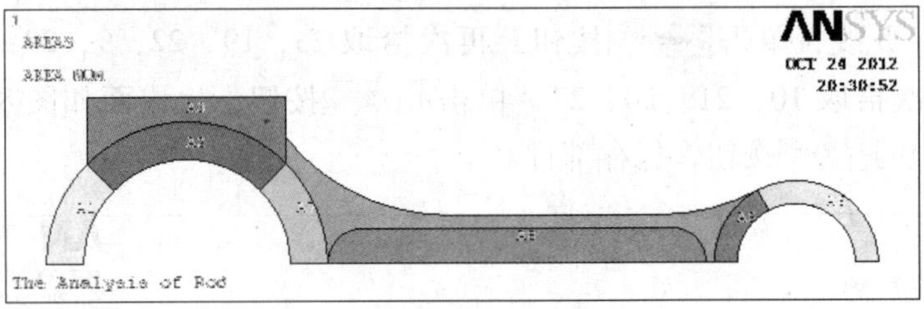

图 8-20 面编号

15）执行体相加指令：Preprocessor→Modeling→Operate→Booleans→Add→Volumes，单击拾取框中的 Pick All 按钮。

16）创建圆柱体：执行 Preprocessor→Modeling→Creat→Volumes→Cylinder→By Dimensions 命令，在弹出的“Creat Cylinder by Dimensions”对话框中输入如图 8-22 所示数据，单击 OK 按钮。

17）转换坐标系：执行 Utility Menu→Parameters→Angular Units 命令，弹出“Angular Units for Parametric Functions”对话框，在“Units for angular”下拉列表框中选择“Degrees DEG”。执行 WorkPlane→Offset WP to→XYZ Locations + 命令，弹出“Offset Wp to XYZ Loca-

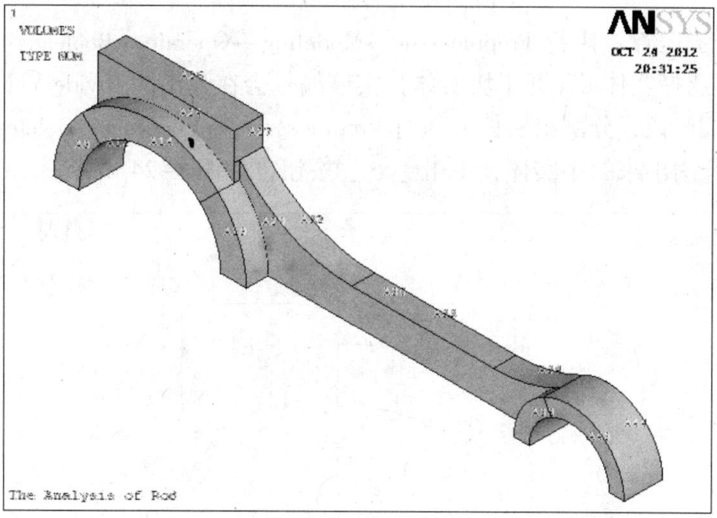

图 8-21　面拉伸

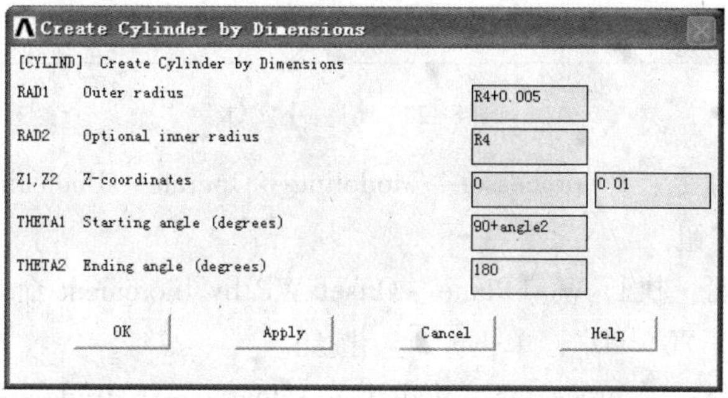

图 8-22　“Creat Cylinder by Dimensions”对话框

tion”对话框，选择“WP Coordinates”选项，在文本框中输入“r4 * cos（90 + angle2），r4 * sin（90 + angle2）”，单击 OK 按钮。

18）改变工作平面位置：执行 WorkPlane→Offset WP by Increments 命令，在“XY，YZ，ZX Angles”文本框中输入“0，-90”，单击 OK 按钮，如图 8-23 所示。

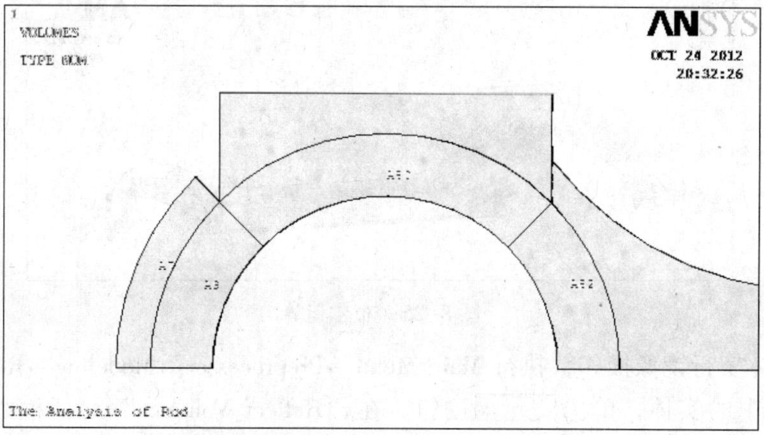

图 8-23　改变工作平面位置

19）执行布尔运算：执行 Preprocessor→Modeling→Operate→Booleans→Divide→Volu by WrkPlane 命令，选择实体 1（即小块实体，实体编号会在弹出的 Divide Vol by WrkPlane 中显示），单击 OK 按钮，分割出实体，执行 Preprocessor →Modeling→Delete→Volume and Below 命令，拾取分割出来的小实体，单击 OK 按钮，如图 8-24 所示。

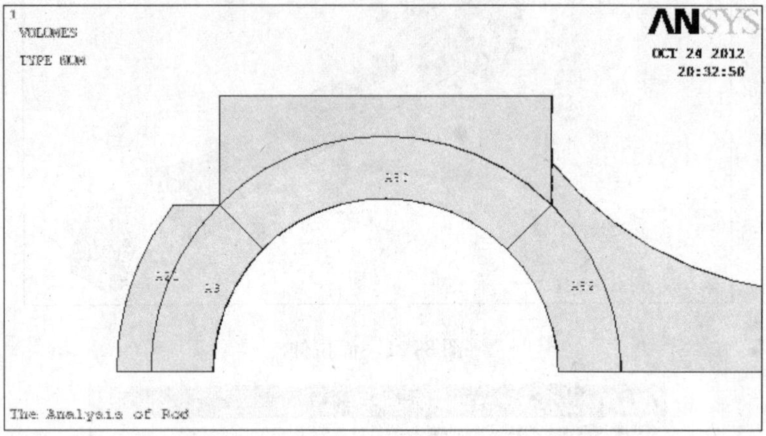

图 8-24　切去小实体

20）执行体相加命令：Preprocessor→Modeling→Operate→Booleans→Add→Volumes，单击拾取框中的 Pick All 按钮。

21）转换坐标平面：执行 WorkPlane→Offset WP by Increment 命令，在“XY，YZ，ZX Angles”文本框中输入“0，90”，单击 OK 按钮。

22）执行拉伸命令：Preprocessor→Modeling→Operate→Extrude→Areas→By XYZ Offset，在拾取框中输入 8，单击 OK 按钮，弹出“Extrude Areas by XYZ Offset”对话框，在“DX，DY，DZ Offsets for extrusion”文本框中依次输入“0，0，0.1”，单击 OK 按钮。

23）执行布尔运算：执行 Main Menu→Preprocessor→Modeling→Operate→Booleans→Subtract→ volumes 命令，拾取连杆编号为 1 的实体，单击 Apply 按钮，拾取拉伸成的编号为 2 实体，单击 OK 按钮。模型如图 8-25 所示。

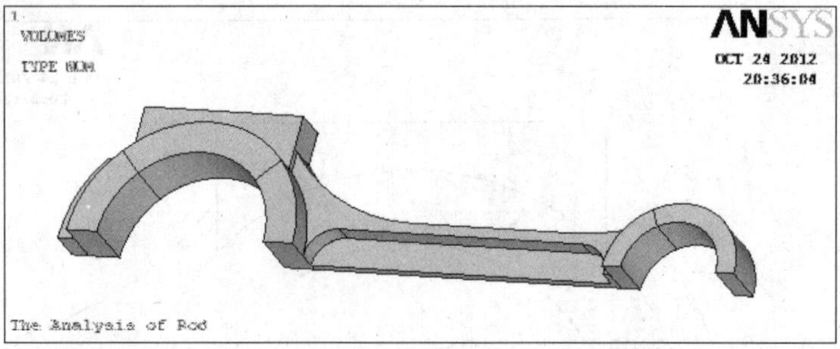

图 8-25　布尔运算

24）对实体实行镜像操作，执行 Main Menu→Preprocessor→Modeling→Reflect→Volumes 命令，拾取图中的实体，单击 OK 按钮。在“Reflect Volumes”对话框中选择“X - Y plane Z”项，单击 OK 按钮。镜像后的实体如图 8-26 所示。

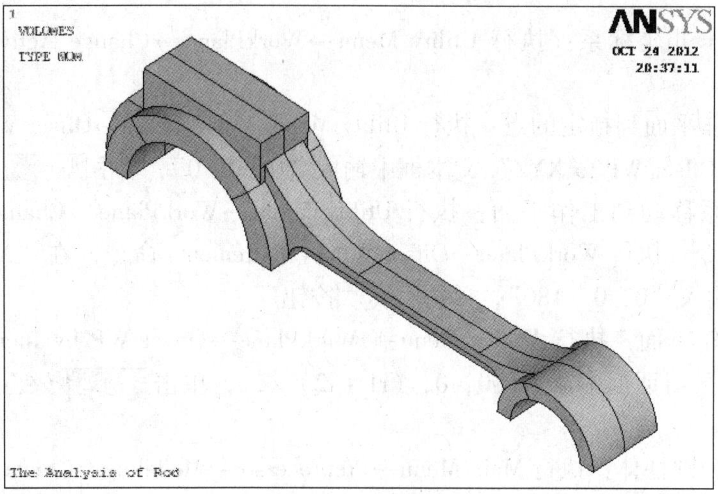

图 8-26 实体镜像

25）执行体相加命令：Preprocessor→Modeling→Operate→Booleans→Add→Volumes，在拾取框中单击 Pick All 按钮。

26）移动工作平面：执行 WorkPlane→Offset WP by Increments 命令，在“X，Y，Z Offset”文本框中输入“－r4 * cos（90 + angle2），－r4 * sin（90 + angle2）”，单击 Apply 按钮。在“XY，YZ，ZX Angles”文本框中输入“0，0，－90”单击 Apply 按钮。在“X，Y，Z Offset”文本框中输入“0，0，r4 +0.005/2”单击 OK 按钮。坐标如图 8-27 所示。

27）生成圆柱体：执行 Main Menu→Preprocessor→Modeling→Create→Volumes→Cylinder→Partial Cylinder 命令，在“Partial Cylinder”对话框中输入如图 8-28 所示的数据，单击 OK 按钮。

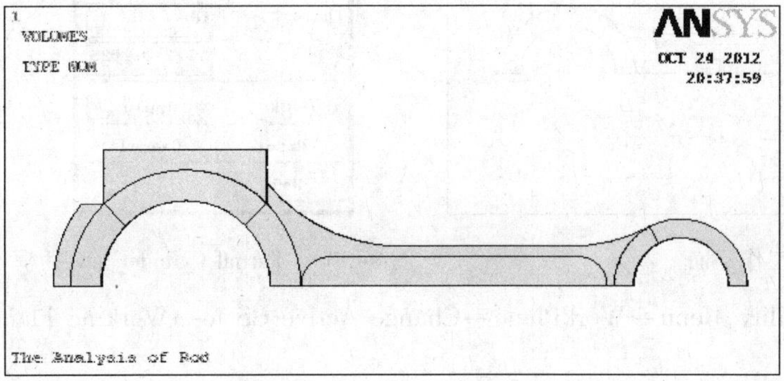

图 8-27 移动工作平面

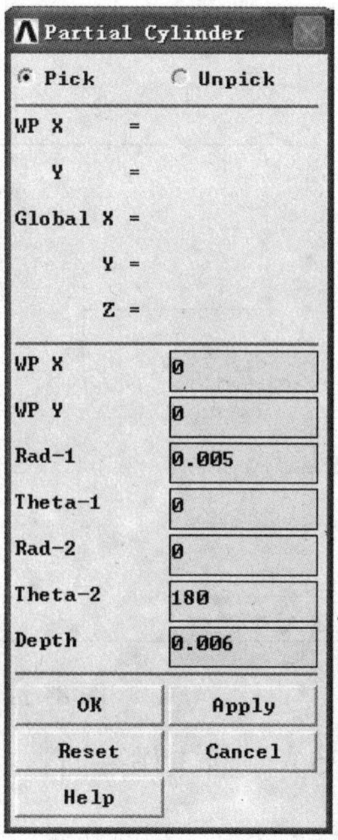

图 8-28 “Partial Cylinder”对话框

28）激活笛卡儿坐标系：执行 Utility Menu→WorkPlane→Change Active CS to→ Global Cartesian 命令。

29）移动工作平面到指定的点：执行 Utility Menu→WorkPlane→Offset WP to→XYZ Locations 命令，在“Offset WP to XYZ”文本框中输入“0，0，0”，单击 OK 按钮。

30）把坐标系移动到工作平面：执行 Utility Menu→WorkPlane→Change Active CS to→Working Plane 命令。执行 WorkPlane→Offset WP by Increments 命令，在“XY，YZ，ZX Angles”文本框中输入“0，0，180”，单击 OK 按钮。

31）移动工作平面：执行 Utility Menu→ WorkPlane→Offset WP by Increments 命令，在“X，Y，Z Offset”对话框中输入“0，0，（r1 + r2）/2”，单击 OK 按钮。坐标如图 8-29 所示。

32）建立部分圆柱体：执行 Main Menu→Preprocessor→Modeling→Create→Volumes→ Cylinder→Partial Cylinder 命令，在“Partial Cylinder”对话框中输入如图 8-30 所示的数据，“Depth”文本框为（R2 - R1）/2 +0.0025，单击 OK 按钮。

33）执行体相加命令：Preprocessor→Modeling→Operate→Booleans→Add→Volumes，在拾取框中单击 Pick All 按钮。

34）激活笛卡儿坐标系：执行 Utility Menu→WorkPlane→Change Active CS to→Global Cartesian 命令，移动工作平面，执行 Utility Menu→WorkPlane→Offset WP to→XYZ Locations 命令，在“Offset WP to XYZ”对话框中输入“0，0，0”，单击 OK 按钮。

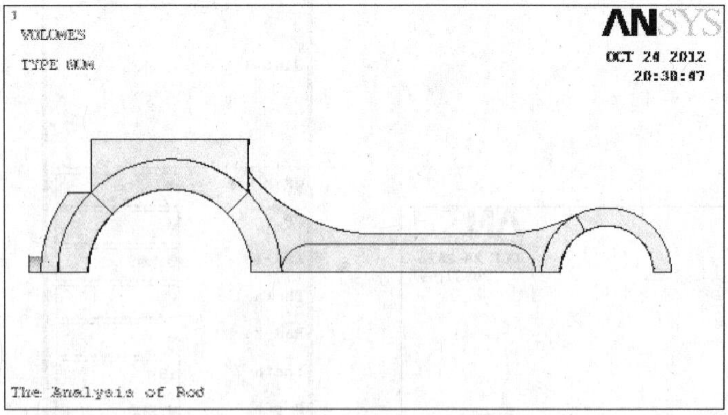

图 8-29　移动工作平面

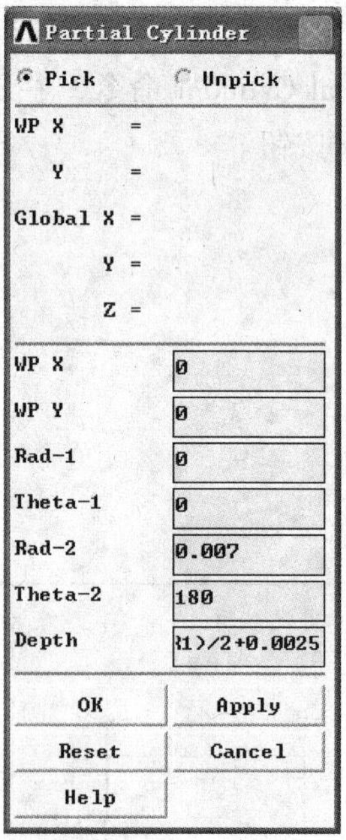

图 8-30　“Partial Cylinder”对话框

35）激活工作平面：执行 Utility Menu→WorkPlane→Change Active CS to→Working Plane 命令。

36）建立部分圆柱体：执行 Main Menu→Preprocessor→Modeling→Create→Volumes →Cylinder→Partial Cylinder 命令，在“Partial Cylinder”对话框中输入如图 8-31 所示的数据，结果如图 8-32 所示。

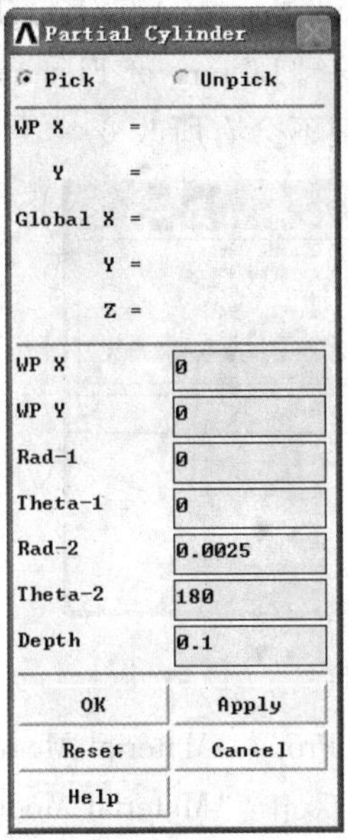

图 8-31 “Partial Cylinder”对话框

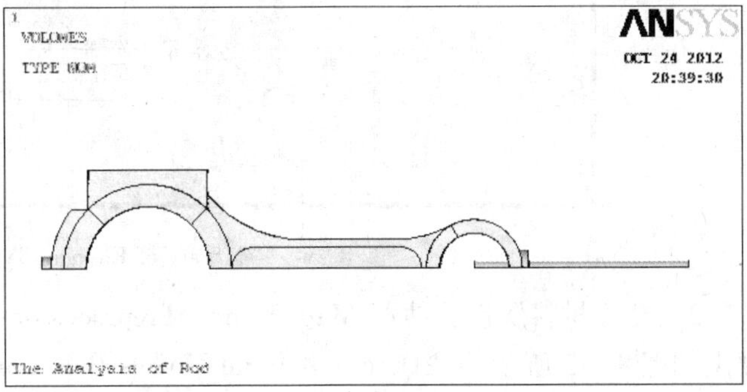

图 8-32 建立部分圆柱体

37）执行布尔运算：执行 Main Menu→Preprocessor→Modeling→Operate→ Booleans→Subtract→ Volumes 命令，拾取连杆编号为 4 的实体，单击 Apply 按钮，拾取部分圆柱体编号为 1 的实体，单击 OK 按钮。结果如图 8-33 所示。

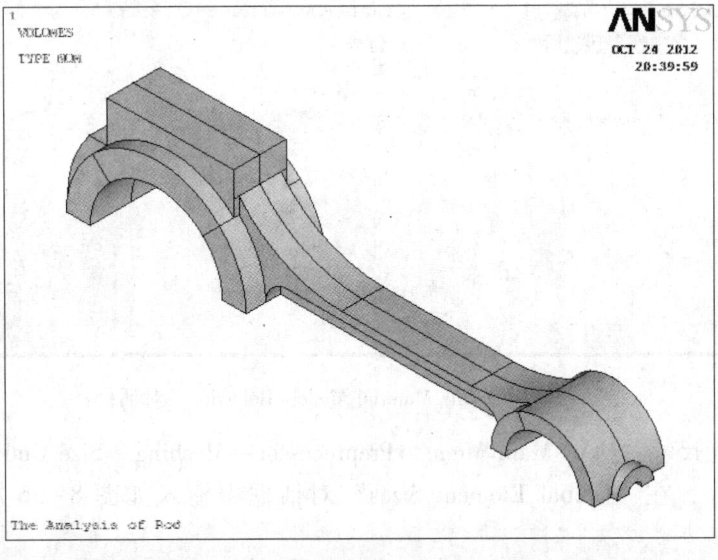

图 8-33 布尔运算

38）转换工作平面：执行 Utility Menu→WorkPlane→Offset WP by Increments 命令，在“XY，YZ，ZX Angles”文本框中输入“0，0，-90”，单击 OK 按钮。

39）实体建模到此完全结束，保存文件，单击 ANSYS Toolbar 中的 Apply 按钮。

3. 选择单元与输入材料属性

1）设置单元类型：执行 Main Menu→Preprocessor→Element Type→Add/Edit/Delete 命令，在弹出的对话框中单击 Add... 按钮，弹出如图 8-34 所示的“Library of Element Types”对话框。选择如图所示的选项，单击 OK 按钮，此项操作模型不会有所改变。

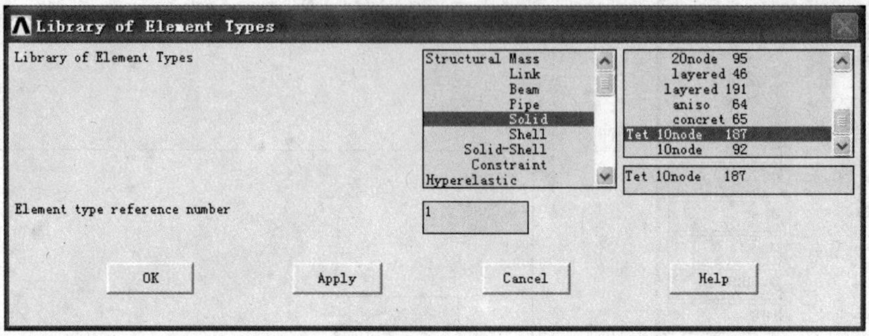

图 8-34 “Library of Element Types”对话框

2）设置材料属性：执行 Main Menu→Preprocessor→Material Props→Material Models 命令，弹出如图 8-35 所示的“Define Material Models Behavior”窗口。双击“Material Models Available”列表框中的“Structural \ Linear \ Elastic \ Isotropic”选项，弹出“Linear Isotropic Material Properties for Material Number 1”对话框，其中输入“ex = 2e11，prxy = 0.3”，单击 OK 按钮。

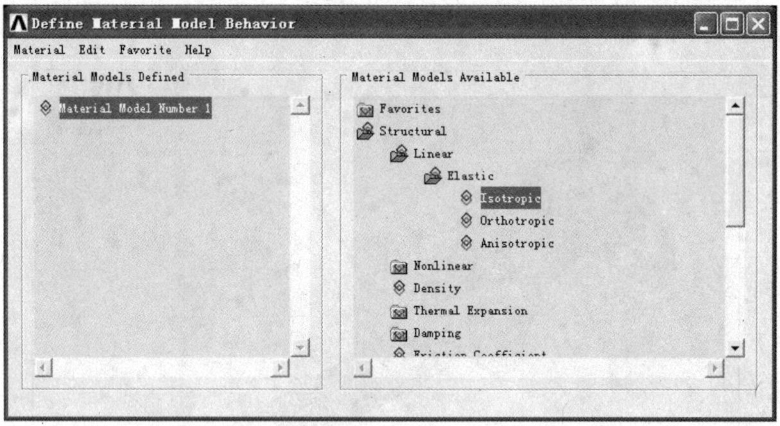

图 8-35 “Define Material Models Behavior”对话框

3）定义单元尺寸：执行 Main Menu→Preprocessor→Meshing→Size Cntrls→ManualSize→Global→Size 命令，在“Global Element Sizes”对话框中输入如图 8-36 所示数据，单击 OK 按钮。

4）指定单元格的形状：执行 Main Menu→Preprocessor→Meshing→Mesher Opts 命令，单击 OK 按钮，弹出“Set Element Shape”对话框，按图 8-37 所示设置，单击 OK 按钮。

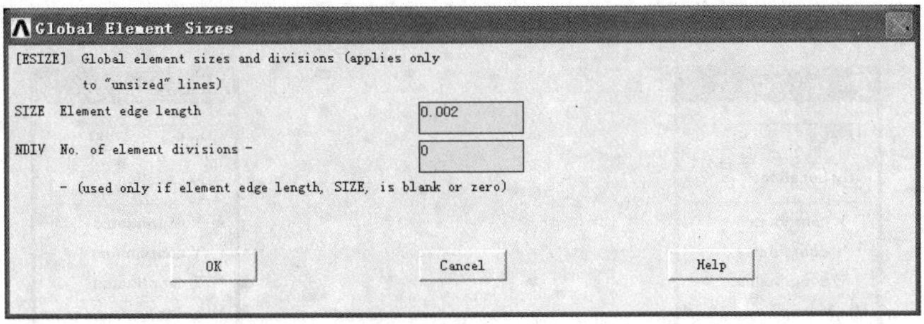

图 8-36 “Global Element Sizes” 对话框

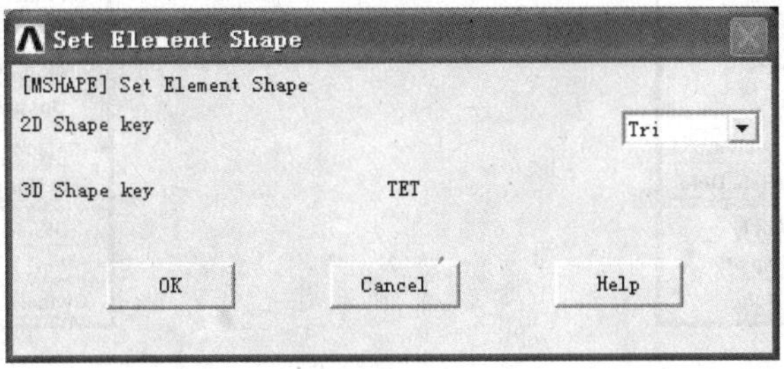

图 8-37 “Set Element Shape” 对话框

4. 划分网格

1）执行 Main Menu→Preprocessor→Meshing→Mesh→Volumes→Free 命令，单击拾取框中的 Pick All 按钮。模型如图 8-38 所示。

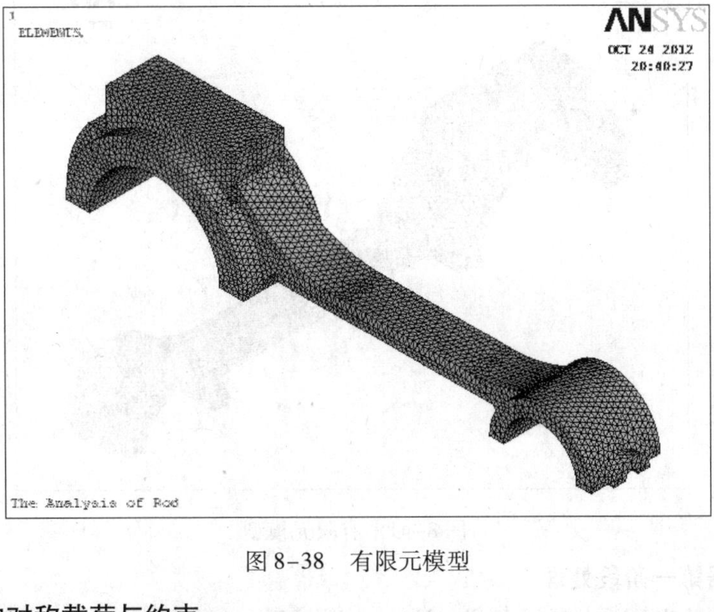

图 8-38 有限元模型

5. 对面施加对称载荷与约束

1）选择一定区域的面：执行 Utility Menu→Select→Entities 命令，弹出如图 8-39 所示“Select Entities”对话框，按图设置，单击 OK 按钮。对所选择的面施加对称载荷，执行 Main Menu→Solution→Define Loads→Apply→Structural→Displacement→Symmetry B. C. →On Areas 命令，单击 Pick All 按钮。选择整个实体，执行 Utility Menu→Select→Everything 命令。

选择节点，执行 Utility Menu→Select→Entities 命令，如图 8-40 所示操作，单击 OK 按钮。

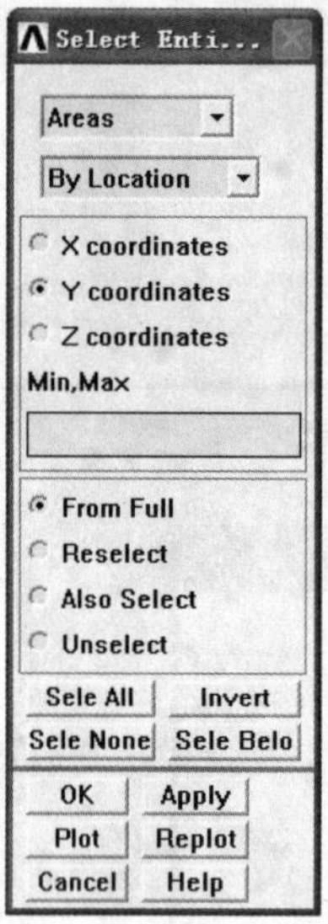

图 8-39 “Select Entities” 对话框

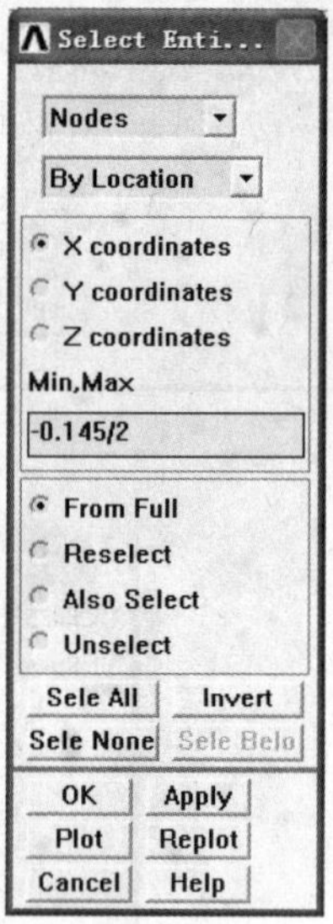

图 8-40 “Select Entities” 对话框

2）执行 Main Menu→Preprocessor→Define Loads→Solution→Apply→Structural→ Displacement→ On Nodes 命令，单击 Pick All 按钮，选择“ALL DOF”，单击 OK 按钮。有限元模型如图 8-41 所示。

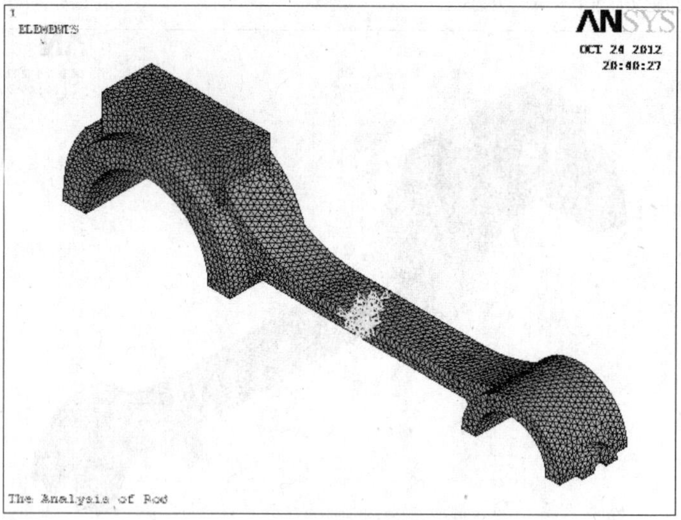

图 8-41 有限元模型

6. 进行数据第一阶段处理

1）激活笛卡儿坐标系：执行 Utility Menu→WorkPlane→Change Active CS to→Global Cartesian 命令，移动坐标平面到原点，执行 Utility Menu→WorkPlane→Offset WP to→XYZ Locations 命令，在弹出的“Offset WP to XYZ”对话框的文本框中输入“0，0，0”，单击 OK 按钮。定义当前的工作平面，执行 Utility Menu→WorkPlane→Change Active CS to→Working Plane 命令，转换坐标平面，执行 Utility Menu→WorkPlane→Offset WP by Increments 命令，在“XY，

YZ，ZX Angles”文本框中输入“0，0，180”，单击 OK 按钮。坐标如图 8-42 所示。

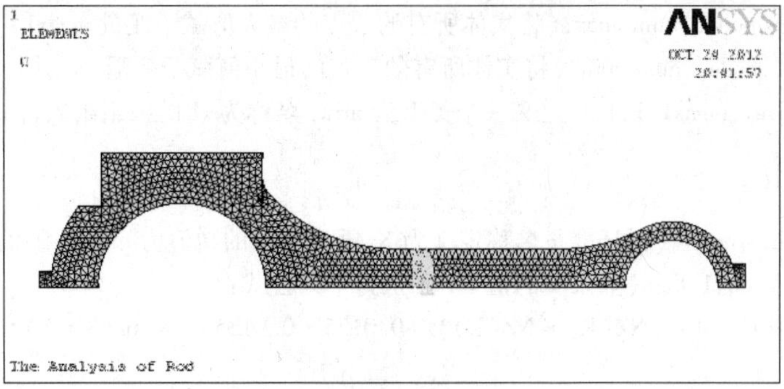

图 8-42　转换坐标平面

2）建立局部坐标系：执行 Utility Menu→WorkPlane→Local Coordinate Systems→Create Local CS→At WP Origin 命令，在弹出的“Create Local CS at WP Origin”对话框的“KCN”文本框中输入 12，“KCS”下拉列表框中选择“Cylindrical 1”，如图 8-43 所示，单击 OK 按钮。

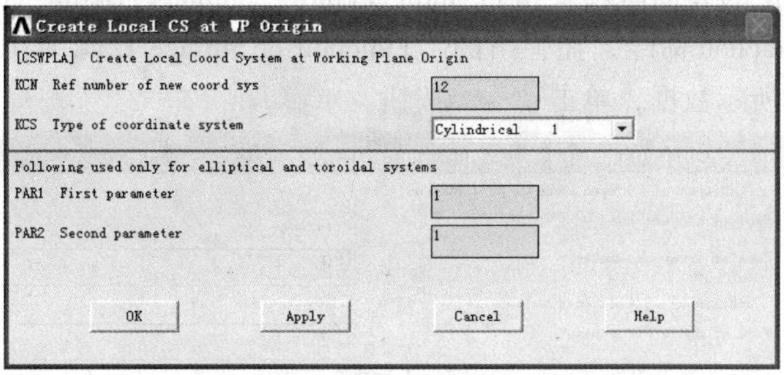

图 8-43　“Create Local CS at WP Origin”对话框

3）选择节点：执行 Utility Menu→Select→Entities 命令，在“Select Entities”对话框中按图 8-44 所示设置，单击 Apply 按钮。在“Select Entities”对话框中按图 8-45 所示设置，单击 OK 按钮。

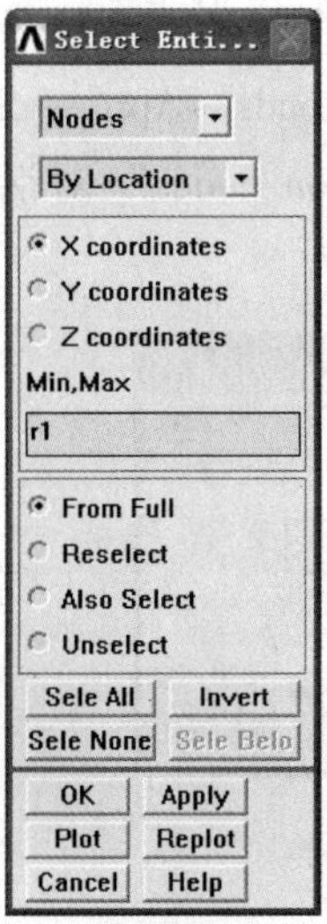

图 8-44　“Select Entities”对话框

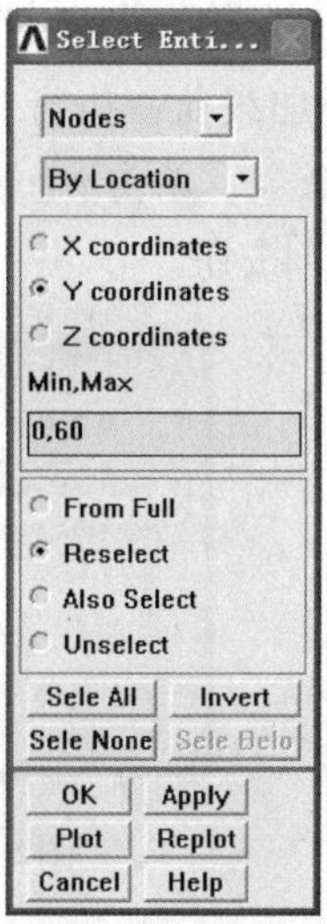

图 8-45　“Select Entities”对话框

4）输入以下命令流文件。

* get,nmax1,node,,num,max,(将实体所有的节点的最大值赋予变量 amax1)

* get,nmin1,node,,num,min,(将实体所有的节点的最小值赋予变量 amin1)

* dim,t1,array,nmax1,1,1,(定义一个类型为 array 名称为 t1 的数组维数为 nmax1 行,1 列,1 页)

执行循环体操作：

* do,k,nmin1,nmax1(循环变量名称定义为 K,循环变量的初值为 nmin1,终值为 nmax1。)

* if,nsel(k),eq,1,then(如果 k 的值 =1 则执行下列公式:)

t1(k) =9 * F1 * (1 -(NZ(K) * NZ(K))/(0.0135 * 0.0135)) * cos(3 * NY(K)/2)/(16 * 0.0155 * 0.0135)

* else(否则)

t1(k) =0

* endif

* enddo(结束整个循环过程)

5）指定一个变化的表面载荷：执行 Main Menu→Solution→Define Loads→Settings→For Surface Ld→Node Function 命令，在弹出的“Function of Surface Load vs Node Number”对话框中输入如图 8-46 所示数据，单击 OK 按钮。

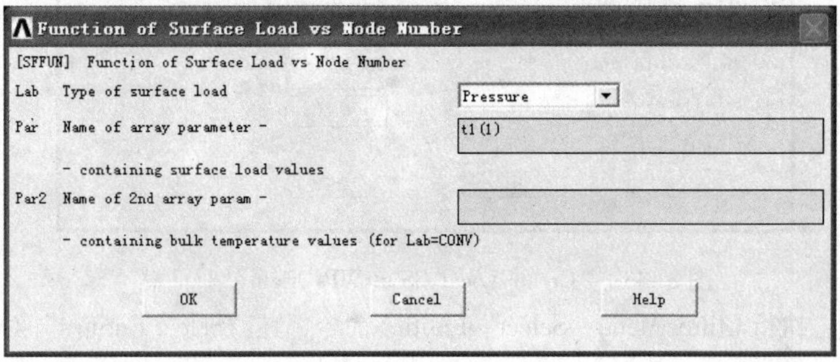

图 8-46 “Function of Surface Load vs Node Number”对话框

6）在节点施加载荷：执行 Main Menu→Solution→Define Loads→Apply→Structural→ Pressure→On Nodes 命令，单击 Pick All 按钮，弹出“Apply PRES on nodes”对话框，如图 8-47 所示，单击 OK 按钮。

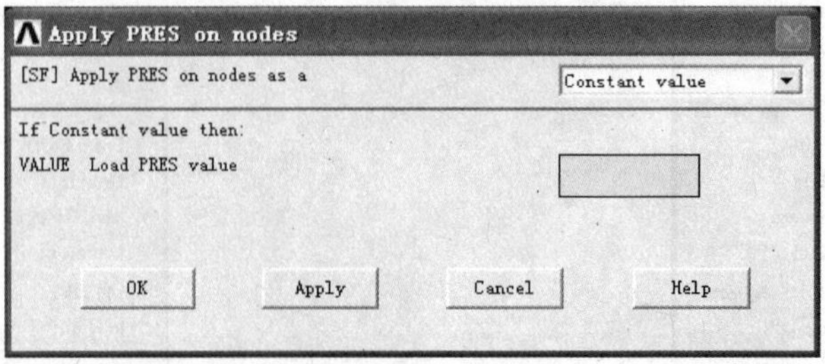

图 8-47 “Apply PRES on nodes”对话框

7. 对数据进行第二阶段处理

1）移动工作平面：执行 Utility Menu→WorkPlane→Offset WP by Increments 命令，在

“XY，YZ，ZX Angles”对话框中输入“0，0，-180”，单击 Apply 按钮。在“X，Y，Z Offset”文本框中输入“-0.145，0，0”，单击 OK 按钮，坐标如图 8-48 所示。

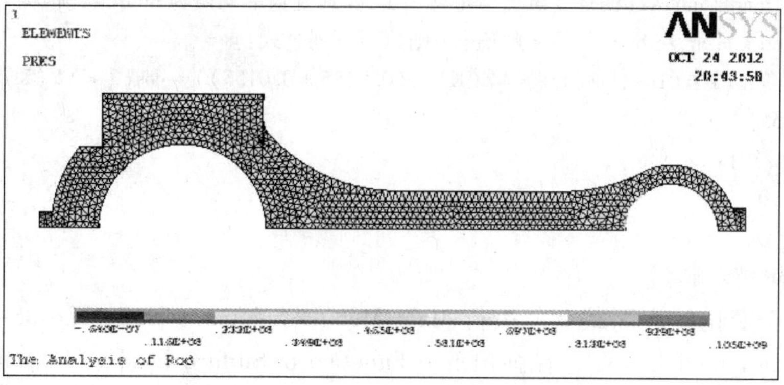

图 8-48　移动坐标平面到指定位置

2）建立局部坐标系：执行 Utility Menu→WorkPlane→Local Coordinate Systems→Create Local CS→At WP Origin 命令，在弹出的“Create Local CS at WP Origin”对话框的“KCN”文本框中输入 13，“KCS”下拉列表框中选择“Cylindrical 1”，单击 OK 按钮。

3）选择节点：执行 Utility Menu→Select→Entities 命令，在“Select Entities”对话框中按图 8-49 所示设置，单击 Apply 按钮。在“Select Entities”对话框中按图 8-50 所示设置，单击 OK 按钮。

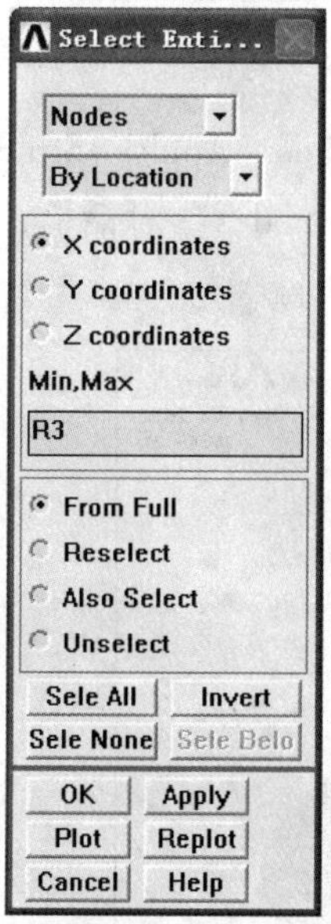

图 8-49　“Select Entities”对话框

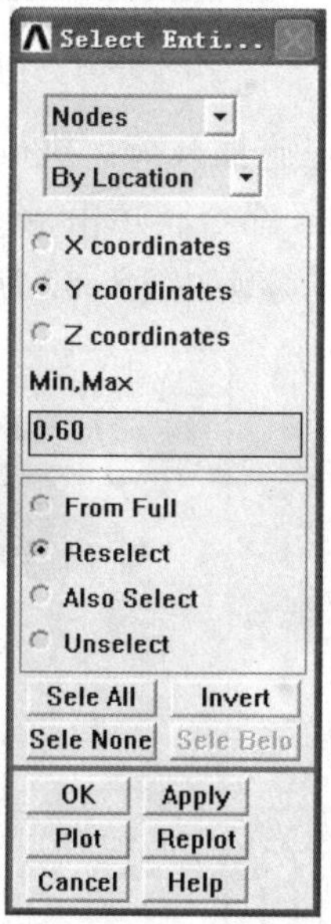

图 8-50　“Select Entities”对话框

4）输入以下命令流文件。

```
*get,nmax2,node,,num,max,(将实体所有的节点的最大值赋予变量 amax2)
*get,nmin2,node,,num,min,(将实体所有的节点的最小值赋予变量 amin2)
```

＊dim,t2,array,nmax2,1,1,(定义一个类型为 array 名称为 t2 的数组维数为 nmax2 行,1 列,1 页)

执行循环体操作：

＊do,k,nmin2,nmax2(循环变量名称定义为 K,循环变量的初值为 nmin2,终值为 nmax2。)

＊if,nsel(k),eq,1,then(如果 k 的值 = 1 则执行下列公式:)

t2(k) = 9＊F1＊(1 - (NZ(K)＊NZ(K))/(0.0155＊0.0155))＊cos(3＊NY(K)/2)/(16＊0.027＊0.0155)

＊else(否则)

t2(k) = 0

＊endif

＊enddo(结束循环)

5）指定一个变化的表面载荷：执行 Main Menu→Solution→Define Loads→Settings→For Surface Ld→Node Function 命令，在弹出的“Function of Surface Load vs Node Number”对话框中输入如图 8-51 所示数据，单击 OK 按钮。

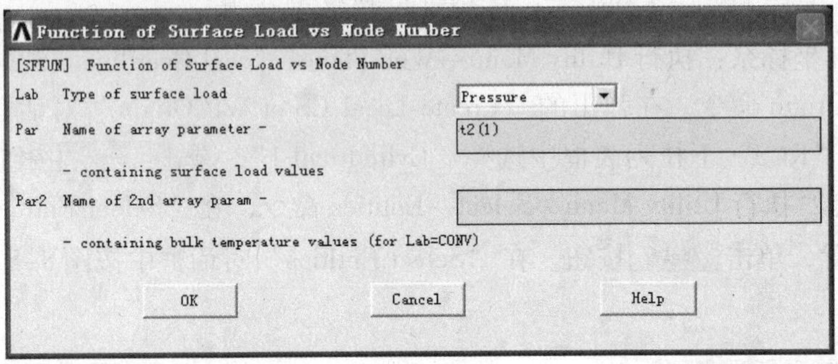

图 8-51 “Function of Surface Load vs Node Number”对话框

6）在节点施加载荷：执行 Main Menu→Solution→Define Loads→Apply→Structural→Pressure→On Nodes 命令，单击 Pick All 按钮，弹出“Apply PRES on nodes”对话框，单击 OK 按钮。有限元模型如图 8-52 所示。

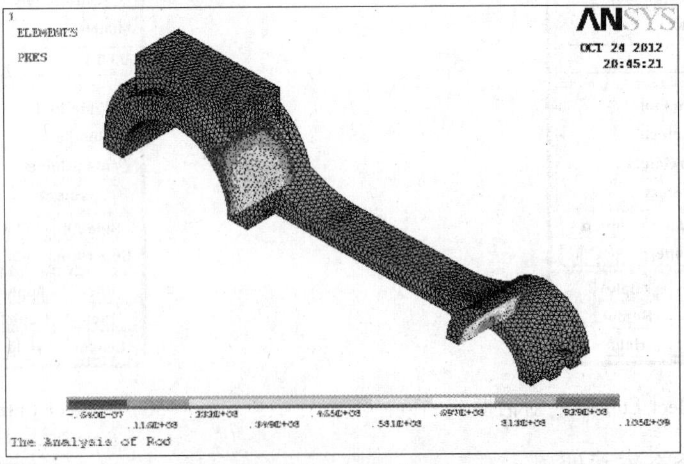

图 8-52 有限元模型

7）选择所有实体：执行 Utility Menu→Select→Everything 命令。

8）把数据写入文件 1 中：执行 Main Menu→Preprocessor→Solution→Load Step Opts→

Write LS File 命令，在对话框中输入 1，单击 OK 按钮。

8. 对数据进行第三阶段处理

1）执行 Main Menu→Solution→Define Loads→Delete →Structural→Pressure→→On Areas 命令，单击 Pick All 按钮，在弹出的对话框中单击 OK 按钮。

2）转换工作平面：执行 Utility Menu→WorkPlane→Offset WP by Increments 命令，在“XY, YZ, ZX Angles”文本框中输入“0，0，180”，单击 OK 按钮。坐标如图 8-53 所示。

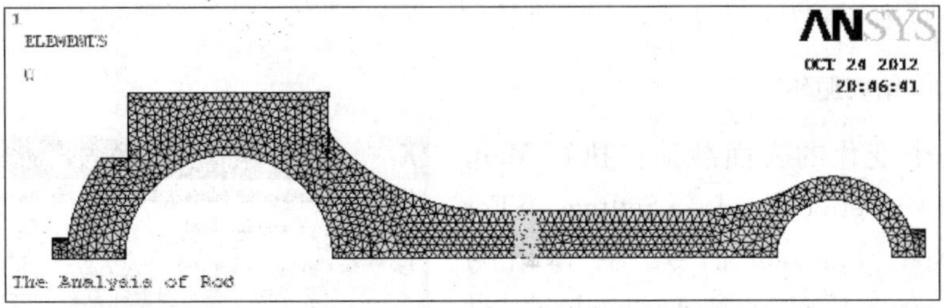

图 8-53　转换工作平面

3）建立局部坐标系：执行 Utility Menu→WorkPlane→Local Coordinate Systems→Create Local CS→At WP Origin 命令，在弹出的“Create Local CS at WP Origin”对话框的“KCN”文框中输入“14”，“KCS”下拉列表框中选择“Cylindrical 1”，单击 OK 按钮。

4）选择节点：执行 Utility Menu→Select→Entities 命令，在“Select Entities”对话框中按图 8-54 所示设置，单击 Apply 按钮。在“Select Entities”对话框中按图 8-55 所示设置，单击 OK 按钮。

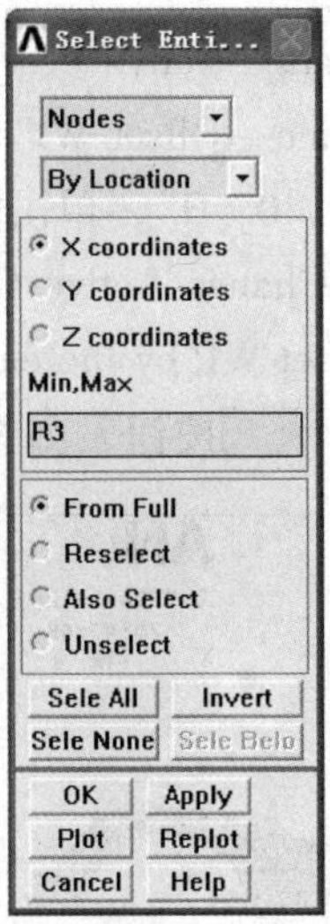

图 8-54　“Select Entities”对话框

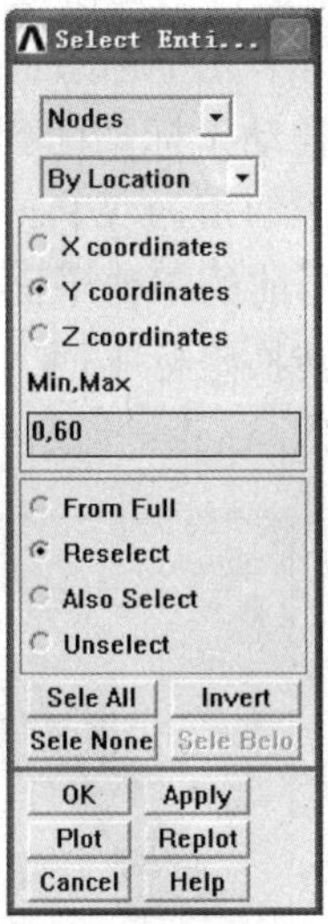

图 8-55　“Select Entities”对话框

5）输入以下命令流文件。

```
*get,nmax3,node,,num,max,(将实体所有的节点的最大值赋予变量 amax3)
*get,nmin3,node,,num,min,(将实体所有的节点的最小值赋予变量 amin3)
*dim,t3,array,nmax3,1,1,( 定义一个类型为 array 名称为 t3 的数组维数为 nmax3 行,1 列,1 页 )
```

执行循环体操作：

```
*do,k,nmin3,nmax3(循环变量名称定义为K,循环变量的初值为nmin3,终值为nmax3。)
*if,nsel(k),eq,1,then(如果k的值=1则执行下列公式：)
t3(k)=9*F2*(1-(NZ(K)*NZ(K))/(0.0155*0.0155))*cos(3*NY(K)/2)/(16*0.027
*0.0155)
*else (否则)
t3(k)=0
*endif
*enddo(结束循环)
```

6）指定一个变化的表面载荷：执行 Main Menu→Solution→Define Loads→Settings→For Surface Ld→Node Function 命令，在弹出的“Function of Surface Load vs Node Number”对话框中输入如图 8-56 所示数据，单击 OK 按钮。

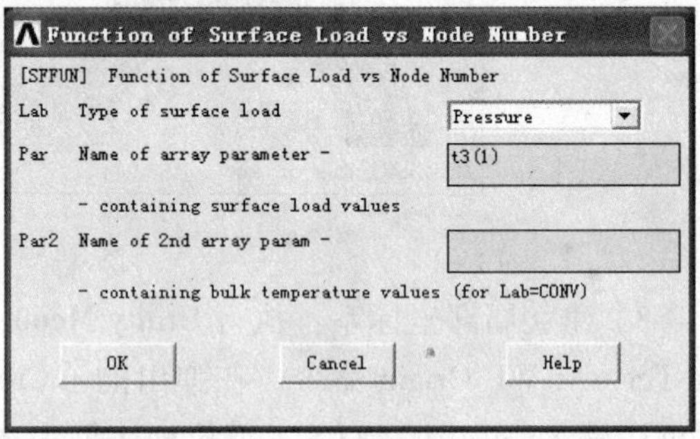

图 8-56 “Function of Surface Load vs Node Number”对话框

7）在节点施加载荷：执行 Main Menu→Solution→Define Loads→Apply→ Structural→ Pressure→On Nodes 命令，单击 Pick All 按钮，弹出“Apply PRES on nodes”对话框，单击 OK 按钮。

9. 对模型进行第四阶段处理

1）激活笛卡儿坐标系：执行 Utility Menu→WorkPlane→Change Active CS to→Global Cartesian 命令，移动坐标平面到原点，执行 Utility Menu→WorkPlane→Offset WP to→XYZ Locations 命令，在“Offset WP to XYZ”对话框的文本框中输入“0，0，0”，单击 OK 按钮。

2）定义当前的工作平面：执行 Utility Menu→WorkPlane→Change Active CS to→Working Plane 命令，转换坐标平面，执行 Utility Menu→WorkPlane→Offset WP by Increments 命令，在“XY，YZ，ZX Angles”文本框中输入“0，0，180”，单击 OK 按钮，如图 8-57 所示。

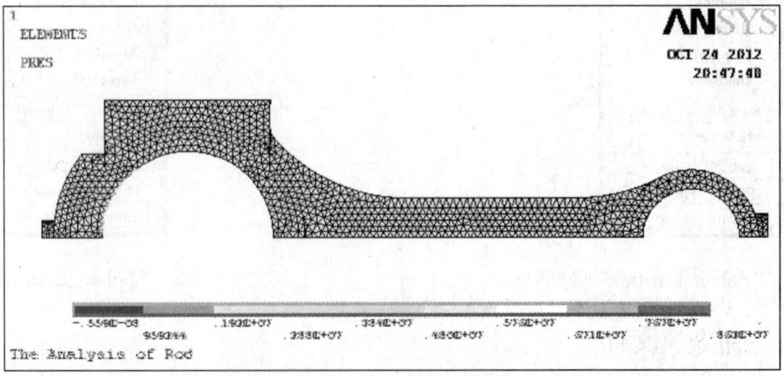

图 8-57 转换工作平面

3）建立局部坐标系：执行 Utility Menu→WorkPlane→Local Coordinate Systems→Create Local CS→At WP Origin 命令，在弹出的“Create Local CS at WP Origin”对话框的“KCN”文本框中输入“15”，“KCS”下拉列表框中选择“Cylindrical 1”，单击 OK 按钮。

4）选择节点：执行 Utility Menu→Select→Entities 命令，在“Select Entities”对话框中按图 8-58 所示设置，单击 Apply 按钮。在“Select Entities”对话框中按图 8-59 所示设置，单击 OK 按钮。

5）输入以下命令流文件。

* get,nmax4,node,,num,max,

* get,nmin4,node,,num,min,(将实体所有的节点的最小值赋予变量 amin4)

* dim,t4,array,nmax4,1,1,(定义一个类型为 array 名称为 t4 的数组维数为 nmax4 行,1 列,1 页)

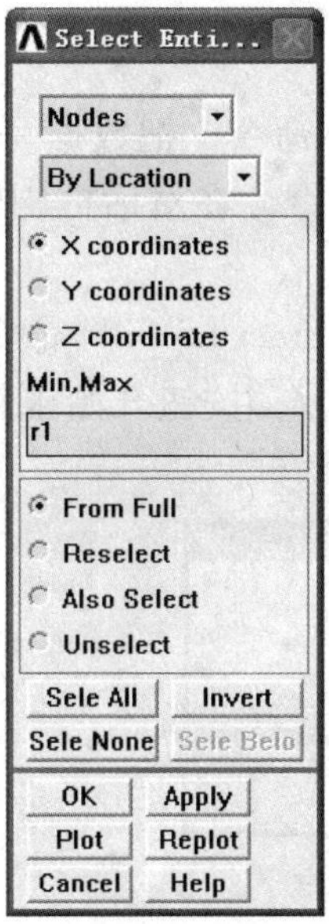

图 8-58 “Select Entities”对话框

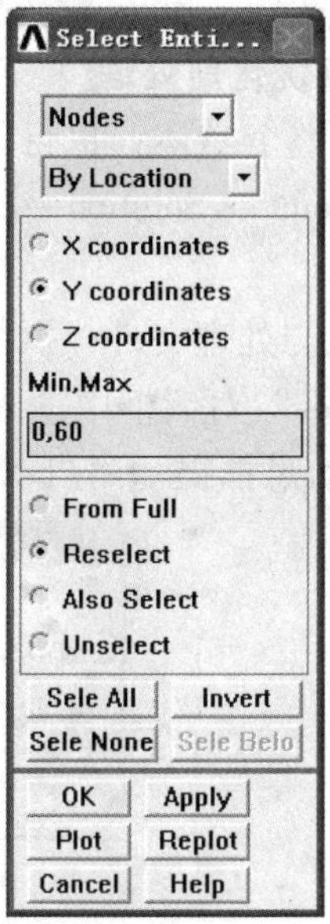

图 8-59 “Select Entities”对话框

执行循环体操作：

* do,k,nmin4,nmax4:(循环变量名称定义为 K,循环变量的初值为 nmin4,终值为 nmax4。)

* if,nsel(k),eq,1,then(如果 k 的值 = 1 则执行下列公式:)

t4(k) = 9 * F2 * (1 - (NZ(K) * NZ(K))/(0.0135 * 0.0135)) * cos(3 * NY(K)/2)/(16 * 0.0155 * 0.0135)

* else(否则)

t4(k) = 0

* endif

* enddo(结束循环)

6）指定一个变化的表面载荷：执行 Main Menu→Solution→Define Loads→Settings→For Surface Ld→Node Function 命令，在弹出的“Function of Surface Load vs Node Number”对话框中输入如图 8-60 所示数据，单击 OK 按钮。

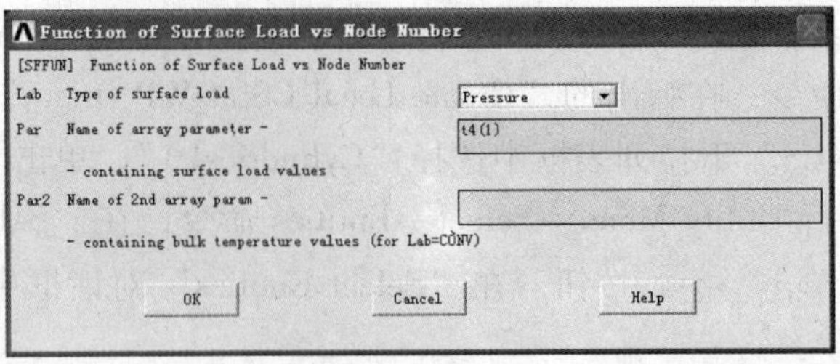

图 8-60 “Function of Surface Load vs Node Number”对话框

7）在节点施加载荷：执行 Main Menu→Solution→Define Loads→Apply→Structural→ Pressure→On Nodes 命令，单击Pick All按钮，弹出“Apply PRES on nodes”对话框，单击OK按钮。

8）保存文件，单击Accept按钮。

10. 进行优化前处理

1）选择整个实体：执行 Utility Menu→Select→Everything 命令，把数据写入文件 2 中。执行 Main Menu→ Solution→Load Step Opts→Write LS File 命令，在对话框中输入 2，单击OK按钮。

2）读取与处理文件：执行 Main Menu→Solution→Solve→From LS Files 命令，在“Solve Load Step Files”对话框中输入如图 8-61 所示数据，单击OK按钮开始求解。求解完毕后，将出现信息框提示用户求解完毕。单击Close按钮关闭对话框。

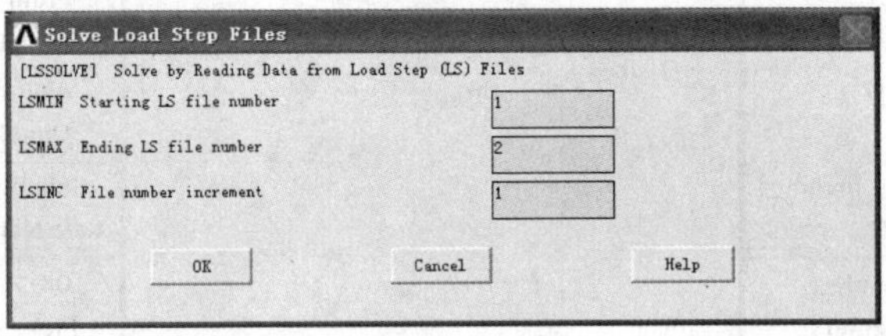

图 8-61 “Solve Load Step Files”对话框

3）向处理器输入数据：开始计算，执行 Main Menu→General Postproc→Element Table → Define Table 命令，在弹出的对话框中单击Add...按钮，按图 8-62 所示选择，单击OK按钮。

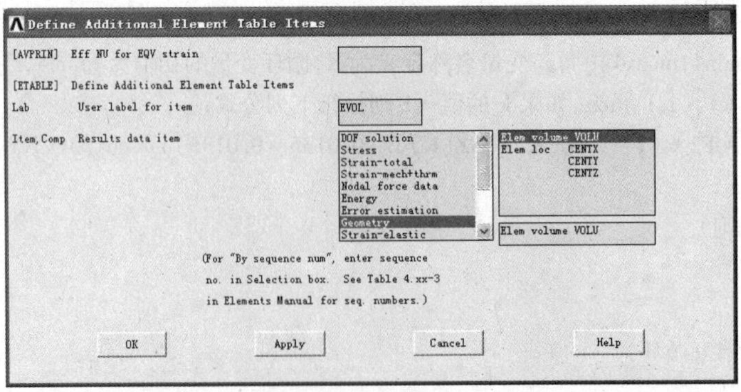

图 8-62 “Define Additional Element Table Items”对话框

4）计算并输出单元表格数据之和：执行 Main Menu→General Postproc→Element Table→ Sum of Each Item 命令，单击OK按钮。

5）执行 Utility Menu→Parameters→Get Scalar Data 命令，在弹出的对话框中选择“Result Data→Elem table sums”，单击 OK 按钮，弹出如图 8-63 所示的“Get Element Table Sum Results”对话框，按图设置，单击 OK 按钮，存储总体积到变量 VOLUME。

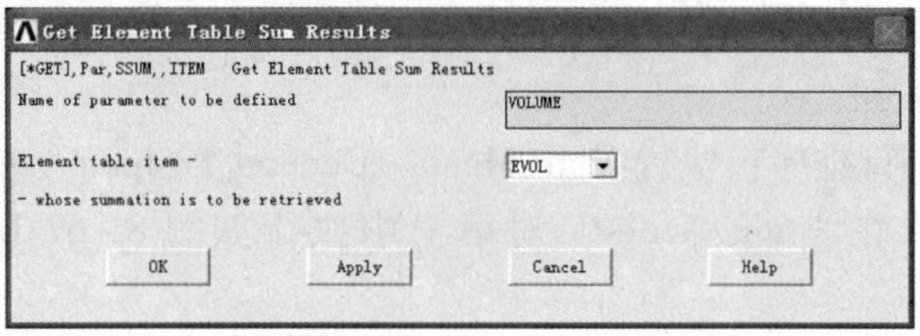

图 8-63 “Get Element Table Sum Results”对话框

6）设置参数：执行 Utility Menu→Parameters→Scalar Parameters 命令，弹出对话框。在“Selsetion”文本框中输入 DENSITY = 7850，单击 Apply 按钮，然后重复输入 WT = VOLUME * DENSITY。

7）读取第一个载荷步数据：执行 Main Menu→General Postproc→Read Results→By Load Step 命令，然后单击 OK 按钮。

8）对节点数据进行排序：执行 Main Menu→General Postproc→List Results→Sorted Listing→Sort Nodes 命令，在“Sort Nodes”对话框中执行如图 8-64 所示操作。

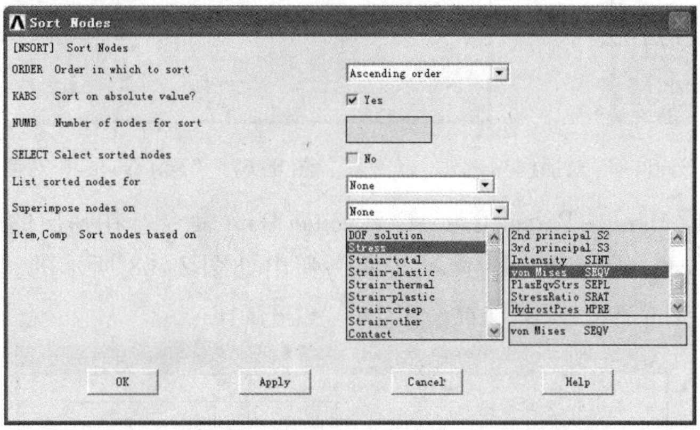

图 8-64 “Sort Nodes”对话框

9）执行 Utility Menu→Parameters→Get Scalar Data 命令，在弹出的对话框中选择“Result Data→other operations”，单击 OK 按钮，弹出如图 8-65 所示的“Get Date from Other POST1 Operations”对话框，按图设置，单击 OK 按钮。

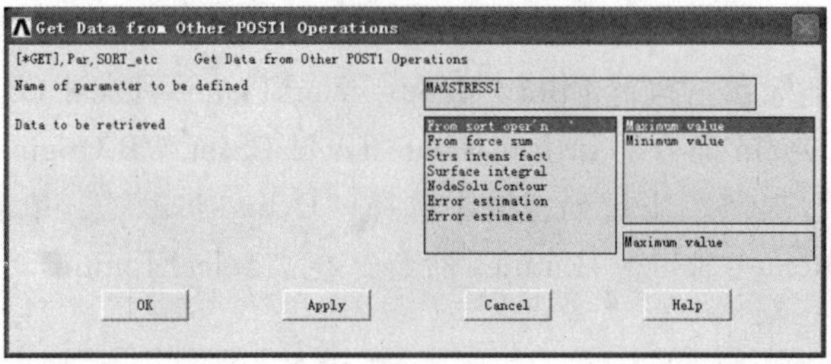

图 8-65 “Get Data from Other POST1 Operations”对话框

10）建立局部笛卡儿坐标系：执行 Utility Menu→WorkPlane→Local Coordinate Systems→Create Local CS→At WP Origin 命令，弹出“Create Local CS at WP Origin”对话框，在“KCN”文本框中输入“16”，“KCS”下拉列表框中选择“Cartesian 0”，单击 OK 按钮。

11）执行 Utility Menu→Select→Entities 命令，在“Select Entities”对话框中按图 8-66 所示设置，单击 OK 按钮。

12）对节点数据进行排序：执行 Main Menu→General Postproc→List Results→Sorted Listing→Sort Nodes 命令，在“Sort Nodes”对话框中执行如图 8-67 所示操作，单击 OK 按钮。

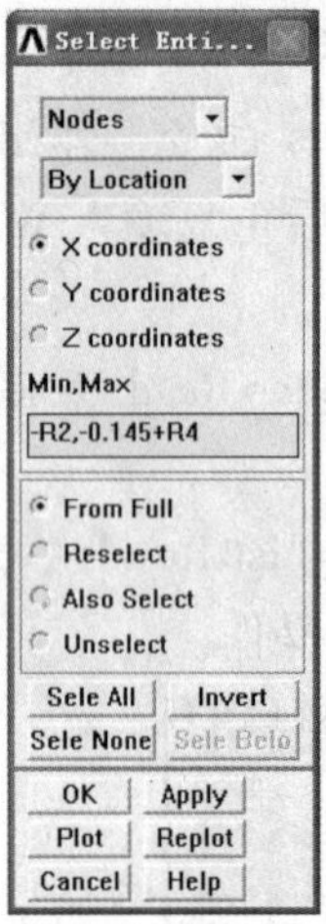

图 8-66 “Select Entities”对话框

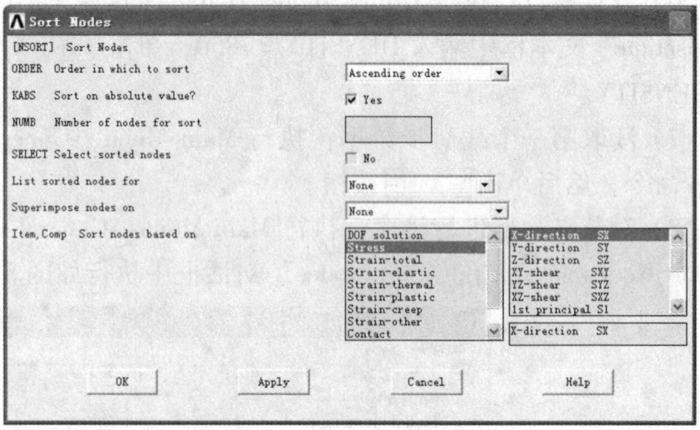

图 8-67 “Sort Nodes”对话框

13）执行 Utility Menu→Parameters→Get Scalar Data 命令，在弹出的对话框中选择“Result Data→other operations”，单击 OK 按钮，弹出如图 8-68 所示的“Get Data from Other POST1 Operations”对话框，按图设置，单击 OK 按钮。

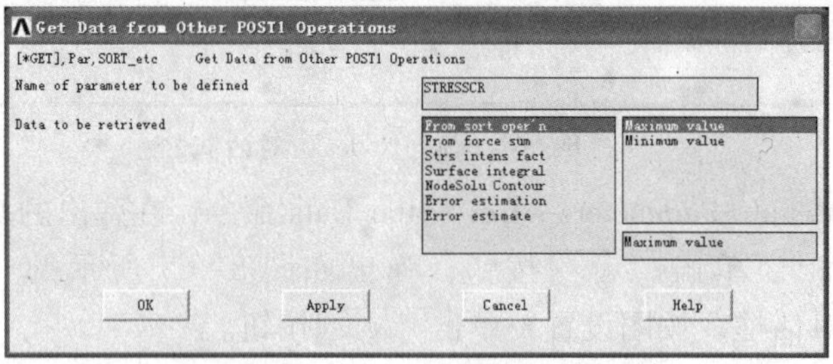

图 8-68 “Get Data from Other POST1 Operations”对话框

14）建立局部柱坐标系：执行 Utility Menu→WorkPlane→Local Coordinate Systems→Create Local CS→At WP Origin 命令，弹出“Create Local CS at WP Origin”对话框，在“KCN”文本框中输入“17”，“KCS”下拉列表框中选择“Cylindrical 1”，单击 OK 按钮。

15）执行 Utility Menu→Select→Entities 命令，在“Select Entities”对话框中按图 8-69 所示设置，单击 OK 按钮。

16）对节点数据进行排序：执行 Main Menu→General Postproc→List Results→Sorted Listing→Sort Nodes 命令，在“Sort Nodes”对话框中执行如图 8-70 所示操作，单击 OK

按钮。

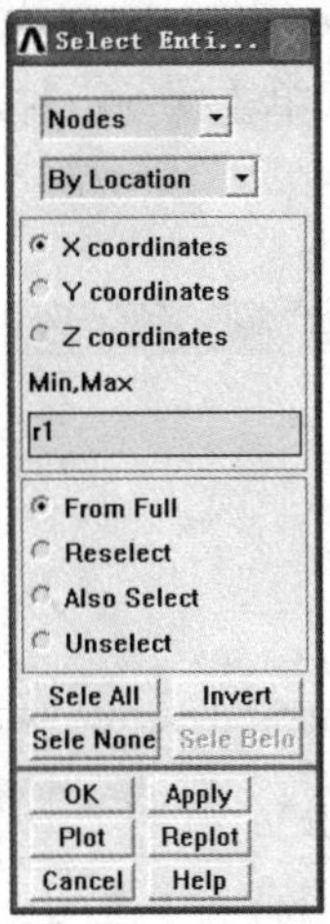

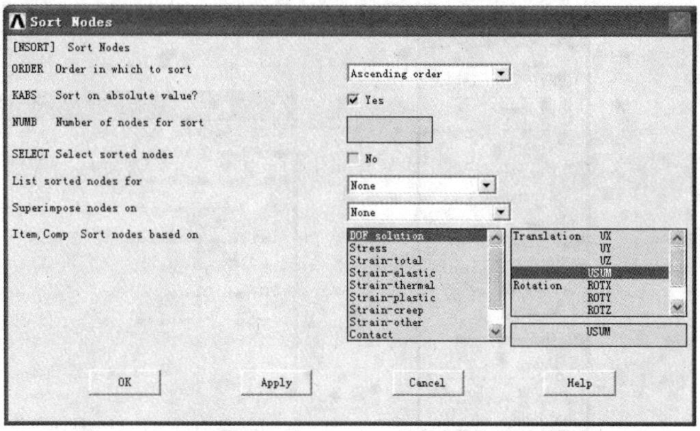

图 8-69 “Select Entities” 对话框

图 8-70 “Sort Nodes” 对话框

17）执行 Utility Menu→Parameters→Get Scalar Data 命令，在弹出的对话框中选择 “Result Data→other operations”，单击 OK 按钮，弹出如图 8-71 所示的 “Get Date from Other POST1 Operations” 对话框，按图设置，单击 OK 按钮。

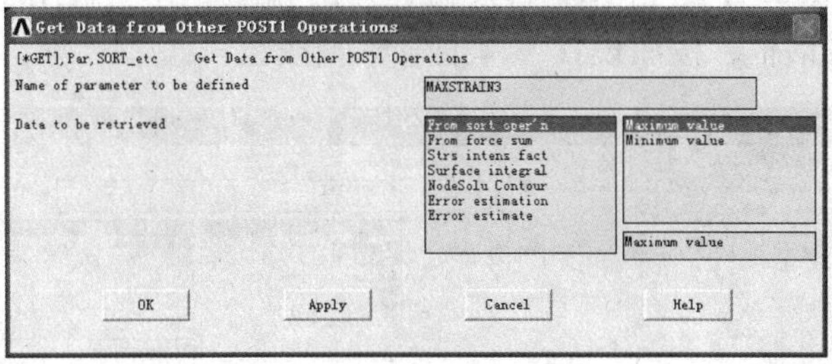

图 8-71 “Get Date from Other POST1 Operations” 对话框

18）偏移坐标平面：执行 Utility Menu→WorkPlane→Offset WP by Increments 命令，在 “X，Y，Z Offset” 文本框中输入 “-0. 145”，单击 OK 按钮。坐标如图 8-72。

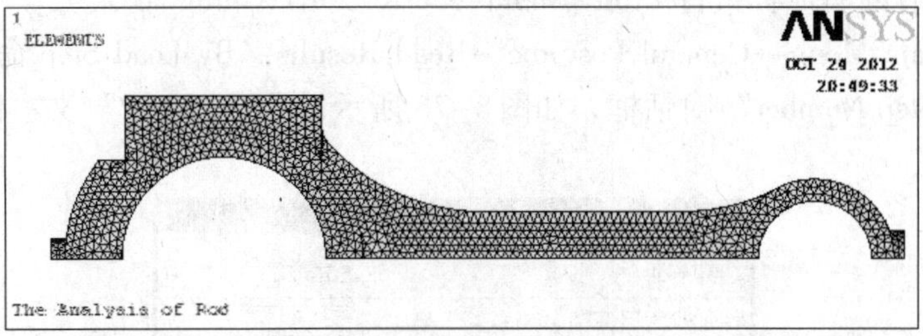

图 8-72 偏移坐标平面

19）建立局部柱坐标系：执行 Utility Menu→WorkPlane→Local Coordinate Systems→Create Local CS→At WP Origin 命令，弹出 “Create Local CS at WP Origin” 对话框，在 “KCN” 文本框中输入 “18”，“KCS” 下拉列表框中选择 “Cylindrical 1”，单击 OK 按钮。选择节点，执行 Utility Menu→Select→Entities 命令，在 “Select Entities” 对话框中按图 8-73 所示设置，单

击 OK 按钮。

20）对节点排序：执行 Main Menu→General Postproc→List Results→Sorted Listing→Sort Nodes 命令，在“Sort Nodes”对话框中执行如图 8-74 所示操作，单击 OK 按钮。

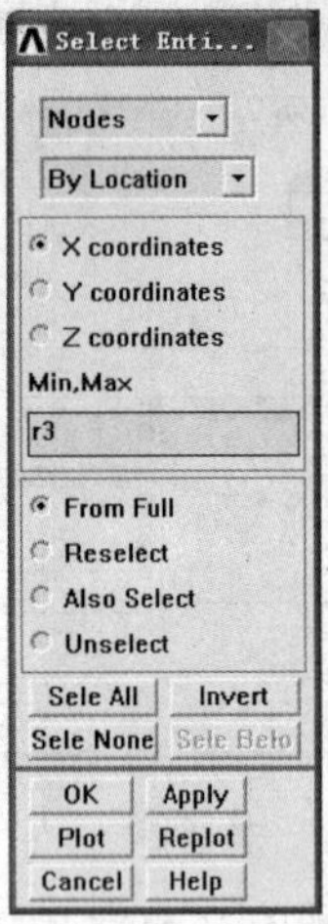

图 8-73 “Select Entities”对话框

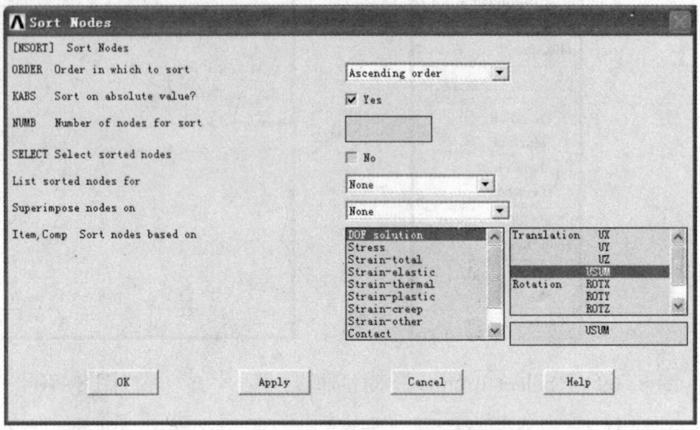

图 8-74 “Sort Nodes”对话框

21）执行 Utility Menu→Parameters→Get Scalar Data 命令，在弹出的对话框中选择“Result Data→other operations”，单击 OK 按钮，弹出如图 8-75 所示的“Get Data from Other POST1 Operations”对话框，按图设置，单击 OK 按钮。

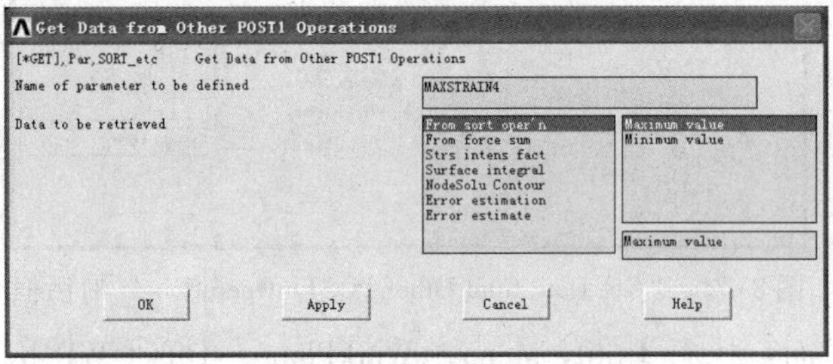

图 8-75 “Get Data from Other POST1 Operations”对话框

22）选择所有的实体：执行 Utility Menu→Select→everything 命令。

23）执行 Main Menu→General Postproc→Read Results→By Load Step 命令，弹出“Read Results by Load Step Number”对话框，如图 8-76 所示，在“LSTEP”文本框中输入 2，然后单击 OK 按钮。

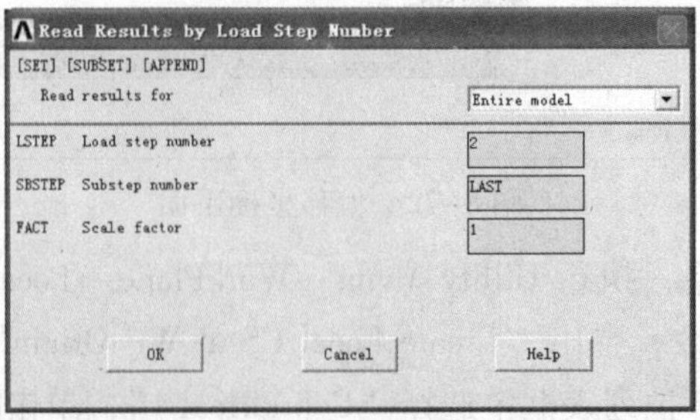

图 8-76 “Read Results by Load Step Number”对话框

24）对节点数据进行排序：执行 Main Menu→General Postproc→List Results→Sorted Listing→Sort Nodes 命令，在“Sort Nodes”对话框中执行如图 8-77 所示操作，单击 OK 按钮。

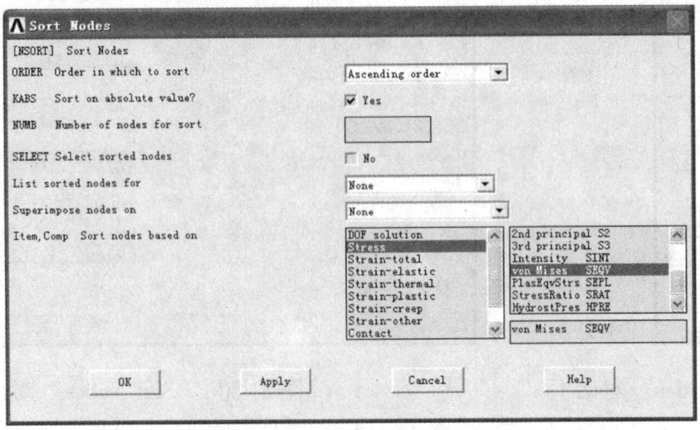

图 8-77 “Sort Nodes”对话框

25）执行 Utility Menu→Parameters→Get Scalar Data 命令，在弹出的对话框中选择“Result Data→other operations”，单击 OK 按钮，弹出如图 8-78 所示的“Get Data from Other POST1 Operations”对话框，按图设置，单击 OK 按钮。

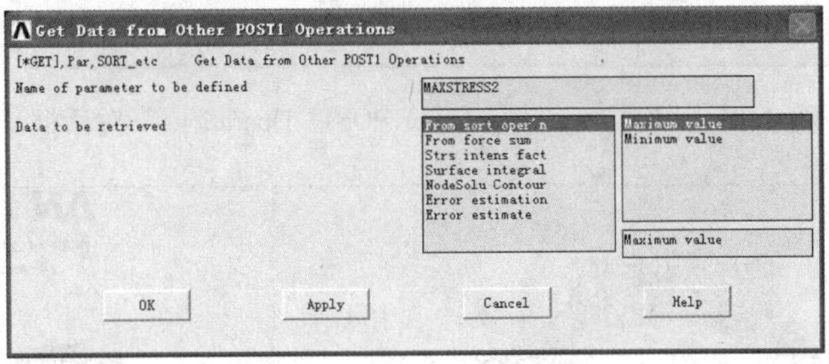

图 8-78 “Get Data from Other POST1 Operations”对话框

26）建立局部柱坐标系：执行 Utility Menu→WorkPlane→Local Coordinate Systems→ Create Local CS→At WP Origin 命令，弹出“Create Local CS at WP Origin”对话框，在“KCN”文本框中输入“19”，“KCS”下拉列表框中选择“Cylindrical 1”，单击 OK 按钮。选择节点，执行 Utility Menu→Select→Entities 命令，在“Select Entities”对话框中按图 8-79 所示设置，单击 OK 按钮。

27）对节点排序，执行 Main Menu→General Postproc→List Results→Sorted Listing→Sort Nodes 命令，在“Sort Nodes”对话框中执行如图 8-80 所示操作，单击 OK 按钮。

28）执行 Utility Menu→Parameters→Get Scalar Data 命令，在弹出的对话框中选择“Result Data→other operations”，单击 OK 按钮，弹出如图 8-81 所示的“Get Data from Other POST1 Operations”对话框，输入“MAXSTRAIN5”，然后按图设置，单击 OK 按钮。

29）偏移坐标平面：执行 Utility Menu→WorkPlane→Offset WP by Increments 命令，在“X，Y，Z Offset”文本框输入 0.145，单击 OK 按钮，坐标如图 8-82 所示。

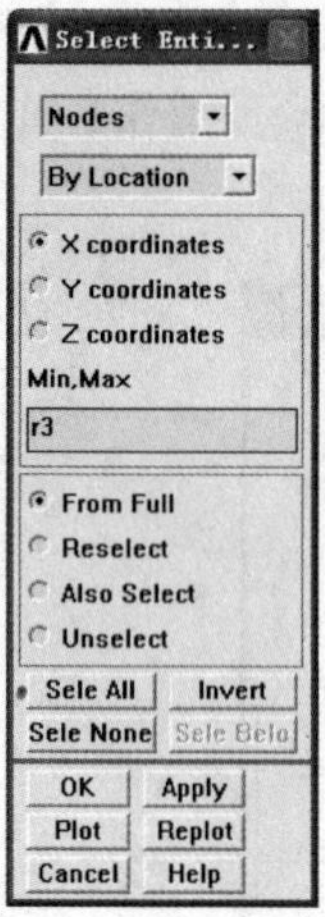

图 8-79 “Select Entities”对话框

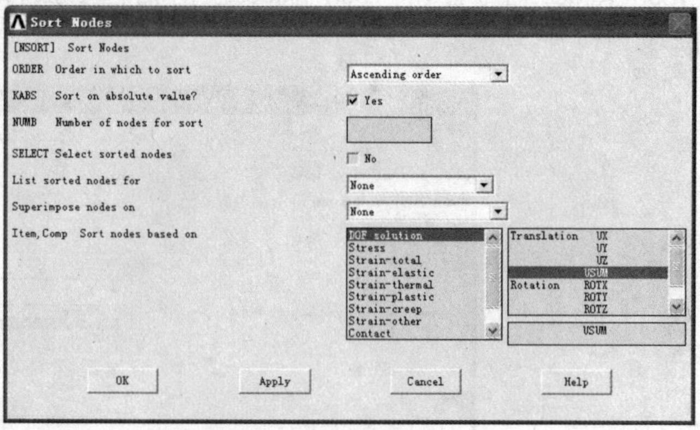

图 8-80 “Sort Nodes”对话框

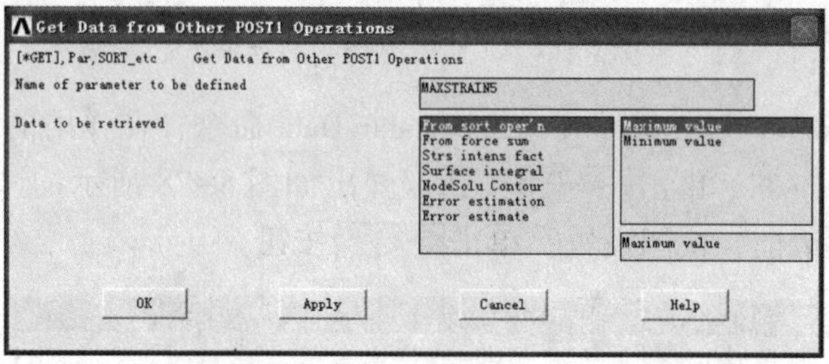

图 8-81 “Get Data from Other POST1 Operations”对话框

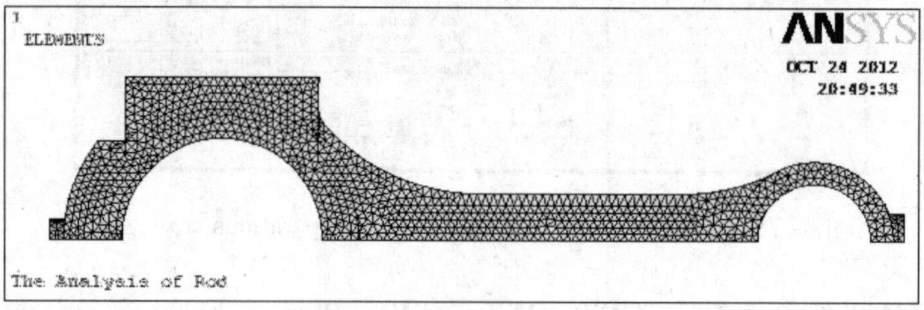

图 8-82 偏移坐标平面

30）建立局部坐标系：执行 Utility Menu→WorkPlane→Local Coordinate Systems→Create Local CS→At WP Origin 命令，弹出“Create Local CS at WP Origin”对话框，在“KCN”文本框中输入“20”，“KCS”下拉列表框中选择“Cylindrical 1”，单击 OK 按钮。选择节点，执行 Utility Menu→Select→Entities 命令，在“Select Entities”对话框中按图 8-83 所示设置，输入“r1”，单击 OK 按钮。

31）对节点进行排序：执行 Main Menu→General Postproc→List Results→Sorted Listing→Sort Nodes 命令，在“Sort Nodes”对话框中执行如图 8-84 所示操作，单击 OK 按钮。

32）执行 Utility Menu→Parameters→Get Scalar Data 命令，在弹出的对话框中选择“Result Data→other operations”，单击 OK 按钮，弹出如图 8-85 所示的“Get Data from Other POST1 Operations”对话框，按图设置，单击 OK 按钮。

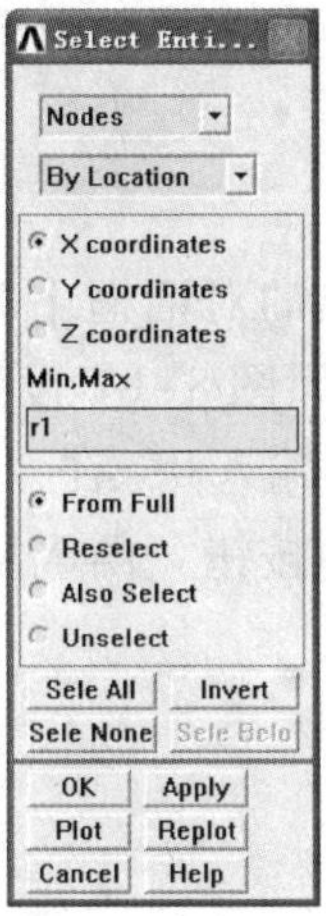

图 8-83 “Select Entities” 对话框

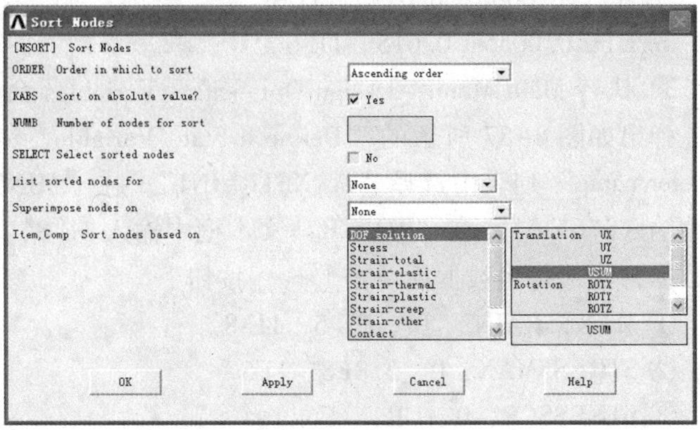

图 8-84 “Sort Nodes” 对话框

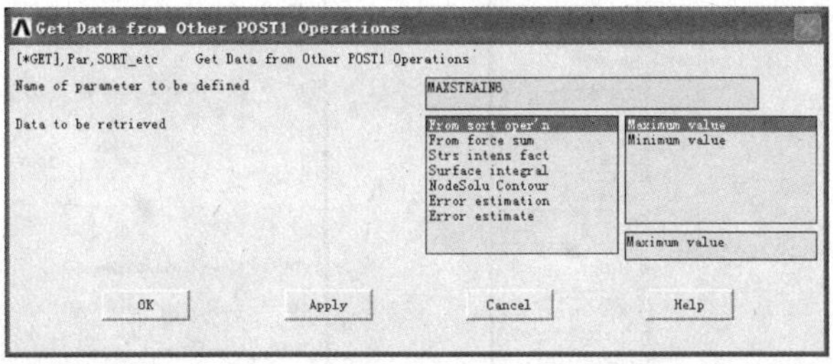

图 8-85 “Get Data from Other POST1 Operations” 对话框

33）选择所有的实体，执行 Utility Menu→Select→Everything 命令。

11. 设置参数

1）执行 Utility Menu→Parameters→Scalar Parameters 命令，弹出对话框。在“Selsetion”文本框中输入 MAXSTRAIN1 = MAXSTRAIN3→MAXSTRAIN6，单击 Apply 按钮，然后重复操作，输入 MAXSTRAIN2 = MAXSTRAIN4→MAXSTRAIN5，STRESSA = ABS（MAXSTRESS1-MAXSTRESS2），STRESSM = ABS（MAXSTRESS1 + MAXSTRESS2)/2，STRESSMAX = 2 * STRESSA + 0.2 * STRESSM，STRESSCR = ABS（STRESSCR）。

2）把数据库命令的日志记录写入“rod”文件中。执行 Utility Menu→File→Write DB Log File 命令，在弹出的对话框中输入文件名“rod. lgw”，单击 OK 按钮。

12. 开始优化处理

1）为优化循环使用指定一个分析文件：执行 Main Menu→Design Opt→Analysis File→Assign 命令，在弹出的对话框中选择刚才保存的文件“rod. lgw”，单击 OK 按钮。

2）指定一系列优化变量：执行 Main Menu→Design Opt→Design Variables 命令，在弹出的对话框中单击 Add... 按钮，弹出如图 8-86 所示的“Define a Design Variable”对话框。按照图 8-86 设置，在“Parameter name”列表中选择“R2”，在“MIN”文本框中输入“0.0185”，在“MAX”文本框中输入 0.0254，在“TOLER”文本框中输入 1e-6，单击 Apply 按钮。再重复输入下列 5 组数据，输入每组数据后单击 Apply 按钮。

① R4，0.03，0.0442，1e-6。

② R01，0.035，0.065，1E-6。

③ R02，0.035，0.065，1E-6。

④ W1，0.0085，0.0145，1E-6。

⑤ D1，0.0055，0.015，1E-6。

3）执行 Main Menu→Design Opt→State Variables 命令，在弹出的对话框中单击 Add... 按钮，弹出如图 8-87 所示的“Define a State Variable”对话框。按照图 8-87 设置，在“Parameter name”列表中选择“MAXSTRAIN1”，在“MIN”文本框中输入 0，在“MAX”文本框中输入“6E-5”，在“TOLER”文本框中输入 1E-8，单击 Apply 按钮。再重复输入下列 3 组数据，输入每组数据后单击 Apply 按钮。

① MAXSTRAIN2，0，6E-5，1E-8。

② STRESSMAX，0，2.8E8，1E5。

③ STRESSCR，0，CR，1E6。

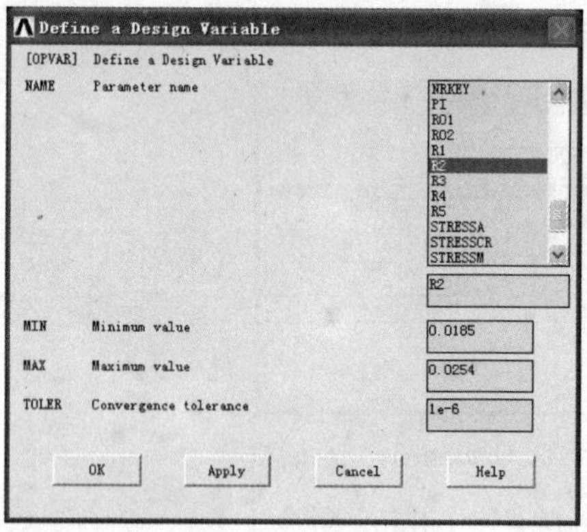

图 8-86 “Define a Design Variable”对话框

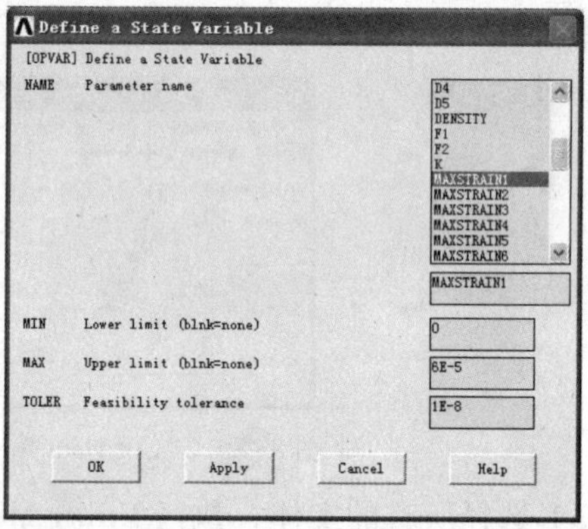

图 8-87 “Define a State Variable”对话框

4）执行 Main Menu→Design Opt→Objective 命令，在“Parameter name”列表中选择“WT”，在“TOLER”文本框中输入 0.001，单击 OK 按钮。

5）执行 Main Menu→Design Opt→Controls 命令，按图 8-88 设置，单击 OK 按钮。

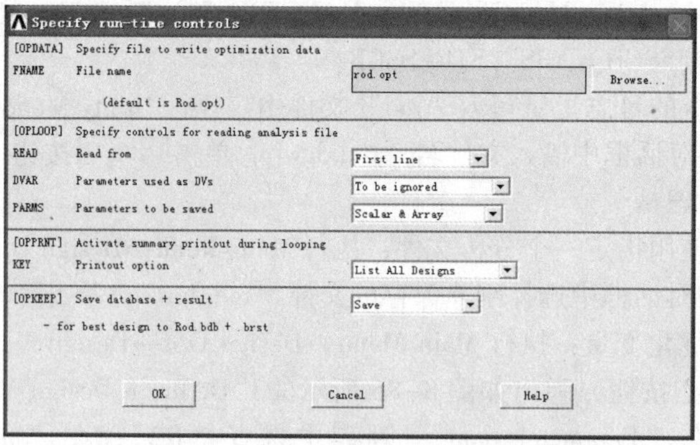

图 8-88 “Specify run-time controls”对话框

6）指定一阶优化方法：执行 Main Menu→Design Opt→Method/Tool 命令，弹出“Specify Optimization Method”对话框，在“Select Method/Tool”列表中选择“First-Order”，单击 OK 按钮，弹出“Controls for First-Order Optimization”对话框，在“maximum iterations”

文本框中输入 30，单击 OK 按钮关闭对话框。

7）开始优化循环，执行 Main Menu→Design Opt→Run 命令。求解过程要持续一段时间，直到优化循环结束，最佳设计序列号为 8，重量为 0.33779。

13. 优化分析结果后处理

1）列表显示所有设计序列：执行 Main Menu→Design Opt→Design Sets→List 命令，弹出"List Design Set"对话框，在"List option"列表中选择"ALL set"，单击 OK 按钮弹出如图 8-89 所示的"OPLIST Command"窗口，其中带有 * 标志的是最佳序列及其对应参数值。在查看优化参数值后，在菜单中选择 File→Close 命令。

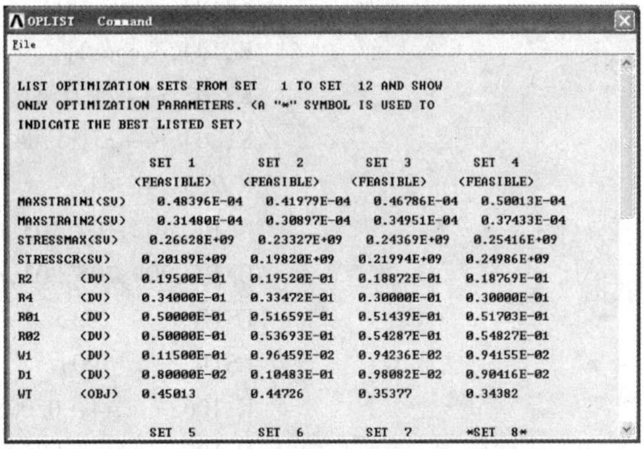
OPLIST Command

File

LIST OPTIMIZATION SETS FROM SET 1 TO SET 12 AND SHOW ONLY OPTIMIZATION PARAMETERS. (A "*" SYMBOL IS USED TO INDICATE THE BEST LISTED SET)

	SET 1 (FEASIBLE)	SET 2 (FEASIBLE)	SET 3 (FEASIBLE)	SET 4 (FEASIBLE)
MAXSTRAIN1(SV)	0.48396E-04	0.41979E-04	0.46786E-04	0.50013E-04
MAXSTRAIN2(SV)	0.31480E-04	0.30897E-04	0.34951E-04	0.37433E-04
STRESSMAX(SV)	0.26628E+09	0.23327E+09	0.24369E+09	0.25416E+09
STRESSCR(SV)	0.20189E+09	0.19820E+09	0.21994E+09	0.24986E+09
R2 (DV)	0.19500E-01	0.19520E-01	0.18872E-01	0.18769E-01
R4 (DV)	0.34000E-01	0.33472E-01	0.30000E-01	0.30000E-01
R01 (DV)	0.50000E-01	0.51659E-01	0.51439E-01	0.51703E-01
R02 (DV)	0.50000E-01	0.53693E-01	0.54287E-01	0.54827E-01
W1 (DV)	0.11500E-01	0.96459E-02	0.94236E-02	0.94155E-02
D1 (DV)	0.80000E-02	0.10483E-01	0.98082E-02	0.90416E-02
WT (OBJ)	0.45013	0.44726	0.35377	0.34382

SET 5　　SET 6　　SET 7　　*SET 8*

图 8-89 "OPLIST Command"窗口

2）曲线显示重量 WT 与优化序列号之间的关系：执行 Utility Menu→PlotCtrls → Style→Graphs→Modify Axes 命令，弹出"Axes Modifications for Graph Plots"对话框，在"X-Axis lable"文本框中输入 Iteration Number，在"Y-Axis lable"文本框中输入 Structure Weight，单击 OK 按钮关闭对话框。

3）执行 Main Menu→Design Opt→Design Sets→Graphs/Tables 命令，弹出"Graph/List Tables of Design Set Parameters"对话框，"X-variable parameter"设置为"Set number"、"Y-variable params（<11）"设置为"WT"、"Graph or List Table"设置为"Graph PLVAR"。单击 OK 按钮关闭对话框，图形窗口显示结果如图 8-90 所示。

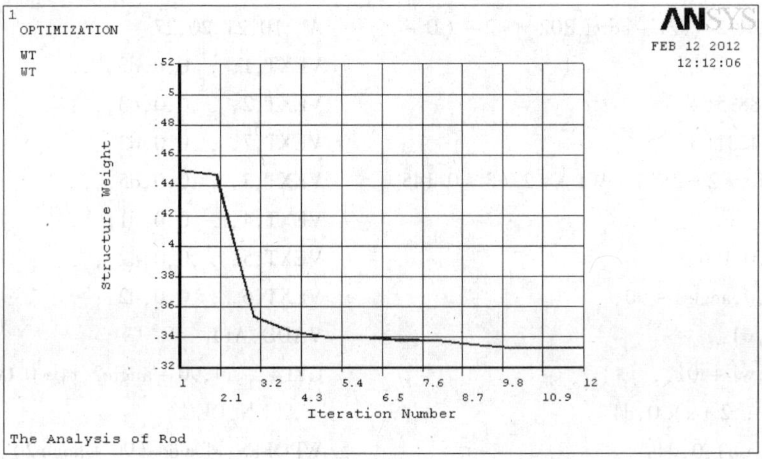

图 8-90 WT-Set number 关系曲线

命令流

```
/FILNAM,Rod
/TITLE,The Analysis of Rod
/NOPR
/UIS,msgpop,3
/TRIAD,off
/PREP7
*SET,w1,0.0115
*SET,r1,0.014
*SET,r2,0.0195
*SET,r3,0.025
*SET,r4,0.034
*SET,r5,w1*17/23
*SET,d1,0.008
*SET,d2,0.0135
*SET,d3,0.0155
*SET,d4,d1*5/16
*SET,d5,0.010
*SET,r01,0.05
*SET,r02,0.05
*SET,a,0.002
*SET,b,0.063
*SET,c,0.024
*SET,PI,3.14
*SET,angle1,(ACOS((R01+W1)/(R01+R2)))*180/PI
*SET,angle2,(ASIN(c/R4))*180/3.1415926
*SET,cons1,-sqrt((2*R01+R2+W1)*(R2-W1))
*SET,cons2,R02+W1-sqrt(R02**2-(B-C)**2)
*SET,F1,3.8895E4
*SET,F2,6.4231E3
*SET,CR,PI**2*2E11*W1**2/(3*0.145**2*10)
PCIRC,r2,r1,0,180,
PCIRC,r2,r1,0,angle1+90,
K,100,cons1,w1,,
K,101,cons1,w1+r01,,
K,200,-(r5+r2+a),0,d4
K,201,-(r2+a),0,d4,
K,202,-(r5+r2+a),r5,d4
LARC,100,6,101,r01
LARC,202,201,200,r5
WPOFFS,-0.145
CSYS,4
PCIRC,r4,r3,0,90+angle2,
PCIRC,r4,r3,90-angle2,180,
K,102,b,w1,,
K,103,b,w1+r02,,
K,104,c,cons2,,
K,203,r4+r5,0,d4
K,204,r4+r5,r5,d4,
K,205,r4,,d4,
LARC,102,104,103,r02,
LARC,204,205,203,r5,
LSTR,    202,    204
LSTR,    100,    102
K,106,-c,r4+0.0059,0,
K,105,c,r4+0.0059,0,
LSTR,    13,    104
LSTR,    10,    106
LSTR,    104,    105
LSTR,    105,    106
LSTR,    205,    201
LSTR,    2,    9
AOVLAP,1,2
AOVLAP,3,4
AL,24,26,25,23,5
AL,23,19,22,9,29,28,8
AL,10,21,20,27
VEXT,1, , ,0,0,d3,,,,
VEXT,2, , ,0,0,d3,,,,
VEXT,7, , ,0,0,d3,,,,
VEXT,3, , ,0,0,d5,,,,
VEXT,4, , ,0,0,d1,,,,
VEXT,5, , ,0,0,d2,,,,
VEXT,6, , ,0,0,d2,,,,
VADD,ALL
CYL4,,,r4,90+angle2,r4+0.005,180,0.01
*AFUN,DEG
WPOFFS,r4*cos(90+angle2),r4*sin(90+angle2)
```

```
WPROTA,,-90
VSBW,1
VDELE,2,,,1
VADD,ALL
WPROTA,,90
VEXT,8, , ,0,0,0.1,,,
VSBV,       1,       2
VSYMM,Z,3, , , ,0,0
VADD,ALL
WPOFFS,-r4*cos(90+angle2),-r4*sin(90+angle2)
WPROTA,,,-90
WPOFFS,,,r4+0.005/2
CYL4,,,0.005,,,180,0.005+0.001
CSYS,0
WPAVE,0,0,0
CSYS,4
WPROTA,,,180
WPOFFS,,,(r1+r2)/2
CYL4,,,,0,0.007,180,(R2-R1)/2+0.0025
VADD,ALL
CSYS,0
WPAVE,0,0,0
CSYS,4
CYL4,,,,0,0.0025,180,0.1
VSBV,4,1
WPROTA,,,-90
ET,1,SOLID187
MP,EX,1,2e11
MP,PRXY,1,0.3
ESIZE,0.002,0,
MSHAPE,1,3D
MSHKEY,0
MSHMID,2
VMESH,ALL
/SOL
ASEL,S,LOC,Y,0
DA,ALL,SYMM
ALLSEL,ALL
NSEL,S,LOC,X,-0.145/2
D,ALL,ALL
CSYS,0
WPAVE,0,0,0
CSYS,4
WPROTA,,,180
CSWPLA,12,1
NSEL,S,LOC,X,R1
NSEL,R,LOC,Y,0,60
*get,nmax1,node,,num,max,
*get,nmin1,node,,num,min,
*dim,t1,array,nmax1,1,1,
*do,k,nmin1,nmax1
*if,nsel(k),eq,1,then
t1(k)=9*F1*(1-(NZ(K)*NZ(K))/(0.0135*0.0135))*cos(3*NY(K)/2)/(16*0.0155*0.0135)
*else
t1(k)=0
*endif
*enddo
SFFUN,pres,t1(1)
SF,all,pres,0
WPROTA,,,-180
WPOFFS,-0.145
CSWPLA,13,1
NSEL,S,LOC,X,R3
NSEL,R,LOC,Y,0,60
*get,nmax2,node,,num,max,
*get,nmin2,node,,num,min,
*dim,t2,array,nmax2,1,1,
*do,k,nmin2,nmax2
*if,nsel(k),eq,1,then
t2(k)=9*F1*(1-(NZ(K)*NZ(K))/(0.0155*0.0155))*cos(3*NY(K)/2)/(16*0.027*0.0155)
*else
t2(k)=0
*endif
*enddo
SFFUN,pres,t2(1)
SF,all,pres,0
ALLSEL,all
lSWRITE,1
SFDELE,ALL,PRES
WPROTA,,,180
CSWPLA,14,1
NSEL,S,LOC,X,R3
NSEL,R,LOC,Y,0,60
```

```
*get,nmax3,node,,num,max,
*get,nmin3,node,,num,min,
*dim,t3,array,nmax3,1,1,
*do,k,nmin3,nmax3
*if,nsel(k),eq,1,then
t3(k)=9*F2*(1-(NZ(K)*NZ(K))/(0.0155*0.0155))*cos(3*NY(K)/2)/(16*0.027*0.0155)
*else
t3(k)=0
*endif
*enddo
SFFUN,pres,t3(1)
SF,all,pres,0
CSYS,0
WPAVE,0,0,0
CSYS,4
WPROTA,,,180
CSWPLA,15,1
NSEL,S,LOC,X,R1
NSEL,R,LOC,Y,0,60
*get,nmax4,node,,num,max,
*get,nmin4,node,,num,min,
*dim,t4,array,nmax4,1,1,
*do,k,nmin4,nmax4
*if,nsel(k),eq,1,then
t4(k)=9*F2*(1-(NZ(K)*NZ(K))/(0.0135*0.0135))*cos(3*NY(K)/2)/(16*0.0155*0.0135)
*else
t4(k)=0
*endif
*enddo
SFFUN,pres,t4(1)
SF,all,pres,0
SAVE
ALLSEL,ALL
LSWRITE,2
LSSOLVE,1,2,1
/POST1
ETABLE,EVOL,VOLU
SSUM
*GET,VOLUME,SSUM,,ITEM,EVOL
*SET,DENSITY,7850
*SET,WT,VOLUME*DENSITY
SET,1
NSORT,S,EQV,1,1,,0
*GET,MAXSTRESS1,SORT,0,MAX
CSWPLA,16,0
NSEL,S,LOC,X,-R2,-0.145+R4
NSORT,S,X,1,1,,0
*GET,STRESSCR,SORT,0,MAX
CSWPLA,17,1
NSEL,S,LOC,X,R1
NSORT,U,SUM,1,1,,0
*GET,MAXSTRAIN3,SORT,0,MAX
WPOFFS,-0.145
CSWPLA,18,1
NSEL,S,LOC,X,R3
NSORT,U,SUM,1,1,,0
*GET,MAXSTRAIN4,SORT,0,MAX
ALLSEL,ALL
SET,2
NSORT,S,EQV,1,1,,0
*GET,MAXSTRESS2,SORT,0,MAX
CSWPLA,19,1
NSEL,S,LOC,X,R3
NSORT,U,SUM,1,1,,0
*GET,MAXSTRAIN5,SORT,0,MAX
WPOFFS,0.145
CSWPLA,20,1
NSEL,S,LOC,X,R1
NSORT,U,SUM,1,1,,0
*GET,MAXSTRAIN6,SORT,0,MAX
ALLSEL,ALL
*SET,MAXSTRAIN1,MAXSTRAIN3→MAXSTRAIN6
*SET,MAXSTRAIN2,MAXSTRAIN4→MAXSTRAIN5
*SET,STRESSA,ABS(MAXSTRESS1-MAXSTRESS2)
*SET,STRESSM,ABS(MAXSTRESS1+MAXSTRESS2)/2
*SET,STRESSMAX,2*STRESSA+0.2*STRESSM
*SET,STRESSCR,ABS(STRESSCR)
SAVE
LGWRITE,'rod','lgw',,COMMENT
```

```
/OPT
OPANL,'rod','lgw',''
OPVAR,R2,DV,0.0185,0.0254,1e-6
OPVAR,R4,DV,0.030,0.0442,1e-6
OPVAR,R01,DV,0.035,0.065,1E-6
OPVAR,R02,DV,0.035,0.065,1E-6
OPVAR,W1,DV,0.0085,0.0145,1E-6
OPVAR,D1,DV,0.0055,0.015,1E-6
OPVAR,MAXSTRAIN1,SV,,6E-5,1E-8
OPVAR,MAXSTRAIN2,SV,,6E-5,1E-8
OPVAR,STRESSMAX,SV,,2.8E8,1E5
OPVAR,STRESSCR,SV,,CR,1E6
OPSAVE,'rod','opt',''
OPVAR,WT,OBJ,,,0.001
OPDATA,,,
OPLOOP,TOP,IGNORE,ALL
OPPRNT,FULL
OPKEEP,ON
OPTYPE,FIRST
OPFRST,30
OPEXE
```

8.2 三缸发动机曲轴负荷分析

曲轴是发动机重要的成本和功能零件，结构及受力极为复杂，其负荷分析具有明显代表性和实用性。

8.2.1 分析说明

如图 8-91 所示，曲轴结构是一异性长轴类零件，具有轴线不连续、长径比大、结构复杂等特点，从总体上看，曲轴不是完全对称的，因此对曲轴进行有限元分析时应该以整体为研究对象，对整个曲轴建立全接触有限元模型。这里主要考虑主轴颈与轴承的接触、曲轴各种工况下的受力，建立曲轴准确的三维全接触有限元模型，以计算工作时的应力分布。

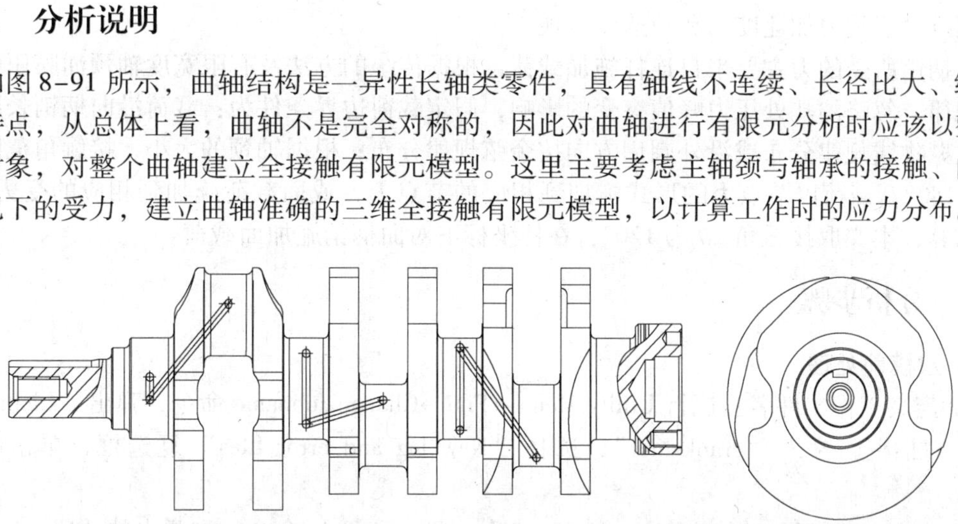

图 8-91 曲轴结构简图

发动机的第一缸有两个极限受力工况：一是压缩工况，当活塞处于做功冲程开始上止点后 15°时，连杆轴颈压缩载荷达到最大值；二是拉伸工况，当活塞处于进气冲程上止点时，连杆轴颈拉伸载荷达到最大值。对这两种代表性的极限工况，各连杆对整个曲轴的载荷如图 8-92所示。后面的有限元分析针对这两种代表性的极限工况进行。

曲轴断裂事故多发生在连杆轴颈和主轴颈过渡圆角。曲轴实体选用四节点四面体单元，轴承和轴径之间定义了接触单元。曲轴材料为 QT800 - 2。

为了客观地反映实际情况，位移边界条件施加时，建立主轴径与轴承之间的面 - 面接触单元、第 3 主轴径与止推片之间的止推接触单元；对每个轴承的侧向 4 个面施加全约束；共生成 10 个接触对，接触刚度因子为 5，摩擦因数为 0.003，采用扩增的拉格朗日算法求解。

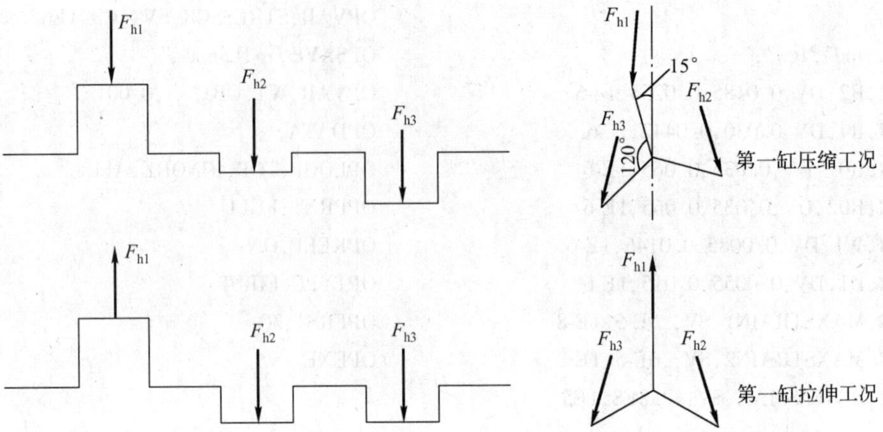

图 8-92　曲轴极限受力工况

曲轴受到的力有：来自连杆的载荷、惯性力、重力、机体支座反力、摩擦力及驱动附属机构的曲轴端扭矩等。曲轴主要是因为弯曲疲劳而损坏，加以驱动附属机构的扭矩较小，所以忽略曲轴端扭矩。对曲轴施加摩擦力通过前面设置接触的摩擦因数实现，施加重力和惯性力则通过设置重力加速度和和角速度实现。

曲柄销所受的力主要来自连杆施加载荷，根据传统的方法及有限宽度轴颈油膜压力应力分布规律，忽略油孔处压力峰值突变的影响，假定载荷边界条件为：载荷沿曲柄销长度方向按二次抛物线规律分布或沿外圆周方向按余弦规律分布；根据轴颈的大小，接触角范围可取120°～180°；载荷以节点力的形式施加到相应的节点上，或面载荷施加到相应的受力面上。通过试算，本文取接触角 2θ 为 120°，在柱坐标下对曲柄销施加面载荷。

8.2.2　分析步骤

1. 建模前处理

1）定义工作文件名：执行 Utility Menu→File→Change Jobname 命令，弹出 “Change Jobname” 对话框，输入 “crankshaft”，选择 “New log and error files” 复选框，单击 OK 按钮。

2）定义工作标题：执行 Utility Menu→File→Change Title 命令，在弹出的 “Change Title” 对话框中输入 “The Analysis of crankshaft”，单击 OK 按钮。

3）重新显示：执行 Utility Menu→Plot→Replot 命令。

4）关闭三角坐标符号：执行 Utility Menu→Plotctrls→Window Controls→Window Options 命令，弹出 “Window Options” 对话框，在 “Location of triad” 下拉列表框中选择 “Not shown” 选项，单击 OK 按钮。

5）显示工作平面：执行 Utility Menu→WorkPlane→Display Working Plane 命令。

6）输入参数：执行 Utility Menu→Parameters→Scalar Parameters 命令，弹出对话框。在 “Selsetion” 文本框中输入 rm = 0. 031，单击 Apply 按钮，然后重复输入以下数据：rc = 0. 025，fm = 0. 0035，fc = 0. 0035，lg = 0. 028，width = 0. 0355 - lg/2，a = width * (atan (13/29)) /19 * 360/6. 28 * 1000。结果如图 8-93 所示。

7）保存数据：单击 ANSYS Toolbar 中的 SAVE_DB 按钮。

2. 开始建模

1）为角度函数指定单位：执行 Utility Menu→Parameters→Angular Units 命令，弹出“Angular Units for Parametric Functions”对话框，并选择“Degrees DEG”选项，单击 OK 按钮。

2）激活工作平面：执行 Utility Menu→WorkPlane→Change Active CS to→Working Plane 命令。

3）执行 Preprocessor→Modeling→Create→Volumes→Cylinder→Solid Cylinder 命令，弹出“Solid Cylinder”对话框如图 8-94 所示。在“Radius”文本框中输入 rm - 0.013，在“Depth”文本框中输入 0.067，单击 OK 按钮。

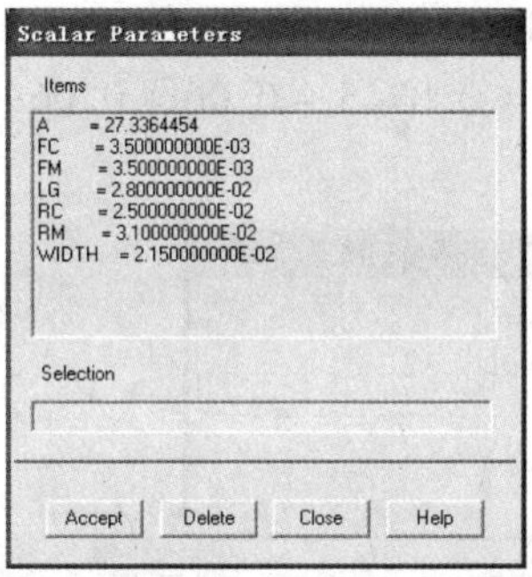

图 8-93 “Scalar Parameters”对话框

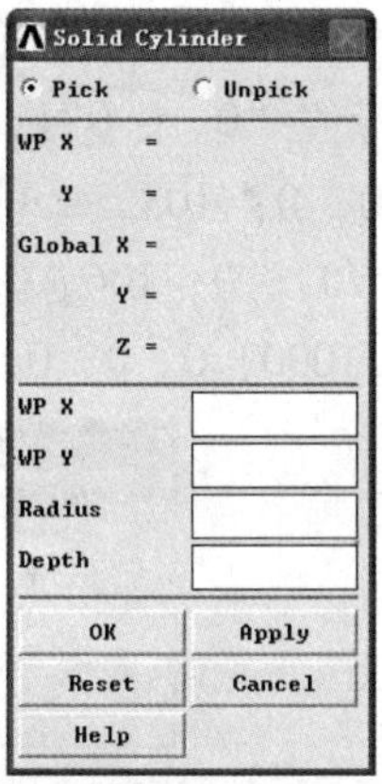

图 8-94 “Solid Cylinder”对话框

4）平移坐标系：执行 Utility Menu→WorkPlane→Offset WP by Increments 命令，弹出“Offset WP”对话框，在“X，Y，Z Offset”文本框中输入“0，0，0.067”，然后单击 OK 按钮。

5）执行 Preprocessor→Modeling→Create→Volumes→Cylinder→Solid Cylinder 命令，弹出“Solid Cylinder”对话框，在“Radius”文本框中输入 rm - 0.006，在“Depth”文本框中输入“0.012”，单击 OK 按钮。模型如图 8-95 所示。

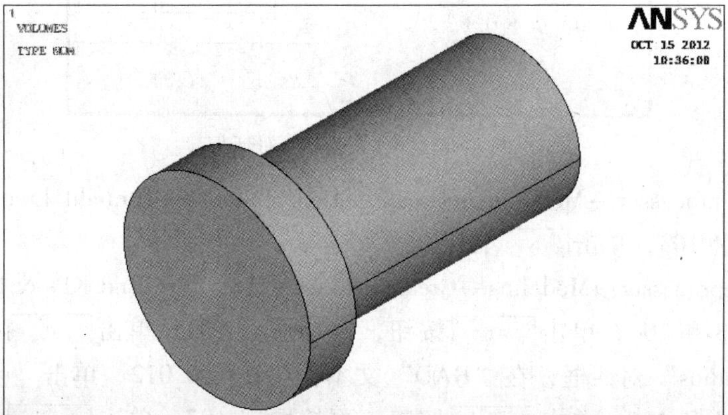

图 8-95 模型图

6）平移坐标系：执行 Utility Menu→WorkPlane→Offset WP by Increments 命令，弹出“Offset WP”对话框，在“X，Y，Z Offset”对话框中输入“0，0，0.012”，然后单击

OK 按钮。

7）执行 Preprocessor→Modeling→Create→Volumes→Cylinder→Solid Cylinder 命令，弹出“Solid Cylinder”对话框，在“Radius”文本框中输入 rm，在“Depth”文本框中输入 0.029，单击 OK 按钮。

8）平移坐标系：执行 Utility Menu→WorkPlane→Offset WP by Increments 命令，弹出“Offset WP”对话框，在“X，Y，Z Offset”对话框中输入“0，0，0.029”，然后单击 OK 按钮。

9）建立关键点：执行 Preprocessor→Modeling→Create→Keypoints→In Active CS 命令，弹出“Create Keypoints in Active Coordinate System”对话框并填写数据如图 8-96 所示，即输入编号 100，坐标值“0，0.074，0”单击 Apply 按钮，然后重复输入 101，0.055，0.027，0；102，0.045，0，0；103，0.045，-0.007，0；104，0.057，-0.019，0；105，0.060，-0.060/tan（70），0；106，0.060，-sqrt（0.0745 * 0.0745 - 0.06 * 0.06），0；107，0，-0.0745，0；1000，0，0，0。单击 OK 按钮。

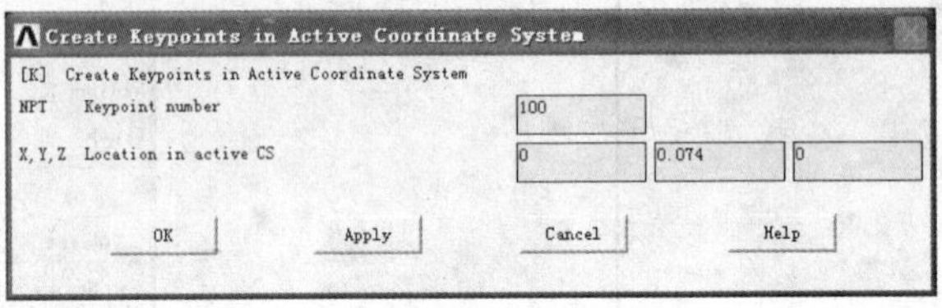

图 8-96 “Create Keypoints in Active Coordinate System”对话框

10）激活柱坐标系：执行 Utility Menu→WorkPlane→Change Active CS to→Global Cylindrical 命令。

11）执行 Preprocessor→Modeling→Create→Lines→Splines→With Options→Spline thru KPs 命令，弹出对话框，拾取点 100、101、102，单击 OK 按钮，弹出“B-Spline”对话框并填写数据，如图 8-97 所示。单击 OK 按钮。

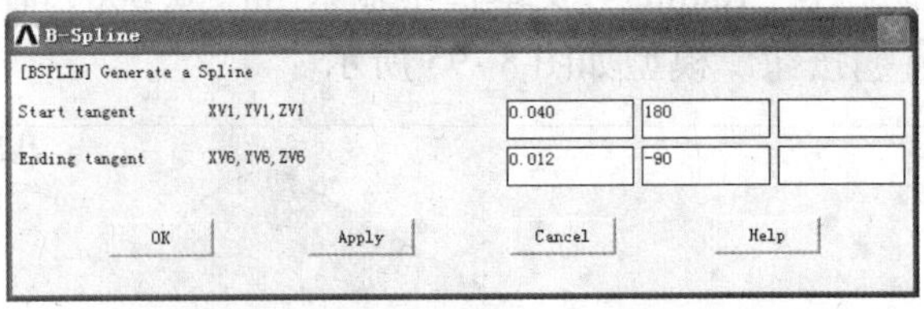

图 8-97 “B-spline”对话框

12）执行 Preprocessor→Modeling→Create→Lines→Lines→Straight Line 命令，弹出对话框，拾取点 102 和 103，单击 OK 按钮。

13）执行 Preprocessor→Modeling→Create→Lines→Arcs→by End KPs & Rad 命令，弹出拾取框，拾取点 103 和 104，单击 OK 按钮，再拾取点 101，单击 OK 按钮。弹出“Arc by End KPs & Radius”对话框，在“RAD”文本框中输入 0.012，单击 Apply 按钮。弹出拾取框，拾取点 104 和 105，单击 OK 按钮，再拾取点 107，单击 OK 按钮。弹出“Arc by End KPs & Radius”对话框，在“RAD”文本框中输入 0.005，单击 OK 按钮。

14）执行 Preprocessor→Modeling→Create→Lines→Lines→Straight Line 命令，弹出拾取框，拾取点 105 和 106。单击 OK 按钮。

15）执行 Preprocessor→Modeling→Create→Lines→Arcs→by End KPs & Rad 命令，弹出“Arc by End KPs & Radius”对话框，拾取点 106 和 107，单击 OK 按钮，再拾取点 1000，单击 OK 按钮。弹出“Arc by End KPs & Radius”对话框，在“RAD”文本框中输入 0.0745，单击 OK 按钮。模型如图 8-98 所示。

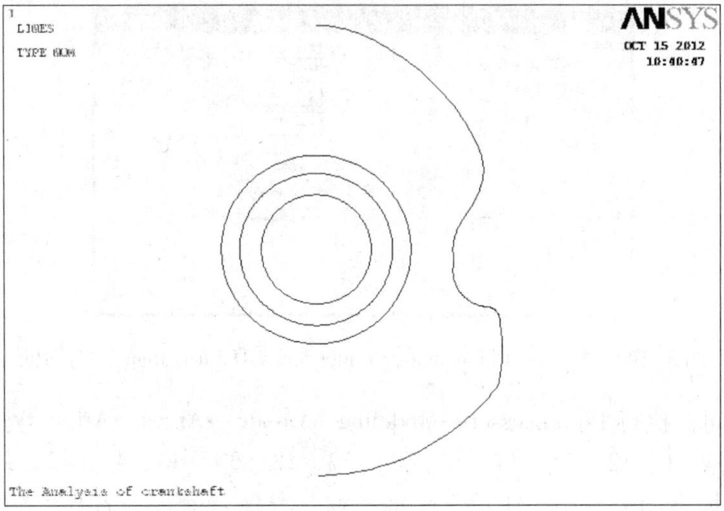

图 8-98　模型图

16）激活工作平面：执行 Utility Menu→WorkPlane→Change Active CS to→Working Plane 命令，然后执行 Preprocessor→Modeling→Reflect→Lines 命令，弹出拾取框，拾取直线 31、32、33、34、35、36 后单击 OK 按钮。弹出“Reflect Lines”对话框，在“Ncomp Plane of sysmetry”中选择“Y-Z plane”，单击 OK 按钮。模型如图 8-99 所示。

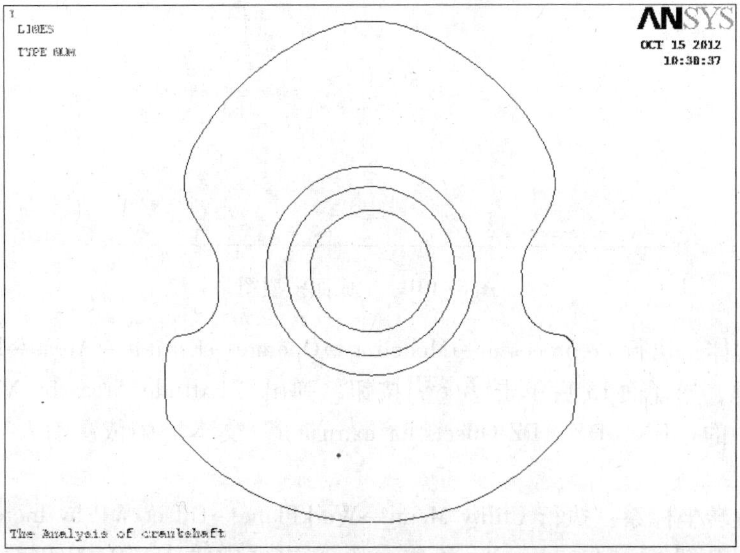

图 8-99　镜像模型图

17）压缩所定义项的编号：执行 Preprocessor→Numbering Ctrls→Compress Numbers 命令，弹出“Compress Numbers”对话框，在“Label”下拉列表框中选择“All”，单击 OK

按钮。

18）对实体进行合并：执行 Preprocessor→Numbering Ctrls→Merge Items 命令，弹出“Merge Coincident or Equivalently Defined Items”对话框，如图 8-100 所示设置，单击 OK 按钮。

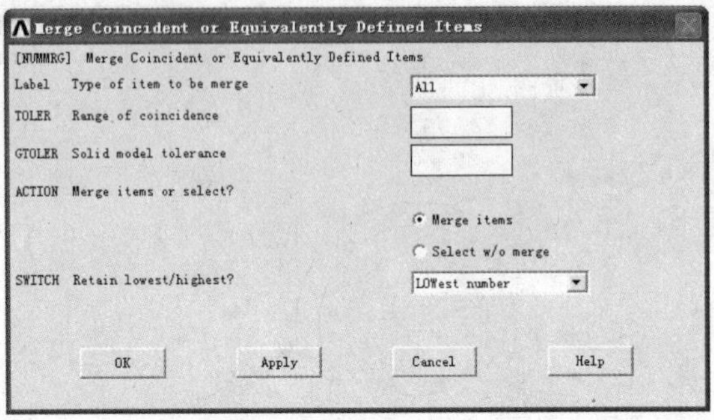

图 8-100 “Merge Coincident or Equivalently Defined Items”对话框

19）由线建面：执行 Preprocessor→Modeling→Create→Areas→Arbitrary→By Lines 命令，弹出拾取框，拾取 31、32、33、34、35、36、37、38、39、40、41、42，共 12 条直线，单击 OK 按钮。模型如图 8-101 所示。

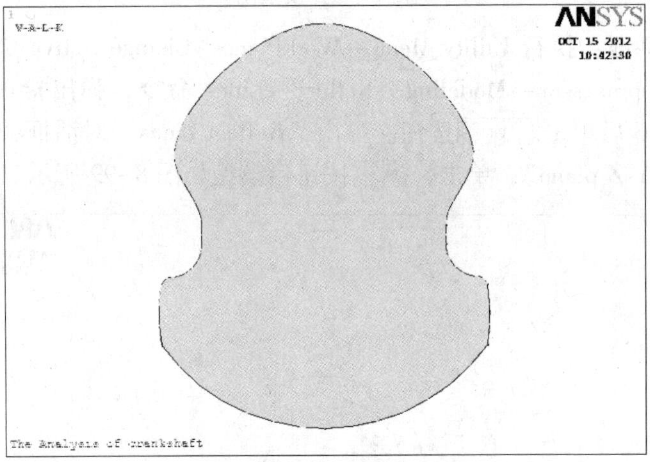

图 8-101 生成面模型图

20）由面建体：执行 Preprocessor→Modeling→Operate→Estrude→Areas→By XYZ Offset 命令，弹出拾取框，选择面 13 后单击 OK 按钮，弹出“Extrude Areas by XYZ Offset”对话框，在对话框中的“DX，DY，DZ Offsets for extrusion”文本框中依次输入“0，0，width”，单击 OK 按钮。

21）平移旋转坐标系：执行 Utility Menu→WorkPlane→Offset WP by Increments 命令，弹出“Offset WP”对话框，在“X，Y，Z Offset”文本框中输入“0，0.045，0”，然后单击 Apply 按钮。然后在“XY，YZ，ZX Angles”文本框中输入“0，a”，单击 OK 按钮。

22）用工作平面分割体：执行 Main Menu→Preprocessor→Modeling→Operate→Booleans→Divide→Volu by WrkPlane 命令，弹出拾取框，选择体 4，单击 OK 按钮。

23）体相减：执行 Main Menu→Preprocessor→Modeling→Delete→Volume and Below 命令，弹出拾取框，选择体 5，单击 OK 按钮。模型如图 8-102 所示。

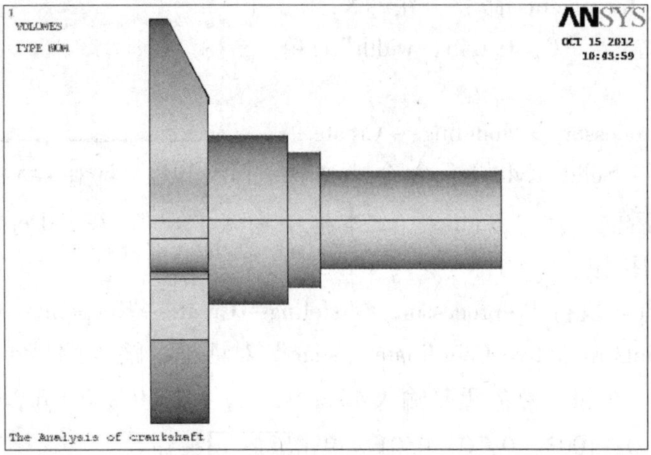

图 8-102　体相减模型图

24）平移旋转坐标系：执行 Utility Menu→WorkPlane→Offset WP by Increments 命令，在“XY，YZ，ZX Angles”文本框中输入“0，－a”，单击 Apply 按钮。在“X，Y，Z Offset”文本框中输入“0，－0.045，0”，单击 OK 按钮。

25）建立关键点：执行 Preprocessor→Modeling→Create→Keypoints→In Active CS 命令，弹出“Create Keypoints in Active Coordinate System”对话框并填写数据如图 8-103 所示。单击 Apply 按钮，然后重复输入 201，0，rm，－fm；202，0，rm，0；203，0，0.1，－0.002；1000，0，0，0；1001，0，0，0.01。单击 OK 按钮。

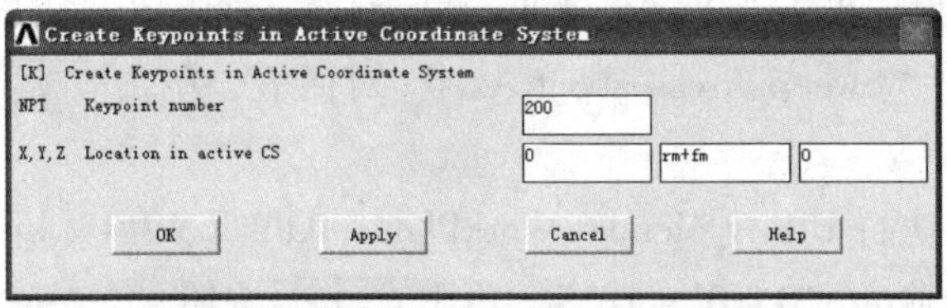

图 8-103　“Create Keypoints in Active Coordinate System”对话框

26）执行 Preprocessor→Modeling→Create→Lines→Arcs→by End KPs & Rad 命令，弹出拾取框，拾取点 200 和 201，单击 OK 按钮，再拾取点 203，单击 OK 按钮，弹出“Arc by End KPs & Radius”对话框。在“RAD”文本框中输入 fm，单击 OK 按钮。

27）执行 Preprocessor→Modeling→Create→Lines→Lines→Straight Line 命令，弹出拾取框，拾取点 200 和 202，单击 Apply 按钮。然后拾取点 201 和 202，单击 OK 按钮。

28）由线建面：执行 Preprocessor→Modeling→Create→Areas→Arbitrary→By Lines 命令，弹出拾取框，拾取 31、37、55 三条直线，单击 OK 按钮。

29）由面绕轴旋转生成柱体：执行 Preprocessor→Modeling→Operate→Extrude→Areas→About Axis 命令，弹出拾取框，拾取 13 号面，单击 OK 按钮。然后拾取点 1000 和 1001，单击 OK 按钮，弹出如图 8-104 所示“Sweep Areas about Axis”对话框，单击 OK

按钮。

30）平移坐标系：执行 Utility Menu→WorkPlane→Offset WP by Increments 命令，在“X，Y，Z Offset”文本框中输入“0，0.045，width”，单击 OK 按钮。

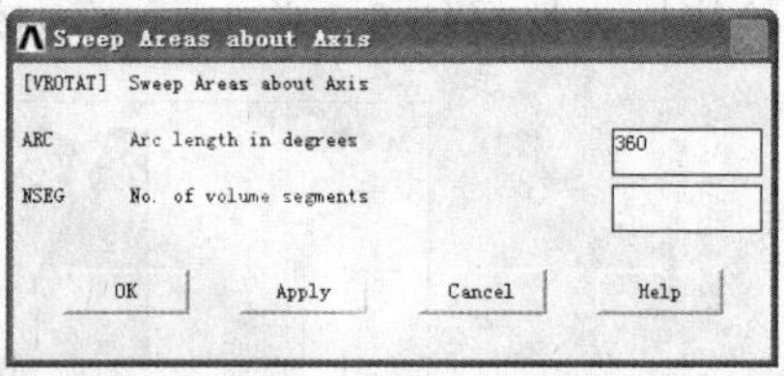

图 8-104 “Sweep Areas about Axis”对话框

31）执行 Preprocessor→Modeling→Create→Volumes→Cylinder→Solid Cylinder 命令，弹出“Solid Cylinder”对话框。在“Radius”文本框中输入“rc”，在“Depth”文本框中输入“lg/2”，单击 OK 按钮。

32）建立关键点：执行 Preprocessor→Modeling→Create→Keypoints→In Active CS 命令，弹出“Create Keypoints in Active Coordinate System”对话框，输入编号 400，坐标值“0，rc+fc，0”单击 Apply 按钮，然后重复输入 401，0，rc，fc；402，0，rc，0；403，0，0.080，0.01；1002，0，0，0；1003，0，0，0.01。单击 OK 按钮。

33）执行 Preprocessor→Modeling→Create→Lines→Arcs→by End KPs & Rad 命令，弹出拾取框，拾取点 400 和 401，单击 OK 按钮，再拾取点 403，单击 OK 按钮，弹出“Arc by End KPs & Radius”对话框。在“RAD”文本框中输入 fc，单击 OK 按钮。

34）执行 Preprocessor→Modeling→Create→Lines→Lines→Straight Line 命令，弹出拾取框，拾取点 400 和 402，单击 Apply 按钮。然后拾取点 401 和 402，单击 OK 按钮。

35）由线建面：执行 Preprocessor→Modeling→Create→Areas→Arbitrary→By Lines 命令，弹出拾取框，拾取 104、105、106 三条直线，单击 OK 按钮。

36）由面绕轴旋转生成柱体：执行 Preprocessor→Modeling→Operate→Extrude→Areas→About Axis 命令，弹出拾取框，拾取 48 号面，单击 OK 按钮，然后拾取点 1002 和 1003，单击 OK 按钮，弹出“Sweep Areas about Axis”对话框，单击 OK 按钮，形成模型如图 8-105 所示。

37）平移坐标系：执行 Utility Menu→WorkPlane→Offset WP by Increments 命令，在“X，Y，Z Offset”文本框中输入“0，0，lg/2”，单击 OK 按钮。

38）执行 Utility Menu→Select→Entities 命令，弹出“Select Entities”对话框并填写数据“0，-lg/2-fm-width”，按图 8-106 所示设置，然后单击 OK 按钮。

39）执行 Main Menu→Preprocessor→Modeling→Reflect→Volumes 命令，弹出拾取框，单击 Pick All 按钮，弹出“Reflect Volumes”对话框，在“Ncomp Plane of sysmetry”文本框中选择“X-Y plane”。单击 OK 按钮，模型如图 8-107 所示。

40）执行 Utility Menu→Select→Everything 命令。

41）执行 Utility Menu→WorkPlane→Offset WP to→Global Origin 命令，然后执行 Utility Menu→Select→Entities 命令，弹出“Select Entities”对话框并填写数据如图 8-108 所示，然后单击 OK 按钮。

42）激活柱坐标系：执行 Utility Menu→WorkPlane→Change Active CS to→Global Cylindrical 命令。

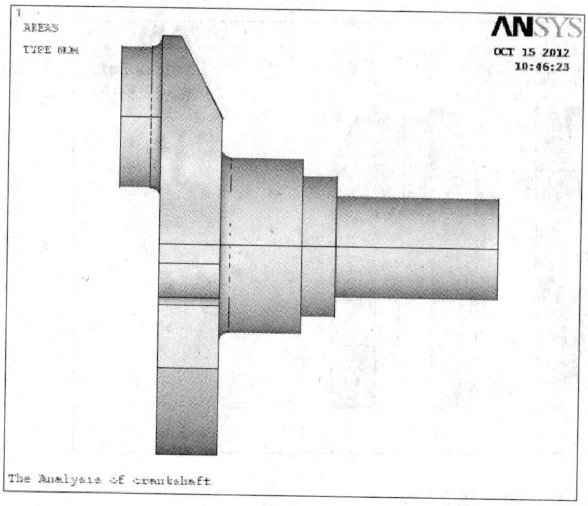

图 8-105　模型图

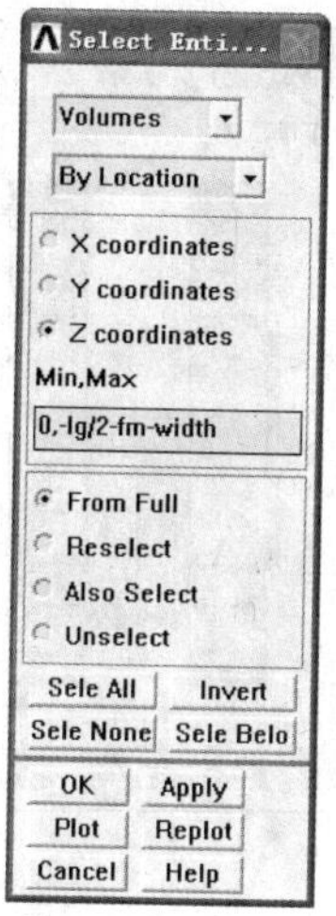

图 8-106　“Select Entities” 对话框

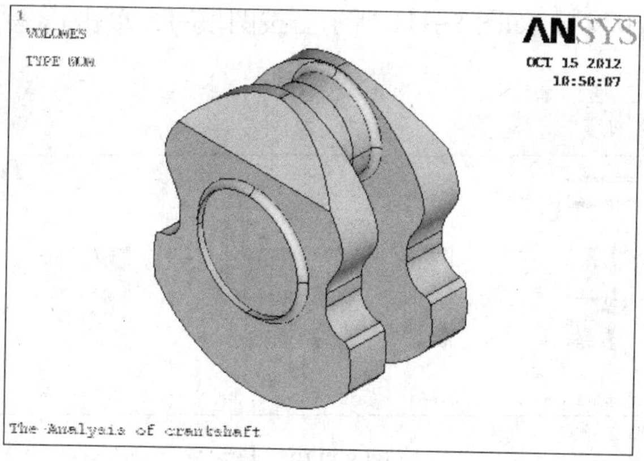

图 8-107　模型图

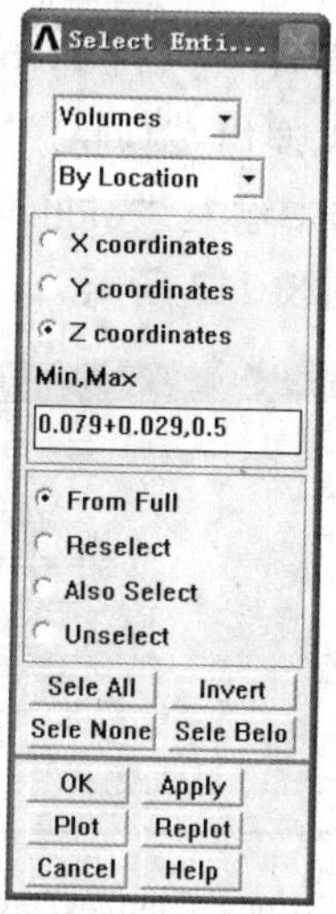

图 8-108　“Select Entities” 对话框

43）复制体：执行 Preprocessor→Modeling→Copy→Volumes 命令，弹出拾取框，单击 Pick All 按钮，弹出“Copy Volumes”对话框，在“Number of copies”文本框中输入 3 在“DY”输入“-120”，“DZ”文本框中输入 width＊2+lg+0.029，如图 8-109 所示。按图填写，单击 OK 按钮，形成模形如图 8-110 所示。

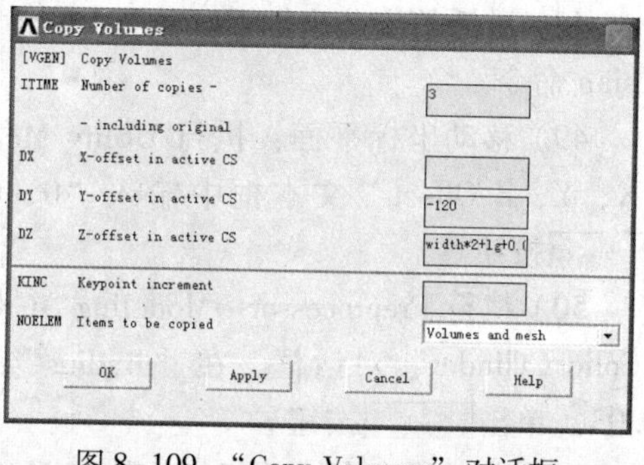

图 8-109　“Copy Volumes” 对话框

44）执行 Utility Menu→Select→Everything 命令。

45）执行 Utility Menu→Select→Entities 命令，弹出“Select Entities”对话框在上部下拉菜单中选择“Volumes”。在第二个下拉菜单中选择“By Location”，然后选择“Z coordinates”单选按钮，单击“From Full”按钮。在 Min 和 Max 文本框中输入“0.079，0.079+

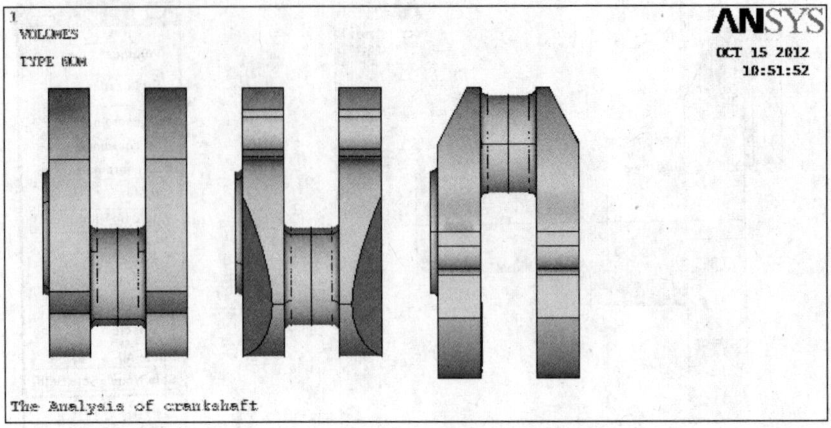

图 8-110　模型图

0.029”，然后单击 OK 按钮。

46）复制体：执行 Preprocessor→Modeling→Copy→Volumes 命令，弹出拾取框，单击 Pick All 按钮，弹出“Copy Volumes”对话框。在“Number of copies”文本框中输入 4，在“DZ”文本框中输入“width * 2 + lg + 0.029”，如图 8-111 所示。按图填写，单击 OK 按钮，形成模型如图 8-112 所示。

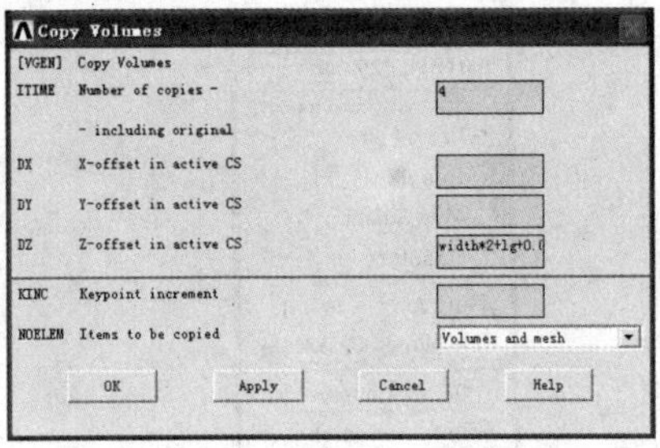

图 8-111　“Copy Volumes”对话框

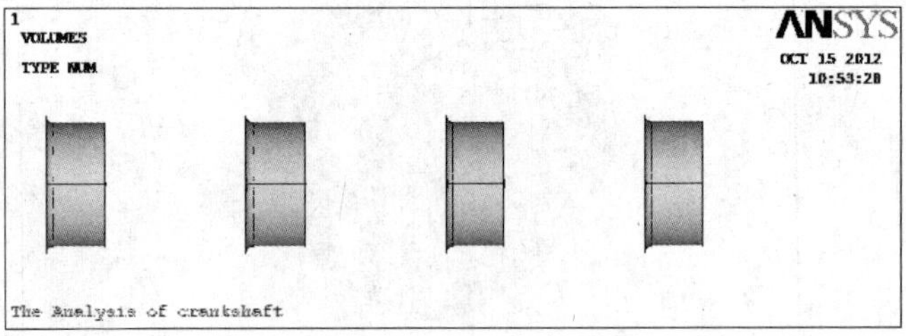

图 8-112　模型图

47）执行 Utility Menu→Select→Everything 命令。

48）激活笛卡儿坐标系：执行 Utility Menu→WorkPlane→Change Active CS to→Global Cartesian 命令。

49）移动坐标平面：执行 Utility Menu→WorkPlane→Offset WP by Increments 命令，在“X, Y, Z Offset”文本框中输入“0, 0, lg * 3 + 0.029 * 4 + 0.079 + width * 6”，单击 OK 按钮。

50）执行 Preprocessor→Modeling→Create→Volumes→Cylinder→Solid Cylinder 命令，弹出“Solid Cylinder”对话框。在“Radius”文本框中输入 0.04，在“Depth”文本框中输入 0.03，单击 OK 按钮。

51）选择所有实体并相加：执行 Utility Menu→Select→Everything 命令，然后执行 Main Menu→Preprocessor→Modeling→Operate→Booleans→Add→Volumes 命令，弹出“Add Volumes”拾取框，单击 Pick All 按钮。

52）激活笛卡儿坐标系：执行 Utility Menu→WorkPlane→Change Active CS to→Global Cartesian 命令，移动工作平面，执行 Utility Menu→WorkPlane→Offset WP to→XYZ Locations 命令，在文本框中输入“0”，单击 OK 按钮。

53）移动坐标平面并建立圆环：执行 Utility Menu→WorkPlane→Offset WP by Increments 命令，在“X，Y，Z Offset”文本框中输入“0，0，0.079+0.0035”，单击 OK 按钮，然后执行 Preprocessor→Modeling→Create→Volumes→Cylinder→Hollow Cylinder 命令，弹出“Hollow Cylinder”对话框并填写数据如图 8-113 所示。单击 OK 按钮，形成模型如图 8-114 所示。

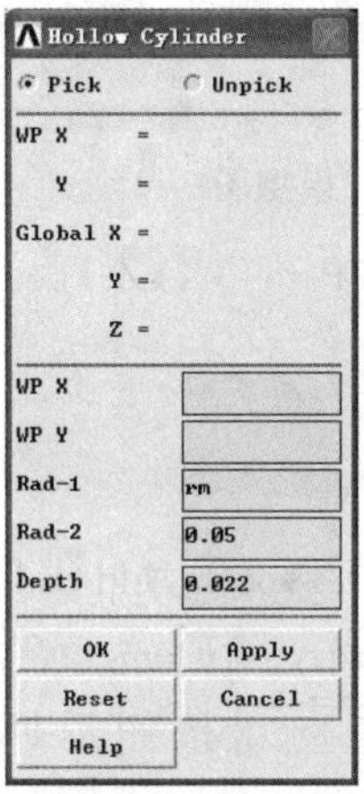

图 8-113 “Hollow Cylinder”对话框

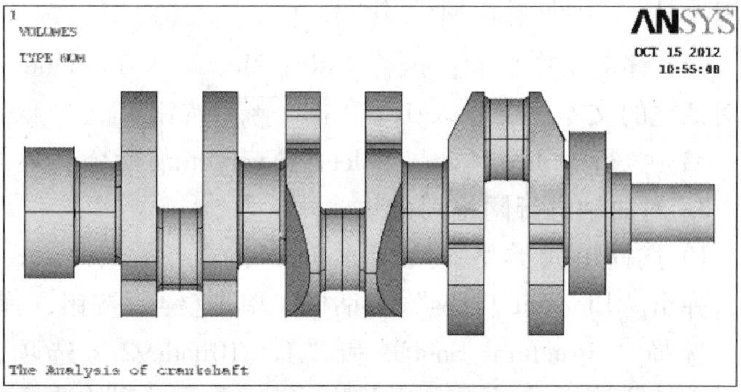

图 8-114 模型图

54）移动坐标平面并建立圆环：执行 Utility Menu→WorkPlane→Offset WP by Increments 命令，在“X，Y，Z Offset”文本框中输入“0，0，0.0035 * 2 + width * 2 + lg + 0.022”，单击 OK 按钮，然后执行 Preprocessor→Modeling→Create→Volumes→Cylinder→Hollow Cylinder 命令，弹出“Hollow Cylinder”对话框并填写数据如图 8-115 所示。单击 OK 按钮。

55）执行 Utility Menu→WorkPlane→Offset WP by Increments 命令，在“X，Y，Z Offset”文本框中输入“0，0，0.0035 * 2 + width * 2 + lg + 0.022”，单击 OK 按钮。

56）执行 Preprocessor→Modeling→Create→Volumes→Cylinder→Hollow Cylinder 命令，弹出“Hollow Cylinder”对话框并填写数据如图 8-115 所示。单击 OK 按钮。

57）执行 Utility Menu→WorkPlane→Offset WP by Increments 命令，在“X，Y，Z Offset”文本框中输入“0，0，0.0035 * 2 + width * 2 + lg + 0.022”，单击 OK 按钮。

58）执行 Preprocessor→Modeling→Create→Volumes→Cylinder→Hollow Cylinder 命令，弹出“Hollow Cylinder”对话框并填写数据如图 8-115 所示。单击 OK 按钮。

59）执行 Utility Menu→WorkPlane→Offset WP by Increments 命令，在“X，Y，Z Offset”文本框中输入“0，0，-0.0035”，单击 OK 按钮。

60）执行 Preprocessor→Modeling→Create→Volumes→Cylinder→Hollow Cylinder 命令，弹出“Hollow Cylinder”对话框并填写数据如图 8-115 所示。单击 OK 按钮，形成模型如图 8-116 所示。

61）执行 Main Menu→Preprocessor→Modeling→Operate→Booleans→Add→Volumes 命令，弹出“Add Volumes”拾取框，拾取体 4 和 5，单击 OK 按钮。

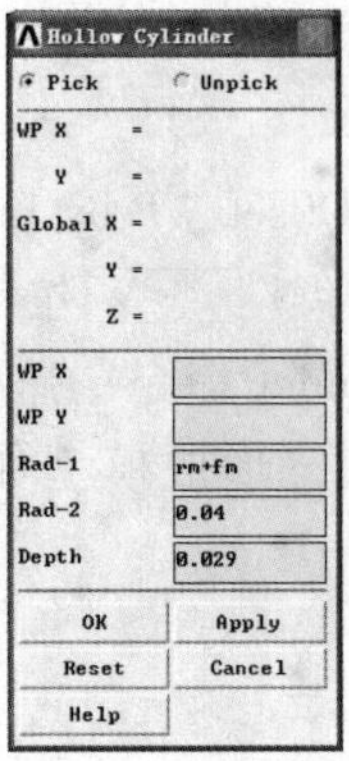

图 8-115 “Hollow Cylinder”对话框

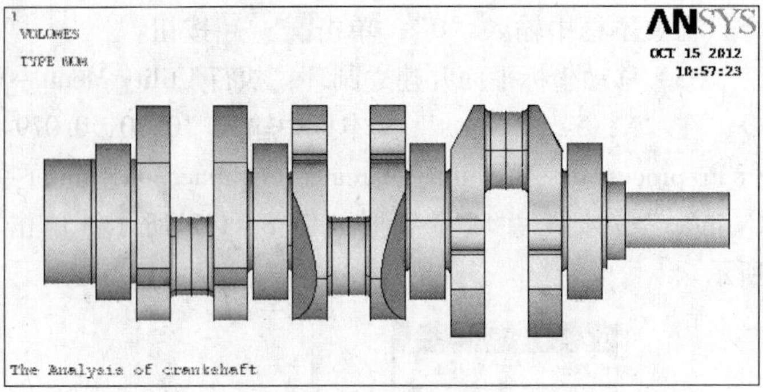

图 8-116 模型图

62）移动工作平面：执行 Utility Menu→WorkPlane→Offset WP to→XYZ Locations 命令，在对话框的文本框中输入 0，单击 OK 按钮。

63）执行 Utility Menu→Select→Everything 命令。

3. 对曲轴进行网格划分

1）选择单元类型：执行 Main Menu→Preprocessor→Element Type→Add/Edit/Delete 命令，弹出“Element Types”对话框。单击 Add... 按钮，弹出“Library of Element Types”对话框。选择“Structural Soid”和“Tet 10node92”选项，单击 OK 按钮返回“Element Types”对话框。单击 Close 按钮，完成单元类型的选择。

2）设置材料属性：执行 Main Menu→Preprocessor→Material Props→Material Models 命令，弹出如图 8-117 所示“Define Material Model Behavior”窗口。双击“Material Models Available”列表框中的“Structural \ Linear \ Elastic \ Isotropic”选项，弹出“Linear Isotropic Material Properties for Material Number 1”对话框。输入“EX = 1.8e11，PRXY = 0.28”，如图 8-118 所示，单击 OK 按钮。双击“Material Models Available”列表框中的“Structural \ Density”选项，弹出“Density for Material Number 1”对话框。输入 DENS = 7500，如图 8-119 所示。单击 OK 按钮，完成材料 1 属性的设置。

执行图 8-117 中的 Material→New Model 命令，弹出图 8-120 所示的“Define Material ID”对话框，单击 OK 按钮。

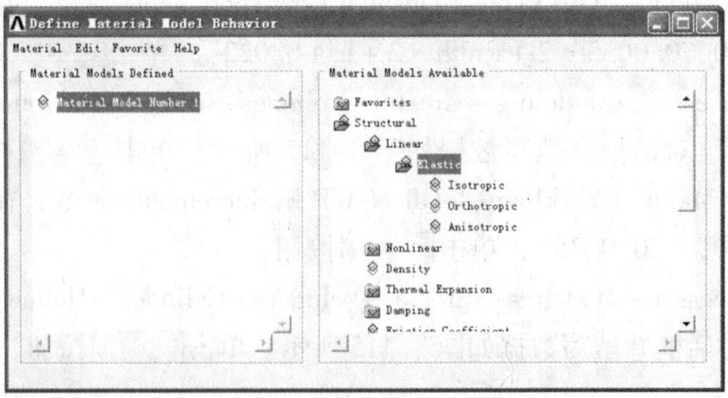

图 8-117 “Define Material Model Behavior”窗口

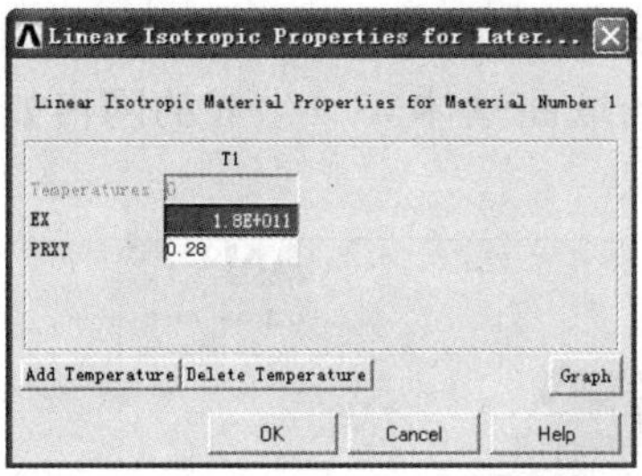

图 8-118 “Linear Isotropic Material Properties for Material Number 1” 对话框

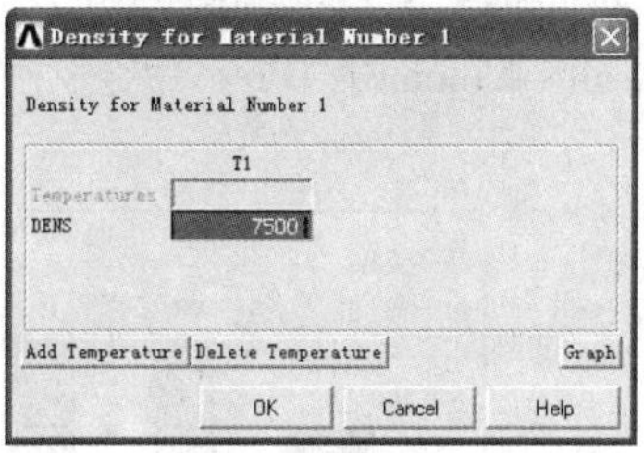

图 8-119 “Density for Material Number 1” 对话框

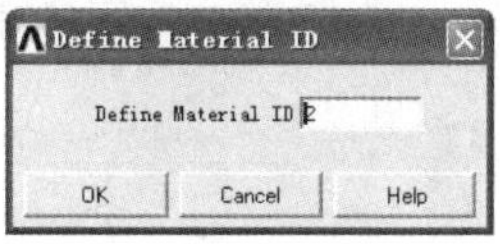

图 8-120 “Define Material ID” 对话框

再双击“Material Models Available”列表框中的“Structural \ Linear \ Elastic \ Isotropic”选项，弹出“Linear Isotropic Material Properties for Material Number 2”对话框。输入“EX =2e11，PRXY =0.3”，单击 OK 按钮。双击“Material Models Available”列表框中的“Structural \ Density”选项，弹出“Density for Material Number 2”对话框。输入 DENS =7800，单击 OK 按钮，完成材料 2 属性的设置。然后执行 Material→Exit 命令，完成材料属性的设置。

3）选择材料属性：执行 Main menu→Preprocessor→Meshing→Mesh Attributes→Default Attribs 命令，弹出如图 8-121 所示的“Meshing Attributes”对话框。单击 OK 按钮。

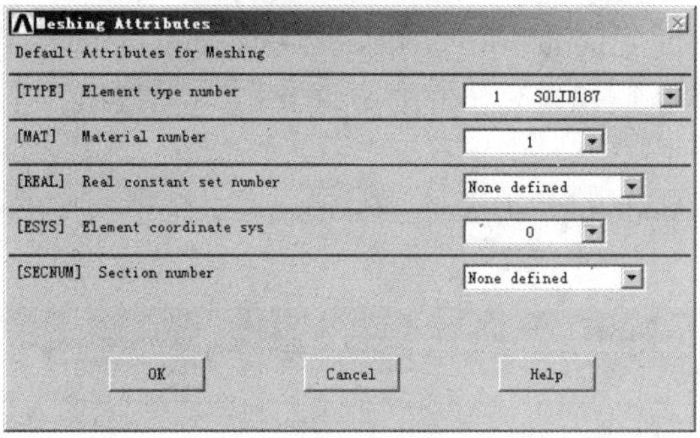

图 8-121 “Meshing Attributes”对话框

4）设置单元尺寸：执行 Main Menu→Preprocessor→Meshing→Size Contrls→Manual Size→Global→Size 命令，弹出如图 8-122 所示的“Global Element Sizes”对话框。在“SIZE”文本框中输入 0.006，单击 OK 按钮。

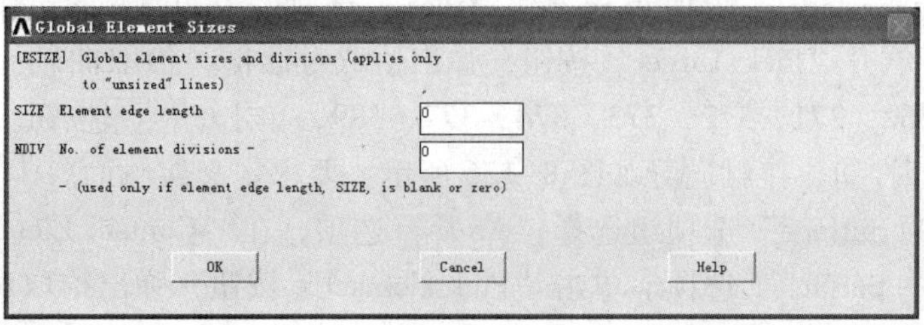

图 8-122 “Global Element Sizes”对话框

5）对曲轴采用自由网格划分方式生成有限元网格：执行 Main menu→Preprocessor→ Meshing→Mesh→Volumes→Free 命令，弹出一个拾取框。拾取曲轴体 72，生成的网格如图 8-123 所示。

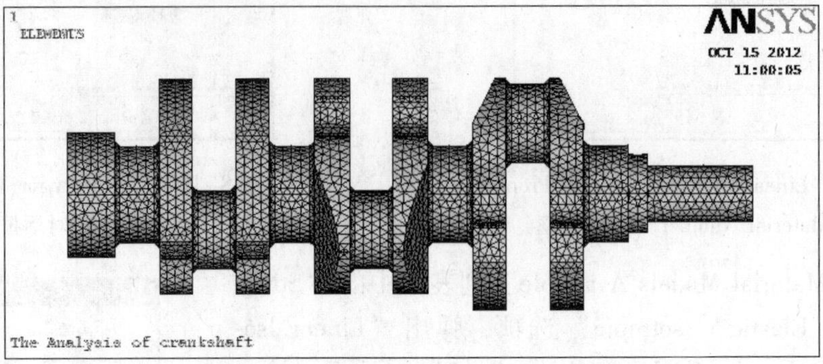

图 8-123　曲轴有限元模型

4. 对轴瓦和止推轴承采用自由网格划分方式生成有限元网格

1）选择材料属性：执行 Main menu→Preprocessor→Meshing→Mesh Attributes→Default Attribs 命令，弹出 "Meshing Attributes" 对话框。将 "Material number" 设置成 "2"，单击 OK 按钮。

2）设置单元尺寸：执行 Main menu→Preprocessor→Meshing→Size Contrls→Manual Size→Global→Size 命令，弹出 "Global Element Sizes" 对话框。输入 0.004，单击 OK 按钮。

3）划分网格：执行 Main menu→Preprocessor→Meshing→Mesh→Volumes→Free 命令，弹出一个拾取框。拾取编号为 1、2、3、6 的体，单击 OK 按钮，生成网格。

5. 建立接触单元

1）执行 Main Menu→Modeling→Create→Contact pair 命令，弹出 "Contact Manager" 对话框，如图 8-124 所示。

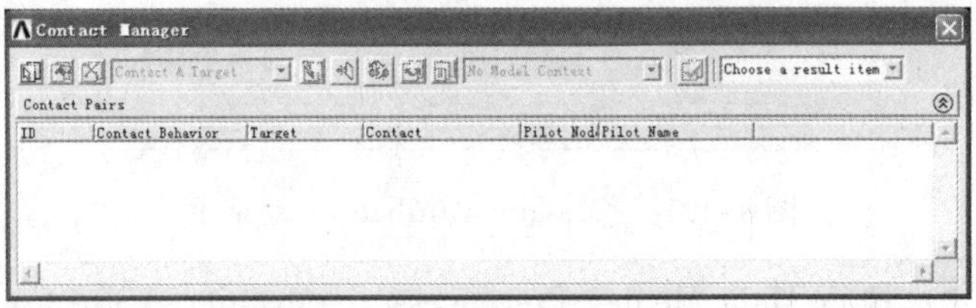

图 8-124　"Contact Manager" 对话框

2）单击最左边的按钮，启动 "Contact Wizard" 对话框，如图 8-125 所示。

3）在 "Target Surface" 选项组选择 "Areas" 选项，在 "Target Type" 选项组选择 "Flexible" 选项，单击 "Pick Target" 按钮，弹出拾取对话框，拾取曲轴上与轴承接触的面 355，356，361，362，371，372，373，374，377，389，单击 OK 按钮。

4）单击 Next > 按钮，接触向导如图 8-126 所示，要求定义接触面。

5）在 "Contact Surface" 选项组选择 "Areas" 选项，在 "Contact Element Type" 选项组选择 "Surface - to - Surface" 选项。单击 "Pick Contact" 按钮，弹出拾取对话框，拾取轴承上与曲轴接触的面 10，11，27，28，38，39，45，46，47，48，单击 OK 按钮，弹出如图 8-127 所示的对话框。

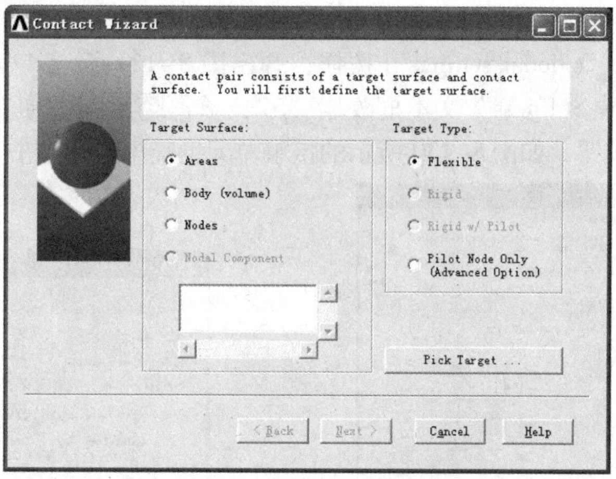

图 8-125 “Contact Wizard” 对话框接触向导一

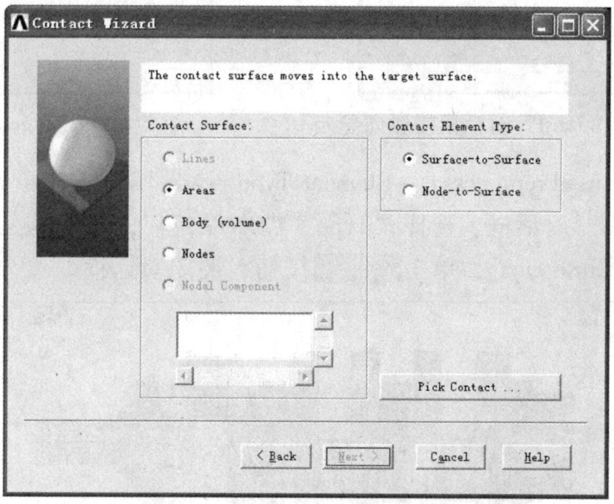

图 8-126 “Contact Wizard” 对话框接触向导二

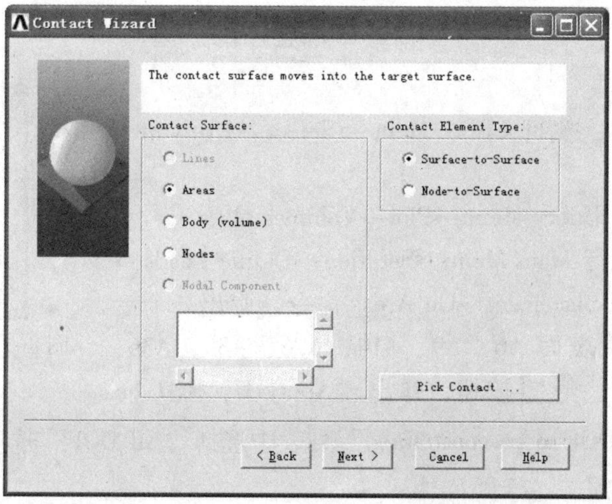

图 8-127 “Contact Wizard” 对话框接触向导三

6）单击 Next > 按钮，弹出图 8-128 所示的对话框，在“Coefficient of Friction”文本框中填上“0.003”，单击“Optional settings”按钮，弹出图 8-129 所示“Contact Properties”对话框，将“Normal Penalty Stiffness”文本框改成“5”，单击 OK 按钮，回到图 8-128 所示的对话框，单击 Create > 按钮，如图 8-130 所示的接触单元已经生成。单击 Finish 按钮关闭。

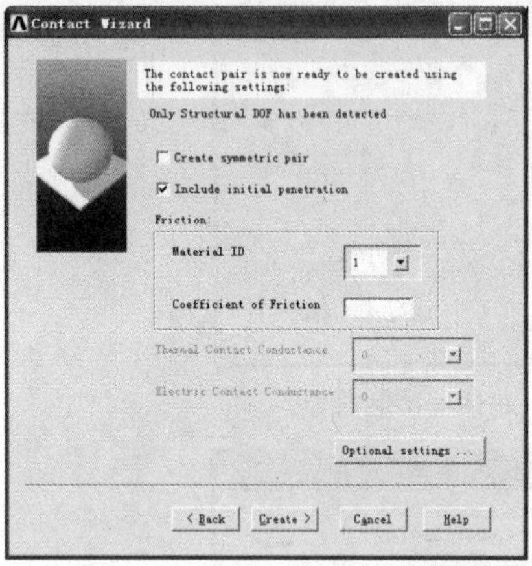

图 8-128 “Contact Wizard”对话框接触向导四

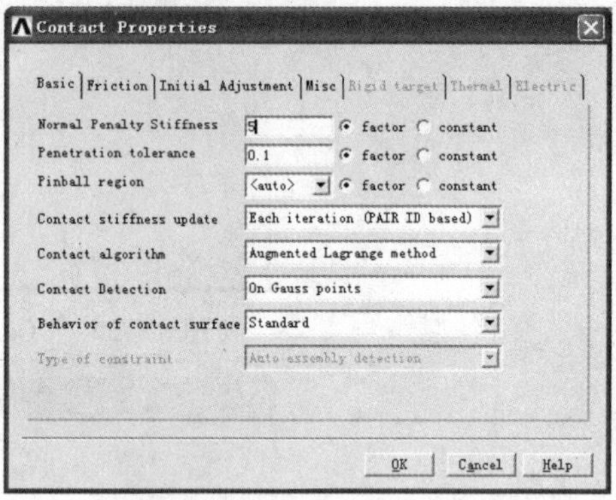

图 8-129 “Contact Properties”对话框

7）执行 Main Menu→Preprocessor→Element Type→Add/Edit/Delete 命令，弹出如图 8-131 所示的“Element Types”对话框。选择“Type 3 CONTA174”，单击 Options... 按钮，在弹出的对话框中选择“K5”为“Close gap”，单击 OK 按钮，关闭对话框。

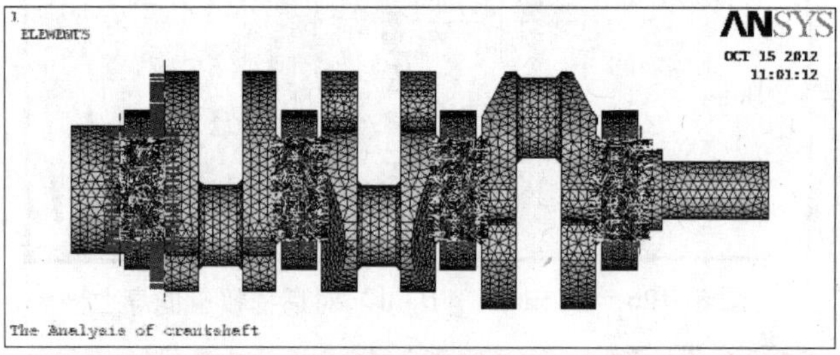

图 8-130 接触单元

6. 施加约束

1）选择所有实体：执行 Utility Menu→Select→Everything 命令。

2）显示体：执行 Utility Menu→Plot→Volumes 命令。

3）施加约束：执行 Main Menu→Solution→Define Loads→Apply→Structural→Displacement→On Areas 命令，弹出一个拾取框，拾取轴承的外表面 A6、A9、A14、A26、A35、A36、A43、A44 的面，单击 OK 按钮，弹出“Apply U，ROT on Areas”对话框，在“DOF to be constrained”列表中选择“All DOF”选项，单击 OK 按钮。

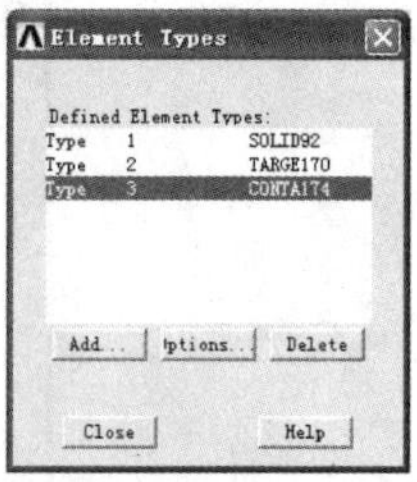

图 8-131 “Element Types”对话框

7. 施加载荷并求解

1）施加旋转角速度和重力加速度：执行 Main Menu→Solution→Define Loads→Apply→Structural→Inertia→Angular Veloc→Global 命令，弹出如图 8-132 所示的“Apply Angular Velocity”对话框，按图设置。

2）执行 Main Menu→ Solution→ Define Loads→Apply→Structural→Inertia→Gravity→Global 命令，弹出如图 8-133 所示的“Apply（Gravitational）Acceleration”对话框，按图设置。

3）转换坐标系：执行 Utility Menu→WorkPlane→Change Active CS to→Global Cylindrical 命令。

4）旋转体：执行 Preprocessor→Modeling→Move/Modify →Volumes 命令，弹出拾取框，单击 Pick All 按钮，弹出“Move Volumes”对话框，在“DY”文本框中输入 255，单击 OK 按钮。

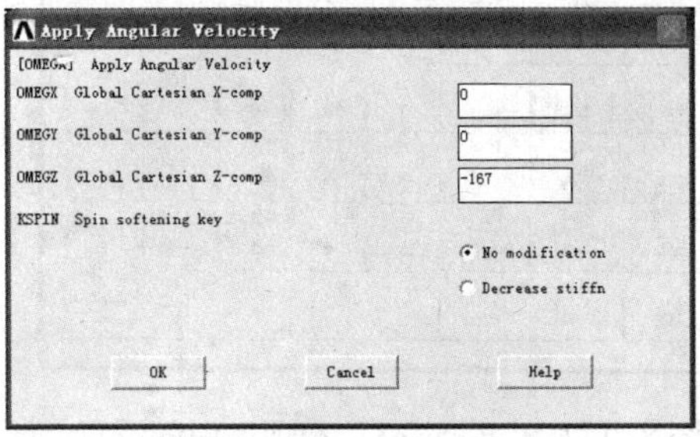

图 8-132 “Apply Angular Velocity”对话框

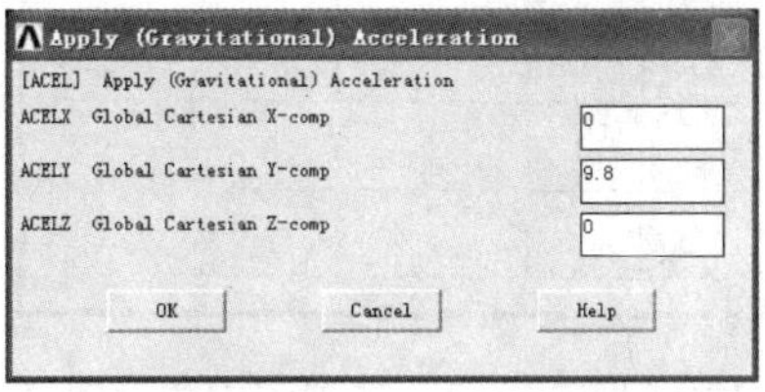

图 8-133 “Apply（Gravitational）Acceleration”对话框

8. 分析各缸受力情况

1）使用函数编辑器定义函数：执行 Utility Menu→Parameters→Functions→Define/Edit 命令，弹出“Function Editor”对话框，在“Function”选项卡中的设置如图 8-134 所示，选择“Multivalued function based on regime variable”单选按钮并输入 Y。选择“Regime1”选项卡，如图 8-135 设置，Y 的取值范围为 0°～60°，在“Result”文本框中输入 9 * F/(16 * 0.025 * 0.0115) * (1 - {Z}^2/(0.0115)^2) * abs(cos(3 * {Y}/2))。选择“Regime2”选项卡，如图 8-136 设置，Y 的取值范围为 60°～300°，在“Result”文本框中输入 0。选择“Regime3”选项卡，如图 8-137 设置，Y 的取值范围为 300°～360°，在“Result”文本框中输入 9 * F/(16 * 0.025 * 0.0115) * (1 - {Z}^2/(0.0115)^2) * abs(cos(3 * {Y}/2))。最后执行 File→Save 命令，保存为“F. func”文件，并关闭函数加载器。

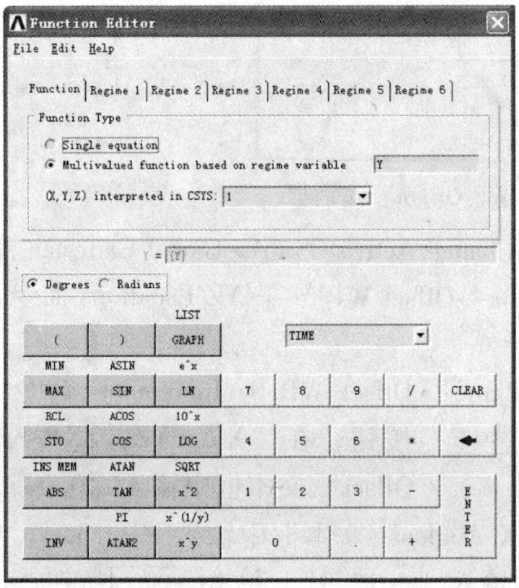

图 8-134 “Function”选项卡中的设置

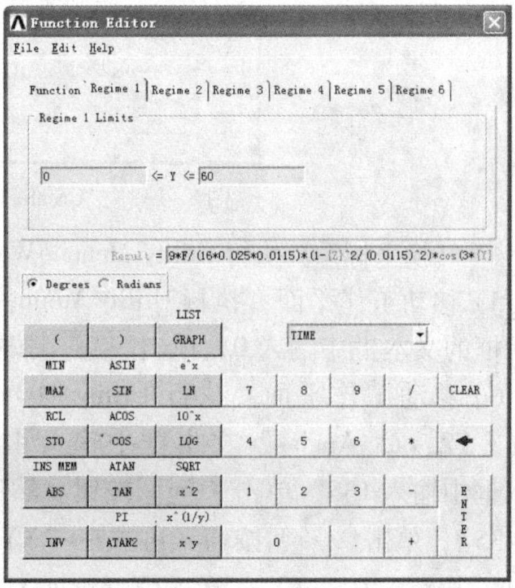

图 8-135 “Regime1”选项卡中的设置

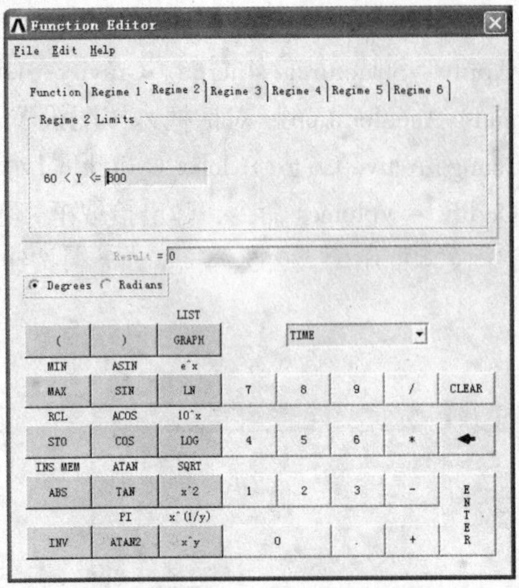

图 8-136 “Regime2”选项卡中的设置

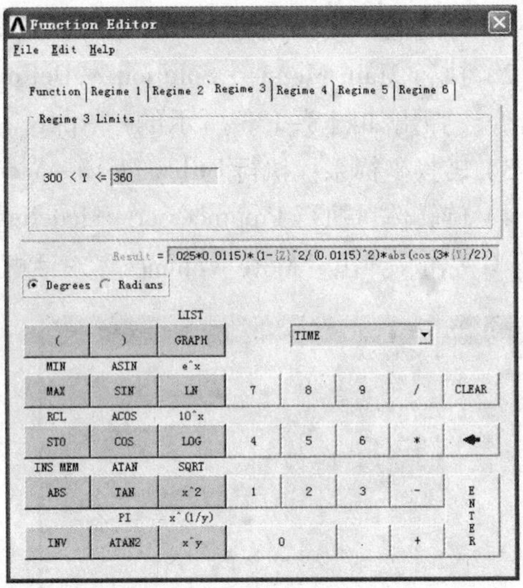

图 8-137 “Regime3”选项卡中的设置

2）移动工作平面：执行 Utility Menu→WorkPlane→Offset WP by Increments 命令，在“XY，YZ，ZX Angles”文本框中输入 15，单击 Apply 按钮。然后在“X，Y，Z Offset”文本框中输入“0，0.045，0.3435”，单击 Apply 按钮。再次在“XY，YZ，ZX Angles”文本框中输入“-15”，单击 Apply 按钮，输入“90”，单击 Apply 按钮，然后再次输入“-4.3”，单击 OK 按钮。

3）建立局部坐标系：执行 Utility Menu→WorkPlane→Local Coordinate Systems→Create Local CS→At WP Origin 命令，弹出“Create Local CS at WP Origin”对话框，如图 8-138 所示。在“KCN”文本框中输入 11，选择柱坐标系，然后单击 OK 按钮。

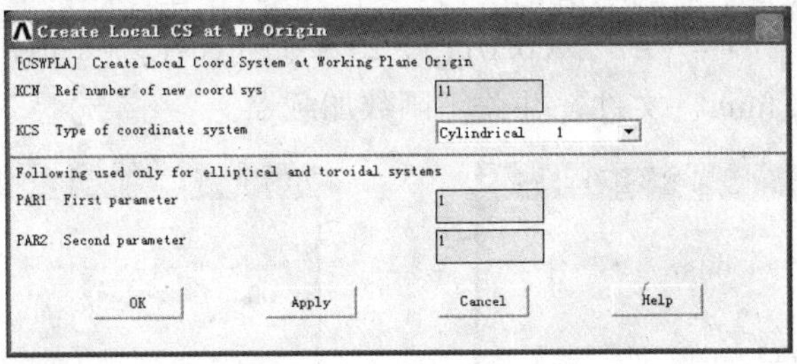

图 8-138 “Create Local CS at WP Origin”对话框

4）转换坐标系：执行 Utility Menu→WorkPlane→Change Active CS to→Global Cartesian 命令。

5）移动工作平面：执行 Utility Menu→WorkPlane→Offset WP to→XYZ Locations 命令，在对话框的文本框中输入 0，单击 OK 按钮。

6）移动工作平面：执行 Utility Menu→WorkPlane→Offset WP by Increments 命令，在“XY，YZ，ZX Angles”文本框中输入 4.3，单击 Apply 按钮，在“XY，YZ，ZX Angles”文本框中输入 135，单击 Apply 按钮。然后在“X，Y，Z Offset”文本框中输入“0.045，0，0.2435”，单击 Apply 按钮，再次在“XY，YZ，ZX Angles”文本框中输入“-135”，单击 Apply 按钮，在“XY，YZ，ZX Angles”文本框中输入“-12.9”，单击 OK 按钮。

7）建立局部坐标系：执行 Utility Menu→WorkPlane→Local Coordinate Systems→Create Local CS→At WP Origin 命令，弹出“Create Local CS at WP Origin”对话框，在“KCN”文本框中输入“12”，“KCS”下拉列表框中选择“Cylindrical 1”，然后单击 OK 按钮。

8）转换坐标系：执行 Utility Menu→WorkPlane→Change Active CS to→ Global Cartesian 命令。

9）移动工作平面：执行 Utility Menu→WorkPlane→Offset WP to→XYZ Locations 命令，在对话框的文本框中输入 0，单击 OK 按钮。

10）移动工作平面：执行 Utility Menu→WorkPlane→Offset WP by Increments 命令，在对话框的“XY，YZ，ZX Angles”文本框中输入 12.9，单击 Apply 按钮，在“XY，YZ，ZX Angles”文本框中输入“-105”，单击 Apply 按钮。然后在“X，Y，Z Offset”文本框中输入“0.045，0，0.1435”，单击 Apply 按钮，再次在“XY，YZ，ZX Angles”文本框中输入“105”，单击 Apply 按钮，输入 17.36，单击 OK 按钮。

11）建立局部坐标系：执行 Utility Menu→WorkPlane→Local Coordinate Systems→Create Local CS→At WP Origin 命令，弹出“Create Local CS at WP Origin”对话框，在“KCN”文本框中输入“13”，“KCS”下拉列表框中选择“Cylindrical 1”，然后单击 OK 按钮。

12）使用函数加载器，并定义表参数：执行 Utility Menu→Parameters→Functions→Read from File 命令，选中并打开“F. func”文件。弹出“Function Loader”对话框，设置如图 8-139所示，选择“Regime3”选项卡将“F”文本框设为“38895”，单击 OK 按钮完成。继续加载如图 8-140 所示，选择“Regime1”和“Regime3”选项卡，将“F”文本框设为“523”。如图 8-141 所示，选择“Regime1”和“Regime3”选项卡，将“F”文本框设为“3047”。

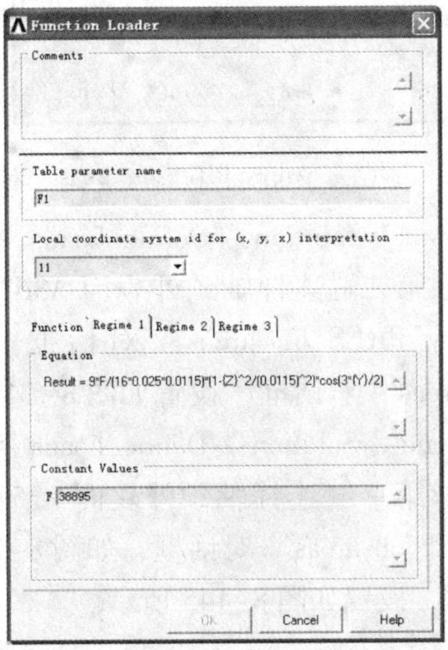

图 8-139 “Regime3”选项卡中的设置

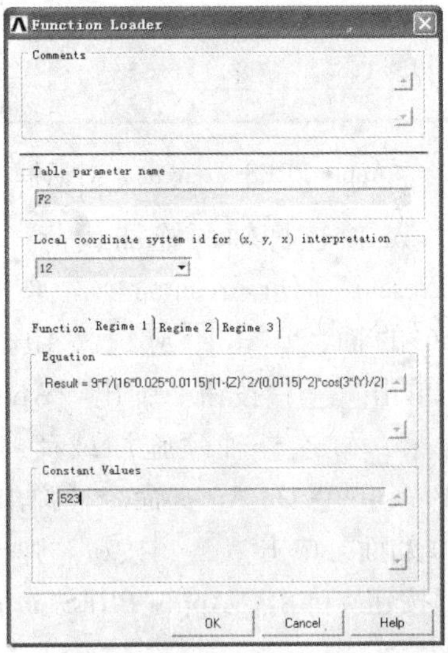

图 8-140 “设置 Regime1”和“Regime3”选项卡

13）对第三缸连杆轴颈施加载荷：执行 Main Menu→Solution→Define Loads→Apply→Structual→Pressure→On Areas 命令，弹出拾取框，拾取第三缸连杆轴颈外表面 A367、A368、A369、A370 的面，单击 OK 按钮。弹出“Apply PRES on areas”对话框，如图 8-142 所示设置，单击 OK 按钮。弹出“Apply PRES on areas”对话框，设置如图 8-143 所示，单击 OK 按钮。

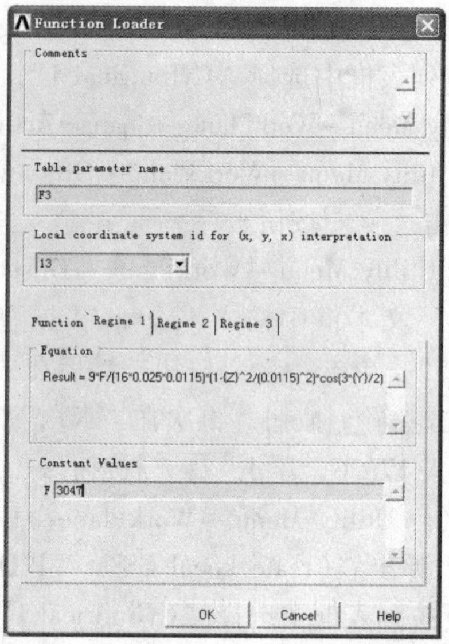

图 8-141 “设置 Regime1” 和 “Regime3” 选项卡

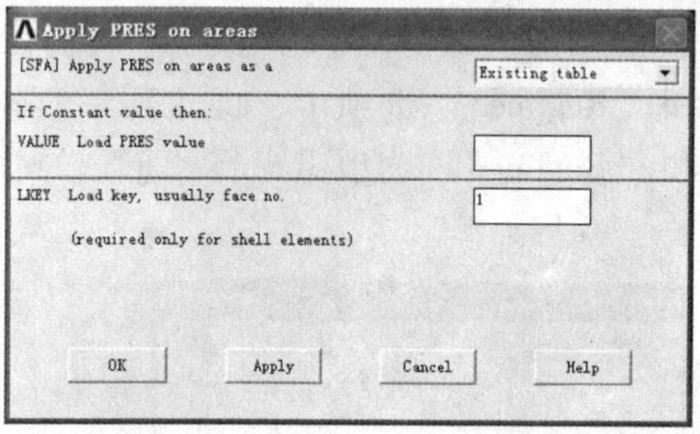

图 8-142 “Apply PRES on areas” 对话框

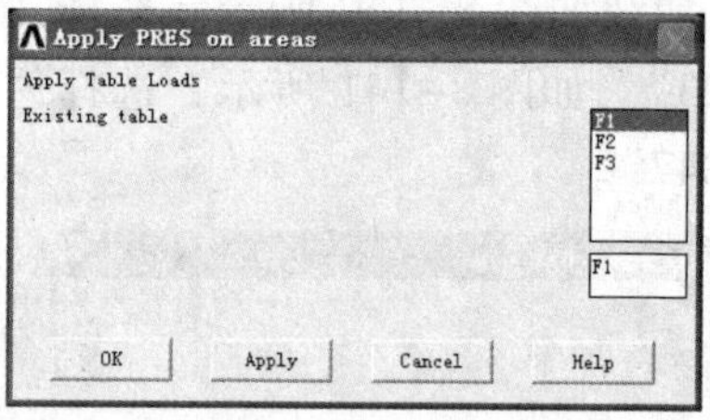

图 8-143 设置 “Apply PRES on areas” 对话框

14）对第二缸连杆轴颈施加载荷：执行 Main Menu→Solution→Define Loads→Apply→Structual→Pressure→On Areas 命令，弹出拾取框，拾取第二缸连杆轴颈外表面 A363、A364、A365、A366 的面，单击 OK 按钮。弹出 “Apply PRES on areas” 对话框，设置如图 8-142，单击 OK 按钮。弹出 “Apply PRES on areas” 对话框，设置如图 8-144 所示。

15）对第一缸连杆轴颈施加载荷：执行 Main Menu→Solution→Define Loads→Apply→Structual→Pressure→ On Areas 命令，弹出拾取框，拾取第一缸连杆轴颈外表面 A357、A358、A359、A360 的面，单击 OK 按钮。弹出 “Apply PRES on areas” 对话框，如图 8-142设置，单击 OK 按钮。弹出 “Apply PRES on areas” 对话框，设置如图 8-145 所示。

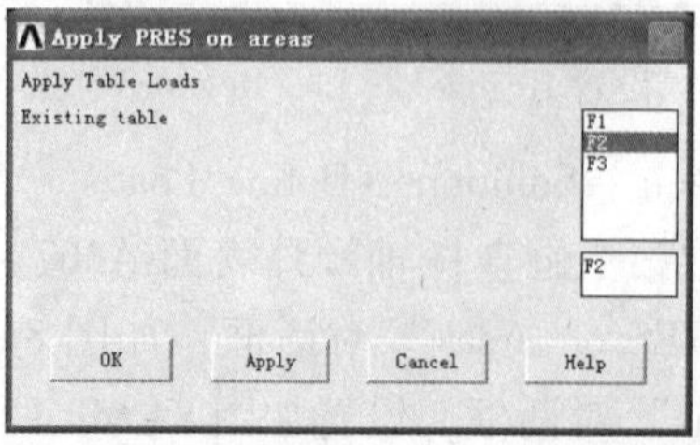

图 8-144 “Apply PRES on areas” 对话框

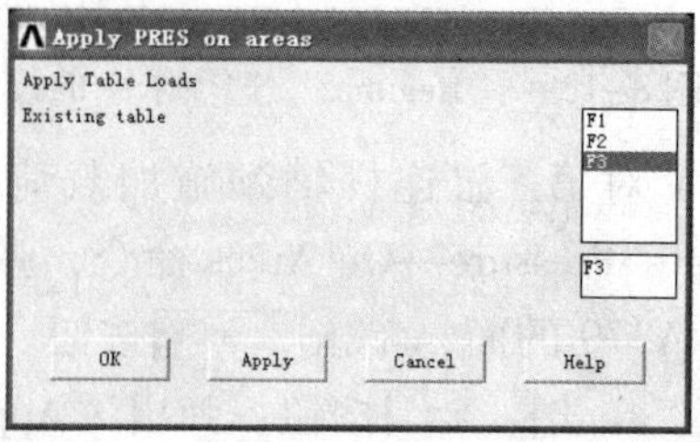

图 8-145 “Apply PRES on areas” 对话框

16）设置载荷的表示方式：执行 Utility Menu→PlotCtrls→Symbol 命令，弹出“Symbols”对话框，如图 8-146 所示。在“Show pres and convect as”下拉列表框中选择“Arrows”选项，单击 OK 按钮。得到受力图，如图 8-147 所示。

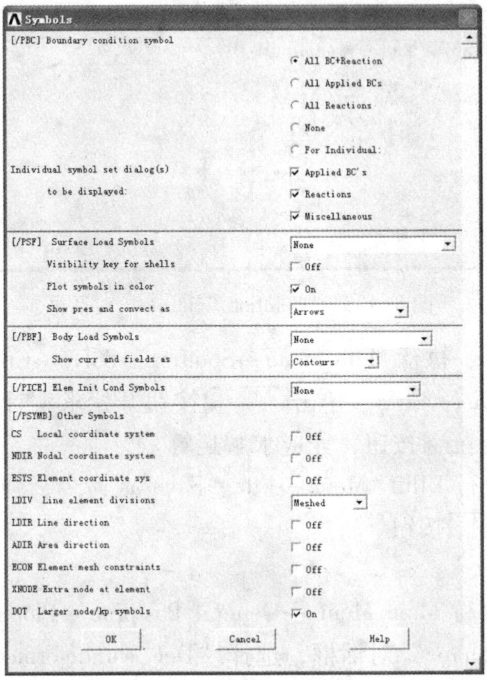

图 8-146 “Symbols”对话框

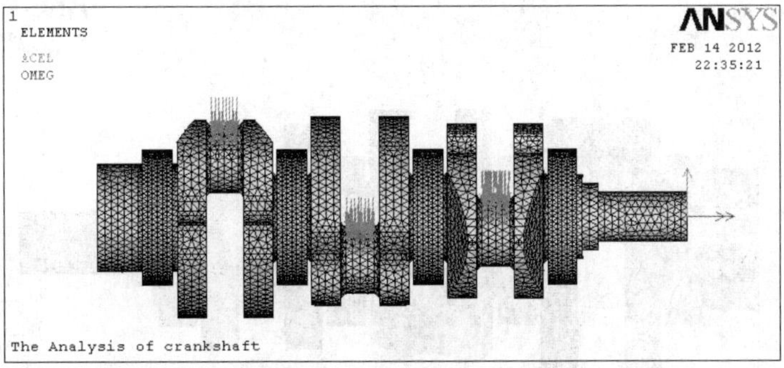

图 8-147 有限元模型受力图

9. 求解控制

1）执行 Main Menu→Solution→Analysis Type→New Analysis 命令，弹出“New Analysis”对话框，选择“Static”选项，单击 OK 按钮。

2）执行 Main Menu→Solution→Analysis Type→Sol'n Controls 命令，弹出“Solution Controls”对话框。在 Time Control→Time at end of load step 中输入 0.00001。在“Number of substeps”文本框中输入 1。在“Write Items to Results File”中选择 User selected→Element Nodal Loads 命令。然后选择“Sol'n Options”选项卡，在“Equation Solvers”选项组中选择“Pre-Condition CG”单选按钮，如图 8-148 所示。单击 OK 按钮。

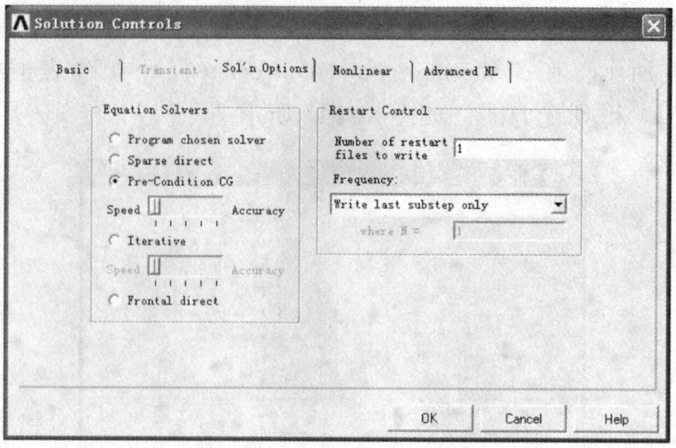

图 8-148 “Solution Controls”对话框

3）开始计算求解运算：执行 Main menu→Solution→Solve→Current LS 命令，弹出一个提示框。浏览后执行 File→Close 命令，单击 OK 按钮开始求解计算。当出现一个“Solution is done”对话框后，单击 Close 按钮，完成求解运算。

4）保存分析结果：执行 Utility Menu→File→Save as 命令，弹出“Save as”对话框。输入“crankshaft”，单击 OK 按钮。

10. 浏览结果

1）显示变形形状：执行 Main Menu→General Postproc→Plot Result→Deformed Shape 命令，弹出“Plot Deformed Shape”对话框，选择“Def + undeformed”单选按钮，单击 OK 按钮，生成结果如图 8-149 所示。

图 8-149 模型变形图

2）显示节点位移云图：执行 Main Menu→General Postproc→Plot Result→ContourPlot→Node Solu 命令，弹出一个“Contour Node Solution Data”对话框。在下拉列表框中选择“DOF Solution”→“Displacement vetor sum”选项，单击 OK 按钮。节点位移结果如图 8-150 所示。

3）显示节点 Von Mises 应力：先将曲轴体选出来，执行 Utility Menu→Select→Entities 命令，弹出“Select Entities”对话框，按图 8-151 设置。然后单击 OK 按钮，选择曲轴体 72。再执行 Utility Menu→Select→Entities 命令，弹出“Select Entities”对话框，按图 8-152 设置，单击 OK 按钮。

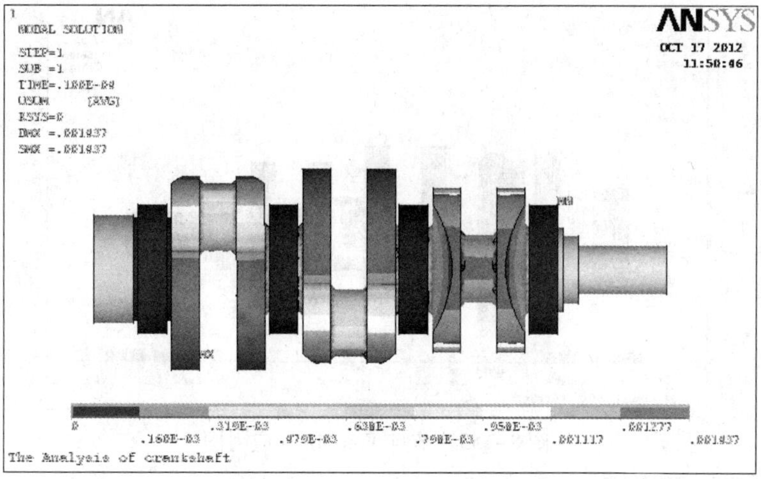

图 8-150　模型节点位移云图

再执行 Main Menu→General Postproc→Plot Result→ContourPlot→Node Solu 命令，弹出“Contour Node Solution Data”对话框。在下拉列表框中选择 Stress→von Miss Stress 选项，单击 OK 按钮。节点 Von Mises 应力如图 8-153 所示。

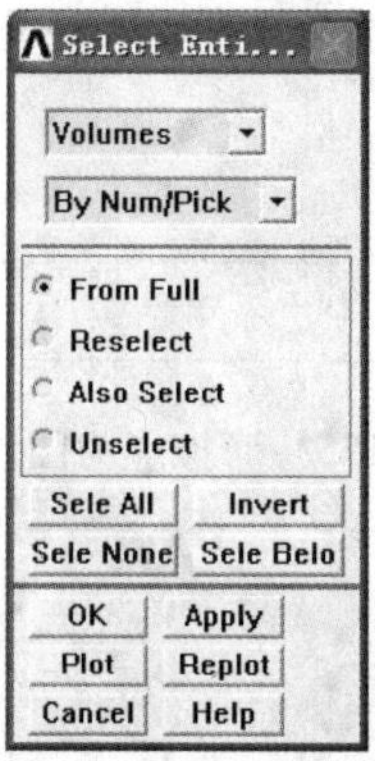

图 8-151　“Select Entities”对话框

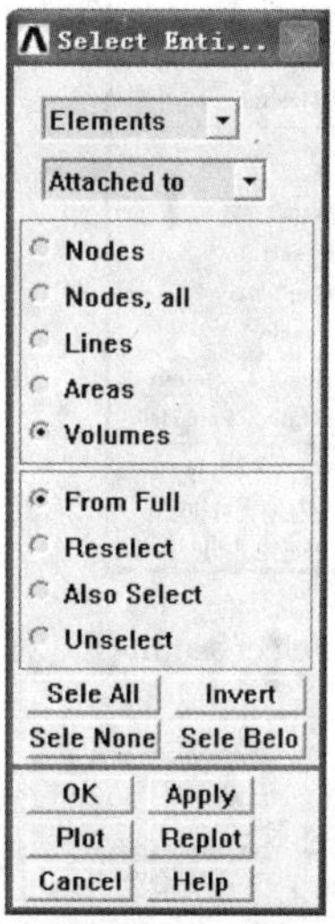

图 8-152　“Select Entities”对话框

4）显示摩擦应力图：先将接触单元选出来，执行 Utility Menu→Select→Entities 命令，弹出“Select Entities”对话框，按图 8-154 设置。再执行 Main Menu→General Postproc→Plot Result→ContourPlot→ Node Solu 命令，弹出“Contour Node Solution Data”对话框。在下拉列表框中选择 Contact→Contact friction stress 选项，单击 OK 按钮，摩擦应力图如图 8-155所示。

5）显示接触应力图：执行 Main Menu→General Postproc→Plot Result→ContourPlot→ Node Solu 命令，弹出“Contour Node Solution Data”对话框。在下拉列表框中选择 Contact→Contact pressure 选项，单击 OK 按钮，接触应力图如图 8-156 所示。

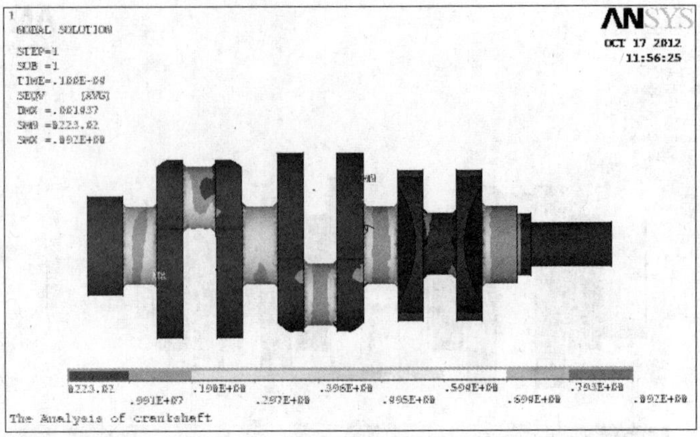

图 8-153　节点 Von Mises 应力图

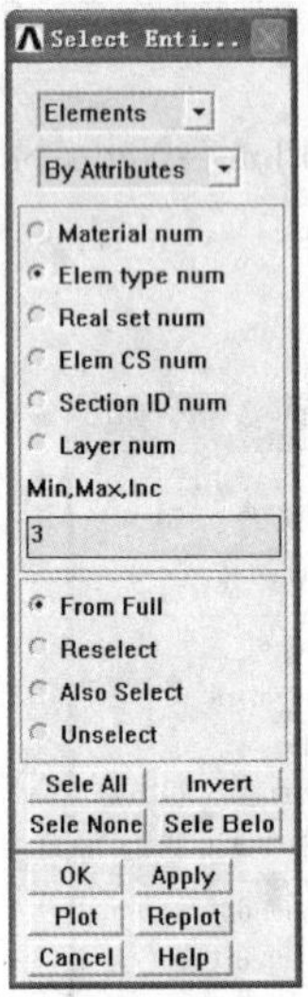

图 8-154　“Select Entities”对话框

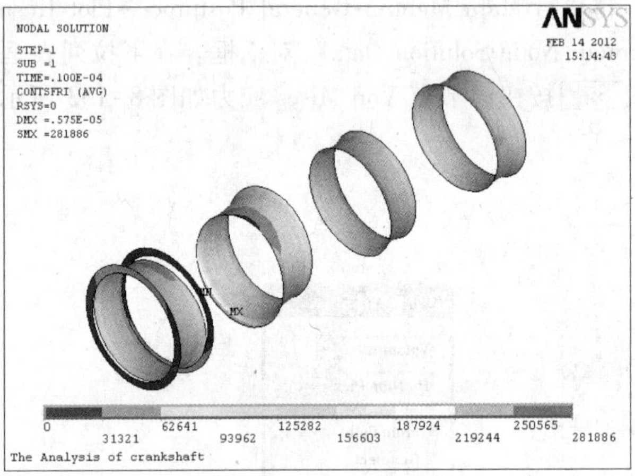

图 8-155　摩擦应力图

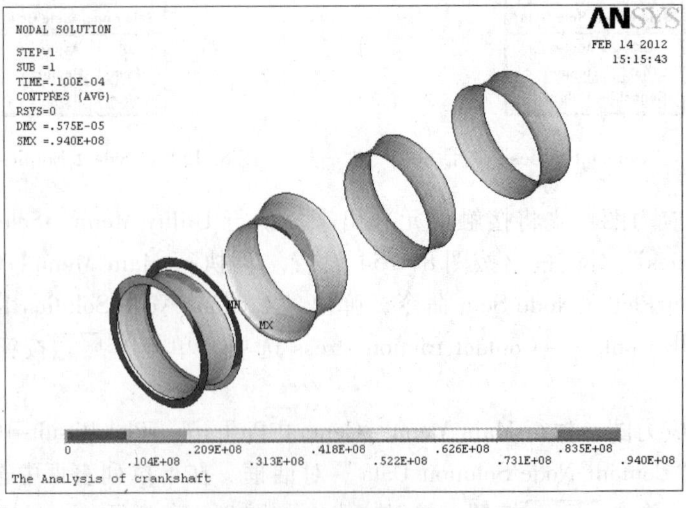

图 8-156　接触应力图

命令流

```
/FILNAM,crankshaft
/TITLE,The Analysis of crankshaft
/NOPR
/UIS,msgpop,3
/TRIAD,off
/PREP7
*SET,rm,0.031
*SET,rc,0.025
*SET,fm,0.0035
*SET,fc,0.0035
*SET,lg,0.028
*set,width,0.0355-lg/2
*set,a,width*(atan(13/29))/19*360/6.28*1000
/prep7
*afun,deg
csys,4
cyl4,0,0,rm-0.013,0,,,0.067
wpoffs,0,0,0.067
cyl4,0,0,rm-0.006,,,,0.012
wpoffs,,,0.012
cyl4,,,rm,,,,0.029
wpoffs,,,0.029
k,100,0,0.074,0
k,101,0.055,0.027,0
k,102,0.045,0,0
k,103,0.045,-0.007,0
k,104,0.057,-0.019,0
k,105,0.060,-0.060/tan(70),0
k,106,0.060,-sqrt(0.0745*0.0745-0.06*0.06),0
k,107,0,-0.0745
k,1000,0,0,0
csys,1
bsplin,100,101,102,,,,0.040,180,0,0.012,-90,0
L,102,103
LARC,103,104,101,0.012
LARC,104,105,107,0.005
L,105,106
LARC,106,107,1000,0.0745
csys,4
lsymm,x,31,36,,,
NUMCMP,ALL
NUMMRG,ALL
LSEL,S,,,31,42
AL,ALL
ALLSEL,ALL
VEXT,13,,,,,width
WPOFFS,,0.045
WPROTA,,a
VSBW,4
VDELE,5,,,1
WPROTA,,-a
WPOFFS,,-0.045,
K,200,0,rm+fm,0
K,201,0,rm,-fm
K,202,0,rm,0
K,203,0,0.1,-0.002
K,1000,0,0,0
K,1001,0,0,0.01
LARC,200,201,203,fm
L,200,202
L,201,202
al,31,37,55
vrotat,13,,,,,,1000,1001
WPOFFS,,0.045,width
CYL4,,,rc,,,,lg/2
k,400,0,rc+fc,0
k,401,0,rc,fc
k,402,0,rc,0
K,403,0,0.080,0.01
k,1002,0,0,0
k,1003,0,0,0.01
LARC,400,401,403,fc
L,400,402
L,401,402
AL,104,105,106
vrotat,48,,,,,,1002,1003
WPOFFS,,,lg/2
VSEL,s,loc,z,0,-lg/2-fm-width
VSYMM,Z,ALL
```

```
allsel,all
csys,0
wpave,0
vsel,s,loc,z,0.079 +0.029,0.5
csys,1
vgen,3,all,,,, -120,lg + width * 2 +0.029
vsel,s,loc,z,0.079,0.079 +0.029
vgen,4,all,,,,,lg + width * 2 +0.029
csys,0
wpoffs,,,lg * 3 +0.029 * 4 +0.079 + width * 6
cyl4,0,0,0.04,,,,0.030
allsel,all
vadd,all
csys,0
wpave,0
wpoffs,,,0.079 +0.0035
CYL4, , ,rm, ,0.05, ,0.022
wpoffs,,,0.0035 * 2 + width * 2 + lg +0.022
CYL4, , ,rm, ,0.05, ,0.022
wpoffs,,,0.0035 * 2 + width * 2 + lg +0.022
CYL4, , ,rm, ,0.05, ,0.022
wpoffs,,,0.0035 * 2 + width * 2 + lg +0.022
CYL4, , ,rm, ,0.05, ,0.022
wpoffs,,, -0.0035
CYL4, , ,rm + fm, ,0.04, ,0.029
VADD,4,5
ET,1,92
MP,EX,1,1.8E11
MP,PRXY,1,0.28
mp,dens,1,7500
MP,EX,2,2E11
MP,PRXY,2,0.3
mp,dens,2,7800
csys,0
wpave,0
TYPE,1
MAT,        1
esize,0.006
vmesh,72
TYPE,1
MAT,        2
esize,0.004
vmesh,1
vmesh,2
vmesh,3
vmesh,6
ET,4,170
ET,5,174
KEYOPT,5,5,1
MP,MU,3,0.003
MAT,3
R,3,,,5,0.1,0,
REAL,3
ASEL,S,,,355
ASEL,A,,,356
ASEL,A,,,361
ASEL,A,,,362
ASEL,A,,,371
ASEL,A,,,372
ASEL,A,,,373
ASEL,A,,,374
ASEL,A,,,377
ASEL,A,,,389
TYPE,4
NSLA,S,1
ESLN,S,0
ESURF
ASEL,S,,,10
ASEL,A,,,11
ASEL,A,,,27
ASEL,A,,,28
ASEL,A,,,38
ASEL,A,,,39
ASEL,A,,,45
ASEL,A,,,46
ASEL,A,,,47
ASEL,A,,,48
TYPE,5
NSLA,S,1
ESLN,S,0
ESURF
csys,1
/solu
antype,static
asel,s,,,43,44
asel,a,,,35
```

```
asel,a,,,36
asel,a,,,14
asel,a,,,26
asel,a,,,6
asel,a,,,9
da,all,ALL
allsel,all
acel,,9.8
allsel,all
OMEGA,0,0,-167,0
csys,1
/prep7
vplot
csys,1
vgen,,all,,,255,,,,1
/solu
csys,0
wpave,0
wprota,15
wpoffs,,0.045,0.3435
wprota,-15
wprota,90
wprota,-4.3
cswpla,15,1
*AFUN,DEG
nsel,s,loc,x,rc
nsel,r,loc,y,-60,60
nsel,r,loc,z,-lg/2+fc,lg/2-fc
*get,nmax1,node,,num,max,
*get,nmin1,node,,num,min,
*dim,t1,array,nmax1,1,1,
*do,k,nmin1,nmax1
*if,nsel(k),eq,1,then
t1(k)=9*38895*(1-(NZ(K)*NZ(K))/((lg/2-fc)*(lg/2-fc)))*cos(3*NY(K)/2)/(16*NX(K)*(lg/2-fc))
*else
t1(k)=0
*endif
*enddo
SFFUN,pres,t1(1)
SF,all,pres,0
allsel,all
csys,0
wpave,0
wprota,4.3
wprota,-105
wpoffs,0.045,,0.1435
wprota,105
wprota,17.36
cswpla,16,1
nsel,s,loc,x,rc
nsel,r,loc,y,-60,60
nsel,r,loc,z,-lg/2+fc,lg/2-fc
*get,nmax2,node,,num,max,
*get,nmin2,node,,num,min,
*dim,t2,array,nmax2,1,1,
*do,k,nmin2,nmax2
*if,nsel(k),eq,1,then
t2(k)=9*3047*(1-(NZ(K)*NZ(K))/((lg/2-fc)*(lg/2-fc)))*cos(3*NY(K)/2)/(16*NX(K)*(lg/2-fc))
*else
t2(k)=0
*endif
*enddo
SFFUN,pres,t2(1)
SF,all,pres,0
allsel,all
csys,0
wpave,0
wprota,-17.36
wprota,135
wpoffs,0.045,,0.2435
wprota,-135
wprota,-12.90
cswpla,17,1
nsel,s,loc,x,rc
nsel,r,loc,y,-60,60
nsel,r,loc,z,-lg/2+fc,lg/2-fc
*get,nmax3,node,,num,max,
*get,nmin3,node,,num,min,
*dim,t3,array,nmax3,1,1,
*do,k,nmin3,nmax3
*if,nsel(k),eq,1,then
t3(k)=9*523*(1-(NZ(K)*NZ(K))/((lg/2-
```

```
fc) * (lg/2 - fc))) * cos(3 * NY(K)/2)/(16 * NX(K)
 * (lg/2 - fc))
    * else
    t3(k) =0
    * endif
    * enddo
    SFFUN,pres,t3(1)
    SF,all,pres,0
allsel,all
ANTYPE,0
NSUBST,1,0,0
OUTRES,ERASE
OUTRES,NLOA,LAST
EQSLV,PCG,1E-4
TIME,0.00001
solve
```

附录　ANSYS 程序中常用量和单位

量的名称	国际单位		英制单位		换算关系和备注
	名　称	符　号	名　称	符　号	
长度	毫米	mm	英寸	in	1 in = 25.4 mm
	米	m	英尺	ft	1ft = 0.304 8 m
时间	秒	s	秒	s	
			小时	h	1 h = 3600 s
质量	千克	kg	磅	lb	1lb = 0.453 9 kg
			斯勒格	slug	1 slug = 32.2 lb = 14.715 6 kg
温度	摄氏温度	℃	华氏温度	℉	1 ℉ = 5/9 ℃
频率	赫兹	Hz	赫兹	Hz	
电流	安培	A	安培	A	
面积	平方米	m^2	平方英寸	in^2	$1\ in^2 = 6.451\ 6 \times 10^{-4}\ m^2$
体积	立方米	m^3	立方英寸	in^3	$1\ in^3 = 1.638\ 7 \times 10^{-3}\ m^3$
速度	米每秒	m/s	英寸每秒	in/s	1 in/s = 0.025 4 m/s
加速度	米每二次方秒	m/s^2	英寸每二次方秒	in/s^2	$1\ in/s^2 = 0.025\ 4\ m/s^2$
转动惯量	千克二次方米	$kg \cdot m^2$	磅二次方英寸	$lb \cdot in^2$	$1\ lb \cdot in^2 = 2.926\ 45 \times 10^{-4}\ kg \cdot m^2$
力	牛顿	N	磅力	lbf	1 lbf = 4.448 2 N
力矩	牛顿米	N · m	磅力英寸	lbf · in	1 lbf · in = 0.112 985 N · m
能量	焦耳	J	英热单位	Btu	1 Btu = 1 055.06 J
功率(热流率)	瓦特	W		Btu/h	1 Btu/h = 0.293 072 W
热流密度		W/m^2		$Btu/(h \cdot ft^2)$	$1\ Btu/(h \cdot ft^2) = 3.164\ 6\ W/m^2$
生热速率		W/m^3		$Btu/(h \cdot ft^3)$	$1\ Btu/(h \cdot ft^3) = 10.349\ 7\ W/m^3$
导热系数		W/(m · ℃)		Btu/(h · ft · ℉)	1 Btu/(h · ft · ℉) = 1.730 74 W/(m · ℃)
对流系数		$W/(m^2 \cdot ℃)$		$Btu/(h \cdot ft^2 \cdot ℉)$	$1\ Btu/(h \cdot ft^2 \cdot ℉) = 1.730\ 74\ W/(m^2 \cdot ℃)$
密度		kg/m^3		lb/ft^3	$1\ lb/ft^3 = 16.018\ 46\ kg/m^3$
比热		J/(kg · ℃)		Btu/(lb · ℉)	1 Btu/(lb · ℉) = 4 186.82 J/(kg · ℃)
焓		J/m^3		Btu/ft^3	$1\ Btu/ft^3 = 37\ 259.1\ J/m^3$
应力、压强压力、弹性模量	帕斯卡	Pa 或 N/m^2	磅每平方英寸	psi 或 lbf/in^2	$1\ psi = 6\ 894.75\ Pa, 1\ Pa = 1\ N/m^2$, $1\ psi = 1\ lbf/in^2$
电场强度		V/m			
磁通量	韦伯	Wb	韦伯	Wb	1 Wb = 1 V · s

（续）

量的名称	国际单位		英制单位		换算关系和备注
	名　称	符　号	名　称	符　号	
磁通密度	特斯拉	T	特斯拉	T	1 T = 1 N/(A · m)
电阻	欧姆	Ω	欧姆	Ω	1Ω = 1 V/A
电感	法拉	F	法拉	F	
电容	法拉	F			
电荷量	库仑	C	库仑	C	1 C = 1 A · s
磁矢位	韦伯每米	WB/m			
磁阻率	米每亨利	m/H			
压电系数	库仑每牛顿	C/N			
介电常数	法拉每米	F/m			
动量	千克米每秒	kg · m/s	磅英寸每秒	lb · in/s	1 lb · in/s = 0. 011 529 1 kg · m/s
动力粘度	帕斯卡秒	Pa · s	磅力秒每平方英尺	$lbf \cdot s/ft^2$	$1\ lbf \cdot s/ft^2 = 47.880\,3\ Pa \cdot s$
运动粘度	二次方米每秒	m^2/s	平方英寸每秒	in^2/s	$1\ in^2/s = 6.451\,6 \times 10^{-4}\ m^2/s$
质量流量	千克每秒	kg/s	磅每秒	lb/s	1 lb/s = 0. 453 592 kg/s

注意：ANSYS 程序中并不特别强调物理量的单位，但英制和公制单位不可混用！

参考文献

[1] 张洪信，吴俊飞，沈孝芹．有限元基础理论与ANSYS应用［M］．北京：机械工业出版社，2006.

[2] 张洪信，赵清海．ANSYS有限元分析完全自学手册［M］．北京：机械工业出版社，2008.

[3] 张洪信，管殿柱，赵清海，等．有限元基础理论与ANSYS 11.0应用［M］．北京：机械工业出版社，2009.

[4] 杨道斋，姜勇，张洪信，等．三缸内燃泵曲轴负荷多学科仿真研究［J］．机械设计，2011，28（12）：68－72.

[5] 姜勇，杨道斋，张洪信，等．轴向型三缸内燃泵连杆优化设计［J］．机械设计与研究，2010，29（3）：57－61.

[6] 赵清海，张洪信，张铁柱．接触问题对曲轴有限元分析的影响［J］．青岛大学学报（工程技术版），2009，24（3）：47－50.

[7] 赵清海，张洪信，张铁柱，等．液压约束活塞发动机连杆优化设计［J］．机械传动，2010，34（1）：30－34.

[8] ZHANG Hongxin，ZHANG Tiezhu，ZHAO Qinghai. Load Analysis of Crankshaft of Axial Three－cylinder Hydraulic Confined Piston Engine［C］. Applied Mechanics and Magerials，34－35（2010）：1692－1696.

[9] 孟祥踪，张洪信，张铁柱，等．HCPE连杆优化设计的响应面近似方法研究［J］．青岛大学学报（工程技术版），2012，27（2）：48－52.

[10] 盛和太，喻海良，范训益．ANSYS有限元原理与工程应用实例大全［M］．北京：清华大学出版社，2006.

[11] 王富耻，张朝晖．ANSYS 10.0有限元分析理论与工程应用［M］．北京：电子工业出版社，2006.

[12] 张朝晖．ANSYS热分析教程与实例解析［M］．北京：中国铁道出版社，2007.

[13] 王庆五，左昉，胡仁喜．ANSYS 10.0机械设计高级应用实例［M］．北京：机械工业出版社，2006.

[14] 尚晓江，邱峰，赵海峰，等．ANSYS结构有限元高级分析方法与范例应用［M］．北京：中国水利水电出版社，2006.

[15] 李裕春，时党勇，赵远．ANSYS 10.0 LS－DYNA基础理论与工程实践［M］．北京：中国水利水电出版社，2006.

[16] 博弈创作室．ANSYS 9.0经典产品高级分析技术与实例详解［M］．北京：中国水利水电出版社，2005.

[17] 王怀敏，张洪信，张铁柱，等．HCPE曲轴优化设计的响应面近似方法［J］．青岛大学学报（工程技术版），2011，26（4）：1－4.

[18] 刘海亭，张铁柱，张洪信，等．MHCPE主运动系统的协同优化实现［J］．青岛大学学报（工程技术版），2011，26（4）：5－8.

[19] XU Dianlun，ZHANG Hongxin，LIU Ying. Collaberative design optimization of main movement system of hydraulic piston engine［J］. Advanced materials research，605－607（2013）：448－452.

[20] 倪栋，段进，徐久成．通用有限元分析ANSYS 7.0实例精解［M］．北京：电子工业出版社，2003.

精品教材推荐目录

序号	书号	书名	作者	定价	配套资源
1	978-7-111-32764-6	AutoCAD 2011 中文版机械制图教程	朱维克	36.00	电子教案
2	978-7-111-32823-0	AutoCAD 2011 中文版机械设计实例教程（第 2 版）	张永茂	36.00	
3	978-7-111-28305-8	AutoCAD 2010 中文版机械制图教程	朱维克	31.00	电子教案 素材文件
4	978-7-111-39799-1	AutoCAD 2012 建筑制图	赵景伟	45.00	光盘、素材 教学视频
5	978-7-111-32799-8	AutoCAD 2011 中文版建筑制图教程	曹　磊	32.00	电子教案 素材文件
6	978-7-111-34837-5	AutoCAD 2011 及天正建筑 8.2 应用教程	曹　磊 刘瑞新	39.00	电子教案
7	978-7-111-39683-3	AutoCAD 2012 室内装潢设计	段　辉	45.00	光盘、素材 教学视频
8	978-7-111-40440-8	AutoCAD 2013 工程制图（第 4 版）	江　洪	39.00	电子教案 素材文件
9	978-7-111-12940-0	AutoCAD 2008 实用教程（第 3 版）	邹玉堂 路慧彪	30.00	电子教案
10	978-7-111-22244-6	AutoCAD 2008 中文版应用教程	孙士保	28.00	电子教案
11	978-7-111-20079-9	AutoCAD 2007 中文版应用教程	周　健	22.00	电子教案
12	978-7-111-14802-9	AutoCAD 2004 中文版应用教程	刘瑞新	25.00	电子教案
13	978-7-111-37142-7	Solidworks 2011 基础教程（第 4 版）	江　洪	43.00	光盘、素材 教学视频
14	978-7-111-28269-3	SolidWorks 2009 三维设计及应用教程（第 2 版）	曹　茹	36.00	光盘、素材 电子教案
15	978-7-111-32398-3	Pro/ENGINEER 5.0 基础教程	江　洪	39.00	光盘、素材 教学视频
16	978-7-111-31505-6	UG NX 7.0 基础教程（第 4 版）	江　洪	36.00	光盘、素材 教学视频
17	978-7-111-40030-1	UG NX 8.0 模具设计教程	高玉新	45.00	光盘 素材文件
18	978-7-111-17788-6	CATIA 基础教程	江　洪	28.00	电子教案
19	978-7-111-41023-2	MATLAB 基础教程	杨德平	45.00	电子教案
20	978-7-111-34379-0	MATLAB 基础与实践教程	刘　超	47.00	光盘 素材文件